九型人格

了解自我
洞悉他人的秘诀

〔美〕唐·理查德·里索 〔美〕拉斯·赫德森 著

徐晶 译

南海出版公司

新经典文化股份有限公司
www.readinglife.com
出 品

凡是人类的事情，对我都不陌生。

——泰伦提乌斯

目 录

1　作者的话　关于第二版

5　第二版致谢

9　第一版前言　九型人格与人生转变

11　第一版致谢

第一部分

14　第一章　认识人格类型

20　第二章　起源

32　第三章　指南

第二部分　9种人格类型

情感三元组

56　第四章　第二型：助人者

84　第五章　第三型：成就者

114　第六章　第四型：个人主义者

思维三元组

- 144 　第七章　第五型：探索者
- 177 　第八章　第六型：忠诚者
- 211 　第九章　第七型：热情者

本能三元组

- 242 　第十章　第八型：领导者
- 274 　第十一章　第九型：和平缔造者
- 304 　第十二章　第一型：改革者

第三部分

- 332 　第十三章　高级指南
- 345 　第十四章　九型人格理论综述
- 364 　后记　走向智慧

- 371 　附录
- 397 　参考书目

作者的话
关于第二版

当此之时，《九型人格》已经成为九型人格研究领域的一部基础性的经典著作，是世界上有关九型人格的书籍中最为畅销、翻译语种最多的一部，因此，许多人可能都会有疑问，不知道我们为什么还要修订它。

首先的回答是，九型人格研究一直在发展，不论在广度上还是在深度上，都在持续地扩展。我们不断有新的发现，不断发现更充足的证据，不断提出更深层的问题，也不断揭示出新的研究领域，并不断认识到它与其他知识领域更丰富的联系。更深刻地洞察人性的可能性总是摆在我们面前：人性是无限开放的，所以我们对九型人格的研究也在不断深化。

从另一种意义上说，九型人格的研究也在不断发展，那就是：我们一直在以科学探索精神研究相关材料，因为根本不存在所谓的"九型人格圣经"或"神圣的经文"传到我们手上供我们研究。不幸的是，《九型人格》第一版可能会让人产生这样一种错误的观念，即存在一个有关九型人格的知识体系，并且这个体系是从某个不断发展的"口耳相传的传统"中传承下来的。这种观念实在太离谱了。九型人格基本上是现代的成果，是奥斯卡·依察诺、克劳迪奥·纳兰霍、本书作者及其他当代写作者努力的结果。正因如此，我们有必要根据新的发现对已有的论述和观念加以重估。

自1987年《九型人格》第一版出版以来，我们已经在世界各地举办了多期研讨班和培训班，把我们关于九型人格的发现和成千上万的有识之士分享。在传授过程中，我们发现，尽管我们目标明确，至少是想尽办法有的放矢，但还是经常觉得还有更有效的方法向学员传达有关九型人格的基本原理。同时，我们与学员的互动总会擦出新的火花，使我们的观念得到完善，帮助我们澄清对各个人格类型和整个九型人格理论体系的认识。

而且，随着我们自身的不断发展和完善，我们还发现了人格功能的更深层真理及其与我们内在的心灵特质的联系。这使我们对九型人格的认识更为完整，焦点更为集中，同时也使我们能够以令人兴奋、出乎意料的方式来对它进行说明。

我们比以往更加确信九型人格对于人格转变的力量和效力——只要我们的语言和观念能直取要害。我们对自己的洞识越是明确和具体，这一洞识就越有可能取代过去的陈旧无用的模式。一旦我们放弃了陈旧的模式，我们的意识就能得到扩展，自我感觉就会发生转变。因此，准确、精确、明确的语言至关重要，我们会尽我们所能继续寻找最准确的表达方式。

随着教学的开展，我们开始意识到，《九型人格》第一版中的观点已经跟不上时代了。而且，本来就有许多重要的创新性发现应当纳入第一版，但由于各种原因被放弃了。《九型人格》第一版的成功让我们如愿以偿，能够把这些发现涵盖进来，使第二版的内容更加丰富和完善。霍顿·米弗林出版公司也慷慨地允许我们这样做，所以在第一版的基础上我们增加了大约5万字的新内容。

回想第一版的内容，我们觉得不必对它做太多改动，但如果有办法更多地把我们已有的发展和观察成果吸纳进来，想必会使本书更加有说服力。《九型人格》第一版出版于9年前，在这9年里，我们又有了许多新发现，可以更好地说明各个人格类型和整个九型人格理论此前未被探究或注意的领域。我们相信，新加进的这些材料可以极大地扩展我们对人格类型的认识，使我们对九型人格的研究更加简洁有力。可即使如此，我们也没能把所有的新发现都涵盖进来，因为它们中有一些对于本书而言太过超前，如果把它们全都涵盖，会超过本书的容纳限度。在这个新版本中，还有一个值得注意的变化，就是叙述语气。我们尝试让新版的语调更加温和、充满热情，同时又不失原版语言的那种优雅、沉稳和精确。在描述9种类型时，我们也尝试尽可能地纠正固有的偏见或不公正。我们希望所有的描述尽可能地中立和客观。我们的意图是让读者不仅能找到自己所属的类型，而且能很快辨识出自己所属人格类型的问题并承认它们。我们知道，这意味着我们的研究必须秉持同情心和宽容心，我们努力在经过修正的类型描述中做到这一点。

我们最重要的一个原创性发现就是9种人格类型中每一种的"核心动态"（及其"发展层级"），我们第一次把这一发现纳入新版。在此之前，有关"核心动态"的思考只有参加过我们的专业研讨班的学员知道。现在新版会把它公之于世，让普通大众、研究者与心理健康专家可以共享。"核心动态"明确地写在书后的附录中，但在叙述9种类型的每一章有关"发展层级"的描述中也有所涉及。"核心动态"将极大地提升我们对各个类型的动机和自我防御的认识，也极大地明确了每一类型的全部态度与行为模式的内在逻辑和作用范围。"核心动态"（及其"发展层级"）是每一类型的状态的具体尺度，可以让九型人格研究者获得完美的理论框架，可以预言，这个框架将在极其广泛的领域中得到应用。心理治疗师、教育者、商务顾问——事实上，所有希望实际应用九型人格的人——都可以求助于"核心动态"去提高工作效率。

我们还极大地扩展了对九型人格起源和历史的讨论以及该体系在现代的发展。尽管有许多人都特别想了解这一类型学的起源，但正如我们已经阐明的，以前可资利用的材料在来源上都相当模糊且充满错误。虽然在九型人格漫长的演进历史中仍然存在许多断层，但我们还是努力根据现在所能得到的所有资料作出准确的叙述。

关于人格类型的童年模式和发展根源还存在许多问题，我们利用这次机会就这个主题给出了自己的解释。对于童年模式，虽然在《九型人格》第一版中就已经先行引入了，但现在我们有更清晰、更具说服力的证言可资利用，并且可以更加深入地讨论每一类型的发展根源。例如，我们不再把第三种类型描述为"对母亲或母亲的替代者持有正面态度"，而是说这一类型"与养育者角色相联系"（这个角色可能是也可能不是生理意义上的母亲，其联系也不必然是"正面的"）。这一重要转变可谓意味深长，将帮助我们更准确地阐释第三型人的特征。

此外，我们引入了新的名称来描述某些类型以及其中的两个三元组。多年以前，我们就用"成就者"取代了"地位寻求者"，用"个人主义者"取代了"艺术家"，用"探索者"取代了"思考者"，用"热情者"取代了"慷慨者"。之所以作出这样的改变，是因为我们觉得新的名称有助于把每一个类型与其他类型区分开来，同时又不会引起太多的混淆和错误归类。这些新的类型名称似乎也能更准确地把握每一类型的核心问题。

同样，我们也用"本能三元组"和"思维三元组"取代了相对应的三元组的名称。这些改变将有助于让三元组的名称与人类意识传统的3个中心的名称——思维、情感和本能——保持一致。我们还补充了一些主干材料来解释每一种类型与相关三元组的关系。例如，我们更明确地说明了抵制在第八型、第九型和第一型中的重要作用，以及第二型、第三型和第四型是如何寻求确证其特殊的自我形象的，等等。

第一版的其他许多方面也在新版中得到了扩展和完善。我们对18种亚类型进行了更充分的描述，并赋予每一种亚类型一个具体的名称。例如，我们称具有第三型翼型的第四型人为"贵族"，而称具有第五型翼型的第四型人为"波西米亚人"[①]。我们是最先对翼型做充分研究并把这些亚类型区分开来的人，我们在新版中

[①] 后文中"具有第 y 型翼型的第 x 型人"，统一简写为"主 x 翼 y 型人"，例如，"具有第五型翼型的第四型人"简写为"主四翼五型人"。——编者注

第一次把它们公之于众。

我们也扩展了对"整合和解离方向"的讨论。在新版中，介绍各个类型的章节都对该类型在"解离方向"上一个层级接一个层级的运动进行了充分的描述，这样读者就可以准确地看到处于压力下的他们是如何把"早期的警示信号""付诸表现"的——这正是个人成长"发展层级"的多种用途之一。另外，我们对每一类型的"整合方向"也给予了全新的解释和描述。总体来说，我们在新版中展示了对九型人格体系更为完善的理论认识，其中包括有关翼型、整合和解离方向、三元组的更新资料，以及九型人格与其他人格理论的相互关系。我们首次对本能取向（有时被称为"自我保存的、社会的和性欲的类型"）给出了自己的独特解释，并把它们置于一个更大的语境中，为这个领域未来的研究提供了一套具有连贯性的原理。

我们相信读者会同意这样的看法，即新版在已有的稳固成果的基础上作出了重要的改进。不论在学术上，还是在综合性上，我们相信，新版都将成为本领域未来发展的一个里程碑。我们希望为改进第一版所付出的努力能使新版有助于我们的自我发展和个人成长，并在未来的许多年都能带给读者益处和启示。

不过，我们对人性的认识还在不断深入，并且，随着这种深入的延续，可以确定，在未来的某个时候，我们还有可能对本书再做一次修订。如果大家对《九型人格》第一版已经很熟悉了，我们希望，一如我们在完善本书时所感受到的那样，通过研究补充的新内容和新思想，你们也能有所收获。如果你只是刚刚开始接触九型人格，那我们希望你能在这里找到认识自己和他人的基础，这对你的余生定将有所裨益。对于所有的读者，感谢你们给予我们的工作的慷慨激励和热情，正是你们的激励和热情才使得新版的修订成为可能。

唐·理查德·里索

拉斯·赫德森

1996 年 3 月

第二版致谢

需要感谢的人总是比所能想到的要多：在过去的9年里，有如此之多的人从如此之多的方面影响着我，以至于要认识他们所有人是不可能的。在此我所提及的只是其中一部分人。

自《九型人格》第一版于1987年出版以来，我在九型人格研讨班和培训班上结识了来自世界各地的成千上万的人，并从他们那里了解到本书在不同方面对他们的触动。他们确证了我已经知道的一点，即认识九型人格中的人格类型理论是极其重要的：通过揭示表现心理现实的结构，所有9种人格都将分享到许多切实的收获。若能恰当地理解，九型人格便能在一定程度上说出触动人心的真理。许多人表示，九型人格给予他们的洞察力改变了他们的生活，挽救了他们的婚姻，或是帮助他们更好地理解孩子，甚至拯救了他们的人生。在写作《九型人格》的最初12年里，我内心最深处的愿望之一就是希望它能对人们有这种仁惠的影响力。我很庆幸它能帮助世界各地的人去认识自己和他人，也期望新版可以成为指南，帮助世人更深入地认识自己和他人。

我们有幸结识了许多杰出的学员，他们的贡献远不止是帮助我们确证或纠正最初的观点。如学员汤姆·马克的极具建设性的建议为我们指明了有益的方向，是他为各个类型的父母取向提供了案例。同样，琼·詹宁斯曾在一次研讨班上对三元组的结构与整合过程的关系进行了探讨。还有其他学员和同仁，我们要对他们的贡献致以诚挚的谢意，他们是：伊丽莎白·奥斯帕格、乔尔·贝尔、安妮·贝尔、玛丽莲·伯恩哈特、戴维·贝斯威克、凯瑟琳·布里丁、凯瑟琳·切尔尼克、菲利斯·克洛宁格、莫纳·科茨、凯文·卡伦、雷米·德·罗奥、本·艾兰、戴安娜·埃尔斯沃思、凯西·弗拉尼根、保罗·甘地、珀尔·热尔维、贝林达·戈尔、布赖恩·格罗那、奥恩·古德蒙迪森、安妮塔·哈姆、简·霍利斯特、安德鲁·伊萨克、埃德·雅各布斯、米歇尔·朱里卡、安·柯比、杰克·拉班奥斯卡斯、克拉斯·里尔伽、劳伦斯·马丁、达蒙·米勒、伊丽莎白·米勒、莫里斯·莫奈特、丹·拿波丽塔诺、罗丝·玛丽·奥博伊尔、卡伦·佩吉、玛丽安娜·奎尼维勒、乔伊斯·罗林斯-达维斯、理查德·里斯、约翰·理查德斯、玛吉·索希尔、莱斯·索希尔、罗伯特·索德齐尼斯基、罗伯特·塔隆、洛伊斯·塔隆、韦斯·凡·赫、瓦尼莎·威廉姆斯。我在此向我无意中遗漏的人致以真诚的歉意，肯定还有更多的人值得感谢。

我要特别感谢我的律师和最佳顾问布赖恩·泰勒，我一直仰赖着他的支持和建议，在过去的岁月里，是他一次又一次让我走出困境！还有，我要对小威廉·麦克雷恩对我的信任以及他的谆谆教诲和激励致以崇高的敬意。还有霍顿·米弗林出版公司的编辑们，如贝齐·勒纳、希拉里·利夫丁和玛丽娜·帕特森，当然还有我们的经纪人苏珊·莱什纳，我都要致以特别的感谢。

最令我引以为荣的就是与我的教学搭档和共同作者拉斯·赫德森的友谊以及他的巨大影响。大约在《九型人格》第一版问世一年后，拉斯看到了这本书，并四处找我提出他的个人建议。在我们第一次会面——那真是一次奇遇——的时候，他就给我留下了深刻的印象，让我感觉有什么重要的事情将要发生：这个人注定要成为我生命和工作中的重要成员。一切就这样发生了。我们的友谊始于1988年，那时九型人格是我们的共同兴趣所在，但随着我们开始一起研究这个人类认识体系中的微言大义，几年后，我们的共同兴趣已经扩展到许多方面。在第二版中，许多思想的发展都得益于拉斯的智慧和才华，这是其他任何人所无法企及的。我们相互学习，都受益匪浅，令我开心的是，他的许多贡献和新发现（虽然不是全部）在本书中都有所呈现。现在的第二版《九型人格》算是尽求完备了，但我们也清醒地意识到仍有许多未尽之言。每当我们思考人类心灵的复杂性时，总会有许多东西需要学习。心灵渴望获得自由，却总是陷入昏睡和幻觉，它渴望醒来，却只是为了再次沉睡。然而，伴随着每一次清醒，总有某种极其重要的东西被置于我们内心，我们就这样一次又一次得到更新。九型人格之所以具有非凡的价值，就是因为它揭示了我们的梦的模式。它没有向我们揭示的东西，正是我们将要发现的东西——如果我们最终醒来的话。

唐·理查德·里索
纽约
1996年5月

在唐已经提及的众多杰出人物以外，我还想向另一些人表示我的感谢。

首先我要感谢我的父母艾尔·赫德森和霍妮·赫德森，感谢他们多年来的支持和为我所付出的牺牲，是他们的爱给了我力量，激励我去从事这项研究。同样，我还要感谢我的姐姐梅雷迪思·凡·威思罗和洛兰·莫罗以及她们的家人。我觉得有机会和这么多亲友一起分享这个旅程是我莫大的幸福。

我还要感谢我亲爱的朋友盖伊·梅赫根、肖恩、埃本和塔拉的爱与支持。每当我最需要支持的时刻，盖伊就会出现在我面前，帮助我认清生命的真正要义。

还有其他许多朋友在这本书的写作过程中给我提供了指导，扮演着重要角色。他们不仅提供反馈意见，还给了我关爱和情感支持，所有这一切都难以尽述。他们是：明迪·麦卡利斯特、琼·克拉克、理查德·波特、塔克·鲍德温、劳拉·劳、杰里·伯索尔、维维安·伯索尔、克拉斯·利亚、布奇·泰勒、温迪·西蒙斯、迈克·艾森伯格、玛丽安娜·艾森伯格、哈尔·凡·霍夫、凯茜·凡·霍夫、莉齐·戈伦、乔·霍尔、詹姆斯·马森伯格、兰迪·尼克森、乔·科普罗斯基、拉赛尔·梅诺、威廉·希克斯、乔治·格雷厄姆、森涅·斯塔尔、巴德迪·霍普金斯、拉里·福格勒、马克·理查德、马克·库德洛、约翰·马克、杰里·布鲁斯特、艾伦·福斯、凯茜·福斯、加里·弗里德、琳达·弗里德、卡伦·米勒、玛吉·库伦、梅隆·洛夫林、彼得·福斯特、詹姆·福斯特、普佐尼兄弟、霍利菲尔德兄弟和科尔兄弟。当然，还有许多人需要感谢，对于我的疏漏，在此深表歉意。

最后，我要特别感谢我的教学搭档、共同作者、良师益友和最亲密的朋友唐·理查德·里索。我一次又一次为他的慷慨无私、谦逊和坚强的支持所感动，在我缺乏自信的时候，是他给予了我信任，我们的关系就像一个容器，我总能从中发现真正的"知己"究竟意味着什么。他是少有的可以令我倾诉一切的人，他的真诚和热情帮助我度过了极端困难的时期。我将永远感激他给予我参与这项工作的机会，并祈祷自己能不辜负我所获得的。我感觉仿佛是某种奇妙而神秘的命运召唤我们投身于九型人格的研究，召唤我们彼此结成朋友。我会在生命的每一天继续敬畏命运的这一温柔展现。

拉斯·赫德森
1996 年 5 月

第一版前言
九型人格与人生转变

如果说我们对九型人格的阐释有一个高于一切的主题，那就是我们必须承认和了解自己的内在状态，这样我们才能超越自我。自我认识是人生转变、超越自我、超越构成所谓"虚假人格"的一切的前提。超越自我是通向每一条精神之路的大门，九型人格则指出了每一个类型（以及作为独特个体的每一个人）的大门在何处，以及如何穿过这道大门。九型人格让我们认识到自我超越和向更高意识状态的整合的可能性，让我们认识到自身更自由、更具包容性的特质，并激励我们去追求这些特质。

我们所有人都在寻找人生中最复杂问题的答案，并用不同方式加以表达。我们可以用不同的方式来表达，但从共同的人性层面上来说，我们都是在寻找一条道路，引领自己走向更富足、更完善、更仁爱的人生——并帮助他人成就这样的人生。尽管九型人格不能提供全部的答案，却能帮助我们了解何以有如此多的人会经常犯错，生活不快乐，给自己和他人带来如此多的伤害。

九型人格中的各个人格类型可帮助我们辨认自身内在景观的主要特征——我们心灵的峭壁、荒漠、流沙究竟在哪里，我们内心的绿洲、森林和孕育生命的源泉又在哪里。它还可以告诉我们，我们会不会到达那些地方，会不会落入心灵流沙的潜在陷阱，会不会达到新的高度、进入新的领域。这样，只要理解、运用得当，九型人格就不仅仅是探究我们人格状态的地图，还是为我们指出超越自我之路的地图。

同时，九型人格是一种对人格的阐释，这种阐释是如此深广，把我们带到了精神性存在的门前。参照九型人格谈论精神性的东西可谓恰如其分，因为精神性的东西就体现在我们的日常生活以及时刻变化的德行中。确实，传统意义上的"德行"是人类精神自发的、自然的表达，是我们在日常生活中所寻找的多种善的源泉，是我们在每一类型中各健康层级看到的那些特质的源泉。"道德实践"（这是所有精神性存在都要求的，尽管形式不一）不单是一个宗教问题。发现我们的德行是我们可从九型人格中学到的东西之一，而且这将把我们引向一种善的生活——一种极致完满、可使我们为世界作出贡献的生活。当我们处在健康状态的时候，我们便是道德的，可以超越自我走向功能更强大、整合程度更高的状态。朝整合方向发展能冲破我们的"人性本质"——表现出我们最好、最真实的一面。

因此，从最深层意义上说，九型人格不仅是真正的心理学，还是帮助我们走向更深刻、更真诚的精神性存在的工具。如果你学会了观察自己和摒弃自己的人格习惯，那你就已经步入了精神之路（不论你怎么称呼这一道路），因为没有自我超越，就不可能有精神之路。九型人格本身并不是某一种精神性存在的形式，而是所有精神性存在的工具。它是一种如此深广的心理学，以至于带有些许精神性的色调。其中的洞见与我们在世界各地的不同传统中看到的洞见相互呼应。

把恶变成善，把生命中的渣滓变成纯金，这就是最深奥的炼金术。葛吉夫说，九型人格事实上是人们一直在寻找的"哲人之石"，是点石成金的催化剂。从我们的观点看，点石成金的过程正是我们在本书中要论及的：使我们自己以及我们的生活变得更适合于更高的目标——虽然我们不能精确地界定这些目标。

最后一点，九型人格只是一种工具和知识体系——只是洞见的一个源泉——它本身并没有魔力。不过，它能提供给我们智慧和客观性，我们要想在生活中作出正确的选择，就需要这些智慧，我们要想认识到自身的真实样貌，就需要这些客观性。这些并不是小事，因为它们使我们能够接受上天的礼物，唯有这礼物能彻底改变我们的人生。

第一版致谢

本书的写作并没有花费多少时间，但从另一种意义上说，构思却花了很长时间。没有下列各位的帮助，它是不可能完成的。

大约 12 年前，当我开始研究九型人格的时候，泰德·邓恩建议我去读卡伦·霍尼的著作，鲍勃·费卡斯鼓励我继续发展关于人格类型的健康方面的描述。这两个建议无疑是对我最有帮助的。

当我开始讲授九型人格的时候，理查德·鲍尔斯极其慷慨地伸出援手，使我从讲授过程中获益良多。如果没有在公众场合中的这种意见交换，我怀疑自己能否确证九型人格的有效性，在那时，这种确证是极其有用和十分必要的。卡尔·劳本斯坦因、史蒂夫·罗杰斯、普丽西拉·罗杰斯、理查德·亨特先生以及马萨诸塞州剑桥的路亚赫社团成员也在不同场合为我提供了同样的帮助。

许多朋友对我的工作都很有兴趣，我要感谢他们的热情，在最初的岁月里，正是这种热情滋养着我脆弱的事业。鲁本·圣·杰曼、鲍勃·卡巴吉、欧文·蒙塔尔多、罗伯特·穆尔、查克·韦伯、罗斯·玛丽·奥博伊尔和杰夫·波斯纳的激励对我尤其重要。我还要感谢休·芬尼根、安·麦克杜格尔、戴安娜·斯蒂尔、欧文·梅耶和迪克·卡尔布阅读初稿并提供评论，感谢马克·德沃给各种人格类型配上精彩的插画。

完全是出于个人原因，还有其他许多人，我在此只能提及他们的名字。他们是：贝弗利·莫雷诺·普米莉亚、杰夫·莫雷诺、格特鲁德·莫雷诺、多米尼克·里索、弗吉尼亚·里索、阿格尼丝·巴兹尔、小特里丝、哈利·克莱普尔、罗比·布利斯、查尔斯·阿尔托、特里·凯勒、布伦特·贝克瓦尔、布拉斯·麦克莱恩、约翰·拉什、莱斯特·沃尔夫、菲利普·斯特尔、路易莎·阿里卡、桑迪·阿里卡、比尔·赖斯、莱内特·赖斯、罗伯特·德利兹、布伦丹兄弟，以及耶稣会成员奥古斯特·科伊尔、约瑟夫·泰特洛、爱德华·罗马戈萨、尤利·华生、丹尼尔·克雷格、帕特·伯恩和彼得·塞克斯顿。

我还要感谢霍顿·米弗林出版公司的许多人，其中有些人无疑是我不认识的。

我的第一位编辑杰勒德·凡·德·列恩已经离开了霍顿公司，他虽只有寥寥数语，却使我受益良多。在他离开后，我有幸结识了继任编辑露丝·哈普古德，她无疑是睿智、达观和有耐心的。我尤其要感谢的是，因为她的耐心，这本书才有了现在的样子。我还要感谢文字编辑杰拉尔丁·莫尔斯为这本书的完善所付出的努力，这种努力使我避免了许多难言的错误，不致陷入难堪的境地。

我还要特别感谢霍顿·米弗林公司的前任主编奥斯丁·奥尔尼。当这本书的手稿还只是一个雏形的时候，他就看到了它的潜在可能性。只是赞扬他的亲切、支持和理解，远不足以言尽我的感激。若不是因为他，这本书现在就不可能到达你的手中。在过去的这些年里，我不断收到来自我的经纪人和律师布赖恩·泰勒以及帕特里夏·沃尔什、詹姆斯·佩克的极具建设性的意见——以及无数的观点和建议。对我而言，他们对我的工作的兴趣远比他们的了解更有价值。事实上，这三位才智超群的朋友对九型人格也深为信服，而正是这种支持让我得以度过那些灰暗的岁月。最后，我还要对我的家人致以最真挚的感谢，感谢他们所做的一切。我希望他们为我所做的一切都可以在这本书中得到体现，虽说我自己还无法揣度到它的深度。毫无疑问，若是没有他们持久的爱、帮助和理解，就不可能有这本书。

唐·理查德·里索
1987 年

第一部分

第一章

认识人格类型

认识你自己，不要妄图揣测上帝；
人类应当研究的对象正是人类自身。

——亚历山大·蒲柏：《论人》

  认识人格类型的关键是什么？既然每个人都是独特的，因此把人勉强纳入一些范畴的想法似乎不合适。而且，即使人格类型从理论上说是有效的，也有可能因为太过学术化而对我们的日常生活毫无帮助，或者因为太过含糊而没有任何意义——它们就像一个摸彩袋，谁都可以从里面找到某种东西。

  虽然目前存在着许多有力的反对意见，但这些意见都忽视了一点，那就是研究人格类型是有充足理由的，其中最重要的就是：人原本就是十分有趣的，同时也是十分危险的。我们的同类之所以能引起我们的兴趣，就是因为在周围环境中他们是最多变、最易怒也最容易快乐起来的神秘的存在。对于我们大多数人而言，独自一人待上一天而不与人群——例如家人、朋友、路人、办公室中的同事、电视以及我们幻想中的和我们所惧怕的人——发生任何直接或间接的联系是不太可能的。他人遍布于我们周围，对我们产生着各种各样或好或坏的影响。

  我们用大量的时间应对和处理各种各样的人际关系，但我们无疑会在某些时候突然意识到，我们实际上并不了解周围的人，虽然我们自以为很了解。甚至在某些时候，我们会发觉我们对自己也不甚了解。别人的行为——甚至我们自己的行为——有时是十分奇怪、令人不安的。奇怪的事不断发生，似乎一切都不得其所。在这些令人惊讶的事情中，有些让人感觉愉快，有些却注定令人不快，甚至会对我们的现状乃至未来产生深远的不利影响。这就是为什么我们总要面对灾祸的影响，除非我们对能够表现人性的人格类型有深入的了解。我们自认为了解的人最终被证明是一个恶魔或彻头彻尾的自我中心论者，我们发现自己被人无情地利用了，我们的合理需求因为某些人的自私而被忽视了……除非我们能够洞察，否则就可能惨遭蹂躏，反之亦然；除非我们能够洞察，否则就可能与好的、宝贵的东西失之交臂，或草率地断绝实际上仍然值得挽救的人际关系。若是我们不能对人格类型有所洞察，就可能受到伤害或变得愚蠢。无论怎样，其结果都只会使我们陷入不幸。

因而，努力提高洞察力是值得的，哪怕只是为了避免痛苦的后果。认识自己和他人能使我们更加幸福。

然而，问题在于，尽管每个人都想洞察他人的内心，但只有极少数人愿意以那种方式来观察自己。我们总是想知道是什么使他人动怒，但我们又不愿去分析是什么让我们自己坐立不安。今天的竞争性文化已经把德尔斐神庙中古代神谕的重点从"认识你自己"转变为"洞察他人的心灵"。我们希望具有X光那样的透射力，能够洞察他人的面目，可我们又不愿让他人看到我们的弱点和不足。我们不想让任何人，包括我们自己，看到我们实际的样子。不幸的是，在这当中，必定会遗失一些必需且有价值的东西，比如，以看待别人的客观目光来观察我们自己。

我们把一切都颠倒了。要矫正它，就应当记住克尔凯郭尔的话，他曾告诫人们："对他人宜主观，对自己宜客观。"这就是说，当我们评判他人的行为时，应当设身处地把自己置于他人的位置，尽力去理解他们是如何看待自身和世界的；而在评判自己时，应当如别人看我们一样看自己，克服为自己找借口的侥幸心理，不要认为自己如此这般是情有可原的。当然，克尔凯郭尔的建议很难付诸实践。当我们观察自己的时候，要抛却空想和自欺，要像我们评判他人时那样，具有讽刺精神和防范意识。我们必须鼓起勇气面对自己，善待他人。

我们如何才能获得所需的知识和感受力？如何才能明白人格的多样性？如何才能具备那种能让我们生活得更充实、更幸福的洞察力？

答案是具有悖论性的：我们将发现，除非我们已认识了自己，否则不可能真正地认识他人；除非我们认识了他人，否则不可能真正地认识自己。对于这个谜一样的问题，答案就是，认识自己和认识他人实际上就像一枚硬币的两面——那就是认识人性。人性涵盖的领域如此广泛，所以对我们而言，拥有一幅准确描画这个既熟悉又未经探究的领域的地图，是非常有帮助的，拥有一种能够说明我们是谁、我们将往何处去，从而使我们不致迷失方向的可靠工具，是非常有益的。

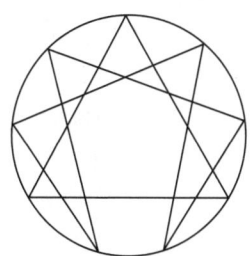

图1-1　九柱图

我们相信，九型人格就是一幅人们一直在寻找的人性地图。虽然九型人格的象征体系与其心理学理论中的许多依据一样，十分古老，但它确实具有现实意义，因为人性是不变的。九型人格从历史上许多丰富的精神和哲学流派那里一直传到我们这里，它体现了我们对人性的深刻认识，其中一些认识无论在过去，还是在现在，都是我们所必需的。这里所讲的九型人格理论是诸多深奥的学派关于心灵智慧的结晶，是古老智慧与现代心理学相结合的产物。它既古老又现代，体现了新旧智慧的奇妙、动态的综合。本书的目的就是向普通读者介绍这一著名的体系。

心理学一直致力于解答一个问题，就是找到一种行之有效的人格类型学（一种对人性进行分类的方式），它不仅准确、具有可操作性，而且在理论上简洁洗练，容易为人们所理解。自公元前5世纪的希波克拉底开始，希腊哲学家就认识到，人格总是以这样或那样的类型存在着。然而，一直没有人为人性找到适当的基本范畴或者基本的类型来描述它。

在过去的若干世纪中，人们提出了许多不同的分类法，但每种分类法都存在问题，都有不准确或相互矛盾之处。许多类型学根本无法说明人性的极端多样性——它们适用的范畴太窄，理论太过抽象，再不就是一门心思地关注形形色色的神经官能症，而忽视了正常的行为。研究个体的人格类型是一个巨大的理论难题，更困难的是要寻找一个体系，以说明各类型之间的相互联系，并由此揭示人的变化和成长。在九型人格出现之前，建立一种能真正说明人性的人格类型学一直是个未解的难题。这将是本书要予以说明的。

每一个心理学体系都有其组织原则。我们简要地看一下其他体系，就会发现，它们分别对应着九型人格中的某些类型。例如，弗洛伊德的3种不同性格类型强调了一个信念，即心理能量在儿童早期发展中就围绕口腔、肛门或生殖器被固着了。这些固着过程最终产生了口腔型、肛门型和菲勒斯[①]型3种性格。弗洛伊德的另外一种性格类型研究强调了自我、本我或超我在人格中的主导性。这一研究是对弗洛伊德所定义的概念的更为复杂的运用，理论家们发现，这些概念运用起来比较困难，虽然——正如我们将看到的——它与九型人格也存在某种关联。

荣格的类型学以一个人的心理态度——内倾型或外倾型——如何受到4个基本心理功能——荣格称之为情感、思维、感觉和直觉——中的一种的修正作为基础，

---

① 源自希腊语，指男性生殖器，是父权的隐喻与象征。——编者注

描述了 8 种类型，如情感外倾型和情感内倾型、思维外倾型和思维内倾型，等等。

卡伦·霍尼则以她对人际取向的临床观察为基础——即一个人基本上是"朝向他人""远离他人"或者"排斥他人"的——描述了不同的性格类型。她并没有在这 3 种基本类型内进一步考察所有的亚类型，如果她这么做了，她的体系可能会像九型人格理论所描述的那样，产生 9 种人格类型。（有关弗洛伊德、荣格和霍尼，我们会在讲到基本理论时进行更充分的描述，尤其是他们的类型学与九型人格之间的对应关系。）

九型人格的组织原则很简单：9 种人格类型来自 3 种最基本的人格类型，每一种最基本的人格类型都包含着一个三元组。九型人格的 3 个三元组具体地表现了基本的心理取向（包括正面的人格特质和负面的人格特质），它们或者与情感和自我形象有关（如果是这样，那就属于情感三元组），或者与思维过程和寻找安全感的方式有关（如果是这样，那就属于思维三元组），又或与本能和与世界相关联的方式有关（如果是这样，那就属于本能三元组）。

现在我们简要地介绍一下这 9 种人格类型的特征，更详尽的说明留待后文。在情感三元组中，有助人者（第二型：激励人的、善于说服他人的和占有欲强的），成就者（第三型：雄心勃勃、讲求实际的和过度注重形象的），以及个人主义者（第四型：敏感的、以自我为中心的和抑郁的）。在思维三元组中，有探索者（第五型：洞察力强的、理智的和喜欢挑衅的），忠诚者（第六型：值得托付、负责任的和疑心重的），以及热情者（第七型：随性的、享乐的和放纵的）。在本能三元组中，则有领导者①（第八型：自信的、自负的和挑衅的），和平缔造者（第九型：友善的、随和的和自满的），以及改革者（第一型：理性的、理想主义的和守秩序的）。

从上述简短的描述中，或许你已经能够从中找出自己的人格类型了。如果找不出来，也别担心，在第三章"指南"中，你可以学到怎么确定自己和他人的人格类型。对于 9 种人格类型，我们将各用一章的篇幅来充分介绍，因此还有很丰富的资料可以让你熟悉这 9 种人格类型。（如果想先很快地对每种人格类型有个概念，可以参阅每一章开头的"简介"，其中人格"简介"将列举出每一种人格类型的主要特质。）在第三章中，对于九型人格的 3 个三元组以及它们如何衍生出 9 种基本人格类型和各种亚类型，也会有更进一步的讨论，而在第十三章"高级指南"

---

① 本书中第八型的原文为 the Leader，在作者的后续作品中，第八型也会被写为挑战者（the Challenger）。——编者注

中，还会有更深入的思考。

正如你所预料的，九型人格的运作十分复杂玄妙。将某一人格类型归为3种基本心理取向（情感、思维或本能）之一，不过是九型人格的一种分析层级而已。到本书的最后，你将看到，我们可以分别从弗洛伊德、荣格、霍尼及其他角度来探讨这9种人格类型，因为九型人格可同时在不同的抽象层级来运作，故而可以作为强调深层心理与强调行为这两种人格研究取向间的沟通桥梁。我们从九型人格中获得的洞见既有有关人性的最抽象的概述，也有对每一种人格类型的具体描述，而且具有悖论意味的是，越复杂的分析反而越易于理解。

另外要注意的是，虽然九型人格将人格分成了9种不连续的类型，但不能将之视为一成不变的。要知道，九型人格是开放式的、极具灵活性的，正如人的本性一样。这一系统的本质就在于认为人格类型是可以改变的，可以向整合方向发展，也可以走向解离。由于本书对所涉及的人格类型的描述上至健康及整合层级，下达神经官能症的层级，所以不仅能描述个体的行为，还能预测行为的产生，这是九型人格最为实用的一点。

由于本书只是导论，宜求简易，故无法详论九型人格的全部复杂性，有关九型人格的许多极为复杂高深的理论或是略去不提，或只是扼要论及。

对于读者如何运用对每一种人格类型的描述，本书并不打算提供具体的建议。尽管如此，感兴趣的读者仍可自行在日常生活中把这些描述运用于诸多不同的情境中。例如，心理学家和精神科医生可以利用九型人格来更准确地诊断患者的病情，而患者在治疗中也可借此迅速发现自己的问题所在，以节省时间和金钱。同时，九型人格也为患者与治疗者提供了共同的沟通语言，无论治疗者属于何种心理治疗学派，他们都可以找到共同语言来讨论问题之所在，以及治疗的进展情况。

律师则可借此更清楚地了解所接个案，提高自己在法律事务上的可信度和处事能力。在人格因素具有重要影响的离婚及子女监护案件中，九型人格理论的作用尤其明显。内科医生在与患者谈话时，更易发现病人的病情，尤其是那些身体疾病因心理问题而加重的病人。牧师在处理教会工作时，可借此与他人更加顺畅地进行心理沟通，虽然本书不涉及此类心灵、宗教事务，但心理与心灵问题皆基于完整的人格之上，二者有共通之处。教师则可借此更深入地了解自己的学生，不同人格类型的学生有着不同的性情和学习方向，与他人互动的方式也有所不同。

人事主管和商业领导者通过深入了解员工的人格类型，可以更胜任其职务。当员工觉得上司能体会他们的个人需要时，工作满意度和生产效率都会提高。无论是在会议室内还是在生产线上，为某一目标而成立的工作小组的领导人或管理者会发现，熟知每个成员的人格类型非常有用。此外，对于记者、政治家、广告界人士而言，熟知他人的人格类型也大有裨益。简而言之，对于所有属于某一人格类型（谁不是这样呢）和所有对他人的人格类型有兴趣的人（谁会不感兴趣呢）而言，九型人格都很有用。

除了对上述各行各业的实际作用之外，本书对于你的私人生活也将大有助益。

但我要声明，本书不是那种自助手册：它不可能承诺创造任何奇迹。要写一本心理学的"烹饪手册"，让人照着做就能获得健康、成功，这是不可能的事。成为完整的人只是我们理想的奋斗目标，只要我们活着，就必须为此不懈努力。书可以给我们信息，给我们建议，给我们新的洞见，鼓励我们，但知识本身并不足以改变一个人，否则最有学问的人岂不就是最完美的人了？就我们每个人的经验而言，大家都知道事实并非如此。知识可能与德行相平衡，也可能不是这样。更深入地了解自己只是实现幸福美满的生活目标的一种手段，但仅拥有知识并不意味着就能拥有德行、快乐，或幸福的生活就有了保障。书不可能解答每一个人遇到的所有问题，也不可能为长久奋斗所需的毅力注入力量。对于这些，我们必须同时立足于自身之内和自身之外观察自己。

还有，本书不是也不可能是有关九型人格或人格类型的总结陈词。永远都有未尽之言需要说明，有新的关联有待建立，有新的理解等待我们去发掘。或许心灵之谜永不可能完全解开，因为它们不可能被完全证明。人类怎么可能站在自身之外，以完全客观的眼光来观察自己呢？要如何才能完全达到克尔凯郭尔所谓的"对他人宜主观，对自己宜客观"呢？试图客观描述人性的心理学家也难免会犯人性中的扭曲事实、自我欺骗的错误。没有人拥有"上帝之眼"，能洞悉人性的一切，所以没有人有十足把握说他完全了解人性。这就是为什么心理学中总有一些信仰的成分，尽管这种信仰并不一定是宗教信仰，但至少是对于人的一种信念，这种信念超越了科学可以验证的范围。

这就是为什么我们不可能完全客观地认识自己。有一点比追求终极答案更重要，那就是要不断努力寻求答案。在诚实地求索自身的真实样貌的过程中，我们会逐渐从关于我们是谁的痛苦又带有局限性的行为和观念中获得解放，这样，我们就会逐渐以我们无法预见的方式，走向更为完善的自我：更丰富、更有生命力、更能超越自我。

第二章

起源

介绍九型人格的一个主要困难在于，其确切的源头已迷失于历史之中。没有人真正知道究竟是谁发现了九型人格符号体系或者说九型人格符号体系自何而来。有些作家认为，九型人格符号体系最初出现于公元10—11世纪的伊斯兰神秘主义教派苏菲派的某些教团中。另一些人则推测，九型人格早在公元前2500年就在巴比伦及中东的其他地区出现了，但这仅仅是一种推测。

看起来，人们一直在探寻永生不死的秘密。我们在保存下来的最古老的传说中可以看到这一点：在吉尔伽美什的故事中，苏美尔的英雄和他的朝圣者寻找长生不老的秘密。"吉尔伽美什史诗"是大约4500年以前的歌咏汇编，大约就在那个时候，在美索不达米亚出现了一个由智者组成的兄弟会，他们发现了永生不死的宇宙秘密，并代代相传。就这样，这个秘密在巴比伦留存了很长一段时间。2500年以前，琐罗亚斯德、毕达哥拉斯和其他伟大的智者发现了这个秘密，他们在冈比西斯（公元前524年征服过埃及的波斯国王）时代会聚在巴比伦。接着，传统的守护者向北迁徙，大约在1000年前抵达了奥克苏斯河对岸的波哈拉（位于现在的乌兹别克斯坦境内）。

15世纪（伊斯兰）数学家发现了"0"这个数字的意义，并创造了现今世界通用的十进制。那时，当人们把"1"分成3或7等份时，一种新的数字出现了。这就是我们现今所谓的循环小数……

这些特性最终被并入一个符号体系中，拥有了惊人的含义，它可以用来表现通过自我更新来维系其自身以及生命的每一个过程。这个符号体系由9条线构成，因此被称为九柱图。（J.G.贝内特.九型人格研究.1—3.）

"Ennea"是希腊文中的数字"9"，因此"Enneagram"是一个希腊词，大概意思就是"九柱图"。有关其起源的一个似是而非的猜想是，九型人格是基于一系列的古代数学发现——毕达哥拉斯学派、新柏拉图学派甚至更早的数学学派——然后在 14—15 世纪和希腊与阿拉伯的其他学术一起由穆斯林传到西方。据说，在这个时期，伊斯兰的神秘主义教派苏菲派——尤其是纳克西班底教团——就已经在运用它了。即使九柱图没有以苏菲派传授的这种形式出现，苏菲派也会依据阿拉伯数学家的发现发展它，并将它作为维护社团和谐的一种手段，用来提升其秘密兄弟会组织中的个体的自我认识。

> 我认为……这个符号体系和它所代表的观念源自 2500 年前的萨尔蒙教团（或萨尔蒙兄弟会，巴比伦的一个著名的智者学派），并在 15 世纪阿拉伯数字体系盛行于撒马尔罕的时候得到修正……
>
> 对于这个著名的符号体系有无数的解释。最简单的一种解释是在圆周上标记出 1—9，其中 3、6、9 这 3 个数字构成一个三角形，1、4、2、8、5、7 构成一个六边形（众所周知的循环数列，即任何一个整数被 7 除后所得的余数）。这一性质只在十进制中出现，这表明它是在中亚数学家把 "0" 当成一个独立的符号建立起现代数字理论以后才出现的。尽管把 7 这个数字神圣化的观念可以追溯到苏美尔人的时代，但九柱图可能到 14 世纪才在撒马尔罕出现。这可以解释何以在印度和欧洲文献中不见其身影。然而，葛吉夫断言，它可以追溯到更久远的时期，甚至可追溯到萨尔蒙兄弟会。这两种说法可能都是真实的。(J. G. 贝内特．葛吉夫：创造一个新世界．293—294.)

尽管有关九型人格和九型人格符号体系本身的某些观念可以在一些苏菲派教团的教义中看到，但它们肯定不是所有苏菲派传统所共有的。事实上，大多数苏菲派教团从未听说过它。而且，值得一提的是，"Sufi" 这个词可用来描述伊斯兰世界内部十分多样的秘义学派。这些学派的分布范围从西部的北非一直延伸到东部的巴基斯坦，还包括了随着文化与地域的不同而各异的哲学内涵和实用方法。

因而，需要特别说明的是，九型人格及其类型体系的源头并不是苏菲派，也肯定不是伊斯兰。这个符号体系及其源头似乎出现得更早，葛吉夫和贝内特都指出了这一点。最有可能的是某些苏菲派教团保存了九柱图及其相关观念，如同欧洲的基督教修道院保存着古希腊和罗马的古典思想和文献一样。如果真的如此，那么说九型人格是苏菲派发现的就如同说亚里士多德和希腊神话是基督徒发现的一样可笑。也许是某些苏菲派兄弟会运用了这个符号体系，发现它十分有趣，所以一代代传了下来，但并非他们发明的。

这个体系更有可能的源头可追溯到犹太-基督教传统和早期希腊哲学中的初

期思想。这个符号体系和它迷人的几何学以及比率与比例的教学基础强烈地暗示出它的希腊源头，尤其是毕达哥拉斯的思想——他创立的哲学学派在公元前5世纪—前4世纪盛极一时。现代九型人格的奠基人奥斯卡·依察诺就支持这一观点，对此我会在这一章加以讨论。

尽管九型人格符号体系的起源晦暗不明，但9种人格类型的悠久源头却被记载得颇为清楚。首要的源头来自七宗罪的观念，再加上另外两宗"罪"就有了九宗罪。七宗罪包括傲慢、妒忌、愤怒、贪婪、饕餮、淫欲和懒惰，它们构成中世纪基督教教义的一部分，在欧洲得到广泛而深入的研究与评论。但是，这一传统概念也有多个分支和更古老的根源。看似与这个体系有关的其他早期源头可以在犹太教的一个古老的神秘主义教派卡巴拉、新柏拉图主义哲学家的著作，以及沙漠教父——可能提出了七宗罪概念的早期基督教苦行者——的教诲中看到。

不管沙漠教父或苏菲派的秘密兄弟会如何以及在何处使用过这些不同的知识体系，九型人格符号体系直到很晚才真正地为西方人所知。这个体系传到西方应归功于乔治·葛吉夫（1877—1949），他是一位探险家、心灵导师、寻求人性秘义玄术的求知者。尽管有许多书描述了他的生平并探究了他的思想来源，但葛吉夫仍是一个谜一样的人物：有人认为他不过是一个江湖骗子，有人则认为他是一位心灵导师和应用心理学家，他的重要性被大大地低估了。要发现这些相互对立的说法的真相是很困难的，因为葛吉夫对自己的生平事迹秘而不宣，故意营造出一种神秘莫测的氛围。然而，有一点毫无疑问是正确的，即他对认识他的每一个人都产生了十分深远的影响。他去世后，他的学生一直围绕着其生平与庞大而复杂的思想体系进行争论。

虽然葛吉夫对他是如何以及从哪里发现了九柱图一直讳莫如深，但通过他的传播，九型人格在20世纪一二十年代开始为欧洲人所知，俄国革命前，他在圣彼得堡和莫斯科集中讲授九型人格，后又在巴黎城外枫丹白露附近的人类和谐发展研究所创立学校。九型人格由此随着葛吉夫的其他思想一起通过巴黎、伦敦、纽约及世界各地小范围的私人研究群体传播开来。

在研究葛吉夫及其学生群体的《和谐之圈》一书中，詹姆斯·韦伯试图梳理出九柱图的历史真相。

> 葛吉夫对数字符号体系最重要的运用就体现在九柱图中，他称这个图形包含和体现了其整个思想体系。他的九柱图是一个圆周被9等分的圆，9个等分点连起来形成了一个三角形和一个不规则的六边形。葛吉夫说，三角形代

表了更高力量的在场，六边形则代表了人。他还说，九柱图是他的教学所独有的。"这个符号体系在'神秘主义'的研究中是不可能见到的——不论是在著述，还是在口传的教义中"。奥斯本斯基在谈论葛吉夫时说："只有了解九柱图的那些人（例如他的苏菲派导师）才会赋予它如此重要的意义，他们认为应该把九柱图的知识当成秘义保存下来。"

由于葛吉夫对这个图形的重视，他的追随者力图从神秘主义学说的文献中寻找这个符号体系。J. G.贝内特声称，我们根本不可能找到它，即使葛吉夫的追随者们发现了这个图形，他们也会缄默不言。（詹姆斯·韦伯.和谐之圈.505.）[①]

葛吉夫也许是故意对九柱图的起源讳莫如深，因为他的教学方法之一就是要让一切对他的学生来说都变得晦涩难解，这样他们才能尽可能地靠自己去发现。不管事情的真相究竟如何，就在韦伯继续研究九柱图的历史起源时，他获得了一个十分有趣的发现。

> 九柱图构成了耶稣会神父亚桑西斯·基歇尔（1601—1680）1665年在罗马出版的《算术》一书重要的卷首插画的中心。基歇尔是葛吉夫思想起源的一个极其重要的人物。他属于典型的文艺复兴式的博学之士，是后来的耶稣会的学术典范……
>
> 在《算术》中，有一个图形被称做"九柱图"，由3个等边三角形组成。（詹姆斯·韦伯.和谐之圈.505—507.）

虽然韦伯称基歇尔的图形为"九柱图"，但重要的是，要注意到这个图形是由3个等边三角形而不是葛吉夫的一个等边三角形和一个内接六边形构成的。这是一个十分关键的差异，韦伯虽然注意到了这个差异，却忽视了它的意义。

[①] 在此不宜详尽地列举有关葛吉夫及其著作的参考文献，有兴趣的读者可以轻松找到有关他的各种资料。其中比较充实和重要的解释可参见韦伯的《和谐之圈》和莫尔的《葛吉夫：一个神话的解剖》，还可参见凯瑟琳·赖尔登·斯皮瑟的《葛吉夫研究》第九章，至于葛吉夫为寻找智慧而在近东旅行的相关资料，可参见斯皮瑟、弗雷德兰德的《葛吉夫：真理的追寻者》。关于九柱图及其结构，尤其是数字系列（1-4-2-8-5-7-1）的奥义及相关事项的更多信息，可参见奥斯本斯基博士的《探寻奇迹》第286—290页，以及莫里斯·尼可的《葛吉夫与奥斯本斯基的教学的心理学评论》第二卷第379页以后的内容。有关把九柱图应用于人格类型以外的主题的尝试，可参见贝内特的《九型人格研究》。那些对严格意义上的葛吉夫的观点感兴趣的读者，可以在本书中找到想要的东西。

韦伯接着讨论了卡巴拉和神秘主义者拉蒙·鲁尔，进而又依次讨论了基督教神秘主义、佛教神秘主义以及19世纪在欧洲和俄罗斯复兴的神秘主义思潮及其他运动，其中包括玫瑰十字团。韦伯推测，所有这些思潮在某些情况下对葛吉夫产生了不同程度的影响。但是，在这个冗长的讨论——当然，那超出了本书的范围，哪怕只是浓缩地描述——的最后，韦伯似乎已经忘记了他是要解释葛吉夫思想中九型人格的起源，他已经跑题了。

不管怎样，探究葛吉夫的九型人格思想的起源虽然有一种历史的趣味，但还是有点离题，因为葛吉夫的"类型"描画似乎与这里所讲的九型人格的9种人格类型只存在外在的关联。葛吉夫的"人之数一、人之数二、人之数三"①与九型人格的3个三元组即本能三元组、情感三元组和思维三元组是一一对应的，但也仅此而已。

葛吉夫有许多令人着迷的思想，虽然它们并没有直接证明9种类型的理论，但与作为现在的九型人格体系之基础的心理学有着莫大关系。这些思想的核心是人格与人性本质的关系。人格是人类习得或后天获得的行为与同一性，人性本质是人类先天具有的内在部分，这种本质需要阐明，这样才能促成实际的转变。（九型人格的9种类型与这一重要主题之间的关系将在下一本书中详加讨论。）

尽管有大量令人感兴趣的联系和关联，但很显然，葛吉夫对类型的认识并没有以任何完整的形式传给他的学生，也没有与九型人格符号体系建立联系。葛吉夫有关九型人格的思想大部分是通过神圣的舞蹈和动作传给他的学生的。这些动作赋予舞蹈一种内在意义，使整个图形产生一种活力。葛吉夫一再断言，九柱图是一种"活生生的象征"，处在不断的运动中。他把这个图形解释为3种宇宙法则相结合的象征，可以完全地认识所有特殊、独立的实体或过程。（对于葛吉夫九型人格符号的看法和明确的讨论可参见奥斯本斯基和尼可的著作。）因而，尽管我们必须承认葛吉夫首先让西方人认识了九型人格符号体系，并把许许多多对研究九型人格极其有用且与之相关的心理学观点综合起来，但如果对他的特殊阐释太多，就只会把我们引向毫不相关的领域。②

本书呈现的对9种人格类型的描述部分源自阿里卡研究所创始人奥斯卡·依察诺对九型人格的研究。依察诺与葛吉夫一样承认九型人格历史悠久，但他的九型人格理论来自于大量的资料，其中主要是犹太神秘主义教派卡巴拉和新柏拉图哲

---

① 斯皮瑟语。
② 有关葛吉夫对人格类型的阐释和更详细的讨论参见韦伯的《和谐之圈》第139页以后的内容，亦可参见斯皮瑟的《葛吉夫研究》第31页以后的内容。

学的资料，据我们所知，他是九型人格的真正创始人。①

在一次重要的访谈中 [迈克尔·古尔德伯格.九型人格之战.洛杉矶周刊.1993(10).15—21.]，依察诺谈到了他在发展九型人格或——用当时他自己的话说——"自我固着"时所利用的资料。他特别强调，这一体系的源头并不是苏菲派。"我对苏菲派了解甚多……我认识许多苏菲派知名教长。那并非他们的理论框架的一部分。他们对九型人格并不感兴趣。"

在那次访谈中，依察诺还十分明确地提到了启发他发现现代九型人格的源头。

> 首先，普罗提诺的《九章集》（公元前2世纪，一个新柏拉图主义者的著作）以一种几乎难以想象的力量撞击着我。它描述了9种神秘状态及其教义的源头，在卡巴拉的研究中，这些被归为"十训"（卡巴拉的"生命之树"的10个基本组成部分，据说是神性和人类意识的地图）……从那里，我一直回溯到了毕达哥拉斯。我从卡巴拉的角度看待毕达哥拉斯。从那个时候，我真正地开始发展我的九型人格理论了。

因此，现代九型人格似乎是依察诺杰出的综合能力的结果，他综合了各种有关人类意识的本质与结构的相关思想体系，以谜一样的九柱图符号体系把它们结合在一起。我们最好称它为一种建立在历史上各种各样著名的理论源头和传统基础上的当代的和发展的人性理论。同时，很显然，对于九型人格而言，并不存在纯粹的源自古代的知识体系或连续的"口耳相传"。毋宁说，许多传统和创新，不论是古代的还是现代的，都参与创造了这个著名的体系。

依察诺的研究重心和贡献在于，围绕九型人格对9种"自我固着"和"私欲"的分布排列以及相关实例的说明，他称这样有助于学生打开封闭在每一类型的自我结构中的精神潜能。这9种私欲基于七宗罪以及另外两种私欲，加起来一共是9种。

按照依察诺的说法，第一型的私欲是愤怒，第二型是傲慢，第四型是妒忌，第五型是贪婪，第七型是饕餮，第八型是淫欲，第九型是懒惰。至于第三型，它

---

① 有关依察诺研究九型人格的详情，可见萨姆·基恩的《我们根本没想要强固自我或使其感到幸福》，参见《奥斯卡·依察诺访谈》（最初刊于《今日心理学》，1973年7月）第8页之后内容；多萝西·德克里斯托弗的《我是一种新传统之根》，参见《奥斯卡·依察诺访谈》第144页之后内容；约翰·利利和约瑟夫·哈特的《阿里卡训练》，见《人际心理学》第333页之后内容。我极力把《阿里卡训练》推荐给对依察诺的九型人格感兴趣的朋友。对依察诺观点的另一篇重要简介，可见迈克尔·古尔德伯格的访谈和论文，1993年10月首次发表于《洛杉矶周刊》第15—21页，标题为《九型人格之战》。

的私欲是欺骗，第六型的私欲是恐惧。

依察诺最初在玻利维亚的拉·帕兹应用心理学研究所讲授九型人格，将其作为更大的人类发展体系的一部分。后来，20世纪60年代，他又在智利的阿里卡讲授九型人格。1971年，依察诺来到美国，创立了阿里卡研究所，继续讲授他的体系。从宣传册上看，阿里卡研究所主要"讲授人类发展的科学，这一科学的宗旨是使人的潜能得到系统、充分的开发。它综合了东方神秘主义和西方心理学传统，形成了一种理论和方法体系，意在应对我们这个技术社会的现实和压力"。最早学习依察诺体系的人主要是来自加利福尼亚大苏尔的伊莎兰学院的美国人，其中包括约翰·利利博士和精神病学家克劳迪奥·纳兰霍博士[①]。

正如我们现在已经知道的，对九型人格以后的发展产生深远影响的是依察诺的原创性研究。既然找不到任何明确的先驱，那我们只好支持他的说法并满足他的愿望，充分相信是他作出了重大的发现，把9种人格类型的核心观念和九型人格符号体系按照正确的排列组合结合在了一起。依察诺称这一符号体系为"九角图"，和葛吉夫一样，他把这个体系放置在了一个完整的觉知教学的大语境中。采取这一角度的确需要大智慧，我们同意，脱离对心理成长和精神实践的严肃思考来研究九型人格至多只会得到有限的结论。不过，我们希望，这个体系能帮助我们认识自己，认识我们的人格类型中的陷阱，也许还可以激发我们对九型人格理论与实践的更深刻含义的真正兴趣。

然而，本书中提供的关于九型人格的解释与依察诺研究大量要点的角度有所不同，尤其是在力图使"自我固着"（依察诺对人格类型的称谓）更容易为人们所理解和接受，以及力图让人格类型同现代心理学保持更明确的一致性方面。

依察诺对九型人格的研究与我们的研究实际上全然不同。依察诺对九型人格的解释内容繁杂，包括许多关于自我固着的材料、每一种自我固着的"陷阱"、"神圣观念"、激情和德行、与获得开悟有关的身体器官和生理系统、"心理活动"（思考身体的象征方法）、星象、占卜等，不一而足。而且，依察诺的阿里卡学派和其他当代九型人格研究者对各个类型的基本描述也有着不同的意义。想要更多地了解依察诺的研究的人，可以在北美的许多大城市找到阿里卡研究小组和出版物。

在九型人格的传播过程中，接下来的一个联系点当然是克劳迪奥·纳兰霍博士。他出生于智利，是一位著名的精神病学家，是1970年从伊莎兰来到智利阿里卡加入依察诺的第一批人之一。在那里，他不仅了解了九型人格，还了解了依察诺哲

[①] 有关纳兰霍博士与依察诺的相遇，可参见约翰·利利的《旋风的中心》第126页以后的内容。

学体系的其他许多方面。回到美国后，他开始在加利福尼亚的伯克利市向非正式的个人小组讲授九型人格，和他本人一样，这些小组成员对探究发展的技术和扩展人类意识也有着浓厚的兴趣。他称这个小组为 SAT，即"真理追求者"（Seekers After Truth）的缩写，这个名称来自葛吉夫早期研究时创立的一个小组，以示对葛吉夫的敬意。

一般认为，纳兰霍扩展了对九型人格类型的描述，发现了这些类型与众所周知的精神病学各范畴之间的联系。他为此在讲座中把参与者分成一个个小组，利用他身为精神病学家的技术和作为一个格式塔治疗师的经验对小组成员进行访谈，提取有用的信息，以说明他对各个类型的认识。这最终发展为利用个案说明九型人格诸多类型的各个方面的方法。

同样在 20 世纪 70 年代初，美国的几位耶稣会神父——其中最著名的就是罗伯特·奥克斯神父——从纳兰霍博士和他的 SAT 小组那里得到了一些材料。奥克斯神父在芝加哥洛约拉大学向其他耶稣会修士传授了九型人格，由此九型人格被迅速传播开来。不久，这些耶稣会修士开始把九型人格用于教学中，为研讨班的学生和与他们有联系的其他领域的人提供咨询建议。在耶稣会修士涉猎九型人格之前，就我们所知，对 9 种类型简短的、印象式的描述就已经开始在北美流传。只是到 1972 年—1973 年，才第一次出现了对人格类型的扼要评论，并在耶稣会的神学中心尤其是加州大学伯克利分校和芝加哥洛约拉大学的非正式研讨班上被讲授。唐·理查德·里索就是这个时候接触到九型人格的早期材料的，他回忆说：

> 当我 1974 年在加拿大的多伦多接触到九型人格时，"耶稣会的材料"的核心主要包括 9 个印象式的人格类型轮廓图，它们各被画在一页纸上，这些图就是本书的种子。

> 起初我对我所看到的九型人格颇为怀疑。和大多数新人一样，我尤其不喜欢被别人随意扣帽子，但因为我的兴趣，很快就有人给我扣上了一个"苏菲数字"的帽子。当时，我是一个耶稣会研究生，在多伦多大学学习神学。我和其他耶稣会学生住在一起，他们称九型人格的人格类型是"苏菲数字"，而不是说第一型人格、第二型人格、第三型人格，等等。如果他们倾向于相信这一古代类型学，就会把它迅速地套用在各自的身上，完全就像是在套用星象学。

> 我的第一印象是，九型人格和 20 世纪 70 年代出现在加利福尼亚的许多东西一样，是一种时尚，而我是不愿卷入其中的。但是，随着我不断听到人

们谈论苏菲数字，我开始着迷了，不久我就能顺利地透过这一体系的表面用途，发现它所包含的真正洞见。

我向九型人格的转变很突然。1974年冬天的一个早晨，天刚蒙蒙亮，我就醒过来了。没有任何特别的原因，我打开了活页夹，里面收集着来自其他耶稣会修士的有关九型人格的资料。我躺在毛毯下面认真地读着那些资料，第一次极其专注地研读9种人格类型的印象式轮廓图。不久我就在里面找到了自己的类型，再后来，我就能够辨识出其他研究生、我的家人和朋友的人格类型。几个小时后，当我终于从床上爬起来的时候，我意识到这个体系所包含的东西远不止我曾经认为的那些，我想要对它有更深入的了解。

作为一个心理学体系，尽管九型人格的许多细节还未被深究，但我仍能直观地发现人格类型基本的正确性。九型人格似乎是依照某一可理解的方式对人进行了分类。我生平第一次认识到真的存在所谓的"人格类型"，尽管每个人都是独特的，但他们也属于某一更大范畴，他们只是这个类属的特例而已，就像动物王国里有各种不同的灵长目动物一样。我觉得，我不再是未知之物的傀儡：我可以更深入地洞察人类，认识每个个体所属的人格类型。这就是我所获得的启示。

我对九型人格的热情并非曲高和寡。随着越来越多的人开始熟悉它，人们对九型人格的兴趣也在不断增加。一些耶稣会修士甚至在非正式场合向朋友和熟人介绍它，还有些耶稣会修士开始把九型人格供奉在静修密室的贡台上。对九型人格的热忱很快在耶稣会以外的宗教和非宗教圈子中传播，且遍及美国、加拿大和欧洲，尤其在人类潜能开发小组中最为盛行。不过，其中仍然缺少一个东西，那就是对九型人格如何运作，人们没有一个明确的概念，对各个人格类型本身也缺乏更为准确的描述。

既然九型人格是有效的，我认为它必定与现代心理学的发现是一致的，因为两者都试图描述同一个事物——人。在运用九型人格两年多以后，我对它的有效性和用处更是深信不疑，我想尝试着用现代心理学的观点对它加以阐释。

不久我就发现，有充分的理由表明，要把耶稣会的苏菲数字同心理学联系在一起是很困难的。九型人格的发展和传播一直是一个谜。没有一个源头或传统可以追溯。实际上，在我看来，很显然，我一直在研究的九型人格的3个主要源头，即葛吉夫、依察诺和耶稣会修士，是完全不同的。而且，1975年一整年我都在研究九型人格，却没有写出一个字。

到目前为止，我们所看到的九型人格传播路线图大约可以帮助我们了解九型人格的历史。

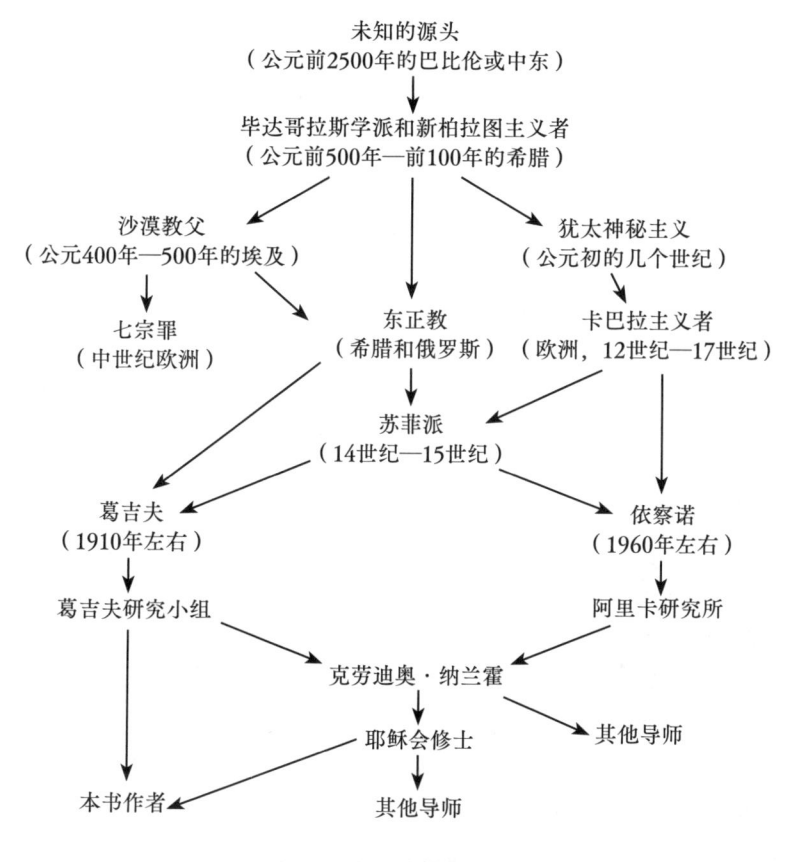

```
                    未知的源头
              （公元前2500年的巴比伦或中东）
                         ↓
              毕达哥拉斯学派和新柏拉图主义者
              （公元前500年—前100年的希腊）
              ↙          ↓           ↘
        沙漠教父                    犹太神秘主义
    （公元400年—500年的埃及）      （公元初的几个世纪）
        ↓      ↘           ↓              ↓
      七宗罪        东正教            卡巴拉主义者
    （中世纪欧洲） （希腊和俄罗斯）  （欧洲，12世纪—17世纪）
                    ↓                     ↓
                  苏菲派
               （14世纪—15世纪）
              ↙              ↘
         葛吉夫              依察诺
      （1910年左右）      （1960年左右）
         ↓                    ↓
     葛吉夫研究小组        阿里卡研究所
         ↓        ↘       ↙
              克劳迪奥·纳兰霍
              ↓       ↓      ↘
          耶稣会修士         其他导师
         ↓        ↓
       本书作者  其他导师
```

图2-1 九型人格的传播

搜集有关九型人格的材料还不是唯一的困难。自20世纪70年代开始，不同的导师都在补充材料，他们时常会加入一些自己的理解，并把它们传给自己的学生。学生们转而又成为九型人格的传授者，他们也添加一些自己的东西，就这样代代相传。不论好坏，材料在不断地变化，于是出现了许多不同的阐释，甚至在耶稣会传播路线的内部也有这种情况。

尽管后来添加的一些东西体现了在认识人格类型方面的某种进步，但另一些则很难这么说。例如，有些导师详细描述了某些颜色和动物，将其作为每一类型的象征，这一研究也许有着委婉的诗意，可事实上，其他导师可以任意改变颜色与动物。

更重要的是，不同的阐释在一些基础问题上——比如整合方向和解离方向——从根本上讲是相互冲突的，而最为重要的是，有些导师错误地把一种人格类型的特质归于另一种。结果导致九型人格的传播变得乱七八糟：听起来像是那么回事，实际上却根本不足以给人们的日常生活提供多大帮助。

所有这些似乎还不足以说明其中的问题，传统的九型人格材料倾向于讨论负面特质，几乎只关注每种人格类型的不健康的方面。当然，认识我们内心不健康的倾向是极有帮助的，因为我们身上的那些负面东西给我们和他人带来的困难远大于正面倾向带来的影响。但是，人们很快就会明白，如果希望九型人格对我们有价值，就必须说明个体的正常和良好的方面。人格类型应当描述整个人，而不是只描述其神经官能症。唐·理查德·里索继续说：

> 因此我决定描述每一种人格类型在健康状态和一般状态下的特质。我没有意识到我给自己设定了一个多么重大的任务。实际上，几年来，为了发现和整理几百条甚至上千条刻画人格类型的特质，进而发现这些特质在每一种类型中是如何协调一致地产生出一个统一的整体，我一直陷于繁重的工作中。按照心理学原则，神经官能症产生于正常行为模式的扭曲和冲突，我最终发现，健康的、一般状态下的和不健康的特质形成了每种类型的特质连续体（这就是人格发展的各个层级）。（下一章我会对连续体予以更充分的说明，那是九型人格基本理论的指南。）

总之，我已经保留了关于九型人格的本质及其9种人格类型的说明，同时对许多乱七八糟的阐释和围绕这些阐释累积起来的错误归类持怀疑态度。我删掉了某些比较深奥玄秘的内容——虽然它们最初属于传统教诲的一部分——以及那些看起来既无益也不准确的阐释。

对于那些没有意义或没有助益的东西，我不会予以保留。围绕九型人格理论的累赘之物清除得越多，这个类型学就越明显地值得我们予以更广泛的认识和运用。

最后，目前还没有科学的证据证明这9种人格类型。我除了运用自己的观察、直觉和阅读以外，没有对这些类型做任何正式的研究。人们都说，与其说心理学是一门科学，不如说是一门艺术，我的兴趣更多地在于心理学真理的人文主义方面，而不在于它的科学证据方面。

每一个知识体系都有自身的证据。一个艺术命题的真实性证据当然不同于一个历史命题的真实性证据，恰如历史的证据不同于物理学及其他自然科学的证据一样。九型人格的准确性证据不在于它有多少经验方面的有效性，而在于它有多大能力，可以以某种能加深人们对自己和他人的认识的方法来描述人性。总而言之，本书对人格类型的描述或者有能让读者认同的真实感，或者没有；九型人格或许能解释你自身的经验，或许根本不能。只要愿意花时间，你一定能在本书中找到你自己。当你发现自己的人格类型的时候，一定会体验到一种认知上的震惊——这便是九型人格具有准确性的最重要证据。

葛吉夫针对所有神秘主义体系提出过相当好的忠告。这些忠告完全适用于许多心理学问题，当然也完全适用于九型人格。

> 事实上，在神秘主义文献中，据说有许多东西是表层的和不真实的。你最好忘记这一切。你在这个领域的研究乃是心灵的最好修炼。这些研究的伟大价值就在于此，也只在于此。它们不会给予你知识……请你用你的常识判断一切吧。做你自己的深刻思想的主人，不要接受任何信仰，当你、你的自我通过深刻的推理和论证得到了不可动摇的证词，并使你对某个东西有更充分的认识时，你就达到了融合无间的境界。（詹姆斯·韦伯.和谐之圈.500.）

葛吉夫的忠告同样值得运用于本书之中："做你自己的深刻思想的主人，不要轻信任何事。"如果九型人格在你的生活中有价值，那是因为你已经参悟了它，把它变成了你自己的一部分。如果你在书中发现了自己，如果书中的描述在你自己的经历中得到了印证，那么为之付出的努力就是值得的。

第三章

指南

要想理解九型人格是如何运作的，就有必要简单地了解一下关于它的一系列概念。然而，要描述人格类型就需要进行区分，所以从根本上说，九型人格理论是精微而复杂的。在本章，我们不必关注九型人格的所有细节，而只是想介绍一下你必须知道的几个关键点，以便你能更好地理解和运用那些描述。

本章的解释有意做到尽可能简单，至于更为复杂的思想，将在本书第十三章"高级指南"和第十四章"九型人格理论综述"中予以讨论。

九柱图的结构

九柱图乍看之下很复杂，可实际上，其结构很简单：在一个圆的圆周上有9个等分点，分别标以数字1—9，9一般在最上部的正中间，意在体现对称。每个点代表一种人格类型，9种人格类型间的关系则如圆内部的直线所示。如果你能自己动手画这个图，将有助于了解九柱图的结构。

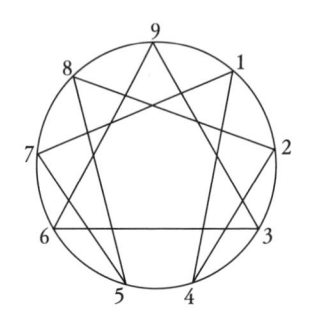

图3-1 九柱图

请特别注意，3、6、9三个数字的位置正好构成了一个等边三角形。其余的6个点则以下述方式连接：1与4相连，4与2相连，2与8相连，8与5相连，5与7相连，7又与1相连。这6个点构成了一个不规则的六边形。这种连接顺序的意义在后面会讨论到。

三元组

从最简单的分析层面上说，九型人格就是将9种人格类型区分为3个三元组——情感三元组、思维三元组和本能三元组，每个三元组各有3种人格类型，这3种人格类型反映了其所在三元组人格特质的需求或表现倾向。譬如，第二型情感需求强烈，感情也极为丰富，所以被列在情感三元组内；而第七型的需求及专长皆与思维有关，所以被列在思维三元组内。9种人格类型都是如此。

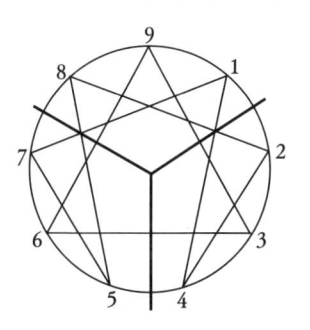

图3-2 九柱图的三元组

每个三元组中的3种人格类型并非随意选取的，它们源于一种最能体现该三元组的心灵能力的辩证法，即从正题到反题再到合题。在每一个三元组中，有一种人格类型过度表现了该三元组的典型能力，另一种人格类型则表现不足，还有一种人格类型则完全失去了与该能力的联系。这种关系表现在图3-3中。

9. 完全与本能失去联系

8. 过度表现本能　　　　1. 对本能表现不足

7. 对思维表现不足　　　　2. 过度表现情感

6. 完全与思维失去联系　　3. 完全与情感失去联系

5. 过度表现思维　　　　4. 对情感表现不足

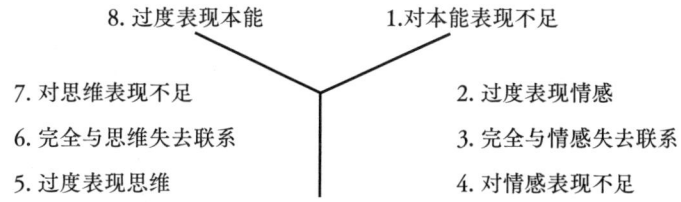

图3-3 三元组的辩证结构

一个三元组接着一个三元组地浏览一下九型人格，就会明白其中的意思。例如，在情感三元组中，第二型过度表现了其情感，且只表现正面的情感而压抑负面的情感，这种压抑有时是戏剧性的，有时是歇斯底里的。第三型则完全与其情感失去了联系，压抑情感，以便更有效地发挥功能，给他人留下好印象。第四型则属于情感表现不足，总是通过某种艺术或审美的生活来间接地表现自身。而且，第四型的情感很容易受到其情感观念的影响，或过度依赖对其情感的想法。

在思维三元组中，第五型的思维能力被过度表现：以思考取代了行动，无休止地沉浸于越来越复杂而又日益封闭的思想之中。第六型则完全与其自身的思想失去了联系，因而第六型人总在为他们的想法寻找肯定和信心，或倾向于循环性的思维模式，同时这一模式在其直接经验中又没有任何根基。第七型则属于思维能力发展不充分，因为他们总是虎头蛇尾，无法完整地思考问题，一个想法还没有完成，就把注意力转向了其他地方。再者，第七型的思维风格过度依赖于活动，依赖于对他们将要做的事的预期。

在本能三元组中，第八型过度发展了其对世界的本能反应，总是急匆匆地对环境作出本能的强烈反应，而不能真正停下来预想一下这些行动的后果。第九型则完全与其本能失去了联系，因而也失去了与周围环境的直接联系。第九型人脱离了本能冲动，不愿对世界作出反应，以维持其内心的稳定和宁静。第一型则未完全发展其本能，以一种严格的、受超我驱使的良心来压抑本能冲动。本能常常是迫使人去行动的动力源泉，但在第一型人那里，本能受到了情感尤其是愤怒的影响，且依赖于这种情感。

我们把等边三角形上的3种类型——第三型、第六型和第九型——称为"基础"人格类型，因为这3种人在情感、思维或本能方面有着最严重的问题与障碍。其他6种人格类型——位于六边形上的第一型、第四型、第二型、第八型、第五型和第七型——则被称做是"第二"人格类型，因为这6种人格类型都含有混合的成分，不像前述三者那么远离情感、思维或本能。在第十三章"高级指南"中，我还将详论"基础"与"第二"这一区分的意义和重要性。

不管一个人的人格类型属于哪一个人格三元组，他都有用情感、思维和本能来应对环境的能力。一个人之所以会属于某一种基本人格类型，是因为早在童年时期就已经产生的自我意识和本我对某一种基本人格的认同超过了另外两种。但是，这并不意味着其余两种能力就消失了。一个人之所以为人，就是因为他体内3种能力间的平衡不断变化，形成了他的人格特质。

关注三元组中的基础人格类型只是自我认识开始的第一步。还有其他许多因素也是这个进程中的组成部分，因为从最抽象的意义上说，九型人格只是关于自我的最具普遍意义的曼陀罗[①]——是我们每个人的一种象征。

[①] 来自梵文，一种几何图形，在印度教等宗教中代表着宇宙。——编者注

基本人格类型

思考九型人格的最简便方法就是勾勒出9种不同人格类型的轮廓，并在九柱图上用数字把每一种类型标记出来。每个人从孩提时候起就是某一人格类型中的独特一员，其心理潜能就已经发展完全，或是从一开始就退化了。

人格类型及其相互间的关系可以用图示来表现。九柱图圆周上的每一个点都标志着一个特殊的人格类型，可以充分、准确地把这一类型和其他类型区分开来。如果某一种类型能够特别准确地描述你的性格特征，那么它就是你的基本人格类型，通过后面的介绍，你将能认出自己属于何种类型。

心理学家通常认为，人格特质的形成，大部分是孩子童年时期与父母及周围重要人物互动的结果。儿童成长到四五岁的时候，就具有自我意识和独立的自我感觉了。虽然此时他的自我认同未臻稳定，但已开始学习如何找寻最适合自己生存的生活方式，在这世上生根立足。无疑，必有某些先天的遗传因素预先决定了一个人的气质（实际上一出生就有了），也就是说，人格特质有其生理基础。但科学家并没有办法确切指出，先天因素对人格特质的影响究竟有多大。不管怎么说，九型人格中的每一种基本人格类型都代表着儿童有意无意间适应家庭和世界的综合方式。简言之，一个人的基本人格类型代表着童年时期所有影响人格特质形成的因素互动的总体结果，先天因素当然也包含在内。在后面的描述和第十四章"九型人格理论综述"中，我们会对每一种人格类型在儿童时期的起源给予更充分的说明，在此就不再赘述。

然而，对于基本人格类型，有几个比较重要的要点应当说一下。第一，一个人的基本人格类型不会从一种类型变为另一种类型。每个人都是群体中独一无二的一员，且有一种类型会伴随一生。在现实生活中，虽然人们时常发生各种变化，但其基本人格类型是不会改变的。

第二，所谓的9种人格类型是普遍适用于男性与女性的，没有哪一种类型专属男性或专属女性的。性别角色以及基于生理的性别差异固然重要，但那不是本书的讨论范围。无论如何，我们与男性气质或女性气质相联系的许多东西实际上都是文化期望和习得的结果，而非人之自然本性所固有的。

第三，对某一种基本类型的所有描述并不全都适用于某一个人。这是因为每个人都处于其人格类型的健康状态、一般状态或不健康状态的某一点上。例如，如果你的人格类型基本上处于健康状态，那么有关你的不健康特质的描述此时便不适用，反之亦然。然而，如果你能更客观地了解自己所属的人格类型，就可以知道你所属人格类型的所有特质其实是你本身固有的真正发展方向。如果你变得更健康或更不健康，就会按照九型人格预示的方式变化。

第四，正如我们已经看到的，九型人格是以数字1—9来表示人格类型的。关于数字的运用，有几个方面需要了解。使用数字表示的首要原因是，数字是没有指涉的。它们是中性的，所以它们指的是每一类型的全部人格特质，而并不指明究竟是正面特质还是负面特质。数字是无偏私的，只是指明一个人的诸多方面的一种简便方式。不像精神病学中使用的诊断标签，数字之所以有帮助，就因为它们没有贬义。

例如，在精神病学术语中，常常以病态的特征来指称人格类型，如强迫型、抑郁型、精神错乱型、反社会型，等等。九型人格除了描述每一人格类型的病理方面之外，也包含了健康状态与一般状态下的特质。所以，用病理学的标签来指称一般状态或健康状态下的人显然是不恰当的。而且，把自己看做是第六型而不是妄想型、是第八型而不是反社会型等，显然更有激励作用，尤其是当你生活中的一切都井然有序时。总之，由于九型人格比精神病学的判断标准更具包容性，所以，尽可能使用中性的、不带偏私的指称方式显然要更为合适。数字正好具有这种功能。

关于数字需要讲的最后一点是，数字的排列顺序没有什么深意。数字的大小并无好坏之别，第九型并不因为9比较大就比第二型好。

第五，没有哪一种人格类型天生地比其他类型更好或更坏。每一种类型都各有优点与弱点，我们应该全面了解才能真正有所裨益。虽说所有的人格类型都有其优点和弱点，但在某一文化圈或群体中，有些类型通常比其他类型更受人喜爱。你也许不喜欢你的人格类型，也许觉得你的类型在某些方面是"有缺陷的"，让你很不满意，然而，当你对所有的人格类型有了更多的了解以后，就会发现每一种类型在某些特定的方面都有其局限性，每一种类型也都有其独特的能力。如果某些人格类型在现代社会比其他类型更受偏爱，那只是因为社会更欣赏这种特质，而不是因为这些类型更有价值。

譬如说，在我们这个竞争性的、物欲的、以成功为导向的社会中，攻击性强、自信、外向等特质可能会得到更高的评价，而内向、羞涩、随和的类型则更容易被视为次一等的。如果你觉得你的人格类型属于后一类，那么请记住，更受社会青睐的类型也有其局限，不那么受社会欣赏的类型也有其优点，也可以得到欣赏。重要的是尽量发挥你的特长，而不是一味羡慕他人的力量与潜能。

辨识自己的基本人格类型

把这些概念运用于你自身，可以使它们变得更加具体。图3-4中的9种角色哪一种最像你呢？或者换一种问法，如果要用一句话来描述你自己，下面哪一句最接近你的本色？

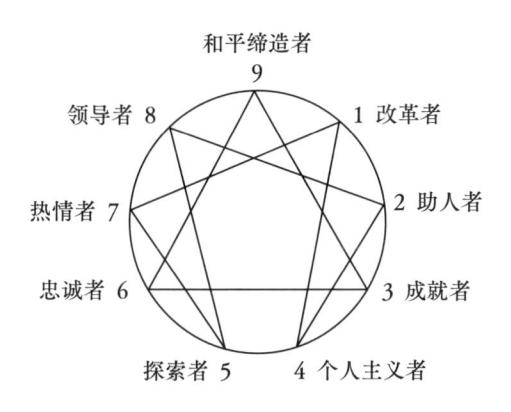

图3-4　9种人格类型的排列

现在我们对这些词做扩展性描述。读一下由4个主题词组成的描述，看看你是否还觉得自己符合刚刚尝试指认的那个类型。要记住，这些特质仅仅是一些重点，并不代表每一种人格类型的全部。

第二型：关怀他人、慷慨大方、占有欲强、喜好操控。
第三型：适应能力强、雄心勃勃、过度注重形象、具有敌意。
第四型：直觉敏锐、善于表达、以自我为中心、抑郁。
第五型：洞察力强、有创造力、冷漠、有怪癖。
第六型：迷人、值得托付、防御心强、偏执。
第七型：有热情、追求成就、不受约束、躁狂。
第八型：自信、果断、专横、好斗。
第九型：平静祥和、让人放心、自满、疏忽。
第一型：讲求原则、守秩序、完美主义倾向、自以为是。

现在我们可以看看每一类型的主要优点和弱点，看一下为什么每个类型都在情感、思维或本能三元组中各得其所。虽然下面的描述仍很简单，但可以检测一下你所尝试选择的人格类型是不是仍与你最为吻合。如果不是，就该考虑一下另一种更有可能的类型。

情感三元组：第二型、第三型和第四型

这3种人格类型在涉及情感的问题上有着相同的优点和弱点。当这些类型处

于健康状态时，其情感正是他们性格中最受欢迎的焦点，能使他们的人际关系备受好评。而当这些类型处于不健康状态时，他们的情绪就会以这样或那样的方式失去平衡。

健康状态下的第二型人的力量来自于维系对他人的正面情感的能力。他们富有同情心、慷慨大度、充满爱心、细心体贴，愿意舍身为人服务。而一般状态下的第二型人则颇具占有欲，喜欢控制一切，欲求较多，但又不能直接表达他们的需求。他们希望得到他人的爱，却常常过度地冒犯他人。不健康状态下的第二型人会欺骗自己，否认自己存在负面情绪，特别是愤怒和怨恨。他们希望别人认为他们时时刻刻都充满爱心、善良，却忽视了自己操弄他人及自私的事实。

健康状态下的第三型人的力量来自于他们总想提升自己以及自己适应他人的能力。他们能很快地学会如何让自己处于最有利的情势中，对建立和维持高度的自尊有特别的兴趣。以社会的评价标准来看，他们的确做得很棒，令人佩服，所以他们拥有一种能力，能鼓动他人效法自己。而一般状态下的第三型人则完全不注重自己的情感与独立，他们压制自己的情感，以便更有效地表演，使他人喜欢自己。他们失去了与自身情感的联系，但又想取得成功，获得他们所渴望的肯定。不健康状态下的第三型人在得不到他们想要的赞美和注意时，会变得充满敌意。

健康状态下的第四型人的力量来自于直观自省的能力。他们十分个人化，能以各种方式展示自己的情感并与他人交流，使他人与自己的情感保持联系。而一般状态下的第四型人太过注重自己的情感，尤其是负面情感。他们远离他人，退缩到幻想的天地中。不健康状态下的第四型人则极度抑郁，疏远人群，被自我怀疑、自我憎恨所折磨。如果不能适应现实环境，他们甚至可能会走上自杀的道路。

总之，情感三元组的这3种人都有"认同"与"敌视"的共同问题，而他们认同与敌视的对象可能是自己，也可能是他人，或者二者兼具。他们的自我认同问题源于对真实本我的否定，转而选择了一个他们认为在某些方面更容易被接受的人格面具。虽然9种类型都涉及维持"自我形象"的问题，但对这3种类型来说，这个问题尤为关键。因而，这3种类型的人都极度关注自尊、个人价值、受欣赏程度、颜面，想要他人认可自己已有的形象。

我们可以更具体地考察一下这3种类型处理其共同问题的不同方式。第二型人的问题在于他们的自我形象，因为在一定意义上，他们拒绝面对自己真实的情感和特质，尤其是他们受到的伤害、需求和羞耻感，为的是让自我觉得（也是要他人承认）自己是充满爱心、慷慨大方的。的确，第二型人可能是有爱心的和大方的，但当他们对他人越来越失望、变得越来越孤独的时候，就会渐渐地压制自己的真实情感，以维系"充满爱心的"自我形象。这把他们引向了自我欺骗、压制自身的愤怒、操控他人以及越来越严重的挫折感和悲伤。

根本问题在于，第二型人主要是到自身之外、到他人那里寻求对其"无私的"自我形象的认可。他们想要寻找特别的回应，以确认自己是被人爱和受人欣赏的。如果没有如期得到这些回应，他们就会压制自己的失望，加倍努力以期赢得他们渴望的正面回应。然而，一旦自尊遭到践踏，他们就会尽最大努力去寻求他人的赞赏，最终被耗得筋疲力尽，变得越来越怨恨，越来越心碎。

从一定意义上说，第四型人的问题与第二型人的问题实际上恰好相反。第四型人的问题在于他们的自我认同，他们从未完全肯定自己究竟是谁。他们不会太多地认同他人，于是转向了自己的情感和想象的世界，以建构一种自我形象。不幸的是，这一自我形象与现实情形可能只是偶有相似，于是他们开始拒斥真实的生活，为的是维持那个只存在于想象中的理想化的自我形象。由于持续的挫折感，他们根本无法适应他们为自己建构的自我形象。

尤有甚者，第四型人几乎就是第二型人的对立面，因为他们主要是向内心而不是向他人寻求支持，以维护自我感觉。另外，第二型人需要压制自己的许多负面情感以维持自我形象，而第四型人则是通过压制正面情感来维持其作为无辜"受害者"的自我形象。第二型人的自我形象是由一种亲近感和与他人的联系支撑着的，而第四型人则通过他人眼中的自己究竟多么与众不同而从他人那里获得更强有力的自我感觉。他们的自我形象提升了其独特性，甚至到了疏离的程度，同时压制其人格中的许多在他们看来"普通"或"平凡"的方面。

处在情感三元组中心位置的第三型人既像第二型人一样渴望他人认可自己正面的自我形象，也像第四型人一样转向内心的想象，渴望创造一个极力想要实现的理想化的自我。在这3种类型中，第三型人可能是最远离自己的情感和需要的，因为他们对形象的关切来自于外部和内部两个方面。第三型人渴望从自身之外判断什么样的活动或特质能得到他们所看重的人的正面评价。同时，他们也热衷于通过内心的对话和想象成为他们想要成为的那种人。这充其量只是在内心"鼓舞士气"，或是长时间陷入成功和奉承的幻觉中难以自拔。但是，跟第二型人和第四型人一样，第三型人已经否定了真实的自我，结果，他们的成就不可能真正地让他们感到高兴或满足。

思维三元组：第五型、第六型和第七型

这3种人格类型在思维方面有着同样的优点和弱点。当处于健康状态时，这3

类人有着其他人格类型无法匹敌的非凡的洞察力、想法和认识能力：他们通常拥有卓越的实践成就、艺术成就或科学成就。但当他们处在不健康状态时，其思维能力就会以这样或那样的方式失去平衡。

健康状态下的第五型人的优点使他们成为所有人格类型中最具感知力的一类。健康状态下的第五型人对周围环境的某一方面有着极其丰富的知识，且能针对问题提出聪慧的、具有原创性和创造性的解决之道。而一般状态下的第五型人在思考和想象方面要比行动方面更为擅长，因此他们常常迷失于心灵的奇思妙想中，削弱了生活能力，减少了实践机会。由于思考得太多，不健康状态下的第五型人会在找到解决之道前制造出更多的问题，因为他们完全与现实脱节，根本分辨不清现实与非现实、真实与非真实。

健康状态下的第六型人的力量在于他们条理清晰的思维能力和预见潜在问题的能力。健康状态下的第六型人行动时，通常对所有人都有益。作为忠诚的、可信赖的朋友，他们把自己奉献给他人，也从他人那里寻找同样的特质。而一般状态下的第六型人则过多地到自身之外去寻求权威者或信仰系统的"认可"，依赖权威指引自己的行为或告诉自己该如何做。除非权威站在他们一边，否则他们会完全没有自信，但他们又觉得必须以对抗权威的方式来表明自己一贯的独立性。不健康状态下的第六型人则完全屈从于焦虑、自卑与缺乏安全感的影响，因而会作出自我毁灭性的行为，导致他们最害怕的结果。

健康状态下的第七型人的优点在于，他们极端敏捷和热忱的心灵使他们能够以异乎寻常的方式处理问题。健康状态下的第七型人热情洋溢，对周围环境高度热忱，在所参与的各种活动中均能有非凡的建树。而一般状态下的第七型人则极为冷酷无情，不择手段地尝试各类事情，却经常虎头蛇尾，因为他们的目的是不断寻求新的感受。具有讽刺意味的是，他们做得越多，就越难以满足，他们总想让自己时刻有事可做，这样焦虑就不能影响他们。他们不断地想象着自己一再错失良机，所以难以在日常活动之外找到快乐。他们贪婪地想要得到更多，这样他们就不会觉得被剥夺了。不健康状态下的第七型人以自我为中心，就像一个浪荡闲散的逃避者，失去控制、放浪形骸。

总之，思维三元组的这3种人都有"不安全感"与"焦虑"问题，不同的类型处理不安全感和焦虑的方式也有所差异。由于这3种类型总是深深地觉得缺乏支持——或是来自他人，或是来自环境——所以总有一种挥之不去的恐惧或焦虑纠缠着他们。由于担心不能获得必要的支持，所以这个三元组中的各个类型为了得到一定程度的安全感、抵御内心的恐惧，会采用不同的方式对抗焦虑。

第五型人担心周围的世界和他们处理事情的能力。他们总觉得周围环境中潜藏着威胁和可怕的力量，认为自己根本无力满足许多生活需求。为了应对这些恐惧，他们以两种主要方式寻求安全感：第一，通过发展在某个知识领域或社会事务方面的特长来增强自信心；第二，通过尽可能减少与他人的联系和对他人的依赖来赢得安全感。第五型人从一开始就把外部世界的许多方面视为不可战胜的，所以他们日益退缩到自己的心智和想象中。基本上，第五型人应对恐惧的方式就是从环境中退缩，直到自己有能力——技能方面或知识方面——应付。

第七型人所采取的策略与第五型人实际上正好相反。初看之下，第七型人并没有表现出恐惧，他们满怀热情投身于生活，似乎是毫不犹豫地去探索新的经验、新的事务或新的人际关系。可是走近一看就能发现，他们对内心的现实满怀忧惧。他们不愿感受内心的焦虑和痛苦，每当意识到恐惧来临，他们就把自己投入社会事务中。第七型人怀疑自己处理内心的失落和忧伤的能力不足，所以转而向环境寻求支持，不让自己面对不堪承受的情感。第五型人从外部世界的活动中退回到内心去寻找安全感，而第七型人则通过在外部世界的活动中寻找安全感来驱赶内心的焦虑。

处在思维三元组中心的第六型人对外部环境和充满恐惧、忧伤的内心世界都满怀忧惧，因而他们总想在世界中建一道防护墙，希望这样可以阻挡现实世界中的危险。同时，他们还尝试建立起一种内部一致的信仰体系，这也可以带给他们一种安全感，帮助他们抵御内心的恶魔。通常，第六型人寻求安全感和保护网的方式更为直接，他们会求助于外界，作为安全的依靠。第六型人为了获得安全感所依赖的东西可以是一份安定的工作，也可以是一位好友，甚或一个哲学或宗教思想体系。无论如何，他们最明显地体现了思维三元组的核心问题：焦虑、害怕得不到足够支持和保护、缺乏安全感。

本能三元组：第八型、第九型和第一型

本能三元组的这3种人格类型共同的优点和弱点都与本能有关。当他们处于健康状态时，与周围环境及他人都能保持相当好的关系，能以内在的智慧来回应一切，通常都能成为领袖人物。然而，如果处于不健康状态，他们与世界及他人的互动方式就会失去平衡。

健康状态下的第八型人拥有无比的生命活力和敏锐的直觉，能在他人通常忽视的形势和人群中看清事情可能的发展方向。他们觉得自己强大能干，能以无比的自信、勇气及领导才能去激励他人完成伟大的成就。而一般状态下的第八型人

有十分强烈的攻击性,总想主导环境中的一切,急于肯定自己,一味想着自己本能的控制欲和自我满足,丝毫不顾及后果。不健康状态下的第八型人则像个暴君一样对待周围的环境,无情地迫害和打压阻挡自己的一切。

健康状态下的第九型人的优点源于开放的心胸以及完全认同一个人、一种信仰或一个中心体系的能力,这使他们能够始终保持镇静。哪怕周围其他人都歇斯底里,他们也能岿然不动。健康状态下的第九型人的感受力、乐观平和给了他人一种信心,使他人能够安居乐业,因为第九型人为每个人造就了一种安宁平和的气氛。而一般状态下的第九型人因脱离了与自己的本能驱动力、他人、环境的实际牢靠的联系而阻碍了自己的发展(以及应对现实的能力)。为了维系平静的内心,他们开始将他人或抽象的理念过分理想化。不健康状态下的第九型人太过依附于已与自己完全脱节的关于现实的幻觉,因而会变得极度危险、疏忽怠慢。

健康状态下的第一型人的力量源于他们不带偏私地与环境互动的能力,因此他们行事讲究智慧策略。健康状态下的第一型人理性、公正、诚实、遵守原则、听从内心的声音,这使他们对是非对错有着强烈的良知和明确的认识。而一般状态下的第一型人则无法与自己的自然冲动、情感和本能达成平衡,因为他们过分克制这些方面。他们追求绝对的完美,很难接受事物的本来面貌,因为他们觉得事情总是可以做得更好。不健康状态下的第一型人缺乏宽容心,自以为是,强迫性地挑剔每个人的毛病,却从不反省自己自相矛盾的行为。他们总是以最高理想为名,对自己和他人极度残忍无情。

本能三元组中的这3种类型的共同问题在于"压抑"与"攻击性",不同类型处理问题的方式不同。这3种类型还有一个问题,即为了维护自我的边界,他们会抵制自己的某种感觉,并以不同的方式抵制他人的影响。

第八型人可能是9种人格类型中最具攻击性和最自以为是的。他们乐于直接表现自己的本能能量,喜欢出风头,讲出自己的想法。他们与生命力的有力联系使他们极具自信,与别的类型相比,他们最不惧怕冲突。而实质上,第八型人对外部世界尤其是他人极为抵制。他们担心他人会操控和伤害他们,因而不愿受到他人太多的影响。为了防止这种情形发生,他们对世界采取了一种粗暴的、挑衅式的态度,带有攻击性地不断重申自己的意愿,以证明他人不可能对自己怎么样。虽然如此,第八型人还是要压抑自己的脆弱和优柔寡断,压抑自己想要与他人亲近的欲望——最终的代价就是使健康和心灵受到损害。

在许多方面,第一型人几乎与第八型人完全相反。第一型人也极具攻击性,但更加隐蔽一些。第一型人的攻击性常常指向自己,以一种渐进的方式进行自我批评，希望自己做得更好。第一型人对他人也富有攻击性，当他们真的攻击他人时，通常只是想借此转移超我的攻击。第八型人能够比较自由地驾驭他们的本能驱动力和直觉，而第一型人倾向于压抑自己的这些方面，所以容易变得紧张和愤怒，陷入内心冲突。正如第八型人抵御外部世界一样，第一型人要抵御自己的内心世界。他们怕冲动、欲望、本能或其他非理性的东西会暴露自己的秘密，所以尽可能警惕地控制自己的反应和应对方式。讽刺的是，他们越是这样做，他们的反应就越是反复无常，越是失去控制。第一型人最终会因为无休止的内心之战而耗尽精力。

第九型人处于三元组的中心，因此他们既要像第八型人那样抵御外部环境的影响，也要像第一型人那样抵御内心世界的本能驱动力的影响。然而，第八型人能够用他们的本能直觉去抵御世界，而第九型人由于压抑了自己的本能，所以应对乏力。他们力图在外部环境——尤其是他人的需求、自身内部的反应以及应对这些需求时可能出现的，如愤怒之类的混乱状态——之间维持一种平衡，结果损害了他们的本能力量和驱动力，最终会使他们变得冷漠、丧失活力。因而，他们想尽可能地栖身于安全的中间地带，在那里，没有什么东西可以烦扰他们；在那里，他们可以创造一个理想化的现实世界来解除内心的烦忧。第九型人用想象力与想象中的他人的形象建立联系，这样就不会威胁到他们内心的安宁和平静。因而，第九型人总想摆脱冲突和烦忧从而获得自由，但他们牺牲了对自身生命真实的、充满生气的体验。跟第八型人和第一型人一样，第九型人也要因为与生活的持久对抗而损耗健康和驱动力。

如果你还不能确定自己的人格类型，那至少要试一下把范围缩小到两三种最有可能的候选类型。随着你读完全部详细描述，你的基本人格类型最终会清晰起来。

一个常见的问题是，人们总是挑选他们喜欢的而不是实际的人格类型。要想避免这种情况，就要尽力对自己客观，虽然这是一件很难做到的事。然而，你对描述的了解越深入，对自己的认识越全面，你就越能够准确发现哪一种人格类型的描述最适合你的实际情况。所以，你应当花一点时间，找出自己究竟属于哪一种人格类型。

也许你会发现，自己对应着每种类型中的某几种特质，所以你觉得在所有的类型中都能看到自己的影子。尽管你在所有类型中都可能找到一些与你相似的特质，但当你读到自己所属人格类型的全部描述时，就会恍然大悟。这时你可能会感到脊背一阵发凉，或胃部一阵不适，这些征兆都是潜意识在提醒你，有某个东西正中你的要害。

从某一方面说，我们身上确实会呈现出各个类型某些方面的特质，所以，即使你十分确定自己的人格类型，认真研读每一章也应当是有所启发的。即使我们知道自己所属的类型且对它十分了然，我们从其他类型中获得的知识也会有极大帮助。这样做有一个再简单不过的理由。尽管在生命的不同时期，我们每天都会"遇到"其他类型，可自己的类型才是我们最终要回归的"家"。那是一面透镜，通过它，我们可以解释自己的经历，甚至可以解释来自与其他类型的互动的经历。因而，我们越是了解自己的基本类型，透镜就越不会歪曲我们的知觉。我们会用一种日渐清澈的眼光看待自己和他人。我们第一次认识到了自己的人格类型对生活的方方面面的影响是多么强烈，那甚至是一种地动山摇的体验。

　　本书对各种类型人格的描述并不艰涩难解，但可能会引起情感上的不适。可能有人在读到关于自己基本人格类型的描述时，会感到焦虑不安或情绪低落。看到自己的真实面貌就写在书页中，你可能会洋洋自得，也可能会烦躁不安。

　　如果你在阅读描述自己类型的文字时感到焦虑不安，应立刻丢开书暂停阅读，直到明白自己为什么会感到不舒服为止。再看看那些描述的最大好处就是，那会帮助你发现生活中需要改善之处。改变自己需要时间，也需要有面对自己不喜欢的真相的勇气与意志力，这是摆脱坏习惯和自我挫败的行为模式的唯一途径。同时，正如你将看到的，反思关于自己人格类型的描述这一过程本身就是一种宣泄：你越是深思这些材料，并把它应用到自己身上，你就越能自由开放地审视自己。

翼型

　　现在你已经尝试着确定了自己的基本人格类型，下面我们就要做进一步的完善了。重要的是，要知道没有人专属于某一个"纯粹的"人格类型。大多数人都是其基本类型和在九柱图圆周上与之毗邻的另外两个类型之一的独特混合体。那个与基本类型相邻且与之混合的类型被称为"翼型"。

　　你的基本类型主导着整个人格，而翼型则是对它的补充，会把一些重要的、有时甚至是矛盾的要素添加到总体人格中。翼型是总体人格的"第二面"，为了更好地认识自己和他人，必须详加考虑。例如，如果你属于第九型，那就可能会有第一翼型或第八翼型，要完整地理解你的总体人格，就必须在考察第九型的人格特质之外，考察其与第一型或第八型的人格特质的独特混合。

　　在某些情况下，人们会受到其翼型的强烈影响，而在另一些时候，在同一基本类型和翼型的结合体中，那种影响却很轻微。有些熟悉九型人格的人坚持说他们会受到来自两个翼型的影响，这种情况并非不可能。而且，从一定意义上说，每个人都有两个翼型，因为在某种程度上，我们所有人的人格都包含着9种类型的因素。因而，如果你是主三翼二型人，那你自然会希望受到另一翼型即第四型的影响，因为第四型是其他8种类型之一，它们在一定程度上全都是你人格的一部分。也许有许多人会受到两种翼型的同等影响。

然而，在我们的经验中，我们遇到的绝大多数人都只有一种主导的翼型，他们能与同一类型的其他人区别开来，就是因为各自的翼型不同。基本类型和翼型混合在一起，使一个人得以与基本类型和另一种翼型的结合区分开来。例如，一个主四翼三型人明显不同于主四翼五型人，事实上，两者间的差别是如此之大，以至于可以把两种混合类型视为独立的亚类型。的确，由18种翼型导出的亚类型是十分不同、十分重要的，为此，我们做了一些前人未做的尝试，对这些亚类型也进行了详细的描述，这在描述各个类型的章节中都可以看到。我们还给每一种亚类型起了一个独特的名称，在此，我们第一次在图3-5中列出来。

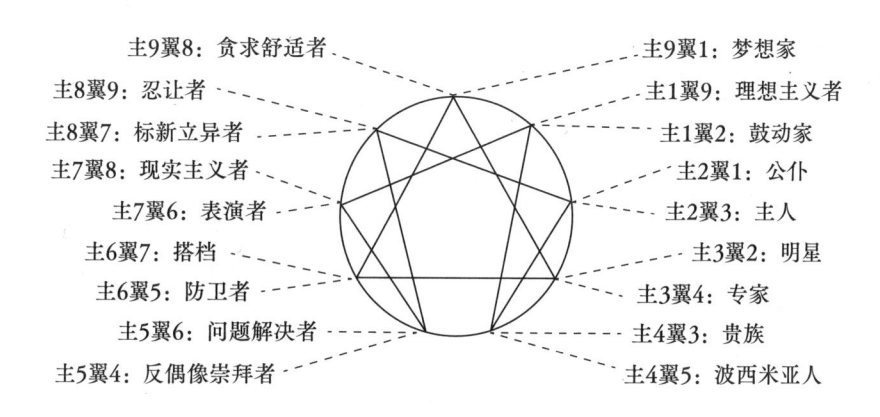

主9翼8：贪求舒适者　　　　　主9翼1：梦想家
主8翼9：忍让者　　　　　　　主1翼9：理想主义者
主8翼7：标新立异者　　　　　主1翼2：鼓动家
主7翼8：现实主义者　　　　　主2翼1：公仆
主7翼6：表演者　　　　　　　主2翼3：主人
主6翼7：搭档　　　　　　　　主3翼2：明星
主6翼5：防卫者　　　　　　　主3翼4：专家
主5翼6：问题解决者　　　　　主4翼3：贵族
主5翼4：反偶像崇拜者　　　　主4翼5：波西米亚人

图3-5　由18种翼型构成的亚类型

显然，在确定你的翼型之前，必须先确定你的基本类型。为了确定翼型，就必须知道与你的基本类型毗邻的两种翼型和哪些人格特质结合在一起。判断翼型的最佳方式就是详细阅读描述两种备选类型的文字，看一下哪一种最适合你。在描述每个类型的章节末尾，可以看到有关具有这些翼型的亚类型的详细描述，由此你可以确认自己的判断。

在第十三章"高级指南"中，你会看到更多有关翼型的说明，因为它对于解释为什么具有同一人格类型的两个人会有巨大差异有十分重要的作用。

发展层级

每一种人格类型都有一个总体结构。正如你将看到的，对每一类型的分析都会首先描述其健康状态下的特质，接着转向一般状态下的特质，接下来是不健康状态下的特质。这一结构就形成了人格类型的发展层级。

"层级"是里索发现于1977年，并在本书的第一版中进行说明的，构成了类型描述的基础。每一类型的9个内部层级提供了一个精细的概念框架，可以说明每一类型的人格特质和动机的整体构成方式。另外，人格特质是否被错误归类，它们与每一类型之间是否存在内在的一致性，通过层级理论，就可以一目了然地看出来。

要准确地认识一个人，不仅要认识他的基本类型与翼型，还要知道他处在基本人格类型发展层级中的哪一个层级，换言之，还必须诊断（暂时只要简单地判断）他是处在健康状态、一般状态还是不健康状态。这是极其重要的，具有同一基本人格类型和翼型的两个人，如果一个处在健康状态，一个处在不健康状态，其情形也会大相径庭。（一个人处在所属翼型的哪一个发展层级，也是相当重要的，但由于这很难辨认，在此就不重点介绍了。）

人格特质连续体并非一个学术概念，其实我们每天都在直觉中使用它。对于我们自己（以及他人），我们无疑会注意到一个现象，就是我们处在不断的变化中——有时会变得更好，有时会变得更糟。理解了层级概念，就可以明白我们为什么要提出这样一个概念，因为我们所谓的改变都处在特质谱系中，正是这个谱系构成了我们的人格类型。到第十三章"高级指南"，你会看到更多，会明白我们的变化是如何以及为什么会沿着一定的层级发展。

每一种基本人格类型的发展层级大致可以用图3-6表示。

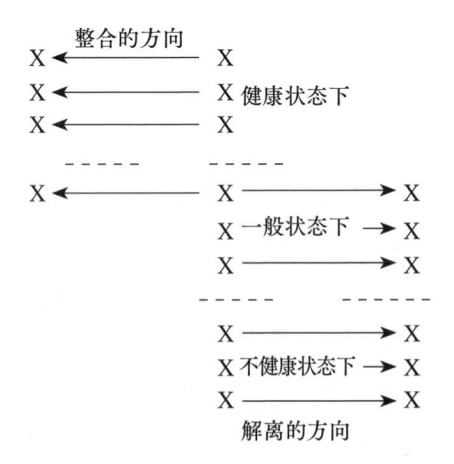

```
              整合的方向
        X ←──────────── X
        X ←──────────── X  健康状态下
        X ←──────────── X
           - - - - -  - - - - -
X ←──────── X ────────→ X
            X 一般状态下 → X
            X ────────→ X
           - - - - -  - - - - -
                  X ────────→ X
                  X 不健康状态下 → X
                  X ────────→ X
                    解离的方向
```

图3-6　发展层级

图3-6有助于你把发展层级看做摄影师的灰度卡，从纯白到纯黑逐渐变化，中间则是各种灰色。在这个连续体中，最健康状态下的特质最先出现，处在最上端。我们顺着这个连续体往下看，逐渐经过各个发展层级，沿人格退化的方向表现出各自不同的变化，一直到最底端代表着神经官能症的纯黑色。

简要地说，每一种人格类型有9个发展层级——3个处在健康状态区，3个处在一般状态区，3个处在不健康状态区。而且，出现在每一发展层级的人格特质并不是任意的，它们排列在每一层级中相互关联的组群中。当你沿连续体从健康状态到神经官能症状态，阅读关于每一人格类型的描述时，你实际上会看到一些最重要的特质，它们来自每个层级的某一组群。

层级理论有助于我们把每种人格类型看做一个整体，因为它提供的是一个框架，健康状态、一般状态和不健康状态下的每一个特质都可以放在这个框架中理解。层级理论之所以值得我们重视，还因为当我们处在连续体的健康区域时，将沿整合方向"运动"（见后面的论述），同样，当我们处在一般状态和不健康状态区域时，则会沿解离方向"运动"。值得注意的是，沿解离方向的运动是"阻力最少的道路"，是我们人格中的惯性机制作用的结果。另一方面，整合方向总是涉及有意识的选择和努力，但不是努力追求或刻意强化我们的失败，也不是努力责难我们的失败。的确，这些努力通常会导致内心冲突，增加焦虑感，甚至可能令人退化到更低的层级。不过，努力向整合方向运动是为了摆脱我们已有的人格模式。当九型人格帮助我们看清我们的许多思想、反应和行为的惯性特质时，当我们发现那些特质时常与我们最美好的旨趣相背离时，我们就要寻找安全感和自由，摆脱那些特质，这样我们就可以打开通向更丰富、更有建树的人生的道路。其实，看清楚我们的恐惧、伤痛和弱点并且不加评判、不加辩解，正是我们能为自己做的最激动人心的事，并让我们能自由地把这份礼物带给他人。

整合与解离方向

下一个需要理解的重要概念就是九柱图中的直线所表达的意思。9种人格类型并不是静态范畴，它们是开放的，可以解释我们的心理成长和人格退化。

九型人格的数字是依照特殊顺序连接的。标有数字的各个点之间的连接方式有着重要的心理学意义，因为每一类型之间的连线标志着每一人格类型的整合方向（向健康状态、自我实现方向发展）和解离方向（向不健康状态、神经质方向发展）。换言之，当你变得越来越健康或不健康时，你就可能——正如九柱图中的线所标明的——沿不同的"方向"偏离你的基本类型。

在九柱图中，每一类型的解离方向，是依照1-4-2-8-5-7-1的顺序进行的，这意味着，处在一般状态和不健康状态的类型，在压力和焦虑日益增强的情况下，会呈现出或"表现出"其在解离方向的一般状态和不健康状态下的某些行为。因而，处在一般状态和不健康状态下的第一型人会表现出一般状态和不健康状态下的第四型人的某些行为；处在一般状态和不健康状态下的第四型人会表现出一般状态和不健康状态下的第二型人的某些行为；处在一般状态和不健康状态下的第二型人会表现出一般状态和不健康状态下的第八型人的某些行为；处在一般状态和不健康状态下的第八型人会表现出一般状态和不健康状态下的第五型人的某些行为；处在一般状态和不健康状态下的第五型人会表现出一般状态和不健康状态下的第七型人的某些行为；处在一般状态和不健康状态下的第七型人会表现出一般状态和不健康状态下的第一型人的某些行为。同样，在等边三角形上，数字连接的顺序是9-6-3-9：在压力和焦虑日益增强的情况下，处在一般状态和不健康状态下的第九型人会表现出一般状态和不健康状态下的第六型人的某些行为；处在一般状态和不健康状态下的第六型人会表现出一般状态和不健康状态下的第三型人的某些行为；处在一般状态和不健康状态下的第三型人会表现出一般状态和不健康状态下的第九型人的某些行为。沿着图3-7中的箭头方向，你就可以看到上面谈到的运动方式了。

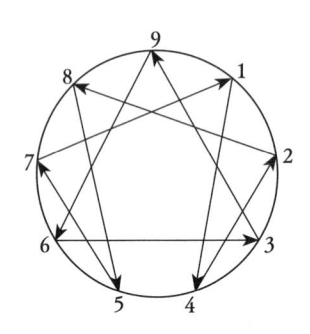

图3-7 解离方向
1-4-2-8-5-7-1
9-6-3-9

整合方向与上述顺序相反。每个类型的整合方向与其解离方向正好相反。因而，整合方向的顺序是1-7-5-8-2-4-1：整合状态下的第一型人会转向第七型人，第七型人会转向第五型人，第五型人会转向第八型人，第八型人会转向第二型人，第二型人会转向第四型人，第四型人会转向第一型人。在等边三角形上，其顺序是9-3-6-9：整合状态下的第九型人会转向第三型人，第三型人会转向第六型人，第六型人会转向第九型人。沿着图3-8上的箭头方向，你就可以看到上面所说的运动方式了。

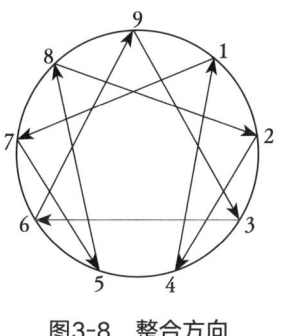

图3-8　整合方向
1-7-5-8-2-4-1
9-3-6-9

没有必要用两个独立的九柱图分别表示整合方向和解离方向。两种方向可以在一个图上表示出来，只要把箭头去掉，用简单的线把恰当的点连接起来就可以了。

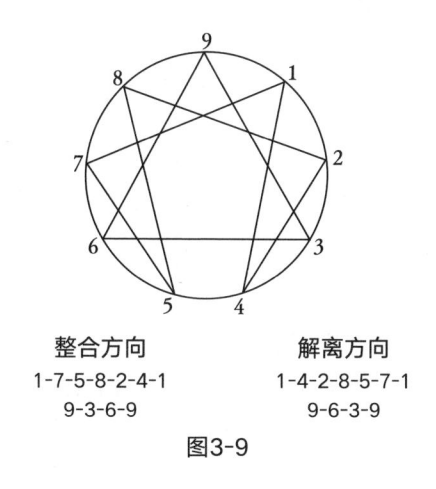

整合方向　　　　　　解离方向
1-7-5-8-2-4-1　　　　1-4-2-8-5-7-1
9-3-6-9　　　　　　　9-6-3-9

图3-9

记住两个方向的数字顺序会对你有帮助，这样你就能知道每一特定人格类型的整合方向和解离方向了。①

重要的是，要明白整合与解离方向只是发生在每个人身上的心理过程的一种

---

① 记忆这两组数列的一条捷径就是，先记住解离数列，再反过来记整合数列。有一个方法可帮助你记住解离数列（1-4-2-8-5-7），那就是把这6个数分成每两个一组，每一组大约是前一组的两倍。这样，第一组的两个数（1，4，或"14"）的两倍是"28"，而"28"的两倍就是"57"。（实际上是56，但这无碍于我们记忆，所以就有了：14-28-57，或1-4-2-8-5-7。）

隐喻。实际上并不存在一种九型人格运动，毋宁说，这只是对某一特定人格类型将如何通过整合或解离改变当前状态的一种象征性说明。

举一个简要的例子就可以说明这些运动的含义。第六型通过一条线与第九型相连，还有一条线与第三型相连。这意味着，如果第六型将转向健康状态，开始实现自身的潜能，那就会转为第九型，即九柱图所示的整合方向，它表明，健康状态下的第九型象征的东西正是第六型所追求的。当九型人格预示着一个健康状态下的第六型人将转为第九型人时，我们会发现，这恰恰就是我们在第六型身上所看到的那种心理发展。许多第六型人的问题就在于缺乏安全感和焦虑，而当第六型人向着第九型发展的时候，他就会变得轻松、受人欢迎和平和。向第九型发展的第六型人要比以前更平和、焦虑更少。

反之，与第三型相连的那条线指明了第六型的解离方向。一般状态和不健康状态下的第六型人总有一种焦虑感、不安全感和自卑感，尤其对自己在没有稳固的外界——比如员工、家人和朋友或者某个信仰体系——支持的情况下能否在世界上很好地发挥作用缺乏自信。当第六型人觉得他们的安全感受到威胁时，焦虑就会通过一些与一般状态和不健康状态下的第三型人有关的行为表现出来。根据实际情况和压力程度的不同，第六型人会变得被动和好胜，同时又想在他人那里保持好口碑，就像一般状态下的第三型人一样。他们也许会忽视自己的情感，更多地认同于工作和他们的表演，同时以一种轻快的、"专家式"的口吻与他人互动。他们也可能极力想弥补自卑感，因而变得极其自负傲慢、自吹自擂，就像第三型人一样。如果其焦虑已达到难以平复的程度，第六型人就会表现出神经质的第三型人的某些特征，极力想掩盖自己的错误，欺骗他人，疯狂地追逐他们相信可以帮助自己找回安全感和自尊的东西。

重要的是，要注意如果一个人处于以其自身类型发挥功能的层级，那他就有可能表现出解离方向的行为。例如，一个处在第五层级的第六型人会表现出第五层级的第三型人的某些行为特征。一个处在第四层级的第八型人会表现出第四层级的第五型人的某些行为特征，等等。在描述各个类型的章节有关解离方向的部分中，我们会更充分地描述各个类型是如何在解离方向上一个层级接一个层级下行的。

不论你的基本人格类型是什么，都要谨记这个类型在整合方向和解离方向上都会对你产生影响。要想获得更完整的自我图像——不论是你自己的，还是别人的——不仅要考虑基本类型和翼型，而且要考虑整合方向和解离方向的两种类型。这4种类型的人格特质与你的总体人格是混合在一起的，它们独特的结合会让你获得最完整的自我图像。例如，没有人只是某一种人格类型。任何一个第二型人或者有第一型翼型，或者有第三型翼型，并且第二型的解离方向（第八型）和整合方向（第四型）也在其整个人格中发挥着重要作用。

如果你想要获得更多信息，而不是局限于关于某一人格类型整合方向和解离方向的描述，可以读一下每一类型在整合方向或解离方向的对应内容，并应用于自己身上。例如，要想更多了解第二型整合到第四型意味着什么，就应当读一下对健康状态下的第四型和健康状态下的第二型的描述。或者，如果你想更多地了解第九型解离为第六型的情形，就应当读一下对一般状态和不健康状态下的第六型的描述，并将其人格特质推至第九型，所有类型都是如此。基本的思想就是，当某一类型要整合时，它会发展其在整合方向的健康特质，而当它要解离时，就会发展其在解离方向上对应的一般状态和不健康状态下的特质。

九柱图可以表现出经过整合或解离的特质，因为这在一个人的基本人格类型的动态运动中已经有所预示。每一种人格类型的整合方向都是该类型在最健康状态下的特质的一种自然发展，它与另一种类型的联系可以由九柱图中表示其相互关系的线看出来。因此，在一定意义上说，每一种人格类型都可能会向另一种类型转化，因为整合方向代表着一种类型的进一步发展，同样，解离方向代表了它会进一步陷入充满冲突的状态。

从根本上说，我们的目标是要让九型人格整个动起来，整合每一类型象征的东西，直至能灵活运用所有类型的健康潜能。我们的理想就是要成为一个平衡的、充分发挥功能的人，九型人格的每个类型都象征了我们为达成这一目标所需的各种重要因素。因此，你的人生从哪种人格类型开始最终并不重要，重要的是你如何对待你的人格类型，还有你在把你的人格类型作为起点把自己发展成为一个更丰富、更整合的人这一点上，能做得有多出色（或有多糟糕）。

准备出发

现在我们可以谈一下关于9种人格类型的描述了，至于这9种类型，你完全可以按照自己喜欢的顺序去阅读。

了解一下我们的描述结构也许会对你有所帮助。每一章的开始是关于该类型的简介，为的是让你对该类型最重要的人格特质有一个大概的印象。简介部分尤其有用，因为它会给你上百个关键词，你可以把它们当做清单，看看该人格类型是否适合你自己或其他人。

接下来是概览，这是一段简短评述，展示了所要描述的类型首要的心理机制。在概览中，你可以看到该人格类型与其所属三元组中的其他类型之间的区别和对比；可以看到其父母取向和童年模式；还可以看到它与荣格和其他人的类型学之间的关系；最重要的是，可以看到其基本的主题，这些主题在接下来的详尽分析中会更系统地展开。你可以把概览看做是有关每一类型的独立短评，也可看做是你完成分析后的综合评论。

概览之后是更系统的描述——对该人格类型的分析。首先是健康状态下的人格特质，接着是一般状态下的人格特质，再往下便是不健康状态下的人格特质。换言之，我们的描述逐渐由正面特质过渡到负面特质，追踪了该类型沿发展层级退化的轨迹。

接下来我们会讨论该类型在九柱图上的不健康方向——即解离方向——继续发展的情况，还要描述其向着日益健康的方向——即整合方向——发展的情况。在这两个部分之后，再描述每一人格类型的两种主要的亚类型，即它的翼型，并以现实或小说、影视中的著名人物作为例证。最后则是关于该类型作为一个整体的几点结论性的想法。

典型人物都是特别挑选的，对他们的推测大都是基于直觉、观察和阅读。挑选他们是为了说明人格类型的多样性，而没有考虑他们的状态是健康的还是神经质的。需要记住的是，这些人在其生活的不同时期可能处于不同的状态中，他们每一个人都可能曾向整合方向或解离方向发展。首先，要记住个体差异是多种多样的，如智力、才能、经验等，它们都可以用来说明特定的类型。虽然存在多种多样的影响因素，我们仍把名人包括进来，这是因为以他们作为不同人格类型的例证，我们可以明白这类人的共同点是什么，以及每一种类型能覆盖的心理领域究竟有多大。当然，在私生活中，一些人与他们的公众形象完全不同，甚至可能属于另一个类型。然而，之所以还要选择这些例证，是因为不论他们私下是什么样子，他们在公众面前表现出的人格仍是一种典型的示例。

有关描述部分的最后一点是，括号中的引文是用来说明每个类型的个人风格的。除非特别标明，这些引文并无特别的出处。

也许你很快就可以描画出自己和与你亲近的朋友的类型，也许你发现很难对某人进行归类，根本不知道该从哪里下手。这两种状态都很正常。某个人是哪一种类型，并不总是一清二楚，需要用时间来磨砺你的判断能力。要记住，你就像一个刚入学的医科学生，要学会判断人们的各种状态，有些人处于健康状态下，有些则处于不健康状态下。你需要通过实践学会辨别主要的症状，并把它们运用到适当的病症中。

还要铭记一点，有些人在心理洞察力方面拥有天赋的才能，有些人则没有。如果你发现你的天赋能力发展不充分，不要灰心。仔细读一下本书中的描述，当你需要检查某个东西或当你有了新的认识之后，再回来看看那些描述，你也许会惊讶，你居然这么快就很好地掌握它了。

实际上，学会如何"揣度"人并没有什么秘诀。你只需了解每一种类型有什么样的特质，观察这些特质是如何表现出来的就可以了。这有些复杂，因为正如你将看到的，各种人格类型都有许多亚类型和怪异的行为。还有，不同的类型有时看起来也很相似。例如，有几种类型的人都是专横的。尽管他们喜欢对周围的人发号施令，但各自的方式不同，理由也不同。第八型人对周围的人发号施令时仿佛在说："按照我说的做就是了，因为我比你有权力，如果你违背我的命令，我就会惩罚你！"而第一型人在向他人发号施令时仿佛在说："不要反对我的意见，就照我说的做，因为我是绝对正确的。"在不同的情势下，其他的类型也可能是专横的。第二型人就喜欢支配别人，他们在向周围的人发号施令时仿佛在说："你可别想伤害我，明白吗？你最好按我的要求做。"第六型人喜欢对别人施以恐吓性的攻击，第七型人对他人发号施令时喜欢要求他人满足他们的需要，如此等等。

同样，第四型人被认为是抑郁的，常常觉得自己被误解了。许多人因此很快得出结论说他们是第四型人。事实上，所有9种类型的人都有可能抑郁，都会觉得自己被误解了。

这些例子说明专注于单一一种孤立的特质并试图以此为基础进行判断是不明智的。我们必须把每个类型看做一个整体——对待生活的整体风格、方法和基本动机。在准确地描述一个人之前，最好先综合考量各种要素。

不管怎么样，要对你自己或他人进行诊断，并没有一个简易、拿来便可使用的方法。那需要时间，需要感受力，需要观察能力，还需要有一颗开放的心——遗憾的是，这些品质超出了大多数人愿意或能够带入他们的人际关系的程度，虽然在诸多特质中，这一特质可以借助九型人格来发展。

九型人格的根本目标是要帮助我们每一个人都成为能够充分发挥机能的人。它可以帮助我们更清楚地认识自己，这样我们就能变成更加平衡、更具整合性的独立个体。然而，九型人格并没有承诺能让每个人达到完美境界，也没有劝我们去做遗世独立的苦行僧。在现实世界中，处在健康状态的人不会持续生活在禅境一般的羽化状态中，也不会永远都是完人——不论这意味着什么。不管我们会变得多么健康或幸福，我们永远都是不完美的、有局限的。不要逃离生活遁入空门，也不要想着做人上人，寻求不可能的完美，而应当学会起身迎接巨大的挑战，成为或者说做一个真正的人。

　　享受充实、幸福的人生，积累有益的人生经验，这些意味着我们每个人会成为一个悖论性的存在——自由而又受到必然性的约束；精明而又天真无邪；能向他人打开心扉而又自足自立；坚强而又能屈能伸；专心于最高的价值而又能接受不完美；以现实主义的态度看待背负在我们身上的人生痛苦而又要对生活本身充满感激之情。

　　曾几何时，那些伟人给出的生活箴言告诉我们，做自己的方式就是超越自我。我们必须学会超越自我中心，在心中为他人留下一片空间。当你超越了自我，你的生活品质必会证明一切。你就会达到——哪怕只是暂时地——存在的澄明境界，你的存在就会放射出光辉，并且是自内而外、自你的生活中放射出光辉。这才是自我认识的希望所在，也是自我认识的令人兴奋之处。

第二部分

9种人格类型

第四章

第二型：助人者

第二型人简介

健康状态：他们富有同情心、热忱、体恤他人、为他人着想；关心别人的需要；开朗热情，和善，重情谊；有思想，心地善良，宽容，真诚；很会激励和欣赏他人，能看到他人的优点，乐于对他人伸出援手，全心全意地付出。对他们而言，为他人服务是最为重要的。他们有教养，大方，乐于付出——能发自内心地关爱他人。在最佳状态下，他们有一种彻底的无私、谦卑、利他，对自己和他人都可以付出无条件的爱。人们在生活中特别能感受到他们的热情洋溢和宽厚仁慈。

一般状态：为了接近他人，处在一般状态下的第二型人特别热衷于"活跃气氛"，显得过分热心和友善，感情过分外露，也过分充满"善意"。他们对他人表现出诱惑性的关注：赞赏、"迎合"甚至谄媚。他们喜欢高谈阔论，尤其喜欢卖弄他们的爱和人缘。他们常常表现出过分的亲昵和入侵性：总想成为别人需要的人，因此总是借爱的名义介入、干涉、操控他人的事务；想要成为别人的依靠，因此在付出的时候总期望有所回报；总是传达模糊的信息。他们喜欢粉饰，充满占有欲：看似有自我牺牲的精神，待人友善，对别人永远都觉得做得不够，似乎为所有的人着想，其实只是为满足自我实现的需要。渐渐地，他们变得自以为是和自我满足，觉得自己是必不可少的，却过多地干预别人的行为。他们总是希望自己的帮助能获得特别的回报。他们有一种类似疑病症的心理，总是把自己打扮成为他人牺牲的"烈士"。他们盛气凌人、自以为是、神气十足。

不健康状态：处在不健康状态下的第二型人喜欢操控别人，损人利己，通过让别人觉得亏欠于自己而向别人灌输内疚感。他们会滥用美食和药物去"笼络感情"和博取同情，也会以轻蔑和贬低的口吻对待他人。面对自己的动机，他们会自我欺骗，其行为极度自私和富有攻击性。他们压制和逼迫别人：觉得从别人那里索取任何东西都是名正言顺的，觉得自己的怨恨和愤怒也是有理由的。他们的攻击性行为会导致慢性疾病，同时会通过"打击"别人和给别人找麻烦来开脱自己。

关键动机：渴望被爱，渴望向别人表露自己的情感，希望被需要和被感激，并渴望别人对自己有所回应，希望别人把自己的要求视为正当的。

典型人物：特蕾莎修女、图图大主教、埃莉诺·罗斯福、芭芭拉·布什、罗伯特·富尔格姆、利奥·巴斯卡利亚、帕瓦罗蒂、巴里·曼尼罗、理查德·西蒙斯、小萨米·戴维斯、帕特·布恩、道格·汉宁、安·兰德斯、弗洛伦斯·南丁格尔、《飘》中的"梅兰妮·汉密尔顿·威尔克斯"、《绿野仙踪》中的"铁皮人"以及"犹太母亲"刻版印象。

第二型人概览

由于见仁见智，人们一直难以给爱一个明确的定义，它在不同的关系中对于不同的人意味着不同的东西。"爱"这个词可以包含多种善与恶。在所有人格类型中，第二型人认为"爱"即是对别人有正面的情感，照顾别人，自我牺牲。第二型人也把爱看做是同他人保持亲密的一种关系。这些无疑是爱重要的一部分。但第二型人总是忘记，在最高层级上，爱与现实的联系要比与情感的联系更为紧密。真正的爱讲求的是对别人最有帮助，即使有时要冒牺牲双方关系的危险也在所不惜。爱是希望被爱者变得更坚强、更独立，即使这意味着第二型人有时必须退出他人的生活。真正的爱绝不是从别人那里获取他们不愿付出的东西。没有回应，不利己，爱照样长存，即使犯了错——不论是谁犯下的——爱也长存。爱是不能收回的，要是能，就不叫"爱"了。

要了解第二型人，一个关键的任务就是，虽然从表面上看，他们是在奉献爱，可在内心深处，他们实际是在寻找爱。第二型人相信，如果他们对别人的爱足够多，别人一定会以爱回报他们。正如我们将再一次看到的，第二型人以情感、赠礼、服务及其他许多东西惠及他人，但他们常常因为没有得到回应而失望。在第二型人学会正确地爱自己之前，他们所获得的任何回应——不论多少爱——都不足以让他们觉得自己得到了别人的爱。

第二型人深信爱的力量是生命中一切善的源泉，在很多方面，他们是对的。但是，有些第二型人所说的"爱"与配得上这个称呼的东西十分不同。在第二型中，我们可以看到最广义的爱，从公正无私、真正的爱到"哗众取宠者"的谄媚说辞和"如影随形者"的穷追不舍与危险的执迷。另外还有各式各样以爱的名义行动的人，包括最无私的天使和满腔仇恨的恶魔。理解第二型有助于我们去认识他们是如何变成这个样子的。

在情感三元组中

虽然第二型人对他人有着强烈的感情，但他们的感情中也潜伏着一些问题。他们过于强烈地表现自己对他人的感情是多么正面，完全忽视了负面的感情。他们把自己看成是充满爱心、照顾人的人，但追根究底，他们爱人只是为了让别人反过来爱他们。他们的"爱"不是免费的，而是要求回报的。第二型人常常缺乏真正爱人的能力，因为他们的自我形象只表现了对他人的正面感情，而没有表现出其他"不良"的感情。

健康状态下的第二型人是所有人格类型中最体贴、最有爱心的。因为他们对他人有着强烈的感情和真诚的关心，他们会以自己的方式去帮助别人，真正地对人好，满足别人真正的需要。但是，如果处在不健康状态下，他们就会欺骗自己，否认自己的情感需要及其范围，否认自己的攻击性情感——他们不承认自己想操控别人。正如我们将看到的，不健康状态下的第二型人是所有人格类型中最令人感到棘手的，因为他们打着完全无私的名号干着极其自私的勾当。他们可以对他人造成最可怕的伤害，却相信自己完全出于善意。

问题的本质在于，第二型人很难真正地了解自己，他们不知道自己是有着复杂的动机、冲突的情感和想要满足个人需要的人，甚至一般状态下的第二型人也是如此。这是因为他们的超我告诉他们，直接寻求自己需要的东西是自私的，会受到惩罚。因而，第二型人必须说服自己没有任何需要，他们为别人所做的一切绝不是出于一己私利。他们只能看到自己积极的方面，总是寻找理由欺骗自己。对于处在不太健康状态下的第二型人而言，让人难以理解的是，他们是怎样做到如此彻底地欺骗自己的。对于他们而言，较难处理的问题是他们为了得到想要的东西所采取的迂回的方式。第二型人越是不健康，其他人就越是难以把他们对第二型人的感觉与第二型人认为自己越来越正直的感觉等同起来。第二型人常常会原谅自己，同时又要求别人也这样做——其实，他们需要的是别人接受他们对自己行为的解释，尤其是当他们的行为有悖于常理的时候更是如此。

第二型人属于荣格类型学中所讲的外倾情感型。遗憾的是，荣格的描述并非最深入的，不过，他描述的下列特征倒是值得注意：

> 随着自我与当下情感状态之间差距的扩大，自我不统一的信号会变得更加明显，因为潜意识中最初的互补态度已经转变成了公开的对立。这首先表现为情感过分外露、滔滔不绝地说话、大声忠告别人等。"那个女人话太多了！"便是这样的例子。这很明显地表明，某些抗拒得到了过度补偿，你会

开始怀疑这些表现是否会改变，而且过不了多久就会变化。在某些情况下，只要微小的变化，便能立即引起同一对象截然相反的表现。(卡尔·荣格. 心理类型. 357—358.)

荣格描述的是第二型人的情感矛盾——从完全正面的情感转向极其负面的情感。当我们沿着发展层级去分析第二型人的退化过程时，就会看到，健康状态下的第二型人的确是真正地爱他人。而一般状态下的第二型人则有着混杂的情感：他们的爱绝不是如他们所认为的那么纯粹和无私。至于不健康状态下的第二型人，爱的反面就是操纵：仇恨在对他人的怨恨火焰中滋长。荣格所谓的"在某些情况下，只要微小的变化，便能立即引起同一对象截然相反的表现"是不正确的，因为仇恨处在与真正的爱相对的另一端。但有一点是确定的：随着第二型人沿着发展层级渐渐退化到神经官能症状态，真的会发生荣格所讲的那种情况。

敌意与认同问题

第二、三、四型人存在一个共同的问题，就是他们都对他人怀有敌意，只是表现方式各有不同。第二型人否认自己有任何敌意，并把攻击性隐藏起来，不只对他人隐藏，也对自己隐藏。像其他人一样，第二型人也有攻击性的情感，但他们为保护自己而不承认它们的存在及其严重程度，因为他们的自我形象禁止他们公开表现出敌意。只有在相信自己的攻击性是为了别人好而绝不是为了一己之私的时候，他们才会表现出攻击性。一般状态和不健康状态下的第二型人担心自己会公开表现出自私或攻击性，这不只是因为负面行为与他们的有道德的自我形象相冲突，而且也会使他人远离他们。因此他们对自己（以及他人）否认他们曾经有自私或攻击性动机，并且以某种方式为他们的实际行为辩解，以便积极地看待自己。最终他们逐渐脱离实际，以至于完全欺骗自己，不相信自己表现出的动机和实际行为之间存在矛盾。不健康状态下的第二型人可能会变得既极其自私又极具攻击性，同时又认为自己既不自私也不具攻击性。

第二型人的根本动机是希望得到他人的爱。然而，他们总是面临一种危险，即把渴望得到爱变为渴望控制他人。通过逐渐使他人依赖于自己，一般状态下的第二型人不可避免地会对自己产生一种怨恨，同时又要求别人相信他们的友善。当人际冲突出现时——这是不可避免的，因为他们总想控制他人——一般状态与不健康状态下的第二型人总是觉得"别人亏欠自己更多"。他们把自己看做是无私、自我牺牲却一点感激都得不到的殉道烈士。他们受压抑的攻击性情绪和怨恨最终会在严重的心理疾病和身体疾病中表现出来，这也是为了让别人去照料和关怀他们。

赢取别人的爱，对第二型人来说是很重要的事，因为他们非常害怕孤独或得不到爱。他们认为，只有永远表现得友善，并时常为他人付出才能得到他人的爱，才能成为被爱的对象。总之，他们害怕别人不爱他们——除非他们能迫使别人来爱自己。（我们可以简略地描述第二型人：害怕自己不可爱而投入大量的精力来获得别人的爱。）如此隐藏的攻击性自然就产生了深层根源。假如人们对第二型人的需求无所回应，一般状态与不健康状态下的第二型人的怨恨就会越积越多。但是，他们不可能有意识地爽快承认自己的攻击性情感，所以这些情感会以间接的方式、一些他们不承认的操纵行为表现出来。我们会惊讶地看到，不健康的第二型人对别人有多么恶劣，同时还对自己的所作所为加以辩解。不论他们的行动多么具有破坏性，不健康状态下的第二型人总是说服自己相信，他们的心中只有最纯真的爱和善意。

对于第二型人来说，具有讽刺性的是：除非他们非常健康，不然他们关注的焦点从本质上讲都是自己，虽然他们未曾给他人这种印象，也不认为自己以自我为中心。反过来说，即使对一般状态下的第二型人而言，他们带给他人的幸福也不是最重要的。相反，对他们来说，对自己的正面感受——通过他人的正面回馈得到强化——才是最重要的，也是他们一直汲汲以求的。

实际上，第二型人渴望得到他人的爱的回应，以确立自我形象——善良、无私、有爱心。问题在于，只要第二型人关注他人是为了证明自己的价值和可爱，他们就不可能充分地认识自己的情感，也不能认识到自己的可爱特质。随着第二型人慢慢发生退化，其处境也越来越糟糕，因为他们已无法从他人那里辨识爱的回应。一般状态与不健康状态下的第二型人开始从他人对自己的情感中寻找特殊的信号，所有不包含爱的暗示都没有意义。因而，第二型人必须计划好他们想要成为什么样的人，以及他们应当怎样做才能从他人那里得到可以"算做"爱的特殊回应。

这就是为什么第二型人有着和第三型人、第四型人一样的问题——自我认同问题。其他人对第二型人的看法与事实并不一致，更重要的是，第二型人对自己的看法也和实际不同。在充满爱心的自我形象和实际上渴望被爱之间，在所谓的无私大度与自己对他人的爱的要求之间，不一致性日益凸显出来。

实际上，第二型人已经学会了拒斥自己和自己的合理需要，自己创造的理想化的自我形象——无私的助人者和朋友——比他们的真实情感与回应更容易让他们接受。而且，由于他们的同一性有赖于他人的认同和赞赏，所以第二型人的行为日益成为他们的障碍，且使他人越来越疏远他们。对于第二型人而言，要想逃离这个陷阱，就必须认识到他们对自己的需要、痛苦和羞耻感的忽视程度。这样，他们才能把自己非凡的能力运用于真正需要帮助的人和他们自己身上。

父母取向

在孩提时期，第二型人就对保护者的角色——即在其早期发展中负责指导、建构和训导的那个人——有一种矛盾心理。这个角色通常是父亲，但其他人也可以扮演，包括母亲、哥哥和姐姐。第二型人对保护者的角色并没有强烈的认同，但也不会在心理上与那个人完全分离。结果，第二型人觉得他们可以通过创造一种认同，作为保护者角色的补充，更好地融入家庭。由于矛盾的心理取向针对的是代表着与父权相关联的特质——权威、建构、规训、以世俗方式指导孩子——的保护者角色，因而儿童开始认同补充性的女性家长的角色。第二型的年轻人慢慢变成了"小的养育者"，以在家庭中获取安全感。换言之，他们相信，如果能养育其他家人，他们就能赢得保护者的爱和保护。与保护者角色之间的这种关系提供了一个舞台，让他们以同样的心理取向对待能给予他们渴望得到的爱的所有人。

对保护者角色的这种矛盾的心理取向有助于解释为什么第二型人的自尊是有条件的。第二型人不会无条件地爱自己，这实际上是第二型人所有痛苦的源头。他们的自尊基于一个条件，即他们绝对善良和"无私的"。他们必须以这种方式看待自己，因为他们相信，只有成为善良和大方的人，才能获得别人的爱。而且，第二型人的家庭越是失和，他们就越是觉得必须牺牲和压抑自己的需要以获取别人的爱。

不幸的是，如果第二型人认为自己的需要是自私的，他们就要以间接的方式去满足它们。第二型人的超我永远充满警惕，不仅要评判第二型人的"自私"，而且要评判他人对第二型人的回应。（"布伦达说，那是一件绝妙的事，如果你真的是一个可爱的人，她就会给你一个热烈的拥抱。"）在一般状态和不健康状态的第二型人中，很少有人对超我感到满意。第二型人做不到完全的自我牺牲，而且从他人那里获得的回应也不足以使他们相信自己被人爱着。具有讽刺意味的是，第二型人力图维持他们的心理状态，为此他们甚至更加努力地试图说服自己和他人（以及他们的严厉的超我）相信他们真的充满善意、无私、没有任何需求。

当第二型人真的是出于善意的时候，他们认为自己善良、爱他人当然没有什么问题；可当他们想要随时感受到自己善良的时候，问题就出现了。甚至当他们与善良还有一段距离的时候，第二型人也认为自己对他人充满善意。具有讽刺意味的是，他们自认为是好好先生的渴望，远不如他们的以自我为中心、操控别人和强烈压迫别人的欲望迫切。

然而，当第二型人很健康的时候，他们能够通过学会关爱自己超越对爱的急切寻求。他们明白，自我关爱不是自私：事实上，如果他们想对他人有切实的帮助，爱自己是至关重要的。他们知道他们能够无条件地爱自己，不必通过一贯的良善从他人那里获取爱。他们能够照顾人，能够做到公正、无私——就这些词所代表的最正面的意义而言——因为他们的爱是没有时间限制的。不幸的是，在人格发展连续体的较低端，不健康状态下的第二型人的"爱"不过是依赖性欲望的一个掩护，目的在于控制他人。由于他们的这种神经质的需求，不健康状态下的第二型人常常借善的名义作恶，并且对自己的所作所为毫无知觉。

健康状态下的第二型人

第一层级：不求回报的利他主义者

在最佳状态下，健康的第二型人出奇地无私和利他，尽力奉献给他人一种真正无条件的、持续且无牵绊的爱。这种无条件的爱使他们不关心自己的利益，也不要求别人报答。"获取报答"在他们的爱中不是关键。

真正无条件的爱自由而一无所求：健康状态下的第二型人的爱与不爱是自由的，他人回应与否也是自由的。他人可以按照自己的方式成长，即使这意味着他们日后会离开。健康状态下的第二型人总是铭记着这一点，别人让他成为其生活的一部分已是一种很大的恩惠，是别人的礼遇，而不是他可以要求的。

这是可能的，因为在第一层级中，第二型人已经明白了要关注自己的真实感受，明白了要真正地关爱自己。健康状态下的第二型人可以善待自己而不会觉得自己是自私的或害怕这样做会疏远他人。由于学会了爱自己和关心自己，第二型人不再渴求从他人那里获取爱。他们能诚实地评价自己的需要并应对这些需要，有的人还能更客观地看待和回应生活中他人的需求，有时他们认为他们所能做的最好的事就是什么也不做。对于健康状态下的第二型人而言，付出是一种选择，而不是一种强迫。

非常健康的第二型人是人类中最利他的，他们并没有注意到自己的善与好，也不会四处张扬自己的作为。他们心中似乎充满了无尽的善意，也乐于看到他人的好运气。他们的态度是好事就该做，而不用管是谁去做以及最后谁得到好处。

非常健康状态下的第二型人对渔翁得利的情形并不会生气，反正好事已经做了，有人受惠了，这就够了。

因此，在最佳状态下，健康的第二型人是完全公平无私的，就这个词最真实的意义而言：他们帮助别人不是出于隐秘的一己之私，因为他们会直接地说出自己的需要。他们的意图和行动纯粹以别人的利益为导向，没有任何秘而不宣的动机。他们的公正无私能让他们清楚地看到别人的真实需求，而不受自我或自己被伪饰的隐秘需求的干扰。他们没有自我和自私的想法，因而在其人际关系中，有一种特别的率真。

非常健康的第二型人有一个悖论：越是知道如何为自己付出，就越是能快乐地为他人付出；待人接物越是谨慎，就越是谦虚；在生活中，众人给予权力越多，自己的需要就越少；越是不刻意寻求他人的爱，他人就越会爱他们。而且，他们认为善行并非简单地要获取报答，快乐就是行善的持久的回报。非常健康的第二型人乐于行善，并且充满一种外溢的乐趣。他们是人们在生活中一直想要找寻的最明亮耀眼的人之一，他们的身上放射出一种因为心存善意并时时行善而无法言喻的快乐光芒。

很少有人能达到这种持久的、利他主义的爱的层级，但健康状态下的第二型人做到了，且不会四处张扬。虽然他们很谦虚，从未认为自己如此重要，但他们的所作所为又是那么接近圣徒。他们会因为被人称做"圣贤"而惴惴不安，因为虽然他们如此之好，他们清楚地知道，自己的善并不真正属于自己。另外，他们眼中所见的不再是自己的品质。即便如此，当非常健康的第二型人处在最佳状态的时候，他们给我们的印象也是人性所能达到的最高层级，是至善的典范。在超越自我、给自我和他人都留有空间的没有尽头的斗争中，他们可说是胜利者。他们真正学会了如何去爱。

第二层级：关怀者

纵使不是随时都生活在无私的利他主义中，健康状态下的第二型人也会随时关心别人的幸福，且对他人饱含同情。在所有的人格类型中，他们是最具同情心的。

同情心是一种能够和别人一起感受、能够设身处地去感受他人情感的特质。同情心能对他人感同身受，把他人的需求设想为自己的需求。具有高度同情心的健康状态下的第二型人能够站在他人的角度去看、去想、去听，因而会同情人、关怀人。他们具备了和受苦之人一起感受苦楚的能力。例如，从电视中听到一则不幸的消息，他们的心就会飞到那些受苦之人的身边。从朋友的婚姻到工作的难题都会深深地打动他们。明白有人了解你的感受，有人和你一起伤心，关怀你，认真地对待你的需要，尽其所能帮助他人，这一切本身就是危难之际给人最大安慰的源泉。

在这个层级中，第二型人是非常健康的非凡的人，但他们缺乏第一层级的人所体验到的那种自由。这是因为第二型人开始把他们的关注焦点更多地投向了他人，因此与自己的感受失去了默契。他们也开始把自己看做是对他人怀有善意的人，而不是简单地把所有情感都表现出来，让他人知道。在第二层级，这种自我意识是相当有益的，而且第二型人仍然是非常善良的，因为他们对他人的正面情感大多是真实的和深入的。

健康状态下的第二型人的情感是如此强烈、积极地投注于他人身上，因而他们很清楚他们对别人的同情和照顾之心。他们行动的主导机能是心，而不是理智，因为他们的行为受心的主导，他们不会以一种泾渭分明的态度来判断他人和关怀自己。

健康状态下的第二型人视自己为好人，实际上，他们也确实是好人。他们视自己为爱人者，实际上也确实如此。他们用心良苦，诚恳热情，他们也知道自身所具有的这些力量。而且，他们认为，真诚地照顾他人会给自己带来无比的自信心，让他们敢于不顾后果地冒险。不管怎么说，他们的自信心并非首先源自自身，而是源自他们所信仰的美德的价值。

不用说你也可以猜到，健康状态下的第二型人非常慷慨大方。他们大方的一种重要形式首先是精神上的慷慨，而不是物质上的慷慨（因为某些特殊的第二型人可能处于贫困中或只是小康而已），而且这种大方更多地表现在对待他人的态度上。他们是慈悲的，并且对任何事都会作出正面的解释，强调别人身上的优点。就某些方面来说，这是不理性的，因为没有理由这样。健康状态下的第二型人不会对别人吹毛求疵，即使发现别人确实有错也依然如此。这绝不是因为他们感觉迟钝，而是因为他们更容易被正面的东西吸引，并且想支持这些价值。他们能够"爱有罪之人，而非爱其罪行"，这是一个根本性的区分。

第三层级：扶持性的助人者

健康状态下的第二型人喜欢表现他们有多么爱他人。他们对他人强烈的正面情感自然而然地表现在行动上。因此，在这个阶段，服务是关键点，健康状态下的第二型人以各种实质性的方式给予他人令人满意的帮助。他们帮助那些需要帮助、不能照顾自己的人，给他们食物、衣服、药品，志愿从事慈善工作，运用自己所有的方法帮助别人。

健康状态下的第二型人向人们伸出援手，给他人实质性的帮助，即使不便或困难超出了他们的能力所及也毫不懈怠。他们非常了解别人在物质、心理、情绪或精神上的需要。在危机四伏的情况下，他们也是非凡人物，因为别人知道第二型人必定会想到他们，赶来助一臂之力。他们是那种在半夜里都可以打电话求助的人，他们对于自己的时间、心力、金钱及其他资源是慷慨的，在最好的状况下，他们富有自我牺牲精神。确实，他们既关怀他人，又特别乐于助人，因而成了大众所追寻的人物。

当然，健康状态下的第二型人不会把全部时间花在寻找别人的需要上。他们体验着自己的仁爱，乐于和别人分享这种感觉，他们有许多方法表达这种感觉而不必公开去关怀他人。第二型人喜欢与别人分享他们拥有的一切，包括唱歌、表演、烹饪才能、私人物品，或者更简单一些，分享他们的时间。健康状态下的第二型人把给予别人有价值的东西和看到别人成长当做自己的快乐。

所有这一切之所以可能，是因为健康状态下的第二型人对自己的能力和需要有一种清醒的认识。尽管他们乐于以力所能及的方式真诚地帮助别人，但他们也知道自己的精力和情感的限度，他们不会超出这个限度。他们在照顾别人的时候，也在照顾自己；在照看别人的健康的时候，也在照看自己的健康；在劝告别人要注意休息和娱乐的时候，他们也要求自己这样做。

清醒的界限也使第二型人有足够的精力充分地享受生活。他们能够令同伴十分开心，因为他们是好听众，与他人感情融洽，并且拥有真正的幽默感。他们对于自己的需要和限度保持着现实主义的诚实的态度，所以他们十分自由，人际关系也很放松。

健康状态下的第二型人一般都对人们有着良好的影响，因为他们的爱是如此特别：他们让人觉得的确有人在关心和照顾自己。他们能找出他人身上的优点，并以此武装自己。他们能真诚地鼓励和赞美他人，让他人振作起来、自信起来。他们帮助他人树立自尊，因为他们能给予他人所需的关怀和赏识。

即使不这样做，健康状态下的第二型人也对他人有很大的影响力，因为世上很少有什么能比有个人照顾你、信任你、站在你身边所产生的感受更具力量了。期望看到别人的优点、赏识他们所做的，都有助于帮他人树立自信，创造一种大家所期望的氛围，使他人作出了不起的事。

因此，健康状态下的第二型人是好父母的典范，在最好的情况下，他们就如父母待孩子一般对待每一个人。称职的父母总是替自己的孩子寻找最好的一切，主动为他们的幸福着想。同样，健康状态下的第二型人也主动替别人谋求幸福，扶持、鼓励、激发他人，使他人能发现自己的力量。

总而言之，他们在行动上是慈悲的理想化身。他们也许是圣徒，也许不是，但不管是哪一种状况，他们都会尽力去照顾人、爱人、助人，这是他们的理想，而从某种程度上讲他们的确实现了这个理想。

一般状态下的第二型人

第四层级：热情洋溢的朋友

健康状态下的第二型人真的非常善良，而一般状态下的第二型人对于自己的情感和善意做的没有说的好。在心理方面，有些反向的齿轮已经开始产生作用，他们原本聚集在他人身上的注意力开始转向自己，以自己为焦点。他们的注意力从做好事转到不断确认他人是爱他们、对他们有感情的。

一般状态下的第二型人开始担心自己为他人做得不够多，没能真正"赢取他人的心"；他们还开始把爱等同于个人之间的亲密关系和接近程度。亲密关系当然是所有良好关系的一个本质特性，但第二型人开始把焦点集中在这个方面而把其他许多东西排除在外，并且有时是在不合适的情境中。他们想要人们注意他们是多么关怀他人、愿意分担他人的感受。在交谈中，仿佛是为了提醒人们彼此之间的关系有多么特殊，他们喜欢和人们谈论彼此之间的关系。（"我们走得这么近，这不是很令人惊喜吗？"）事实上，第二型人总想与他人更为亲近，总想让自己相信他人是真的想要和他们在一起。

在第四层级中，第二型人可能仍是乐于助人的和大方的，但他们似乎对被看做大方的人更感兴趣。他们友好而健谈，并想与所有遇到的人友好相处。处于这个阶段的第二型人可能十分感情用事——他们总是把自己的内心掩藏起来，同时又不加分辨地对每个人倾诉感受。他们有笼络人的技巧，很快就能使别人把他们当做是朋友而不只是熟人。与他人发生身体接触时，他们经常紧握对方的手或搭对方的肩膀。他们喜欢身体接触，接吻、触摸和拥抱等行为都是他们外向的自然表现，也是他们外露的风格。

在这个阶段，一般状态下的第二型人都是为取悦他人，使别人在满足之后能反过来爱他们，可是他们绝不容许这种动机进入意识。他们相信自己只是很单纯地要去爱别人，去表现他们是多么喜欢别人。但是，当他们过分吹嘘对他人的赏识时，真正的赏识就会变质，成为谄媚，其真正的目的不再是称赞别人，而是希望对方能对他们的称赞表示感激。

一般状态下的第二型人是自信的，他们相信自己的某些有价值的东西可与他人分享，那就是他们自己——他们的爱和关注。他们对自己的善意深信不疑，他们会为自己所做的一切事情给出一个让人满意的解释。然而，他们并不像想象中的那么大公无私。他们的自我已经膨胀，虽然他们很努力不让这些显现出来，尤其是不让自己意识到。

宗教信仰在他们的生活中常常扮演着重要角色。一般状态下的第二型人可能有着十分虔诚的宗教情怀，并会因为他们的宗教信念而想为别人做点好事。而宗教与他们看待自己的方式也非常契合。宗教强化了他们心存善念的自我形象，使他们能够更有依据地界定真诚。宗教也给了他们一套词汇和宝贵的价值系统，使他们可以谈论爱、友情、自我牺牲、善良，以及他们为别人的所作所为和他们对别人的感觉——所有这一切都是他们喜欢的话题。从另一个层面讲，第二型人时常会同宗教建立一种联系，或专注于心理能力，因为这些是第二型人所能馈赠给他人的最有价值的礼物。而且，宗教或心理能力也成为了第二型人人格的一种"附加价值"，别人可能会被这一点所吸引。进而，宗教会把一般状态下的第二型人推向天使的一边，所以极少有人（当然也包括一般状态下的第二型人自己）敢怀疑他们的动机。宗教信仰让他们引以为傲：他们很喜欢被人看成救世者和奇迹创造者，他们常有用爱征服一切、用亲切迷倒其他人并用十足的善意战胜别人的幻想，反正所有宗教议题都让他们觉得自己完美无缺。

我们在健康状态下的第二型人身上看到的对他人真正的赏识，在此已经变质成为一种以微妙方式吸引别人关注自己的自我中心意识。不论在什么环境下，他们都会宣称自己情感的深度以及自己的善意是多么真诚。然而，他们那些精致漂亮的话看似是为别人着想，其实只是为了让别人承认他们的善良。他们开始培植友谊，越来越多地关注他人，因为他人的爱和赏识是他们渴望赢取的。他们还鼓励别人透露内心最深处的想法和私人生活的详细细节。一般状态下的第二型人想要成为他人的"特殊朋友"，成为可信任的人，当别人遇到麻烦时，他们会奋不顾身，因为他们相信，成为这样一种人必定意味着他们是值得爱的。

很多人喜欢感受第二型人的关心，而他们也知道这一点。他们擅长赞美和奉承别人，这是他们力量的来源之一，尤其是对那些渴望获得认可的人，然而，他们的赞赏并不是免费的。

第五层级：占有性的"密友"

因为人际交往能力出色，对于一般状态下的第二型人而言，身旁聚集着一群日益依赖他们的人并不稀奇。他们喜欢营造一个以自己为中心的大家庭或共同体，这样他们便成了他人生活中的重要人物。他们笼络他人，使他人觉得大家都是这个家庭中的一分子，又因受邀加入而对他们感恩戴德。

在这个阶段，第二型人就像是典型的犹太母亲，永远觉得对别人的服务不够，不同宗教信仰和性别的第二型人都同样具有这种行为倾向。他们在实际行动上和情绪上不断地帮助他人，总想用一些事情对别人施加强烈的影响。很少有什么能像有人看似真诚地为自己考虑那样令人敌意尽消，而一般状态下的第二型人对那些因为自身的心理因素急于找寻母爱的人确实是最有影响力的。因此，一般状态下的第二型人对于那些需要他们的人而言是值得信赖的，但这也会引来一个严重的问题。由于第二型人关怀他人是为了获得赞赏并最终满足自己的需要，所以挑选功能失调、情感需求强烈的人只会使获取足够回馈的机会变得遥不可及。第二型人最终把注意力转向那些根本不能报答他们的关心的人——瘾君子、老弱病残者、情感受到伤害的人。

第二型人总是在他们的情感对象那里寻找赏识的特别信号，若不是因为这个事实，他们的行为本来没有什么问题。但可悲的是，第二型人开始担心受到他们照顾的人爱别人胜过爱他们，而且他们相信，如果别人要想安定生活，就必定需要他们。为此，第二型人越来越多地用各种方式让他们所爱的人需要他们。他们的超我不允许他们承认这一点，可即便如此，第二型人还是会继续说服自己相信他们的动机仅仅是无私的爱。

当然，爱仍然是他们的最高价值，他们渴望爱每一个人。爱成为他们的借口、理由、所有动力和唯一的生活目标。如果说有一种人什么事都做不好，那就是正在谈论爱的一般状态下的第二型人。但是，同样明确的是，一般状态下的第二型人在谈到爱的时候，意思是只有他们的爱才能满足每个人的需要。

因而，一般状态下的第二型人把每个人都看做是渴望爱和关怀的无助孩子，他们把这种爱和关怀强加于人，而不管那是否是他人需要的。他们总在别人的身边徘徊、干预，自作主张地提出建议，强行闯入他人的生活，把想法强加于人——以自我牺牲的爱的名义使自己成为让人讨厌的人。困难在于，他们过分地自我牺牲，成了殉道者，编造出一些需要去满足，以便让自己在别人心目中占据更为重要的位置。总之，他们渴望被人需要。

他们变成了大忙人，干涉每一个人的私事。第二型人甚至在同龄人面前也扮演慈爱的父母的角色，把每一个人的事都看成自己的事，从替人找工作到为别人装修公寓提供建议，等等。因为他们希望别人需要他们（他们的爱、建议、支持和指导），他们毫不犹豫地闯入他人的生活，为他人提供帮助。可别人常常把这种行为看做是一种干涉,并开始疏远他们——而这正是第二型人极力想要避免的。

第四层级的亲密对话也会变质为唠叨,这也有助于让别人知道第二型人有多少朋友以及他们之间的关系有多么亲密。他们喋喋不休地谈论着自己的朋友(以及他们与朋友之间的友谊),并且事无巨细。("我们来聊一聊。")他们甚至认为,问及具体的私人问题也没有什么。绝大多数人常常觉得要拒绝他们的询问十分为难(或是太过依赖他们)。问题在于,这种信息的交流是单向的:一般状态下的第二型人总是打听别人的隐私而很少暴露自己的隐私。毕竟他们没有难题:他们是来帮助别人解决难题的。

一般状态下的第二型人很快就能打入别人的生活,而别人将毫无例外地发现,要送走他们实在很困难。更不幸的是,他们开始要别人忍受他们,忍受他们那种爱的负担(实际上是他们感受被爱的需求)。一点也不奇怪,他们的闯入对于他们自认为所爱的那些人总会产生负面影响。但是,因为他们的爱如此残酷地牺牲了自我,所以受惠者对于他们所给予的帮助的质量不能有任何怨言。

由于他们是在为别人牺牲奉献,所以一般状态下的第二型人开始觉得自己对这些人拥有特权。因此,他们对朋友的占有欲逐渐强烈,嫉妒心也越来越重,他们总在电话中不停地唠叨和"盘算"。第二型人对他人的情感变得越来越没有安全感,担心一旦所爱的人走出了视线就可能会离开他们。他们不会介绍或鼓励自己的朋友相互认识,因为他们担心自己会被甩掉。所以,当别人陷入危机时,他们偷偷地高兴:这给了他们机会去扮演保护者的角色,使他们被需要的愿望得以实现——至少是暂时的满足。一般状态下的第二型人不知道如何给别人自由,随着他们向不健康状态的方向转变,这一问题只会使事情变得更糟。

一般状态下的第二型人总是在他人那里寻找实质性的回应,以此证明他们之间的关系很好。他们越来越担心自己变得不可爱了,因而要让自己相信别人真的爱自己、赏识自己也变得尤其困难。到第五层级,第二型人认为他人的回应是对他们的友谊和帮助的友好表示,并且只有很特殊的回应才能被看做是爱。第二型人期望人们知道他们需要什么、渴望什么。第二型人不正是把了解他人的需要当做自己的要务吗?他们可能盼望着接到别人的电话,或晚宴邀请函,或任何可想象到的集会邀请函,或是表示感谢的短信——让他们可以不断地确信人们在想念他们、爱他们。但是,只有特殊的回应可以看做是爱。如果第二型人真正需要的是一个热烈的拥抱,那么一张卡片根本不算什么。第二型人常常通过把他们的欲望投射到他人身上来应对这种情况。("看起来好像可以拥抱你一下。")更常见的是,尽管如此,他们还会因为受挫而火冒三丈,同时会寻找更多的方法以成为

"有帮助的人"。他们的超我不允许他们"自私",不允许他们直接寻求他们需要的东西。出于自尊心的驱使,第二型人无法承认自己受到的伤害和自己的需要。

第二型人为他们日益严重的担忧找到了一个补偿办法,就是让自己的行动好像在接受敬慕。这让他们产生愉快的感觉,仿佛他们是古鲁[①],他人前来向他们请教各种各样的私事。自然地,他们期望他人向他们通报有关其私人生活的一切有意义的事情:他们想要成为社会的开关,要经过这个开关,每一条重要的信息才可以通过;他们急于得到别人的正面回应,急于听别人说他们的爱和关怀是有意义的和值得赞赏的。为使这种回应像水流一样持续畅通,第二型人和老朋友时常保持联络,花大量时间来维持人际关系,让别人知道自己正想念着他们、替他们担忧、为他们祈祷,等等。因此,一般状态下的第二型人看起来依然很会替人着想,但实质上他们越来越表面化了:他们会记得某人的生日并经常打电话给对方,却开始避开他人的真正需求以免受到束缚,如此他们才可以影响更多的人。

可笑的是,他们对别人的生活太过投入,反而不能对自己应负的责任尽心尽力,尤其是当他们拥有自己的家庭的时候。有一点很容易看出来,他们变得反复无常,不是因为他们太过于关注某人的困难而深深地卷入了他人的生活,而是因为他们不停地从另一个源头寻找爱。他们希望被每一个人爱和感激,因此总是力求扩大社交圈和朋友圈,为别人做更多,但这却创造了更多的欲望有待满足。当那些依赖他们的人向他们寻求帮助时,就会发现,他们已经不在原地,他们已经离开去帮助其他人了。

一般状态下的第二型人不可避免地会过于自我膨胀,帮助太多的人,参与太多的群体,给太多的朋友建议,直到被自己的博爱累垮或感到身心俱疲为止。然而,要叫他们不如此专注也很难,因为这是他们保持自我意识的方式。而且,他们戏剧化的特质已开始表现出来,随着不断为他人牺牲自己,他们因为自己的善良而身心俱疲。他们把每一个痛苦、不便和需要花费心血的问题都加以夸大。疾病、轻微失眠和疑病症成为他们生活的一部分。

事实上,在这个阶段的一般状态下的第二型人并不像他们想象的那么充满爱心。他们有强烈的自我意识,对此他们也许并不否认。(他们从未声称他们没有自我,但他们总是说自己用意良好且充满爱心。)他们也有攻击的冲动,但和他们的个人欲望一样,不敢直接地表现出来,因为他们不能冒自私和吓跑他人的险,他们说服自己相信,他们的所作所为都是为别人而非为自己。("我做这件事只是为

[①] 印度教、锡克教的宗教导师,代表着神圣和最高的智慧。——编者注

了你，想要使你生活得更好些。"）甚至最简单、表面上最自发的慈善行为都承载着不被承认的隐秘动机。

不幸的是，一般状态下的第二型人觉得，只要不断地为别人做事，他们就会得到爱——实际上，他们是贿赂别人来爱他们。当然，他们很希望有诚挚的回报，但却不让他人有优先自发的机会，而是要控制情势，以便能获得想要的那种回报。具有讽刺意味的是，尽管他们获取了他们安排好的那种回报，却无法确定若没有事先的努力安排是否还能获取它们。因此，这些回报实际上并没有太大的意义。这就引发了新的焦虑：他们为自己获取了多少赞赏？这是第二型人的一个问题，也是让他们感到恼火的一个问题。

第六层级：自视甚高的"圣徒"

此类人的观点比较好理解：一般状态下的第二型人认为自己做了很多好事，为别人做了很有意义的事。他们牺牲了自己，关心人们的需要，只是希望因此获得感激。在他们看来，别人将他们所做的努力完全看成理所当然的；他们觉得没有人看重他们，觉得没有人以相同的方式为他们牺牲或考虑他们的需要，他们觉得别人都忘恩负义，从不为人着想，甚至必须随时提醒才知道他们是多么善良。

第二型人这样做是因为：要他们欣赏自己——而且又要控制自己的攻击性冲动——是很困难的，除非他们的价值能被别人所肯定。曾经在表面上如此以他人为中心的人，在这个阶段已变成注重自我利益但却表现得十分谦虚的以自我为中心的人。这个阶段的第二型人确实太过注重自我，自负地认为自己是不可或缺的。他们赞扬自己，甚至无耻地自吹自擂——"谦逊地"大谈自己的种种美德。

自负是一般状态下的第二型人的主要缺点。他们十分自我欣赏，也从不漏掉任何机会提醒他人：有多少人正爱着他们，他们有多少朋友或他们做了多少善事。（"想象一下，像我这样的人成为了你的朋友！人家告诉我，说你认识我这样的朋友是你的福气。"）他们可以一字不差地道出他们认识的每一个人的姓名，如果这些人稍有名气则更是如此。（道出姓名是要带给别人这种印象：有他们这种朋友真好；也是要传达这种信息：最好重视他们，因为已经有很多人都这样做了。）

自满的他们并不知道他们的骄傲程度，他们喜欢让别人觉得自己是个无私的圣徒，并要别人注意到他们的美德。如此，他们的慈善行为就不会默默无闻了——这当然是为了启发他人。他们喜欢闪耀在别人的眼中，喜欢有人称颂他们的美德，喜欢被人说成是大好人，当然最好是听到有人用最热情的词语谈论他们。（当然，他们也许会说自己有许多小毛病，但上帝会帮助所有知错能改的人。）事实上,到目前为止,他人只是一般状态下的第二型人的自我的附属物,是他们自骄自满的来源罢了!

从一定意义上说,自负对于第二型人也是有破坏性的,因为它使第二型人不愿承认其怨恨或情感冲突的程度。第二型人认为,如果他们承认了这些"负面的"情绪,很快就会被抛弃。事实上,情况可能恰恰相反。当他们不想承认自己日益增长的伤害和愤懑时,他人无疑会感觉到,从而对第二型人发出的混杂信号产生厌烦感。一些面对面的交流是有帮助的,但在第六层级,他们对维持其虚假的自我形象太过投入。

公仆已经成为了主人。他们的自尊自重以及他们的自恋受到的伤害是如此之深,以致需要他人不断地感激:没有终止的感激、关怀和赞扬必须像河流一样向他们流去。他们希望别人能投其所好,这样才能表现出他们的重要性;他们觉得别人应当以现金或其他形式回报他们之前的牺牲,不论那牺牲是真正做到的或只是口头说说的。有时候,明明是很久以前的善行,自负的第二型人却觉得受惠者永远欠他的人情。问题在于他们太过高估了以往自己为他人所做善事的价值,却低估了他人为他们所做的一切。尤其令人恼火的是,你将发现第六层级的第二型人把他人生活中的每一件正面事务都归功于自己,好像别人的成功或快乐都是他去成就的一般。第二型人认为他们是不可或缺的,没有他们的帮助,别人就只能一事无成("你必须为此感谢我"),而且还毫不害羞地说出这些。

同时,处于第六层级的第二型人对情感一直怀着极端的渴求,他们根本不去区分他们是在哪里以及如何获得这些情感的。他们有强烈的情感需要,在受到压抑的时候尤其如此。由于自负和自以为是,他们渴望追逐所有能给予他们所寻找的有关关怀和关系的暗示的人,哪怕那种暗示极为微不足道,当他们处在这个层级或更低层级时,他们的爱可能是泛滥且具有破坏性的。

处于第六层级的第二型人倾向于承担太多的义务,这种倾向已经逐步升级为一种对被关注的不加区分的追寻。以前,他们因为必须帮助所有的"朋友"而常常把最初爱着的人丢下不闻不问。现在他们急切地想要融入能给予他们某些关注或情感联系的情境中。他们想要成为听说过的每一个社会群体的一部分,为此他们可以花大量的时间打电话与人漫无边际地闲聊。在某些情况下,他们可能会在婚姻中寻求各种各样的出轨。确实,对他人的性吸引力成为他们值得爱的一种暗示。他们可能像第七型人一样缺乏集中力,但当第七型人四处奔忙以逃避自己的焦虑时,处于第六层级的第二型人也在四处奔忙,因为他们会被所有可能使他们感觉到被需要和被爱的情境吸引。因而,与第二型人关系最密切的人可能会觉得自己被抛弃了,考虑到第二型人极度迫切地想要得到他人的感激,这样的转变尤其具有讽刺意味。

不幸的是,第二型人不知道他们对得到别人感激的渴望过于强烈。假如别人做某件事前不告诉他们或没有经过他们的手,他们会感到失望和愤怒,这会造成严重的心理冲突;假如别人不以爱回报他们,他们会很生气;可是若强迫别人以爱回报他们,可能只会把那些人吓跑,这令他们感到非常痛苦,因为他们是如此地看重自己。他们常常试图以暴饮暴食、酗酒或看病这些方式来"化解"他们的情感,但这些只会使他们更绝望和不可爱。这样,愤恨的火花慢慢燃烧,变成了控制、压迫和复仇的前兆。

不健康状态下的第二型人

第七层级:自我欺骗的操控者

在人们的生活中,向不健康层级转变通常需要一种环境背景,或是受到长期的伤害,或是一场重大的人生灾祸,而这些一旦发生,第二型人就会经历一种糟糕的剧烈转变。他们的攻击性已经很强烈了,但因为这种攻击欲望和他们"好好先生"的自我形象相冲突,所以他们不敢表达内心真正的感觉。结果不健康状态下的第二型人必须通过间接方式来表现他们的攻击性,通过操纵他人来攫取他们想要得到的那种爱的回应。但是不管怎么说,即使是操纵别人,所获取的回应也永远无法满足他们。

感受不到被爱不仅会伤害到不健康状态下的第二型人,甚至会使他们的整个价值系统("爱"的价值系统)都发生问题。假如连爱都无法让他们得到想要的,还有什么可以呢?爱别人却得不到别人的回报,这令他们气愤万分。真正的答案是:他们所谓的爱并不是真正的爱,而是相互依赖和需要的极端形式。在第七层级,第二型人太过神经质,以致无法辨认爱,更别说付出或接受爱了。当他们在使用爱这个字时,他们的言辞不过是一种噱头,其目的在于从别人那里以较间接的方式获取某些东西。操纵就是这场游戏的名字。

操控他人的第二型人是犯罪大师,他们可以像乐团指挥掌控乐队一样把他人玩弄于股掌之间,把罪恶感的程度提高到强烈的齐奏,或降低到微弱的低吟。他们的操控使人们互相对立,更糟的是,他们能使一个人与自己对峙。人们会很震惊地发现:不健康状态下的第二型人的操控竟然把他们远远地推离了自己的中心意识。即使是成熟的男性与女性、家族和公司的领导人物,一样被这种与自己反目成仇的操控搞得支离破碎、苦不堪言。不健康状态下的第二型人通过让别人陷入自我怀疑、产生负罪感和困惑，从而使别人失去自我控制力。

他们以"助人者"的形象出现，控制他人，因为他们能治愈他们给别人带去的痛苦。他们暗地里用一只手在别人柔弱的部分扎上一针，又用另一只手安抚伤处；他们一方面把你弄得很消沉，另一方面却以暧昧的恭维来支持你的自信心；他们一边从不让你忘记你的困难所在，使你觉得未来毫无希望，另一边却又向你保证永远和你站在一起；他们撕开你的旧伤，然后又赶紧跑到你身边把伤口缝合起来。他们成了你最好的朋友，也在不知不觉中成为你最可怕的敌人。

同时，不健康状态下的第二型人总是觉得在被迫为他人做他们需要的事。他们很不健康，不能真正对他人有所助益，但他们仍然控制不住自己，这必定会导致心理健康问题。这种问题一开始常常表现为第六层级的疑病症。感觉有病使第二型人暂时地脱去了为每个人着想的外衣，但他们并不觉得自己是一个坏人或自私的人。一段时间后，随着愤怒和挫折继续"积聚"，继续暴饮暴食和用药，他们真的得病了，并开始用疾病作为吸引别人注意的手段。在不健康状态下的第二型人那里，怜悯成为爱的替代品。

当然，要帮助不健康状态下的第二型人是很困难的，他们对治疗有着一种顽固的抵触情绪。他们把自己置于至高无上的道德地位，不管他们说的或做的是什么。而且他们喜欢强调自己的动机绝对单纯，并会以此质疑他人的动机。假如第二型人不自我反省，没人敢怀疑他们的行为或动机，甚至连实质的证据对他们也没有影响，因为这些会被看做是与他们的良好意图无关的东西而被忽略掉。不健康状态下的第二型人时常会通过善和内心法则将自己的所作所为神圣化，以此来为自己辩护，使自己成为可依靠的人。他们借助宗教的合理性把自己从罪恶中解救出来或免除自己行为的责任；他们把别人对情境的客观分析和自己来自高尚道德感的至高无上的伦理观相对比，以显示前者的微不足道。他们把那句"爱，并做你想做的"格言变成了在"爱"的名义下胡作非为的护身符。

所有这些破坏性的行为都来自不健康状态下的第二型人压抑在内心的怒火，来自他们想继续维持破碎的自我而进行的斗争。他们确信，如果人们不再依赖他们，那么每个人都会离他们而去或是终将抛弃他们，所以他们用尽一切手段、不惜一切地想要掌控他人。他们害怕被抛弃，而且会因为所爱之人令他们遭受这种折磨而感到特别恼火。但是，他们仍然不承认内心中存在着恨，甚至不承认任何自私自利的念头。

自我欺骗是不健康状态下的第二型人的一种防御手段，借以避免看到他们自认为拥有的德行和实际行为之间的不一致。不管他们具有什么样的破坏性，不健康状态下的第二型人都会通过自我欺骗来解释自己所做的一切"好事"。在他们的心中，他们总是充满善意，爱着所有的人，他们的良知总是明澈的。

重要的是，要理解不健康状态下的第二型人对于自己的操控性行为丝毫不会感到不安，因为他们不必为个人行为找理由。在自我欺骗的帮助下，他们成功地将自己的整个人生合理化。一旦认为自己是"善良的"，他们就能证明他们所说或所做的一切都是有道理的，而不会有任何负罪感，也不会觉得自己不再善良。是他人让他们感到痛苦，他们只是无助的牺牲品。事实上，如果第二型人处在第七层级或更低的层级，他们很有可能成为他人极具破坏性行为的牺牲品。他们的自尊受到的伤害是如此之深，以至于他们必须不断地使自己的行为合理化，以证明其存在是合理的。他们是如此担心别人不再爱他们，以至于他们绝望地想要切断与其他人的一切感情上的联系，尽管这样做很痛苦，会受到很大的打击。

在第七层级，第二型人在健康状态下身上散发出来的那种快乐的光彩特质再也看不见了。第二型人陷入了极度的苦恼与痛苦中，既不能传播快乐，也不能体验快乐。他们深受打击，为包围着自己的一切痛苦着，但他们的攻击性主要仍是心理层面的。不幸的是，由于没有得到帮助，他们的行为可能会变得越来越恶劣。

第八层级：高压性的支配者

我们在一般状态下的第二型人身上看到的占有欲已变为以自己的方式、有时甚至是神经质的方式强制性地要求他人付出爱。此时，第二型人出现了幻觉，自认为有绝对的权力向别人索取想要的一切。在不健康状态下的第二型人看来，不管他们想要什么，别人都亏欠他们，因为他们坚持认为自己曾自我牺牲。

神经质的第二型人害怕得不到别人的爱，几乎有些歇斯底里，他们可能会变得极其不理性而且非常难以应付。他们掩盖自己内心需要的能力崩溃。处在第八层级的第二型人缺乏以连贯的方式维持自己无私形象的能力。他们无比自私，坚持认为他人必须把他们的需求摆在第一位；此前他们的自我需求间接地通过各种服务于他人的方式寻求满足，现在却冲到前头，直接要求别人给予，而且就像是报复一样地要求别人。

处在第八层级的第二型人因为被无情地抛弃而努力寻求情感上的满足。他们渴望爱，并力图借助几乎一切手段来发现爱。处在这一不健康层级的人通常都有非常不幸的童年，可能曾受到过生理、性或情感的虐待。结果，不健康状态下的第二型人即使被爱也不理解真正的爱。相反，他们强行寻求在孩童时期与保护者曾有的各种联系，不管是虐待、暴力还是被忽视。他们强行寻找的这些联系通常是焦虑的明确信号。滥交、外遇和其他形式的性反常行为可能都很常见。

他们的情感需要也不再是这个层级显示出的人格的唯一方面。第二型人长时间地陷于深深的痛苦和怨恨中，现在，他们的仇恨和愤怒浮到了表面。他们以各种方式表现出对他人的蔑视和不满，然而他们残留的破碎的自我要求为他们的攻击性辩护，并保持着他们仅存的一点点爱，以免自己被彻底抛弃。

他们的攻击性常常通过一种令人不安、沮丧的方式表现出来，他们以爱的名义贬损他人。神经质的第二型人会对别人作出最残忍的评价，不管是在背后还是当着对方的面，只要有需要，他们就会"为了自己的利益"这么做。他们也可能通过收回他们的爱来惩罚别人。（"行，你就试着独自去生活吧！"）他们毫不犹豫地对他人失去他们后的生活给出可怕的预言。（"你不会幸福，没有我，你会颜面尽失。"）通过否认自己的私心私欲，通过告诉人们自己是多么尽心地为他们着想，或自己没有任何的外显动机，他们肆无忌惮地谈论着、做着他们高兴的事。（"我可以要他的任何东西，因为我爱他。"）

他们对别人充满狂暴的怒气，并且会表现出来。他们已经脱掉了爱的外衣，毫不客气、尖锐地抱怨别人是如何糟糕地对待他们，他们的健康如何受到了损害，他们是如何得不到感激。他们会不断地提起往事，反复述说他曾如何帮助别人，以前没有他，别人是如何无助，他如何使人们成为了现在的样子。（"记得我替你做过什么吗？难道这就是我应得的回报吗？"）

他们通过不停的抱怨和批评来吸引别人的关注，但那是一种错误的关注——他人的怨恨和愤怒。当然，不健康状态下的第二型人也知道这一点，而且这变成了他新的抱怨来源，恶毒的讥讽就此循环下去。然而，他们觉得他们的任何无礼行为或伤害别人的事情都决不会发生在自己身上，因为他们深爱着他人，却得不到爱。因此，他们可能作出最可怕的事而不会觉得良心不安。（"如果要根据结果来判断爱，那么更为接近的应当是恨而不是友谊。"——拉·罗什福科）

的确，神经质的第二型人因为太希望被爱而可能强迫他人以一种最具伤害性的方式来爱他们。某些形式的恋童癖和猥亵儿童行为的根源可能就在这里，在类似的破坏性行为中，这类第二型人占有很大的比例。值得记住的是，第二型人都非常希望得到家人和朋友的信任与欣赏，所以，他们可能会当老师、牧师、保育员或是护士，这些行业的从业者的言辞和操守通常是不容任何人怀疑的。但是，在这个阶段，由于第二型人是神经质的，而且大部分时候他们与同事之间又缺少令人满意的亲密友谊，所以他们很可能会转向孩子或其他不恰当的"爱"的源头，以求满足情感与性方面的需求。

而且,由于他们极端的操控性与自我欺骗,没有人比神经质的第二型人更有可能从没有力量的孩子身上谋取利益。的确,孩子的无助是吸引第二型人转向他们的本质因素之一;他们也会安慰受到他们胁迫的孩子,再次扮演救世主的角色。

第九层级:精神疾病的受害者

如果从他人身上获取爱的渴望得不到根本的满足,不健康状态下的第二型人就会潜意识地试着走旁门左道。他们渴望被爱、被关心、被极度地感激。生理疾病似乎是确保他们获得一直在追求的感激的一条可靠道路。生病是一条解决之道,他人必定别无选择地照顾他们。虽然被照顾和被爱并不是一回事,但离他们一直渴望的被爱已经很近了。

神经质的第二型人力图获取他人的爱,这始终是他们的基本欲望,为此他们会在潜意识中期望生一场病。他们担心要为自己的言行负责,也担心他们的攻击性会暴露出他们对待自己态度的伪善,从而使自己成为不可爱的人,而这正是他们最为担心的。因此他们在潜意识中想通过得一场大病来逃脱自己应负的责任,这在一定意义上可以避免受到更大的惩罚。还有,至少在他们心中,生理的病痛可以证明他们对自己的许多重要评价,例如他们是无私的,他们为他人付出了牺牲,他们因为他人而把自己的身体累垮了,等等,所有这一切对他们而言在一定程度上都是真理。

神经质的第二型人的健康之所以一落千丈,是因为他们的固执与可怕使他们生活在极度矛盾并最终变得无法承受的紧张环境中。他们力图操控他人,并证明自己对他人的恨是有道理的,这种压力必定会搞垮他们的身体。而且,他们的超我是如此残酷无情,以至于处于不健康状态下的第二型人觉得他们能引起关注甚或缓解压力的唯一途径就是得病。

精神疾病是所谓的癔病化反应过程的结果。在心理学的概念中,神经质的第二型人都是歇斯底里患者,他们把焦虑转换为生理症状。他们通常是许多神秘疾病患者,包括皮疹、肠胃炎、关节炎、高血压等——在所有这些疾病中,压力都是主要致病因素。(甚至一般状态的第二型人也会出现神秘的疾病,不管怎样,在第二型人出现彻底的神经质之后,疾病的数量就会大大增加,生病成为一种生活方式。)由于第二型人常常得病,所以别人可能会觉得他们的病痛是一种受虐狂式的享受,但严格来说,这并非事实。他们不是在享受病痛,因为病痛是真实存在的,他们享受的是由病痛带给他们的种种好处。霍尼对此有过生动的描述。

病痛潜意识地服务于人们所提出的诉求，它不仅可以遏制想要克服它的动机，而且可以导致病痛的非故意的恶化。这并不意味着他的病痛的"出现"仅仅是为了证明什么。病痛以更深层的方式影响着他，因为他必须首先向自己证明他从中获得了满足，实现了他的需要。他必须觉得他的病痛是如此特别和严重，以至于他必须要求帮助。换言之，这一过程使人觉得，如果不考虑病痛带来的潜意识的策略性价值，那么他的痛苦的确过重了。（卡伦·霍尼．神经症与人的成长．229.）

对于那些没有给神经质的第二型人提供他们一直渴望的爱和感激的人而言，生理病痛也是一种持久的、带来愧疚感的责难。它是寻求关怀、照顾、关心和爱的无尽源头。"圣徒"已经成为所有人的负担。这个最为他人着想的人或是赶跑了家人和朋友，或是让他们的生活变得无法忍受。

第二型的发展机制

解离方向：朝向第八型

自第四层级开始，处于一般状态和不健康状态的第二型人会时常显示出一般状态到不健康状态下的第八型人的某些特征，以回应压力和不幸。由于第二型人压抑了许多负面的攻击性情感，所以，当第二型人正常的自我防御失败时，向第八型发展可以看做是一种表现自身的方式。

在第四层级，第二型人倾向于友好和善意，对生活中的每个人都表现出一种正面的情感。当转向第八型时，他们突然变得更为直接，在一定程度上甚至可以说是"疲于奔命"。他们看起来精明而且讲求实际，与他们通常表现出的温和形象完全相反，他们变得极端直接。他们也会通过更努力地工作、更投入已制订的计划或是关心家人的生计来应对压力。

在第五层级，第二型人渴望被人需要，力图让自己成为对别人而言不可或缺的人。在此，向第八型的转变强化了他们对因他们的努力而得到感激的需要。他们开始关注自己的重要性，大吹大擂，不断向别人许诺。这与第二型人的唠叨和数落以一定方式混合在一起，意在同他人交流，"我希望你知道我在你的生活中有多么重要"。第五层级的第二型人也会显示出第八型人的那种自鸣得意和操控特质。在应对他们的自我牺牲带来的挫折方面，他们开始四处宣扬自己的重要性。在第六层级,当他们的妄自尊大崩溃时,第二型人的攻击性就会变得更加肆无忌惮、更具操控性,并且是以第八型人的方式表现出来。他们会通过威胁试图动摇身边人的自信,以使其待在他们周围,而且他们还会实施操控。当第六层级的第二型人表现出处于第六层级的第八型人的人格特质时,爱和友好的伪装就会消失,转而表现为愤怒和背叛。虽然第二型人倾向于把这一切理性化,甚至忘记它们,但其他人不会。

到了第七层级,第二型人已变得彻底神经质了,他们用尽一切力量压抑自己与日俱增的愤怒和敌意,以保持他们仍是善良无私的好人的幻觉。这时,向第八型转变已是不能再"掩藏"的信号了。处在第七层级的第二型人脾气暴躁,他们的愤怒和失望总是形于色。他们可能会打击别人,甚或阴险无耻地讥讽令他们感到受挫的人。

在第八层级,温和的伪装甚至也已经消失无踪了,当第二型人转向第八型的时候,他们会表现出攻击性,不择手段地追求自己想要的,并认为这一切理所当然。他们压抑的欲望如脱缰的野马般肆虐,在追求他们认为本来属于自己而被拒绝的东西时,变得无情而又残忍。他们对从内心里奔涌而出的欲望有一种强有力的、合理化的和不可遏制的渴望。

不健康的第二型人最主要的问题在于,他们感受不到自身的攻击性情绪。即使在重病或病痛中,神经质的第二型人还深信自己依然关怀别人,但这种想法也不断地激怒他们。他们可能因为身体病痛而躲在床上或住院,但却不会发生精神错乱或与现实脱节。

因此,在第九层级,尽管他们适应了潜意识中认为自己生了病的想法(因为疾病与生理不适给了他们攻击别人的好借口),但这种适应并不会持续太久。毕竟,他们可以康复,可预见地向第八型转变,他们隐藏着的攻击性情感将转化成严重的破坏行为。

因为他们依然是神经质的,所以不健康的第二型人无论如何都无法恰当地处理自己的攻击性冲动。他们的怨怼与憎恨,他们的复仇与自我辩白的欲望,都指向那些使他们渴望被爱的欲望遭受挫折的人。因此,当他们转变成第八型时,神经质的第二型人会无情地攻击那些没有给予他们想要的东西的人。他们所压抑的仇恨会奔涌而出,并且公然发泄在那些他们认为在过去没有全身心地爱他们的人身上。爱完全变成了恨,可怕的恨再转变成暴力与破坏。

转变为第八型的深度神经质的第二型人会充满暴力倾向,甚至成为杀人犯。他们的家人是最直接的有危险的人,因为第二型人确信,他们对家人充满了好意和不朽的爱。虚弱而自我牺牲的殉道者、忍受着病痛的圣徒变成了恶魔,牺牲他人的恶魔。

整合方向：朝向第四型

当健康状态下的第二型人转变成第四型人时，他们会触及自己的情感层面，尤其是攻击性情感，他们会对自己的实际情况更加了解。他们会自发地检查自己及行为的动机，因而会向着自我了解迈进。

就如接受正面情感一样，经过整合的第二型人能充分地接受他们的负面情感。但这并不意味着当他们转向第四型时一定会依负面情感行动，而是说他们愿意承认自己具有负面情感。整合为第四型的第二型人在情感上相对诚实，所以他们能表达情绪的所有层面，而不只是他们爱的方面，虽然爱肯定是存在的，而且比以前更加真实。

经过整合的第二型人第一次能无条件地接受他们自己，就如无条件地接受他人一样。因而，他们很可能会对别人付出比以前更多、更深的感情，而当别人也爱他们的时候，那会特别令人高兴，因为别人爱的是他们的全部。经过整合的第二型人能明确地感受到：别人爱他们不再是因为他们为别人做了什么，而是他们值得对方爱。

经过整合的第二型人也可能把他们更丰富、更真实的情感转化为创造的力量。他们的自我意识和反省意识更强烈，能洞察他人的状况。他们更像真实的人，因而他们为别人所做的一切变得更有价值了，他们就像艺术家，像父母亲，也像是朋友。

第二型的主要亚类型

具有第一型翼型的第二型人："公仆"

不论是第一型人还是第二型人，都强烈地以超我为导向，因此我们可以看到，在主二翼一型人身上有一种被强化的利他意识。另外，第二型人的人格特质和第一型人的人格特质常常是相互冲突的：第二型人情绪化、善于交际、矫揉造作，而第一型人理性、缺乏人情味、能够自我控制。第二型人的同情心和善于交际与第一型人的严谨、客观、理想主义恰成对立面。因而，主二翼一型人渴望通过善良和无私奉献获得爱。第一型翼型具有一定程度的小心谨慎和严谨的特质，这在第二型人的另一个亚类型中很少见。第一型人的义务感和责任感也很强烈，而第二型人较强的交际手腕则明显受到了更多压制。在这个方面，主二翼一型人可能会与第六型人相混淆，反过来也是如此。这个亚类型的人有强烈的良知，并希望依原则办事，因此，不论有什么情绪需求，他们都会以较公平的方式对待他人。

但是因为第二型是基本类型,因此,他们的理智与情感可能会存在冲突。这一亚类型的典型人物有:特蕾莎修女、埃莉诺·罗斯福、图图大主教、丹尼·托马斯、艾伦·艾尔达、安·兰德斯、弗洛伦斯·南丁格尔、刘易斯·卡罗尔、"梅兰妮·汉密尔顿·威尔克斯"、"琼·布劳迪"。

健康状态下的主二翼一型人可以为别人做一大堆好事,其中一部分是源自第一型人的做事原则。教导别人,改善他人的生活,为一项事业而努力工作,这些便是此类人的鲜明特质。很多慈善和宗教机构可能就是由这类人发起、组织形成的。他们尽可能地给别人最好的服务,而且比主二翼三型人更少考虑自己,更多考虑别人。他们常常觉得有一个远大的目标在吸引他们去寻找人生使命。他们可能是特别优秀的教师,因为他们不只对事实和价值有客观、理智的取向,而且其温暖的性情还会给生活带来很多想法。不管是作为老师还是为人父母,他们都会在责任范围内尽力鼓励、赞扬他人。根据他们的人格类型,他们喜欢简洁明了地处理事情,这与主二翼三型人的浮夸炫耀恰成对照。

在一般状态下的主二翼一型人那里,个人主义与理想主义之间存在着一种紧张关系。第二型人很会同情别人,但是如果他们同时拥有强烈的第一型人格,他们抽象的理想就会与情感相冲突,这使他们很难全身心地去同情他人。但至少,他们中的一部分人仍保持着判断能力,随时准备进行道德判断。不过,第一型和第二型这两个构成类型会使这个亚类型的人强烈地感觉必须帮助别人,即使面对巨大的困难也不对别人说。一般状态下的这个亚类型的人具有很强的控制力,包括控制别人和控制自己。他们以自我为中心,虽然这种意识隐藏在他们的理想尤其是爱的理想背后。我们看到,两种类型的人格之间的冲突尤其明显地体现在得到别人重视与追求理性和客观性的两种欲望的斗争中。受到别人关注会令他们觉得特别尴尬,所以宁愿做幕后工作,不过,和第二型人一样,他们想要成为别人生活中的重要角色。这一亚类型的人与主二翼三型人相比,更容易产生负罪感和自责,因为当他们无法依自己的道德标准行动时,他们就会更强烈地批评自己。他们常常觉得自己已经拥有了很多东西,所以比起另一个亚类型而言,他们对自己所渴望的东西更加难以启齿。

不健康状态下的主二翼一型人伪善,做事缺乏灵活性,说教式地谈论自认为正确的事。深信自己是公正的,为自己的行为辩解的欲望常常与自我欺骗、操控结合在一起,从而产生一种强烈的、很难改变的攻击性心理模式。他们会责难他人,并以道德的理由为自己辩护。他们不能忍受自己有错误,也不允许别人说自己自私自利。他们完全否认自己的攻击性情感。这种亚类型的人很容易产生疑病症和身心疾病——他们的强迫观念和行为往往集中在自己的身体上。

具有第三型翼型的第二型人:"主人"

第二型人的人格特质和第三型人的人格特质会互相强化:两种类型的人都很容易和他人打成一片。第三型人格可以补充第二型人格的魅力、"个性"和适应性等。因而,主二翼三型人可以通过营造亲密关系和人际联系去寻找爱。这也是第二型人比较具有"诱惑性"的一面:这一亚类型的人会利用魅力和人气去赢取他人的情感。第三型人对被人接纳和获得认可的欲望同第二型人渴望被人感激和与人保持密切关系的冲动结合在一起,形成了一种人格类型,而人际关系成为关注中心。这一亚类型的典型人物有:帕瓦罗蒂、芭芭拉·布什、巴里·曼尼罗、理查德·西蒙斯、小萨米·戴维斯、利奥·巴斯卡利亚、凯茜·贝茨、道格·汉宁、汤米·图恩、约翰·丹佛、帕特·布恩、莉莲·卡特。

健康状态下的主二翼三型人迷人、友善、外向。他们喜欢得到别人的关注,有自信,并且散发出一种幸福安宁、自我陶醉的气息。他们拥有一种自由精神、一种入世的心态,这使他们很容易跟第七型人的活泼相混淆。在这种亚类型的人身上,有一种真正的温情以及将温暖传送给他人的能力。这种亚类型的人的"付出"不大可能采取公开的关注方式。他们很享受把自己拥有的才能——烹饪、娱乐、唱歌等——奉献给朋友和仰慕者,这些全都被看做是内在美的一种共享。他们与其说是"公仆",不如说是"施惠者"。他们的社交才能——而非道德品质或学识——得到了高度评价。与另一个亚类型相比,他们更少为使命所累,而且不大可能进行自我质疑和自我批评。

一般状态下的主二翼三型人总想树立一种特别温暖、友好的形象。对他们而言,重要的是让人们感觉到他们是非凡的、可爱的人。第二型人利用他人使他们的善合法化,第三型人则使他们的欲望合法化,在这一亚类型中,这种可爱的一面常常集中表现为外表的魅力和性吸引力。还有,在一定程度上,他们是行动型的,他们努力工作,想要以此获得实质性的成功与成就。一般状态下的第三型人的形象意识在这个亚类型中开始表现为过度的友善、聪明和感性。他们也比另一个亚类型的人更容易谄媚和唠叨。这些行为并不一定具有伤害性,但总是让他人对他们敬而远之——这与第二型人想要的东西恰恰相反。他们也高度意识到他人会如何看待自己,以及自己如何才能走近他人的世界。当这些特质与第二型人的占有欲结合在一起的时候,他们就会以某种方式公开关注自己的欲望,这种方式能够同时激起他们强烈的吸引力和巨大的失望。他们最典型的行为就是结交有益的朋友、利用显要人物的名字提高自己的身价，扶持他人。我们也发现，他们有自大和自恋的倾向，虽然第三型翼型对自身"形象"的设计和第二型人的自我牺牲会在一定程度上掩盖这些倾向。第三型翼型有助于第二型人更直接地寻求他们想要的东西，而且会促使他们更加关注他们的贡献。这种亚类型的人担心自己被低估，失去已有的地位，但不会因为违背道德理想而感到内疚。

假如这一亚类型的人变得不健康，就会产生很强的毁灭性情绪，因为他们变得既具操纵性又会利用他人，既欺骗别人也欺骗自己，还擅长投机，不顾道义地从别人那里夺取想要的一切。他们对别人有很强的敌意和憎恨：隐藏在迷人外表下的都是邪恶。他们有潜在的破坏性精神病症，很可能会把怨恨发泄在别人身上。在他们身上，我们也可以发现情感强迫症的症状——甚至有跟踪行为——这可能会导致他们蓄意伤害和毁灭无法得到的东西，尤其是在人际关系方面。主二翼三型人有病态的嫉妒心和暴力犯罪激情。

结语

从上述种种情况，我们可以了解到，第二型人在爱人的欲望和被爱的需求之间、在真正的自尊与操纵他人以感受自己的好之间存在着冲突。不幸的是，就如莎士比亚笔下的奥塞罗一样，一般状态和不健康状态下的第二型人爱得不够聪明，也不够好。但至少，依照他们自己的观点，他们已试着去爱别人了，而包含在其中的是他们崇高的目标与目标未达成的悲剧。

具有讽刺意味的是，不健康状态下的第二型人总是强迫性地招来他们最害怕的东西：他们想得到爱，却老是被恨，至少是不受欢迎。其次，具有黑色幽默式的讽刺是，有这样一种可能性：他们是唯一能留下照顾病弱者的人，神经质的第二型人可能会分裂为两个第二型人。假若分裂后的这两个第二型人都对其所提供的帮助怀有一种操纵性的自我牺牲的想法，那么这两人之间必将会展开一场可悲的意志决斗，结果就如可怕的死亡之舞。

如果要从这一人格类型中获得什么教训，那就是：第二型人对爱的价值的信念是对的，但爱人的方式却是错的。当他们以爱的名义干预他人时，便不经意地证实了一点：他们强加在别人身上的绝不是爱，正因如此，他们最终必将失败。一旦他们用"爱"的名义掩饰自我，爱就受到了玷污，并最终变得腐败污秽，其结果就如同此前所描述的。

第五章

第三型：成就者

第三型人简介

健康状态下：健康的第三型人自信，精力旺盛，有高度的自尊；相信自己和自己的价值；适应性强，能调整自己，有魅力，常常能吸引人们的注意，受到大众的欢迎；现实，目标明确，且对自己的潜力有良好的认识。他们有提升自己的雄心，"想尽其所能实现自我"，常常能出人头地，是一种理想的人，拥有很多令人羡慕的特质；能以正面方式激励他人向自己学习；热情洋溢，目标明确，持之以恒。他们是有影响力的、勤奋的人。在最佳状态下，他们注重内心，追求真实，他们似乎就是一切；能承认自己的局限性，过力所能及的生活；有自嘲的幽默感和孩子气的天真；慈悲为怀，性情温和，仁慈。

一般状态下：处于一般状态下的第三型人非常关心自己的声望和地位，能很好地完成工作，有优越感，好胜心强；在追求地位和成功的时候喜欢拿自己和他人做比较；追逐名利，极力想要往上爬，热切希望有所成就，排他，渴望成为"胜利者"。他们形象意识相当强，特别在意自己在别人面前的表现。他们对他人投其所好，所做的一切都是为了成功；讲求实际，讲求效率，但也精于世故，在平和的外表下已失去了与自己情感的联系；存在亲和度、可信度、权术问题。他们总想给别人留下高人一等的印象；时常推销自己，使自己在别人眼中比实际上更好。他们自恋，趾高气扬，自吹自擂，爱出风头，有诱惑性，仿佛总在说："看看我！"总是以自大和鄙视来抑制对他人及他人的成功的嫉妒。

不健康状态下：不健康的第三型人害怕失败，害怕被人看低，不恰当地表现自己，歪曲所取得的实际成就；极不讲究原则，嫉妒他人的成功，为了维持自己的优越幻觉不惜"豁出去"。他们爱利用他人，投机性强，而且喜欢说谎，以避免自己的错误和阴暗面暴露出来，是病态的说谎者，对他人有强烈的敌意，妄想性地嫉妒，为了胜过别人不惜恶意背叛他人。他们可能会变得报复心很强，想毁坏得不到的东西；无情无义，强迫性地想要毁灭可能会让他们想到自己的缺点和失败的东西；有谋杀的病态倾向。

关键动机：自认是有价值和值得尊重的人，希望被肯定，渴望与众不同，渴望受到关注、羡慕、给他人留下深刻印象。

典型人物：比尔·克林顿、克里斯托弗·里夫、米歇尔·兰登、理查·基尔、雪莉·麦克雷恩、简·波利、保罗·麦卡特尼、斯汀、汤姆·克鲁斯、莎朗·斯通、托尼·罗宾斯、布莱恩特·甘贝尔、迪克·克拉克、凡娜·怀特、波姬·小丝、凯西·李·吉福德、丹泽尔·华盛顿、西尔维斯特·史泰龙、阿诺德·施瓦辛格、杜鲁门·卡波特、O.J.辛普森。

第三型人概览

美国现在正快速形成一种机能失调的"第三型人格"文化：自恋、以形象为导向、重视形式胜过重视实质、重视符号胜过重视现实。追求完美（正如健康状态下的第三型人格所表明的）已被人为的做作所取代，一切都被当做商品对待：包装、做广告、送入市场。政治也渐渐地不再注重原则或利用权力为民众谋福利，而成了某些人作秀的工具。政治为公共关系服务，把候选人及其所争取的地位一起卖给大众，使大众很难分清一个真实的人和一个复杂的形象有何不同。

大众传播媒体——尤其是电视——只关心如何吸引注意力，以便从公众那里赚取更多的钱。于是，那些肤浅却炫目的离奇表演便成了标准的典范，并通过这些来衡量每一件东西。唯一的判断标准就是吸引注意的能力：受到注意的和被需要的才是有价值的。人们被巧妙的包装所引诱，而时常忘记里面其实什么也没有。就如麦克卢汉所说：媒介即讯息。刻意设计好的形象被当做现实，成功地展示出来，从设计好的电视名流的和善可亲到排练好的选美小姐的真诚，再到"夜间节目"脱口秀。

在这个竞争日渐激烈的市场中，当人们想要吸引眼球时，表现和推销自己变得越来越流行。而大众的理想就是成为一个赢家：成功、出名、受到赞扬。对成功和声望的追求随处可见；每天都会有一本新书出版，教我们如何为成功穿着打扮，如何为成功吃喝拉撒睡或如何为成功广结善缘。我们产生了一种自恋式的妄想：只要我们能和其他所有人一样，就可以成为"某人"，而且只会更好。只要我们能适当地处理好自己的形象，就可以成为一个明星，甚至一个神。

第三型人格就是那些积极追求自我认可的活的例证，而且第三型人就是为了得到他人的尊重、为了成为有价值且配得上他人尊重的人来决定自己必须成为什么样的人和必须为此做什么。由于这种特殊的聚焦点，第三型人在社会中时常是成功人士，因为他们为了获得同类认为有价值的东西而把追求这些东西当成了自己的事业。存在于泰国寺院中的真理决不会少于宣扬走捷径的企业文化。第三型人渴望成为特定环境中受到推崇的所有特质的典范。因而，在一个充满了这种担心、动机的不健康的社会里，第三型人总想从社会中获取最大的关注和成功，但最终，他们只会成为最大的牺牲品——与自己内心的欲望相疏离，空虚、情感孤独，并且从不知道问题出在哪里。

在情感三元组中

第三型是情感三元组中的基础人格类型，第三型人与自己的情感生活最为疏离。这是因为他们已经学会了把自己的情感和真正的欲望放在一旁，以求更有效地发挥功能。第三型人相信他们是因为自己所做的一切而具有价值，所以把精力完全放在好好表现上，"把分内的事做好"，靠自己的努力取得成功，不管"成功"是如何界定的。第三型人渴望获得他人的正面回应，因此他们学着以他们认为可以给人留下好印象的方式去行动。这在某些情境中可能是一种有用的策略，但也可能变成一种习惯性的存在方式，甚至在不合适或至少有局限的情形中，他们仍会采用这种方式。一段时间后，由于第三型人不断拖延处理自己的实际情感，他们开始遇到麻烦。这时会出现一个根本的分裂，即他们表面的样子和实际的样子之间的分裂，他们在他人眼中的形象和隐藏在这一形象背后的真实形象之间的分裂。最终，形象成了他们唯一真实的东西。他们如此远离自己的情感和需要，以致他们不再知道自己是谁。他们认为形象就是自己拥有的一切。在这一点上，由于他们获得的任何肯定都是对形象而不是对自己的一种回应，所以再多的赞扬和成就都无法使他们感到心满意足。第三型人所面对的巨大挑战就是成为以内心为导向的人，按照自己的真实情感和真正价值发展自己。大多数第三型人不知道他们与离弃自己有多远，所以当发现自己曾如此不知疲倦地追寻的梦想并不属于他们的时候，要承认那一点是十分困难的。

当第三型人处在健康状态的时候，他们是受人爱戴和羡慕的，甚至会被人当做偶像崇拜，因为他们经过了艰苦努力才获得了今天的特质和能力，并把这些特质和能力真正地表现到了理想化的程度。然而，矛盾的是，健康状态下的第三型人觉得自己值得尊敬并不是因为他人的认可，而是因为他们表里如一，是因为他们只遵从自己内心的指导。当然，他人的关注和赞扬令人陶醉，但健康状态下的第三型人不会因此受到影响。哪怕没有赞美，他们也会追寻自己的目标。健康状态下的第三型人的确有一种非常正面的自尊,因此不会受到他人意见的左右。这种生活方式的自由和坚定对那些给他们高度评价的人十分有吸引力。再者,由于健康状态下的第三型人已经充分地整合了自己的情感,所以他们在私人生活和职业生涯方面都充满了热情、追求真实。他们是受人敬重的,是人性的典范。

然而,一般状况下的第三型人无法感受到自尊,他们认为自我的良好感觉只是因为他们的成就,只是因为他们取得了巨大的成功,成为了巨星——是同类中的头一号。这使他们为了各种成功或声望都要和别人激烈竞争一番,因为他们确信这可以带给自己一种价值感。在一定程度上,他们压抑了自己无所作为的感受,极力想要成为"胜利者"。不幸的是,他们也会观察自身以外的东西,以判断一个胜利者必须具备什么样的品质。他们不从发展自己着手,而是想尽办法创造自己的形象,意在给人留下深刻的良好印象。他们讲求实际,精于算计,为了得到自己想要的,他们可以改变自己的形象。随着他们变得越来越绝望空虚,他们开始作秀和宣传自己,以便吸引更多的注意,但由于他们没有表现出自己的本色,所以世人的所有关注都与他们无缘。

如果第三型人处在不健康状态下,他们就会欺骗自己和他人,这样才能维持他们仍然处在顶端、仍然是人上人的幻觉。如果他们面临被揭穿和被羞辱的危险,他们就会变得极端不坦诚。不健康状态下的第三型人和其他类型的人一样都有严重的心理问题,他们难以有所作为。不过,对于第三型人而言,在不健康阶段,有所作为或至少显得有所作为就是一切。他们害怕别人发现自己的混乱。当他们对自认为会威胁到自己濒于瓦解的形象——这是他们现在完全认同的东西——的人表现出攻击性的时候,他们可能会变得极端危险。

敌意与自恋的问题

同情感三元组的其他人格类型的人一样,第三型人也有敌意的问题——在极不健康的第三型人身上,这种敌意可能会体现为对他们认为会威胁到其自我形象的人的一种恶意报复。第二型和第四型人对他人的敌意是间接的,而一般状态和不健康状态下的第三型人的敌意则直接得多,并且形式多样,从傲慢地疏远他人到阴险地嘲讽他人,从尖酸刻薄地打击他人到蓄意伤害和背叛出卖他人。敌意在两个方面对第三型人是有益的:首先,它可以补偿他们的无力感;其次,它可以使他们与那些由于这样或那样的原因而动摇其脆弱的自尊的人保持距离。在后一种情况中,极不健康状态下的第三型人甚至会敌视他们所羡慕的人或吸引他们的人。

一般状态下的第三型人是所有人格类型中最自恋的。健康状态下的第三型人具有高度的自尊，而一般状况下的第三型人却把自我认同建立在日益膨胀的对自身利益的关注之上：他们看起来完全像在跟自己谈恋爱，更准确地说，他们是在跟自己夸大的形象而非真实的自己谈恋爱。他们并不爱真实的自己，也不愿实事求是地承认自己的局限，他们爱的是一个虚假的外观，这个外观与背后那个发展不健全的人格毫无相似之处。

因为第三型人为了确证自身而让自己适应别人的欲望与期待，所以他们可能对自己的真实存在和自己想从生活中获得什么没有明确的认识。处于一般状态和不健康状态下的第三型人想要获得自我确认的冲动是如此强烈，以致淹没了他们本有的其他合理需要。而且，由于要认识真实的自我日渐艰难，所以一般状态下的第三型人开始自己给自己"打气"，让自己确信他们实际上就是人们一直渴求的那种出众的人。

自恋的人只关心自己，只有当他们能在别人身上看到自己的影子的时候，才会关心他人。他们强烈地以自我为中心，而且只会用极其有限的同情心去关心别人的感受和需求。这就是为什么他们爱的能力这么弱，以及为什么一旦他们变得自恋，就很难有能力形成一种持久的、互惠的人际关系。他们的人际关系是单向的，因为互动的双方爱的是同一个人：成就者。

当然，自恋会使他们和人群不断发生冲突。他们坚信自己是优秀的，所以一般状态下的第三型人会和他们想得到其羡慕的每个人发生竞争。他们炫耀自己，仿佛别人不过是迷恋他们的观众，随时要为自己的一举一动喝彩一般；假若别人不喝彩，第三型人便会对他们摆脸色或是斥责他们。更糟的是，自恋的第三型人甚至不惜采用侮辱或伤害的方式要求别人羡慕自己，哪怕他们根本瞧不起那些人，也还是想要其羡慕自己。

问题在于，自恋和真正的自尊自重并不是一回事。虽然一般状态下的第三型人似乎能冷静地自我约束，但他们对自己并没有真正的安全感，因为他们的自尊并非建立在真实能力的发展上，而是建立在攫取别人注意的能力上。第三型人能很好地配合别人的反应，并且能在那一刻表现出别人需要的形象。不论他们怎么表现（如"在政治上是正确的"），由于他们的形象的内涵和其后的真实面貌并不一致，因此他们所做的每一件事都是为了赢得赞赏，而不是因为他们的个人本色即是如此，或者说不是出自他们的真心。

可笑的是，不健康的第三型人隐藏于外观之下的是对他人严重的依赖，一种因自恋的要求而不愿承认的依赖。一旦自恋结束，第三型人就无法和他人生活在一起；他们非常自恋，否则就不能生存下去，因为他们对自己所依赖的人充满敌意,而且他们觉得,若是没有别人的注意,他们就"什么都不是"。

父母取向

第三型人会发展成现在这个样子,原因可追溯到孩提时期形成的与养育者的关系:在其早期发展过程中,养育者是他们的镜子,是关心他们、让他们产生有关个人价值的情感和认识的人。第三型人年幼的时候对他人的情感状态有很强的适应能力和反应能力,也学会了调整自己以适应养育者角色的反应和潜意识中的期待。这一角色通常是母亲或母亲的替代者,但后一种情形并不多见。在某些情况中,母亲有可能缺席——在身体意义上或情感意义上——这时那一角色就落在了父亲或喂养婴儿的某个替代者身上。在另一些情况中,有可能是保姆或祖父母担任这一角色。不管是哪种情况,重要的是要明白,养育者是照料孩子和让孩子了解他们在别人眼中的形象的人。

在其成长时期,第三型人学会了顺应养育者的期待和愿望。养育者的期待无需明确地表达出来。孩童有一种天生的敏锐直觉,第三型人年幼时就知道什么样的东西可以取悦养育者,什么样的行为可以得到夸奖和微笑。所有这一切都是十分自然的,而且如果养育者心智健康,那么他就能映射出孩子的真实特质,第三型人长大后就能成为一个很好的、自尊且心智健全的人。但是,在一定程度上,养育者并不能解决他的自恋性需要,这时,第三型人就不得不学着培养更强的适应能力。为了取悦养育者,幼小的他们不得不放弃自己,以得到夸奖。如果养育者的心理处在极不健康状态下,第三型人就几乎不得不彻底中断与自己的感受和需要的联系。因为养育者的期望是如此不切实际,所以孩子注定无法达成他们期望的目标。孩子所能做的仅仅就是获取养育者对他们的赞赏或认可。结果,他们成了绝望的人,成了有着严重的自恋创伤的人,并对于被迫放弃自己的内心感受有一种强烈的根本性的敌意。

到成年时期,第三型人继续表现出他们在孩童时期形成的那种模式。他们四处寻求羡慕和尊重的人对自己的认可和赞赏。他们对不加区分地要所有的人都喜欢自己并不感兴趣;相反,他们专注于某些特殊人物,即他们认为值得尊重的成功人士。这会促使第三型人去做一些看起来可以使他们受到尊重的事,但也使他们极易陷入担心,担心被他人拒绝。他们会努力工作,以免真的遭到拒绝,被人看成是一个"失败者"。孩提时期从养育者那里得到的赞赏性的凝视,使他们觉得自己得到了别人的爱和重视,长大后,他们总是以这样或那样的形式从他人眼中寻找同样的目光。别人的赞赏使他们觉得自己充满活力、有价值——至少目前是这样；没有这种赞赏性的凝视或目光，他们就会觉得空虚，就会出现敌意，因为他们未受重视的感受开始显现出来。

一般状态下的第三型人早在孩提时期就觉得，他们受到赞赏一般是因为他们的作为和表演才能，而不是因为他们的自我。成年后，这种认识使他们养成了讲求高效的工作习惯，但也会使他们对过于亲昵的关系特别恐惧。他们可能会主动建立人际关系，但接着又在他人完全了解自己之前就终止这一关系，或者是不跟自己最想接近的人建立人际关系。这可以保护他们脆弱的自我形象，但代价是巨大的，就是牺牲自己的快乐和与他人的联系。第三型人相信他人会爱他们只是因为他们的形象和成功，但如果人们真的想要了解他们，他们就会隐藏起来，拒绝他人。由于孩提时期无法跟养育者形成亲密关系，一般状态下的第三型人不愿承认他人能爱自己本然的样子。他们很难意识到，拒绝他们的最重要的人恰恰就是他们自己。

对于第三型人而言，放弃表演、冒险暴露容易受伤的内在自我似乎是一件极其危险的事。他们觉得真实的自我在过去已经遭到拒绝，所以他们内心害怕往事重演。他们相信真实的自我相对而言是不可爱的，只有表演是值得赞赏的。他们已经努力成为了这样的人，要放弃似乎是不可想象的。如果第三型人不去冒险暴露真实的自己，他们在他人眼里可能就会是成功的人，但也永远不会知道他们真正需要做的就是成为自己，也无法与任何人建立联系，无法从他人那里感受到爱。可悲的是，报刊上尽是关于极其成功的人的故事，他们可谓春风得意，但他们可能会突然与自己的大众形象发生矛盾，作出许多令人讶异的悲剧性的行为。我们可以想象这样一种人的焦虑和绝望，他们不知疲倦地工作，只是为了得到自认为可以让别人对自己产生良好印象的特质，可结果只是发现空虚感依然，而且比以前更加痛苦。

健康状态下的第三型人

第一层级：真实的人

在最佳状态下，非常健康的第三型人摆脱了希望被别人肯定、希望别人如其本然地接受自己的欲望。他们不再在意别人怎么看待他们，也不再被想得到他人赞赏与羡慕的欲望所刺激。相反，健康状态下的第三型人把重心转移到了以内心为导向与自我成长上。如此一来，他们的内在性、情感与认同都获得了成长的种子。他们的发展成为内在的和个人性的发展，其任务就在于发现自己的价值，而不是公开的和外向的行为。

像非常健康的第三型人所具有的许多特质一样，以内心为导向的能力听起来不像是占第一位的，但却是现代世界的幻觉在我们内心中扎根程度的一种见证。真正的以内心为导向是一种罕见的能力。这并不意味着一个人被幻觉中的情感反应，被回避、恐惧或补偿所引导，也不意味着受他人的意见或流行趣味与观念的影响。以当健康状态下的第三型人这么做的时候，他们是意气风发的、真正感染人的。

他们以某种方式感染和激励他人追寻更高的目标。他们的自我表现是直接且完全真实的。健康状态下的第三型人有着深刻的感受力，但他们并不感情用事，也不情感外露。相反，他们心胸宽广，以一种孩子般的天真和热情寻找自己和他人的最高目标。真实是一种非凡的成就，尤其是当我们在生活中很少有机会表现我们对他人的真实情感和感受时。这样的时刻通常是难得的和宝贵的，它意味着我们要真心地接纳自我和他人。

自我接纳是一种以同情之心看待自我的方式，它无须责难，也无须证明。它是生命的一个出发点，可以成就其他的一切。它为生命存在的充盈与快乐而欢庆，为我们之所是而欢庆。然而，接纳自己并不意味着要拥抱我们的神经质或恶习，并不意味着也要为它们高歌，仿佛它们就是美德。相反，自我接纳包括爱我们自己，爱到足以接受关于自身的痛苦真相。它能帮助我们抛开满是浮夸幻想的世界，不再受诱惑而接受有关自身的任何形式的虚妄。最简单地说，自我接纳就是在任何时候都把自我视为一种完整的人类存在，既包括荣耀，也包括内在的缺陷。通过接纳自己，非常健康状态下的第三型人对发展真正的自我采取了负责任的态度，既能认识到自身拥有的许多天赋和才能，也能大方地承认自己的弱点和局限性。

在这个阶段，健康状态下的第三型人对自己谦和而直率，因为他们的能量全部投注到做自己上。即使在不那么健康时，第三型人也是讲求实际的，在第一层级，他们完全知道满足。他们对自己常常有一种令人开怀的幽默感，因为他们对自己的才干有自知之明，他们可以调侃这些东西，而不会用来炫耀。他们没有人际关系问题，不会让这个问题进一步恶化，他们是温和的、值得爱的。他们能专注地倾听他人说话，能简单明了地表达情感：他们看起来是什么样子，就不多也不少地表现为什么样子。他们表里如一，这给他们奠定了一个坚实的基础，在此之上，把自己发展成人。他们的情感由内而发，并与他们的直接体验相一致，只要有必要，他们的情感表达就无须外部刺激，也不会藏而不露。健康状态下的第三型人会因为他人投注于自己身上的爱而感动快乐，由于他们可以直接表露自己的情感，所以能够赢得他人的爱。他人及他人的伤害和胜利对于他们都是极度真实的，因为在非常健康状态下，他们能够真实地对待自己。

非常健康的第三型人常常极为仁慈慷慨，这不是因为这样做可以给他人留下正面的印象，而是因为他们有一颗开放的心，真正地关心他人的幸福和成功。他们真心希望他人好，用实际行动引导比他们不幸的人实现自己的人生目标。他们不再关注"事事占先"和与众不同。他们开始把自己看做是人类大家庭的一分子，并决心在其中承担一份责任，谦恭地利用自己可能具有的才干和地位去做有价值的事。

第二层级：自信的人

即使是健康状态下的第三型人也不可能永远如此健康。有时，他们会撇下以内心为导向的行为方式，开始更为明显地朝向自身之外寻找他人重视的东西。他们善于判断什么样的特质能得到对他们而言非常重要的人的尊重，他们调节自己以便成为具有那些特质的人。他们仍是真实的人，但已经开始从尊重自己的内心转向寻找他人的认可。

在第二层级，第三型人已经开始寻找他人的尊重，因为他们已经被自己的基本恐惧所压倒，担心自己毫无价值，没有出息。从一定意义上说，这与第二型人的两难处境十分相似，第三型人觉得只有获得生活圈里的重要人物的赞赏和承认才能产生自我价值感。在一定程度上，第三型人在孩提时期没有被注意和得到尊重，所以他们将关注焦点偏离自身的需要和感受，以确定什么样的行为、特质和态度能使他们得到圈里人的肯定。为此，他们发展了一种适应能力，能把了解他人期望的才能发挥到合适的程度。

由于拥有最绝妙的社交直觉，健康状态下的第三型人特别会见风使舵，不费力就能引起他人的注意，就像树叶转向太阳以便吸取更多日光一般。别人每一次的情绪转变，每一次人情冷暖的变化，都会即刻在第三型人的内心引发调节作用，就像晒日光浴的人能说出什么时间日光将穿过云层照射到身上一样。健康状态下的第三型人拥有一种和第二型人一样的才能，就是能读懂他人的内心和自己所处的情境。每当走进一个房间，他们立即就能感觉到其中的氛围，并有效和敏感地随机应变。这种能力使其他人很自在，第三型人的到来常常得到友善的欢迎。当第三型人笼罩于别人赞赏的关注之中时，他们就会积极地发出光芒。他人的肯定使他们觉得自己充满活力，能感觉出自己的好。

第三型人的心理机制难以准确地分析，因为他们与其他人之间会产生出一种微妙的持续互动。别人的肯定性关注使他们觉得很惬意，而他们对别人的回报，便是表现出在别人身上感受到的价值。而他人看到了映射在第三型人身上的理想的自己，于是继续给予大量的关注，互动就这样持续下去。当第三型人处在健康状态的时候，他们还能维持这种"跷跷板游戏"，因为他们真的体现了他人所欣赏的特质，可以本然地给予他人真正的肯定和正面的关注。然而，由于此时的第三型人并非完全以内心为导向，所以这种自尊需要坚持。第三型人不仅觉得需要随机应变以适应他人，而且还开始依赖于自我肯定，意在确信自己的价值，仿佛是在不断地提醒自己："我是一个有价值的重要人物。"

　　第三型人确证自身价值的方式之一就是专注于体现出自己无限潜能的东西。健康状态下的第三型人实际上致力于维持一种"能干"的姿态，认为他们能实现目标，并把事情做好。他们心中常常重复着那个在孩提时期就已经植入的心想事成的信息："只要用心去做，你就能做好你想做的。"确实，第三型人常常是家庭中的"英雄"，他们在还是孩子的时候就十分出色，或是体育明星，或是优等生，或是校园戏剧中的主角。他们在年轻的时候就渴望以这样或那样的方式使家人以他为荣。在健康状态下的第三型人中，这种潜在的感觉和可能性会通过一种根深蒂固的务实精神和使他们有能力实现许多目标的坚定性而得到锻炼。

　　健康状态下的第三型人鲜明的自信和积极态度使他们极有吸引力，进而鼓励他们给予自己更多的互动和肯定。其他人也常被第三型人所吸引，因为在群体中，他们通常有着迷人的外表，即便按照某种文化标准来看，他们的吸引力不是那么出众，但也通常知道如何显示出自己最好的一面，并把拥有的一切正面特质发挥到极致。在任何时候，他们都知道如何让自己成为更广义的有吸引力的人，他们知道如何吸引他人，如何让他人对他们发生兴趣，以及如何让他人高兴。他们就像一块磁石，身上散发出一种吸引人的光辉。

　　魅力和吸引力（外表上和人格上）是人类的两种重要特质，因为从生物的层面上看，为了种族的延续，我们必须能吸引其他同类。但我们也是社会动物，在一定程度上，要想实现人生目标，我们都需要得到别人的尊重。在所有的人格类型中，没有一种类型比健康状态下的第三型人更能感受到自己的好，或更能吸引别人的注意了。

第三层级：杰出的典范

　　就像对于一个人的各种负面感受会互相强化一样，正面感受也是如此。因为健康状态下的第三型人总希望拥有良好的自我感觉，所以他们必须做一些建设性的事情来增强自尊。他们努力相信自己的价值,开始害怕他人会拒绝他们或对他们感到失望,结果,他们投入了大量时间和精力来发展自己,把自己造就为杰出人物。

健康状态下的第三型人有雄心,也渴望以各种方式来提升自己:学术、体育、文化、职业和智慧等。他们对金钱、名声或社会名望不是很有兴趣,只想让自己更有内涵。他们有很多值得羡慕的地方,因为他们的确拥有一些非常不错的特质。他们值得他人羡慕,因为他们很出众,在参与的所有活动领域如奥林匹克运动会、西点军校或医学院,他们常常是模范人物。他们适应能力很强,是完美无缺的少男少女或男人女人,能体现社会文化所欣赏的价值。(当然,某个特殊的第三型人不会体现你个人所欣赏或希望拥有的价值,但是他总是能体现其所在文化和社会环境中受到肯定的那些价值。)因而,他们是文化价值的活的典范,也是我们用来认识及评价自己的典范。

他们具有杰出的品质,因而健康状态下的第三型人能够激励别人发展他们自己。他人在第三型人身上可以看到自己可能会喜欢的东西,只要他们像第三型人一样努力去发展自己的潜能。而且,健康状态下的第三型人很乐意帮助别人获得他们拥有的特质。假如他们是一流舞者,他们会教你如何跳舞;假如他们是健美先生,也会教你如何强身健体;若他们是家畜市场的屠夫,他们也乐于帮助你进入这个行业。

在工作场所,健康状态下的第三型人有很强的能力和竞争力。他们专注于目标,喜欢自始至终琢磨自己负责的项目。他们也能以高亢的热情和勤奋激励团队的士气。第三型人能承受逆境,因为他们确信只要努力工作就能达成为自己设定的目标。他们还是有启发性的交谈者,能激励他人勇挑重担、进行投资或从事有价值的事业。其实,健康状态下的第三型人常常作为组织的发言人,向公众传达组织的意见。在这类位置上,他们的泰然自若、魅力以及自信就像是强有力的诱因,激励着想要模仿他们的人。

然而,这一切并不是任何时候都能产生积极效果,激励人们自我发展。健康状态下的第三型人精力旺盛,富有朝气,但也比较任性,就像强健的动物在阳光下活蹦乱跳一样。他们的幽默感使他们有一种自嘲,能够对自己的不足和些微的自负一笑而过,而这既可以让人轻松也能增添他们的魅力。这些特质,外加吸引力和其他令人羡慕的特质,使他们有着庞大的社会需求,因为他们对周围的人太有激励性了。

几乎每一个人都想成为健康状态下的第三型人,至少在某个方面是这样。谁不想成为有吸引力、能与他人和自己和平相处的人呢?谁不想成为自信、精力旺盛、能最大限度地发挥自己潜力的人呢？谁不想像第三型人那样自得其乐、享受自己的生活呢？当他们处在健康状态下的时候，第三型人就是真正的明星，只要有他们在场，人们总能从中有所收获。

一般状态下的第三型人

第四层级：有好胜心的成就者

现在第三型人在态度上开始有了转变：他们开始希望自己与众不同。这不再是努力工作去寻求价值感的问题：一般状态下的第三型人想要引起他人注意。他们开始把自己和他人进行比较，担心自己会被他人的成就比下去。这必然会导致一种与他人竞争的愿望，虽然在这个时候，竞争基本上是隐秘的、不公开的。一般状态下的第三型人想要对自己和同行证明自己是非凡的优秀人物。他们为此比他人更努力地工作，寻找各种代表着成功和成就的象征：社交能力、加薪、受欢迎的演讲、签订合约、拥有同他们的老师或领导一样的显要位置。超越他人可以强化他们的自尊，使他们不致产生太深的无价值感，暂时感觉自己更有吸引力、更值得关注以及被羡慕。

为了这一目的，第三型人实际上献身给了他们的计划、事业以及他们为了增强自尊而做的一切。他们是真正的 A 型人格，可以为了升职而忘我地工作。当然，不是所有的第三型人都在高速列车上卖命；不过，第三型人选择的所有"职业"都将是他们主要的能量焦点。如果一个第三型人操持家务、为人父母，一定会精打细算，创造一个"模范家庭"。第三型人渴望把他们的孩子造就为出色的人，传授给孩子生活的能力，尽可能送孩子到最好的学校。如果一个第三型人是和尚，一定会致力于把自己造就为最神圣无私的人。一般状态下的第三型人总想成为他们工作领域中的行家里手，如果可能，他们还想成为最好的。

例如，他们可能是游泳健将或网球好手，但他们觉得如此还不足以克服自己的恐惧，他们必须超越其他所有人。于是他们创造了其实根本不存在的竞争。不幸的是，进行这种比较会把他们所有的关系都置于一个新的立足点上，他们已经把自己置于同他人竞争的位置上了，因为他人的尊重是他们所需要的。

其实，一般状态下的第三型人更多是受到他人价值的引导，他们努力地工作是为了得到同行的认可和欣赏。这使他们与自己的欲望和感受越来越疏离。毕竟，当一个人的内心并不完全赞成其目标的时候，要专注于这个目标是很困难的。这样，他们的感受就会发生偏离，总有一些东西在干扰他们发挥能力，使他们难以走上正轨。一般状态下的第三型人不再是因为喜欢而拥有某种东西或做某件事，而是因为这样可以使他们觉得自己高人一等。

跟其他人格类型比起来，一般状态下的第三型人追求成功的方式无比地有效率。（我们不妨以他们最为看重的3件事来简单地描述一下第三型人：事业、成功和认可。）成功对第三型人而言代表着成为第一、胜利者，不断地提升自己的职位或地位。为此，他们会努力工作以争取或保留这个高位。他们看重职业能力，总想尽其所能做得最好，尤其想登上职业的顶峰。这也许是好事，也可能是坏事，但不管怎样，他们的世界就是由个人简历和激烈的竞争构成的。

在这个阶段，第三型人是追逐名利的野心家，职业成就成了他们衡量自己作为人的价值的主要砝码，他们不断地谋划着自己的升迁，想要尽可能快地向上推进，并愿意为此付出巨大的牺牲。不幸的是，这些牺牲可能包括牺牲婚姻、家庭或朋友，更不用说牺牲自己的心理健康了。一个有声望的头衔或职业对一般状态下的第三型人而言尤为重要，因为这可以强化他们的成就感。（基于相同的理由，如果他们没有受人尊敬的职业，他们的自尊就会受到很大威胁，如果他们没有被任用，尤其会如此。）

由于成功对一般状态下的第三型人是如此重要，也由于他们已经开始同他人竞争，所以他们学会了出风头，以掌握社交技巧。社交能力在许多场合是很有用的，而在一般状态下的第三型人那里，这标志着他们开始抛弃真实的自我表达。第三型人开始掩盖动机，他们同他人交流是为了获得渴望的回应，而不是为了表达真正的思想或感受。而且，这种关注成功的取向可能会使他们成为投机分子，不管是对待朋友还是对待同事。为了维持"向上的灵动性"，良好的政治感觉和正确的朋友与同事是至为关键的。他们永远在建立关系网络，在与人打交道，以提升自己的事业、增加社会魅力。他们在健康状态下对他人状况感同身受的才能现在被用于利用自己的声望和价值来迅速地吸引他人，仿佛总是在问："你能帮助我达到目标吗？你值得交往吗？"

第五层级：以貌取人的实用主义者

因为自己日益增强的好胜心而害怕失去别人的正面尊重，一般状态下的第三型人开始更深地隐藏情感和真实的自我表达，并且日益专注于创造一个好的自我形象。这是标志着第三型人发展或退化的一个重要阶段。健康状态下的第三型人也有好胜心，但主要专注于自己的实际努力和成就，他们感兴趣的是真正的自我完善。然而，从第五层级开始，第三型人首先感兴趣的是提升自我表现和自我形象。他们想要给人留下好印象，而不管他们投射出来的形象是否反映了真实的自己。形式重于实质：一个人留给别人什么样的印象成为他们最为关心的事。

由于害怕被人鄙弃，一般状态下的第三型人逐渐远离自己，力求以"正确的方式组合"他们认为能提升自己和使自己更容易被人接受的因素。他们的自我表现变得更加圆滑、更加专业，他们更多地关注自己的外表。第三型人把旺盛的精力倾注于塑造更加亮丽的外表上，以帮助自己赢取渴望的成功。当然，对形象如此关注暴露出他们已在根本上缺乏真诚的自尊。一般状态下的第三型人已经抛离了自己，决心赢得比真实自我更有价值的东西。

具有讽刺意味的是，作为一个真实的人，一般状态下的第三型人变得越来越不讨人喜欢，而更像是商品的时候反而让人喜欢。以形象为取向的他们在某种程度上就如弗洛姆描述的"市场取向"的人格类型。

> 这一性格定位……植根于人把自身作为商品、把人的价值作为交换价值的经验……
>
> 成功主要有赖于一个人在市场上怎样很好地出售自己，他的人格是否获得通过，他是否有一个漂亮的"包装"……股票经纪人、售货员、秘书、铁路主管、学院教授或旅馆经理本身具有不同的人格，除了区别外，他们还都需要满足一个条件：有此需求……
>
> 市场定位并不能发展人的某些潜在性（除非我们荒谬地假定，"虚无"也是人的一种特性）；市场定位的真正本质并不是发展一种特殊的、永久的关系，而不断变化的态度才是这种定位的永久特质。在市场定位中，得到发展的只是那些卖得最好的特质。没有哪一种特定态度是占主导地位的，能以最快速度用所需特质加以填补的空虚才是主导性的。然而，这一特质已失去了这个词的原有含义，它只是一种角色，一种伪装的特质，如果另一个更合乎需要，它就很快被替换了。（埃里克·弗洛姆. 自我的追寻. 76—77, 84.）

一般状况下的第三型人视自己如商品，所以希望别人接受自己变成了他们唯一的要务。他们对自己留给他人的印象感到担心，不断地猜想人们会把他们想成什么样的人。始终占据他们内心的是怎样成为十分成功、十分有吸引力的人，他们觉得仿佛每个人的眼睛都在看着他们，必须时刻准备着留给他人好的观感、印象和感受。自然，这种取向使他们无法表达真正的情感、作出正确的回应。事实上，一般状态下的第三型人越来越不知道自己的情感是什么。

问题在于，他们的行动是出于他们所投射的形象的需要，而不是自己的真实需要，也不是因为他们真诚地相信自己的所言所行。一般状态下的第三型人学会了一个接一个地设计讨人欢心的情感状态，每一个都对应着特定的情境，每一个都同样令人信服。他们看起来真诚、友善、温和、亲切、品行端正而且真实，虽然他们实际上并非如此。他们只会让自己的形象迎合情境的需要，以便使他人从好的方面看待他们。他们的外表和实际根本不是一回事。因而，在他们身上有一种圆滑的东西、一种虚伪的情感，因为他们的言行根本不是自我的真实反应。"他们的自我"变得越来越难以辨识，不论是对他人而言，还是对他们自己而言。

一般状态下的第三型人知道如何包装自己，以成功迎合周围的环境。有许多致力于人类这一方面行为的产业：广告和时装产业尤其明白其中的奥妙并能很好地加以利用，打消人们的担心。专业领域充斥着价格昂贵的形象顾问，教人们如何给他人留下好印象，如何装出专业派头，如何消除言行举止中所有让人不快的瑕疵。就像变色龙改变肤色一样，一种形象在一定程度上有助于使人完美地适应环境。第三型人的形象使他们可以处事得当，而且，他们不仅能适应环境，还能把自己想象中的形象完美地展现出来，以致在一定程度上他们的形象甚至成为了他人判断自己的标准。一旦他人高兴地接受了某一形象，这个形象便获得了其自身的现实性。

重要的是，必须强调一般状态下的第三型人在创造可信的形象时是如此不着痕迹，其他人实在很难搞清楚其中到底有多少伪装的成分，如果他们很聪明或受过很好的教育，情况尤其如此。一般状态下的第三型人不仅限于空洞的电视娱乐节目嘉宾、选美小姐或伪装的高雅人士。他们无所不在，从体育明星到政治家，从艺术家到电视节目主持人。

一般状态下的第三型人有着完美的外表，因为他们呈现给他人的是一个形象，而不是一个人。第三型人随处可见，其中最典型的是综合性的、"友好"的专业人士，虽然其他人可能会注意到他们的某些特质是装出来的。然而，第三型人知道他人会对他们有所回应，尽管他们在很大程度上对自己的反应无所察觉。如果他人不感兴趣，他们会加倍努力做进一步的调整，必要时甚至会为自己辩解。

恰恰因为他们考虑得如此周全，以致其他人很难指出他们还缺少什么，但是，假如足够深入地观察他们一下，便会发现，他们并无特别之处，很少表达真实的情感，没有深刻的个人见解，没有任何特别的风格，在光鲜亮丽的外表下没有激情。虽然外表看来完美无缺，但各种不同的形象并不能构成一个完整的人。他们所缺失的是投入和奉献的意识。他们并不关心自己，也不在意自己的情感，他们就像一部能扮演好别人期望的角色并因此不断满足别人需要的机器。

正如人们所期待的，这一定位有许多困难。一般状态下的第三型人因为担心别人发现他们内在的空虚，所以害怕真正的亲密关系。他们担心（也许是潜意识地）真实的自我没有价值，他们越来越不愿让别人看到外在形象下面的那个脆弱的自我。当一般状态下的第三型人敢于向别人表露自己的时候，那便是信任和尊重的特别信号。然而，更多的时候，他们拥有强大的吸引力和迎合他人的能力，能够创造一种关系亲密的印象，表面上表露出的自己要比实际多。这就是一般状态下的第三型人特别关心自己的信誉、关心人们是否相信他们所营造的理想化形象的原因。

一般状态下的第三型人为了吸引他人注意而致力于自己的形象，但却越来越不自信，因为情感上的疏离在别人眼里是一目了然的。与自己的情感脱节使得他们极其努力地工作，集中精力去追求专业目标。他们善于变通，以目标为导向，实用主义使他们在回应情境时根本不会受到抽象原则或激烈情感的束缚，所以他们在解决实际问题上很有一手。当情感爆发时，一般状态下的第三型人可能会感到失控和迷茫。他们私密地处理自己的情感。他们快速而强烈地表达情感，但同时也想尽可能快地回到现实。对他们而言，情感逐渐成为一个陌生和不熟悉的领域——威胁着要毁灭他们的焦点和他们强有力的形象。

结果，第三型人对自己关于现实的感受变得不自信了。他们花费大量时间想要成为另一种人，以致对自己的信念和反应都很难接受。他们能站在问题的任何一方——毫无顾忌地从一方跳到另一方——因为情感和个人信念已成为陌生的东西。他们还会依赖技巧和规则，不论是在事业上还是在私人生活中。一般状态下的第三型人对各种行业术语驾轻就熟，为了实现目的不惜应用各种语言符号，不论是参选总统、卖牙刷还是自吹自擂。其他人开始觉得一般状态下的第三型人的友谊常常是不可预测的。他们总是有地方要去，有事情要做，并变得越来越忙碌，越来越讲求效率，也越来越冷漠。

由于与内心的欲望失去了联系，处在第五层级的第三型人唯一的指南就是"什么东西有用"。即使他们善于处理某些技巧性问题，通常也不是好的挑战者，因为他们缺少个人见解，缺少真实的价值观，也不会真正关心他人。不幸的是，他们对领导地位却很有兴趣，因为这其中包含着声望。结果他们以跟随方式领导众人，告诉人们他们想要听的，而不是他们需要做什么。一旦这种形象成为现实，他们就会虚假地生活。

第六层级：自我推销的自恋者

在一丝不苟地寻求一种他人能够肯定和接受的"新的""完善的"自我之后，第三型人可能会担心他人会看透自己，发现自己不是他们所力图投射出来的那种真正有魅力的、"完善的"形象。在这个方面，如果展现出的形象不如他们的理想形象完美，他们就会彻底蒙羞，所以，如果第三型人没有得到他们想要的肯定，就会过度地自我推销，以加深别人的印象。他们想要得到别人的羡慕和嫉妒，希望别人认为他们在每一方面都非常杰出，视他们为完美的化身。但最为重要的是，第三型人想要忘记那越来越匮乏且持续引起羞耻感和痛苦的内在自我。他们想要成为自己的形象。

为了抵消越来越强的恐惧感——害怕自己变得毫无价值——第三型人的自我形象变得极端膨胀和华而不实，他们开始无休止地替自己做广告，吹嘘自己的才华，用听起来很重要的名头宣传自己的成就，或是让别人了解他们将要取得的巨大成功，使自己听起来很了不起，似乎自己永远比别人做得好——而且比实际的样子更好。

在第六层级，一般状态下的第三型人开始过分高估自己，总把自己的成就挂在嘴边夸耀。自恋性的自我膨胀在一定程度上意味着与实际的自我脱节，与实际能力和局限性的脱节，总想吹嘘根本不存在的荣耀。实际上，他们很少能得到别人的赏识——这很难想象——因为他们的自我兜售常常太过自信。他们极力想要说服自己和其他人相信他们是出众的，但其他人可能会觉得他们言过其实，他们口中的自己并不能为他们增添什么。

在第六层级，他们所做的一切都是在作秀，都是为了引起他人的注意，得到他人的欣赏。他们的自我展示总有一句相同的潜台词，那就是"看看我"。他们变成了不知羞耻的吹嘘者，卖弄着自己的教养、地位、身材、智慧、阅历、配偶、性能力、才智——所有他们认为能赢取羡慕的东西。而他们谈话的唯一主题也是他们自己、他们的第一次、最后一次以及唯一所爱，等等。他们的行为做派就好像别人都已经且必须被他们所说所做的一切迷得神魂颠倒一样。这自然常常会让人很烦，转而使人们对他们失去兴趣——而这恰恰是第三型人极力想要避免的。

随着公开竞争的白热化，与他人的冲突也开始了，并越来越激烈。对于第六层级的第三型人来说，由于很难对与自己竞争的任何人有正面的情感，所以他们开始给朋友和同事制造难题。竞争让他们把别人看做是通向成功的威胁和障碍。他们觉得周围的人很顺眼，只是由于他们认为自己在某个方面比别人优越，或是由于他人的地位不及自己，再不就是由于自己在某次公开的或私下的竞争中打败了对方。

处于第六层级的第三型人特别想获得价值感,所以他们觉得只有巨大的成功才能满足自己。对于一般状态下的第三型人来说,成功的最高标志就是变得富有和有名,尤其是后者。名声对他们有着特别的吸引力,因为那意味着被许多人知晓。他们的存在就是由名声来证明的:他们不是无名小卒。如果人人都知道自己,那自己必定是真正有价值的人。

第六层级的第三型人也是典型的寻找和追求地位的人,他们把某些地位符号当做是创造新的社会价值的手段。一般状态下的第三型人通过调整自己来获取地位,然后把地位作为同他人竞争的基础。排他性是竞争的一个极其重要的条件,通过排除社交圈中自己不喜欢的人,一般状态下的第三型人可以使自己成为谁能"进来"、谁应当"出去"的裁决者。因此追求地位是那些以成功为目标的人喜欢玩的一种游戏。作为自封的裁决者,第三型人需要确信的只有一件事,就是参加游戏的其他人注定要失败,且剧情只会一次又一次重演。

不用说,自恋的第三型人专注于自我,自大且自视甚高。他们开始认为自己有威慑力,相信自己确实比他人优越,所以对他人采取一种傲慢的态度,以强化过度的自尊。他们觉得自己比他人优越,所以相信自己不会被任何人贬斥,即使因为某些原因遭到了贬斥,也不会烦扰他们,因为他们觉得那些人不如自己,根本不算什么。总之,他们看他人,只是为了看他们是不是在关注自己。

对于第三型人而言,不论在实际的意义上还是在比喻的意义上,好的形象观感一直是极端重要的,而形体的吸引力只是在他们公开自恋的时候才更为重要。他们装模作样的姿势和表现出来的"态度"都是为了让自己显得与众不同(比别人不知要优秀多少倍),为了引起别人的注意(不一定要一直都引起注意)。不论是男人还是女人,第六层级的第三型人都好表现,都具有诱惑力,他们喜欢以自己的性吸引力来增加自己受欢迎的程度。超级男性化或超级女性化的性展示,如健美性感的男子、美丽的女王,都是这种典型。当然,不是所有的第三型人都具有迷人的外表。不过,外表的优秀对他们很重要,如果他们没有吸引人的外表,就会以自恋、自夸的特质来加深别人的印象,比如夸大自己的智力和聪明、金钱和成功、名誉和声望,等等。

自恋本质上是消极的,第三型人的性欲同样具有消极方面:他们想要成为欲望的对象。自恋的第三型人希望别人赏识自己,不论是在性方面,还是在心理方面——虽然他们并不关心自己究竟能不能令别人快乐。

自恋的消极性在别的方面也有所表现。他们在赢得别人的欢心后,便开始

"依赖他们的殊荣"吃老本，变得自大自满。他们是如此沉迷于自恋的短期满足，以致逐渐无法关注现实的、长远的目标和成就。他们开始虚度光阴，沉迷于性吸引和性魅力。不论他们在培植关系方面曾经下了多大的精力，现在都停止了：他们已经有魅力了，已经可以诱惑别人了，现在一切都顺理成章了；或者他们逐渐对他人完全失去了兴趣，他们已经完全征服了对方，一旦所寻求的自恋获得了满足，就可以离开他人了。他们也乐于打击那些想要走近自己的人，仿佛要说："你可以看，但你不能摸。你可以崇拜我，但你不能拥有我。"所有这些都会出现，因为他们对亲密关系的极度恐惧与他们对确证自己受欢迎度的巨大需要之间是不平衡的。

和别人的冲突也是源于他们的虚伪，因为他们开始相信自己所做的广告，把自己的成就吹得天花乱坠。（"我的发现将赢得诺贝尔奖。""我的第一次艺术展将在开幕之日热卖。"）不幸的是：他们吹嘘得越厉害，别人越容易得罪他们，因为别人会指出其自我评价不合实际、成就太过不可思议的地方。可笑的是：他们浮夸的期待实际上也令他们自己常感失望，他们越是自恋，就越是容易感到自己被别人轻视。恰恰在他们的自恋极度膨胀时，他们对自我价值非常敏感，这无疑表明自恋掩盖了极度缺乏真正自尊的事实。

的确，假如他们的自恋无法不断地得到强化，一般状态下的第三型人就会产生敌意，并且很快就会失去曾有的幽默感。他们变得爱鄙视人、爱挖苦人。以对别人诚实坦白为借口，打压别人以使自己登上王座，至少在心中他们是如此算计的。对于本就为数不多的朋友，他们也不善照料：忽视朋友的存在，约会的时候让朋友久等却从不道歉，让朋友觉得在各个方面都有不足、不如他们。第六层级的第三型人是我们在健康状态下的第三型人身上看到的那种典型的反面。他们不再关注现实的目标或真正的自我提升，而是被一种极度渴望得到承认的欲望所占据，虽然他们不知道这是为什么。由于他们已经抛弃了自己的内心，努力工作却无法获得更好的感觉，所以他们充满失望和愤怒，同时又要极力克制。如果第三型人能了解自己的羞耻心和自我异化，他们就能重新发现真实的自我，变得更加健康。然而，如果他们继续欺骗自己，对自己的真实状况装聋作哑，就很有可能彻底地切断与自己的真实存在的联系。

不健康状态下的第三型人

第七层级：不诚实的投机分子

失败是最让第三型人觉得丢脸的一件事。当他们继续过分张扬自己，却又不能达成目标时，就会尝试以欺哄他人的方式来维持自己仍是获胜者的形象。

害怕失败、害怕丢脸使不健康状态下的第三型人更加明目张胆地以一种不诚实的方式去获取自己需要的东西，这样至少还可以维持其虚幻的优越感。我们已经看到，一般状态下的第三型人是实用主义者，而到了第七层级，他们已变得一心只为生存着想。并且他们完全认同于自己的形象，这意味着要确保其形象的存在。就这样，不健康状态下的第三型人远离了自己的核心，对在何时该做何事没有任何方向。他们的实用主义已经降格为一种没有原则的权宜之计，在此，第三型人所做的任何事几乎都是为了让他人相信他们仍是特别的人。但是，由于他们实际上正在遭受严重的心理危机，所以，要想完成这个任务，就只有歪曲自己的真实处境：他们隐瞒自己的简历，剽窃他人的成果，钻牛角尖，把他人的成果据为己有，或是编造从未有过的成就以使自己看起来更加出名。不健康状态下的第三型人决计不做失败者，不管是谁都必须为他们的成功付出代价。

他们随时准备背叛、说谎、改变"效忠"的对象，或占人便宜以便登上第一。由于他们几乎完全丧失了良知和辨别真相的能力，所以似乎不知道自身的真相究竟是什么，并且丝毫不为欺骗别人感到羞愧。他们本就发育不全的脆弱的内在自我消失在一种人格结构之下，这种人格结构只有一件事要做，那就是自我膨胀，让自己活下去。他们所有的精力都用在获取为了把自我形象结合在一起所需的东西上。

不健康状态下的第三型人必须利用某些东西去维持其膨胀的自我形象。具有讽刺意味的是，他们不仅对他人有一种高高在上的优越感，甚至对自己也有这种感觉，因为他们的目标远远超出了其能力范围。他们必须降低身价，承认自己的期待过高而没有注意到自己紧张的心理，或是从他人那里获取自己所需，以维持自身的"优越感"。然而，特别不健康状态下的第三型人时常忽视这一点，即不断被利用的那个人其实正是他们自己。第三型人"出卖了自己"，时常为了短期利益而牺牲自己的前途。他们的健康、前程、诚实正直全被用于寻求自恋的"确定性"。按俗语说，不健康状态下的第三型人是投机者，是取巧的人，是总想占尽先机却又搬起石头砸了自己脚的机会主义者。他们的情感缺失还会引发其他严重的后果：不健康状态下的第三型人无法感受到自己，也无法同情他人。如果他们不以自己为参照，便不能把他人看做是真实的或有价值的个体，所以其他人仅仅是关注和欣赏的提供者，是所谓的"自恋提供者"，只能作为用来夸大他自己的对象。这就是为什么不健康状态下的第三型人与别人根本不存在相互关系的原因。他们只有在能获取自己所需的时候，才会保持某种关系，但他们会不假思索地利用别人，尤其是和某个可资利用的人在一起的时候更是如此。在此我们可以获得一个启示：不健康状态下的第三型人总是存在一个问题，那就是缺乏持久的关系。他们的朋友和熟人为数寥寥，他们总是利用他人，并且一旦得到自己所需的东西，就会弃别人于不顾。他们的工作习惯也是这样。他们很少有健康状态下的第三型人那样的目标。不健康状态下的第三型人似乎一直在应付环境，仿佛他们自己的价值感、职责——能赋予他们的活动以连贯性和意义——总在迷失。不过，他们的精力一直指向自己的表演，而且不健康状态下的第三型人不会让他人太过接近自己，免得被看出破绽。

不幸的是，第三型人能维持一种幻觉，觉得自己很有能力，哪怕是处在不健康状态下。（第三型人看起来总是比实际要健康，这是一个通则。）这种幻觉从根本上说是他们的克星，因为那会妨碍他们获得帮助、改变处境。他们生活中的灾难时常会让他们丧失防御力，至少是暂时的。他们的内心混乱和空虚会暴露出来，他们会被彻底击垮、崩溃。大多数不健康状态下的第三型人在这种情况下会把自己藏起来，让别人看不到自己的恶劣程度。

第八层级：恶意的欺骗者

不健康状态下的第三型人由于严重地歪曲了真实的内心诉求，隐瞒了自己的病态，所以越来越害怕自己会被别人发现，害怕自己的谎言会曝光。然而，他们不愿面对一个事实，即自己有严重的心理问题，必须寻求帮助。所以他们可能会进一步恶化，无论做什么都必定是为了掩盖自己虚假的诉求。结果，他们走向了更严重的破坏性行为，以掩盖自己的劣迹，尽可能隐藏真实的动机和行动。

我们在一般状态下的第三型人身上看到的那种创造形象的能力现在更是成为了他们的依赖。不健康状态下的第三型人开始完全地自我欺骗，因为他们需要掩盖曾经的恶行和谎言。他们现在创造的形象仍然具有说服力，但在形象下面，他们变得极度奸诈、不诚实。其他人只有在深受其害之后，才能发现第三型人的神经质有多么严重。

不用说，神经质的第三型人是病态的说谎者。由于处在第八层级的第三型人难以抑制地想要给别人留下某种印象，所以他们谎话连篇，尽管这样做不会有什么意义。许多时候，他们的谎言并非无足轻重——它们会给别人带来极大的伤害，如金钱的损失和情感的创伤。已经堕落到这一病态程度的第三型人无法说出事实的真相。他们认为事实会是他们想要的样子。他们的许多谎言都与其一直在寻求的目标联系在一起。只要能不费力气得到想要的东西，他们就什么都敢说，即使被发现后会有更大风险。

这种生存方式只会加剧他们的恐惧,虽然他们会利用自己仍然拥有的能力让他人相信他们是镇定的、有自制力的。然而,在表面之下,不健康状态下的第三型人已经走投无路,几乎无法压制自己的怒火。他们越来越害怕被抓住和受到惩罚,这使他们变得极度危险。他们变得无情无义,完全有可能出卖朋友、愚弄他人或毁灭证据,以掩盖自己的恶行。他们阴谋破坏别人的工作,伤害爱他们的人,因为看到别人毁灭是他们获得优越感的唯一方法。(只有我成功是不够的,还必须让他人失败。——王尔德)当然,一项罪行会引发另一项罪行,第三型人发现自己逐渐陷入了自我欺骗的罗网。他们几乎不可避免地会被人发现,会因他们的行为而受到惩罚。为避免这种情况发生,第三型人可能会变成十足的恶棍和疯子。

第九层级:怀有报复心的变态狂

严重病态的第三型人害怕自己的虚伪和空虚——更别提自己的恶行——暴露出来。他们有各种理由相信,如果发生了这种情况,他们就会彻底毁灭。他们没有办法摆脱难以忍受的无价值感和卑下感。确实,他人的成功和鲜明的优越感随时都会让他们受到耻笑、被人看不起。在他们看来,他人是且总是比自己优秀。在第九层级,神经质的第三型人暗地里怕别人比自己优秀(实际上也总是如此)。他们已从欺骗发展到了彻底的怨恨,就如他们所说:"不管以何种方式,我一定要比你强!"并且,尽管已没有东西可以失去,但神经质的第三型人并不会因为一无所有而停下来。由于他们现在已没有任何能力移情于任何人,所以也就没有什么东西可以约束他们对他人的严重伤害。的确,不论是毁灭何人或何事,总会让他们想起一直以来都在力图避开的那些不幸往事,可现在这却成了一种偏执性的强迫症。

> 于是,对取得报复性胜利的渴望,主要在常常是不可遏制的、基本上属于潜意识的冲动中体现为想在人际关系上挫败、智取或击败他人……
>
> 更为常见的是,对报复性胜利的渴望是隐秘的。确实,由于这种渴望具有破坏本性,所以它是追求荣耀的过程中最隐秘的动机。也许我们看到的只是相当疯狂的野心,可只要分析一下就能看到,这个野心背后的驱动力就是想要通过胜过别人来打败和侮辱别人。(卡伦·霍尼.神经症与人的成长.27—28.)

尽管敌对状况在以前时时发生，但第三型人的敌对现在已发展为一种非理性的恶意，这是他们极端嫉妒他人的结果，因为他们总觉得别人拥有他们所需要的东西。尽管第三型人公开地蔑视他人，可病态的他们私下里却十分嫉妒他人，这恰恰是因为他人已经达成了有价值的目标，而不是在追逐自恋的幻觉。因此，只要是一个真诚的人、一个能够感受的人、一个既爱别人也为别人所爱的人，总之，只要是一个心态正常的人，在第九层级的第三型人看来都是对他们破碎的自尊的一种威胁，是他们恶意报复的对象。由于神经质的第三型人已经强迫性地想要毁灭他人以成为胜利者，所以他们的恶意报复可能会发展到极其危险的地步。这正是他们最为阴暗、隐蔽的一面，他们不可能将这一面示之于他人，甚至示之于自己。

他们有时会意识到自己的处境，这时他人通常会害怕与他们直接对抗。不健康状态下的第三型人指望他人因为害怕报复而对他们的所作所为敢怒不敢言。他们完全没有约束，别人几乎不可能与他们公然对抗，因为别人知道，不健康状态下的第三型人堕落之深可能连他们自己都意想不到。

处在第九层级的第三型人极端病态，完全无视正常的行为限制，常常会表现出最残暴的复仇幻觉。他们的行为没有任何内部约束，无所不用其极，直到他们的狂怒耗尽了，别人被毁灭了，或者某个人把他们制服了，其复仇行为才会停止。然而，他们的分裂是如此彻底，以致在实施残暴的攻击以后，他们实际上仍对自己做了什么毫无意识，就好像他们是在用残存的最后一点正常心智去缓冲自己的仇恨与愤怒的强度，以及对所犯罪行的恐惧感。

除了袭击、纵火、绑架这些罪行以外，病态的第三型人还完全有可能谋杀他人。他们可以像正常人杀死一只苍蝇一样，毫无悔恨地杀死一个人。他们的暴力行为完全是随心所欲的，所以毫无动机，就像躲在街后的狙击手射杀目标一样。但是，从精神病学的角度来说，一个人犯罪是因为他一直想通过毁灭他人来重获优越感。

还有一点值得注意，男性精神病患者的受害人常常是女性，由于第三型人通常都认同母亲，所以这一点与常态是吻合的。在第九层级，第三型人极有可能在孩童时期经受过难以置信的虐待。他们做什么都没有用，都不能赢得养育者的关爱或尊重。但是，由于第三型人对获得养育者的肯定有一种特别的依赖，而且一个小孩也不可能有意识地憎恨自己的父母或生活在对父母的仇恨中，所以患者会把愤怒发泄到替代角色身上，因为对方在一定程度上让患者想起了自己当初的痛苦。结果常常就是捆绑、拷问和性暴力。

尽管他们表里不一、狡猾奸诈，但病态的第三型人也会出差错，因为他们对报复性胜利的渴望也包括想要受害者知道是谁造成了伤害。我们在人格发展的各个阶段看到的各种形式的第三型人对关注与肯定的渴望已成为对他们的惩罚。然而，病态的第三型人并不关心这些。公众的谴责和臭名远扬给了他们其所渴望的关注：被害怕和被蔑视恰好证明自己仍是一个"人物"。

第三型的发展机制

解离方向：朝向第九型

自第四层级开始，第三型人为了回应压力，开始表现出一般状态下和不健康状态下的第九型人的某些特质。第三型人完全是被迫认同自己所做的事，因此向第九型发展可以看做是摆脱无休止的活动与追求成功的意愿的一种方法。

在第四层级，第三型人通常专注于发展事业，万事都想做到最好，走在最前列，因而总要跟同事竞争，热衷于向他人证明自己。当他们行进得太过艰难，或者当他们的好胜心已被别人知晓的时候，他们就会转向第九型，变得善于调解和道歉。处在第四层级的第三型人仍想要"脱颖"而出，但不会太高调。当担心自己会与他人疏离的焦虑出现的时候，他们便开始把自己打扮成更普通的角色，降低姿态，以求与群体规范保持一致。

在第五层级，第三型人为了出人头地，并给他人留下好的印象，不断制订各种不同的计划。这常常会使他们陷入令人不快的情势，或不一定想做的工作中。否认自身的欲望自然会给自己带来压力，为了应对这种压力，一般状态下的第三型人会把注意力从自己的活动中撤出。他们会沉迷于繁忙的工作和例行公事，希望以此渡过困境，不要被情势直接影响。第三型人常常迅速有效地处理环境对自己的要求，但当他们向第九型发展的时候，就会变得很奇怪，不做任何回应，也不专注于任何东西。一段时间过后，他们就会变得自满，一反往常的勤劳形象。

在第六层级，第三型人不断地抬高自己的成就、推销自己。他们想要所有人都知道自己是一个"人物"。但是，要维持这种自我欺骗是很耗能量的，崩溃是必然的。他们在事业上特别容易受到挫折，如果在此之前经历过失望，他们就会转向第九型一段时间。这时的他们再也不能维持自己浮夸的观点，彻底的自我怀疑会涌现出来，他们突然变得冷漠、漫无目标。以前，他们坚定有力，以目标为导向；现在却无精打采，不思进取，回避现实的问题，一厢情愿地沉浸于对下一次巨大成功的思考和幻想中。酗酒和滥用药物开始成为生活的一部分。

在第七层级，第三型人已变得高度神经质，力图靠欺骗和虚张声势来维持幻想中的优越感。他们可能会卷入不道德甚至不合法的活动以拯救正在沉陷的自尊。他们太不稳定，以致无法正常发挥功能，他们的"成功"依赖于说服自己和他人相信自己"一切正常"，而事实上并非如此。当圆谎的压力变得难以承受的时候，他们就会陷入深深的冷漠和抑郁，不愿面对生活中的不幸，似乎想放弃自我。他们已经完全丧失了能力，甚至连最简单的任务也无法完成。不健康状态下的第三型人可能会长达几个月甚至几年时间都处在这种状况中，而不会堕落到第八、九层级。

在第八层级，第三型人极力想掩盖自己的错误行为以及功能紊乱的程度。他们切断与自身的情感的联系，为了拯救自己的形象，不惜作出危险的事甚至犯罪。虽然他们可以暂时成功地掩饰自己的真实状况，但他们已完全被击垮了，不可避免地要走向崩溃。当他们向第九型发展的时候，其痛苦的程度和没有得到充分发展的过去就会暴露无遗。于是他们退回到生命的更早阶段，重演孩童时期的胜利或创伤。他们可能一会儿抑郁、解离，一会儿又突然歇斯底里地爆发。只要有可能，他们就会努力避免让任何人看到这样的自己，并且只要还有足够的力量，只要还能够与他人互动，他们就可以恢复自己的形象。

在第九层级，不健康状态下的第三型人充满愤怒和敌意，想要攻击所有他们认为伤害了自己残存的自尊的人。当对自己的强迫性行为产生恐惧的时候，或者当别人发现他们有所图谋的时候，他们就会向第九型发展，退化到精神病一般的状况，退化到梦一般的世界，并认为自己不会从这个世界中清醒过来。一切都变得不真实了，包括自己施加给他人的恐怖行为。他们不再觉得愤怒或心有敌意，也不再有报复心。当转向第九型的时候，第三型人会潜意识地与自己拥有的唯一感受——即敌意——切断联系，而且是如此彻底，以致连他们自己都觉得绝对没有任何敌意了。他们的抑郁常常会表现为"麻木"、冷漠、没有热情、对一切甚至自己都失去了兴趣。

当退化的第三型人变得丧失人性的时候，他们与自身的真正疏离就会更加明显。这种疏离使他们得以维持自我感觉的自恋式的膨胀幻觉坍塌，使他们的空虚暴露无遗。他们不再对自己感兴趣，可能会体重暴增，让自己沉入植物人一般的状态。处在第九层级的第三型人完全与现实脱节，分裂为多重人格，或是退回到一种紧张状态中。

整合方向：朝向第六型

对第三型人而言，向第六型发展是令人恐惧的，因为这意味着他们要把自己交付给他人，把自己暴露于可能被拒绝的恐惧之中。而和别人真正的亲近关系尤使第三型人感到威胁，因为他们深信只有自己的形象和才干是有价值的。他们觉得真实的自我发育得不够完善、太过脆弱，因而毫无价值。

然而，当健康状态下的第三型人向第六型发展的时候，他们会献身于自身外的某件事或某个人，认为自己的价值决不会因为成为比自己更伟大的某个事物的一部分而有所减弱。经过整合的第三型人发现，通过献身于自身之外的某个事物，他们会矛盾地开始在自身之内成长为一个人。认同他人可以使本就坚实的价值生根稳固。

献身于他人使第三型人可以做以前不敢做的事：让他人看到自己的真实情感和脆弱的一面。当第三型人向第六型发展的时候，他们有勇气去探究自己的恐惧和真正的情感需要，由于他们常常在献身于其中的关系内部进行这样的探究，他们发现，自己仍被人们接纳，因此有一个坚固的基础可发展真实的自我。（从这个方面说，精神性的转变对人是极其有帮助的。）另一种能帮助健康状态下的第三型人向第六型发展并保持在第六型的东西，就是与明显比自己发展得更完善的人坠入爱河的体验。如果第三型人能够赞美、能够感受到别人的爱，而不是非要与他人一争高低，那他们的人际关系肯定会有机会维持下去。一旦第三型人建立起一种无私奉献的关系，这种关系就会引出他们身上的许多优秀特质，而这些特质又完全可以帮助他们维持健康状态。

当第三型人转向第六型的时候，他们再也不用操心要用自己的声望、成功或地位来加深别人的印象，也不再要用牺牲他人来彰显自己。他们会用自己的才能去肯定他人的价值，并最终体验到自己的真正价值。最后，因为了解到为事业奋斗、献身不一定只是为了让别人关注、赞美自己，第三型人开始打开内心，去探寻自尊的真正源泉。他们对和他人一起为共同的目标合作感到十分满足，并发现献身于他人会比过去只追求成功和好胜心得到更多的肯定、爱和支持。最为重要的是，第三型人不再关注自己的形象，甚至不再在意形象，而随着形象逐渐落在视线之外，他们的真实自我浮现出来：他们与自己内心的善建立了一种密切的关系，由此而获得的快乐和诚信远远超出了自己的想象。

第三型的主要亚类型

具有第二型翼型的第三型人："明星"

一般而言，第三型人的人格特质和第二型人的人格特质互相强化。因此，主三翼二型人非常有社交技巧；他们喜欢穿梭于人群之间，并乐于成为被注意的焦点；他们总是很有吸引力，善于交际且很受欢迎。他们对自己的人际魅力、幽默感、吸引力都很自负，这在相当程度上增强了他们的社会魅力以及他们对他人的激励作用。由于具有第二型翼型，这个亚类型的人更看重人际接触和个人表现，也更热衷于接近他人和建立人际关系。这个亚类型的典型人物包括：比尔·克林顿、安德鲁王子、埃尔维斯·普雷斯利、保罗·麦卡特尼、波姬·小丝、简·波利、惠特妮·休斯顿、丹泽尔·华盛顿、雪莉·麦克莱恩、杰克·肯普、凯西·李·吉福德、迪克·克拉克、凡娜·怀特、托尼·罗宾斯、乔·蒙塔纳、西尔维斯特·史泰龙、阿诺德·施瓦辛格、O.J.辛普森、"海达·高布乐"、"麦克白夫人"。

根据第二型翼型的作用大小，健康状态下的主三翼二型人在情感和友谊方面一般要比主三翼四型人更为外向。在一定程度上，他们对他人怀有热情和正面情感。第三型人当然不是全然没有情感，他们对关系亲密的少数人十分关心。主三翼二型也可以激励、欣赏他人，但他们的情绪容易受到触动和伤害。他们身上有一种活跃、快乐的特质，这与第七型人富于热情的特质很类似。他们可能像第二型人一样健谈、乐于助人、慷慨大方，但仍能够保持着第三型人的自信和自制的特质。他们通常需要他人的特别肯定：除了被关注，还渴望被爱。这使他们对他人的要求和欲望作出更多回应。

一般状态下的主三翼二型人希望自己和他人看到他们好的一面，因此特别热情地亲近他人，试图加入他人的行列以获取关注。第二型翼型可以强化这一类型的情感投射能力，若是情况允许，还会强化其投射情感幻觉的能力。主三翼二型人常常是演员、模特和歌星。当他们觉得需要给某人留下印象的时候，就知道该如何"表现"，但随着他们变得越来越不健康，这会成为他们持续关注的焦点。他们极其关心他人对他们的看法：好胜心强、喜欢拿自己和他人做比较，人际关系上的成功对他们尤为重要。他们不仅渴望跟配偶有令人嫉妒的关系，也希望配偶是人中龙凤，性感且受人欢迎，也就是与自己最般配的人。孩子一般也是他们的自我的自恋延伸物，还有家居、爱好、度假胜地及生活中其他有价值的东西都是这种延伸物。他们的自恋比主三翼四型人更公开。他们开始过度和不恰当地运用自己的"魅力"，常常意识不到自己的努力事与愿违。裸露癖和诱惑力也是他们的突出特征。当主三翼二型人走向退化的时候，可能会为引起注意、出风头宣传自己（哪怕是负面的宣传），同时掩饰自己残存的脆弱的内心情感生活，不让它受到任何形式的检查。由于很少关注自己的内心世界，他们时常意识不到自己对他人的愤怒和怨恨，尤其是当他人没有回应他们为被接纳而付出的"牺牲"的时候。

不健康状态下的主三翼二型人不仅通过欺骗的方式来获得自己想从他人那里得到的东西，同时自我欺骗。他们喜好操控，还觉得自己有资格这么做，如果他人没有给予他们自己觉得应有的关注和爱，这种操控还可以刺激他们报复他人的欲望。第三型和第二型都有攻击性的问题：第二型人的攻击性是源于他人没有欣赏自己，第三型人的攻击性则是源于自己微不足道的自恋感。两者的结合产生了一种特殊的充满敌意的人——只要他们没有占据第一的位置。我们在不健康状态下的第三型人身上看到的嫉妒心，在不健康状态下的第二型人身上也有体现，这种嫉妒心使这两种类型的人都喜欢以高压手段要求他人满足自己的需要。当他们的敌意爆发出来的时候，其愤怒的强度可达到危险的地步，令人吃惊，甚至连他们自己都觉得惊讶。此时，主三翼二型人对他人怀有恶意，甚至怀有病态的毁灭冲动。他们是有魅力的精神病患者，表面上看很迷人，而实际上一心只为自己考虑，然后会突然变得暴力，且通常指向与他们关系最亲密但由于某种原因挫伤过他们的自恋需要的人。

具有第四型翼型的第三型人："专家"

第三型人的人格特质和第四型人的人格特质可产生一种复杂的亚类型，其人格特质通常相互冲突。第三型本质上是"人际"类型，而第四型则是在与他人的联系中退缩的类型。主三翼四型人较少看重人际技能，而较多专注于工作、成就和得到承认。从某种程度上说，第四型翼型是运作型的，一些主三翼四型人看起来更像第四型而非第三型：他们安静、相当低调、行为举止很克制、有艺术兴趣和审美感受力。在情感上，他们比主三翼二型人更脆弱，但在自我表现上又比后者更克制。这个亚类型的典型人物有：吉米·卡特、乔治·斯特凡诺普洛斯、斯汀、理查·基尔、芭芭拉·史翠珊、梅丽尔·斯特里普、汤姆·克鲁斯、迈克尔·蒂尔森·托马斯、迪克·卡维特、布赖恩特·冈贝尔、杜鲁门·卡波特、安迪·沃霍尔、萨默塞特·毛姆、"伊阿古"。

健康状态下的主三翼四型人富于直觉，且能把直觉指向自己及他人。他们具有较强的自我意识，所以他们比主三翼二型人更有潜力获得自我认识、发展自己的情感生活。他们有艺术感受力和创造力，常常拥有强烈的风格意识，尤其在家居及个人外表方面。他们在自我形象和社会能力方面通常更看重才智而不是个人魅力。在一定程度上，第四型翼型除了有较强的运作能力外，对审美客体也有强烈的兴趣，对精美的东西有特别的爱好。他们勤劳肯干，一般比主三翼二型人更严肃认真且公开以工作为导向。他们中的许多人把大量时间都花在了培养自己的技能上，只要是在其所选择的职业领域对发挥特长有必要的技术知识和技能，他们都想掌握，并视此为自己的事务。因此，他们很容易被人误解为第五型或第一型。他们在某些方面比较自信，也的确比较突出，不过他们也比较内省、感性。

然而，由于第三型是基础类型，所以一般状态下的主三翼四型人对成功和声望仍很有兴趣，但在方式上比另一个亚类型的人更为含蓄隐晦。第三型人的好胜心和第四型人的自我怀疑以某种方式结合在一起，必然会给主三翼四型人造成巨大压力。他们开始把自尊建立在他人对自己工作的反应之上，让人常常觉得他们仿佛把全部的自我价值都系于自己所肩负的项目上了。他们的想象力和情感扮演着比较积极的角色，但作为第三型人，他们仍尽可能地压制情感，以便更有效地发挥功能，"给人留下好印象"。在这种压力下，他们注定迟早会犯错误，而当他们真的犯了错时，第四型翼型便会加剧自责的程度，甚至达到难以承受的地步。第三型对成就无休止的追求与第四型的自责结合在一起，使失败的想法成为令主三翼四型人真正恐惧的因素。他们比另一个亚类型的人更自负、更情绪化也更冷漠，对他人如何对待自己更敏感。他们在自己的想法上投入甚多，且要求他人也这样做。第三型人自恋的优越感和自负与第四型人的特权意识和自我陶醉混合在一起，使这个亚类型的人能够含蓄地卖弄自己，但这毕竟还是一种卖弄。

不健康状态下的主三翼四型人摇摆不定，一会儿是第三型人的自我膨胀，一会儿又是第四型人的自我怀疑。由于第三型是其基本类型，所以自我满足和自夸幻想是其基本原则。在一定程度上，第四型翼型发挥作用时，他们也会感到抑郁，这时他们会紧闭情感大门，身体也会被击垮。他们本可以通过更新自我使自己走出这种状态，但通常又会回复到最初陷入困境时的轨迹。如此反复几次以后，他们就会得到一些启示，在生活中作出有意义的改变，或者继续自我折磨直至堕入真正病态的行为。（主三翼四型人可能被人们错误地认作是躁狂－抑郁型，因为他们的心绪极其善变，这一点是主三翼四型人与躁狂－抑郁型精神紊乱者所共有的。然而，他们的基本问题不是焦虑，而是自恋和难以满足的浮夸期望。）如果经常遭遇现实的挫败，主三翼四型人也有可能会走向自我毁灭和自杀。

结语

回头看一下第三型人，我们可以发现：第三型人步入歧途是因为他们离弃了自我，拒斥了自己内心的欲望，而他们这样做不过是为了成为他们自认为有价值且更能被社会所接纳的那种人。结果，第三型人只发展了其自我的某些部分，就像健美先生只集中锻炼身体的某部分而忽视了全身的均衡一样。然而，健康状态下的第三型人发展出来的特质非常真实，是自我的一部分——虽然不是全部。而在一般状态下的第三型人身上，我们看到他们不太重要的那部分自我被过度发展了，这就是可以满足他们自恋的肯定性需要的自我形象。再有，在不健康状态下的第三型人那里，我们看到，他们牺牲了真实的自我，毁灭了自己的诚实正直，为了维持膨胀的自我形象而不惜给他人造成巨大伤害。

不健康状态下的第三型人无意间实现了自己最害怕的事。他们害怕变得一文不值、没有价值感，但由于自恋、盘剥他人和恶意报复，他们最终切断了一个人应当有的真实价值的唯一源泉，那就是内在生命。他们为了成功不择手段，可最后得到的却是分裂的折磨和对得不到满足的恐惧感受。他们如此渴望得到他人的肯定，并为此付出了巨大努力，最后得到的却是他人的蔑视。即使得到了他人的羡慕，也只是徒有其表，只是一个门面，当这些外表崩溃瓦解时，流露出来的就只剩内在的空虚了。

由于第三型人如此擅长于推销自己的上佳形象，我们看不大出来他们的形象背后隐藏着人性的发育不良。具有讽刺意味的是，当他们身上值得肯定的价值越来越少的时候，他们也越来越需要他人来肯定自己的价值。不过，当第三型人勇敢地面对自己无价值感的恐惧、停止表演、表露出更单纯但也更脆弱的真实人性时，他们就真的会成为有影响力、强大的人。

第六章

第四型：个人主义者

第四型人简介

健康状态下：他们有自我意识；喜欢内省；热衷于"寻找自我"；对情感和内心冲动有自省意识；对自我和他人敏感，富有洞察力；温和大方、机智老练、有同情心；他们极度个人化、个人主义、忠于自己的情感；善于表露自我、情感诚实、有人情味；对自我和生活有一种自嘲的态度：严肃而有趣，敏感而热情奔放。在最佳状态下：他们富于创造力，善于表达个人情感，也善于表达普遍性情感，可能会在艺术创作上卓有建树；有灵感、自我升华、多产——能把所有的经验转变成有价值的东西，有救赎的力量和自我创造的力量。

一般状态下：他们对生活怀有一种艺术的、浪漫的取向，能创造舒适的审美环境去培育、延续个人情感；能通过幻想、激情和想象来美化现实；渴望理想化的伴侣。他们关注情感，能把一切都内在化、个人化，自我陶醉，多愁善感，羞涩，自我意识过强；性情善变、忧郁，显得"难以接近"，且自觉像是局外人。他们觉得自己和别人不一样，因此不愿像别人一样生活，即便在情感上有这样的需要。他们是忧郁的梦想家，自怨自艾、颓废、情感放纵，生活在幻想的世界中。自我怜悯和嫉妒他人使他们很容易陷入自我放纵，慢慢地变得不切实际、不事生产且矫揉造作——总在等待一个解救者。

不健康状态下：当梦想破灭时，他们会变得自闭、郁闷、沮丧，疏离自我和他人，封闭和情感麻痹；自我轻视，自我责难，回天乏力；以退缩来保护自我的形象，不断花时间整理感情。他们会因幻觉性的自我轻视、自我责难、自我怨恨和病态思想而痛苦异常；所有的这一切都成了痛苦的根源。他们会迁怒于他人，对想要帮助他的人敬而远之；失望，无助，自残，甚至可能会滥用酒精和药物来逃避现实；极端情况下，可能会情绪崩溃或自杀。

关键动机：想要做自己，以美的东西来表达自己，渴望找到理想的伴侣，想以退守来保护自己的情感，在参与别的事之前首先要关注情感需求。

典型人物：田纳西·威廉斯、杰瑞米·艾恩斯、鲁道夫·纽里耶夫、英格玛·伯格曼、J.D.塞林格、约翰尼·德普、鲍勃·迪伦、琼尼·米歇尔、玛莎·葛兰姆、D.H.劳伦斯、玛丽亚·卡拉斯、埃德加·爱伦·坡、朱迪·嘉兰、迈克尔·杰克逊、三岛由纪夫、安妮·莱斯、莱昂纳德·科恩、罗伊·奥比森、马塞尔·普鲁斯特、弗吉尼亚·伍尔夫、"布兰奇·杜波依斯"、"劳拉·温菲尔德"。

第四型人概览

在形形色色的艺术家中，我认为，人们可以发现一种固有的两难，这就是两种倾向的并存，即急切地想要与人交流的倾向和更为急切地想要隐匿起来的倾向。

除了在艺术作品中刻画一个人的内心世界，以便说服他人接受它——即使不是被当做真实的东西，至少也是具有重要意义的东西——这一方式以外，还有什么有效的方式更有利于恢复心理的平衡呢？一个具有创造力的人从成就中获得的部分满足可以是一种感觉，即觉得他以前从未得到承认的内心生活终于有一部分被人接受了。而且，由于艺术是个人的事情而不再是无名工匠专事的行业，所以，人们一般认为，创造性的作品特别适合于表现个人风格（这当然与他的内心世界有着密切的关系）。我们加诸于真实性上的价值常常被夸大了，不过在一种感觉中，这种价值可以得到证明。一幅画或一首乐曲无论多么美，只要与其创作者完全分离，它是否是某个特殊艺术家的人格的另一种表达就是一个重要的问题。它可能是但也可能不是我们对那个艺术家的认识的一种补充，可能是但也可能不是对那个神秘的、难以确定的和迷人的东西——即艺术家的人格——的进一步揭示。（安东尼·斯托尔.创造的动力.58.引自D.W.温尼科特的著作。）

创造力的本质之所以常常是神秘的，既是因为其基础是非理性的——不论是创作者的情感，还是其潜意识——也是因为，正如温尼科特所说，创造的一部分动机是隐而不显的，是他人尚未发现的。不过，艺术创作的动机说还是有两个方面，任何人在创造时都可能具有这两方面动机，那就是为了交流和表现自我，而这两种动机特别适合第四型人这一具有艺术气质的人格类型。当然，其他人格类型的人也可能成为艺术家，因为不论我们如何定义艺术品，他们都可以通过创造艺术作品来生产出活生生的东西。然而，第四型人追求的是自我认同，并渴望通过艺术的或至少以审美为导向的生活方式来定位自己究竟是什么样的人和什么东西对于自己是至关重要的。

在情感三元组中

第四型人尤为看重情感的主观世界，不论是在创造性和个人主义方面，还是在内倾和自我陶醉方面，抑或在自我折磨和自我憎恨方面，都体现了这样一点。在第四型中，我们看到了创造性的艺术家、浪漫主义的审美者和神游天外的梦想家，那些有着强大情感的人之所以觉得自己与众不同，是因为其自我意识使他们无法从自身之外获取自我感觉。

第四型人是最具自我意识的，这是他们最正面和最负面的东西的基础。我们在第四型人身上看到一种持久的冲突，那就是他们对自我意识的需要——这样他们就可以发现自己与对超越自我意识的需要——这样他们就不会受困于自我意识——之间的冲突。自我意识与自我超越之间的这种张力可以在创造性的活动中获得解决。在创造的时刻，健康状态下的第四型人既可以利用他们的热情，又不会深陷其中迷失自己，他们不仅能生产出美的东西，还能发现自己是谁。在灵感迸发的时刻，他们矛盾性地既是自己又摆脱了自己。这就是为什么第四型人如此重视所有的创造形式，为什么在灵感迸发状态中又如此难以维持创造力。第四型人要想得到灵感，就必须首先超越自己，超越那些会对其自我形象造成极大威胁的东西。因此，从一定意义上说，只有不再有意地寻找自己，他们才能找到自己，才能在创造的过程中升华自己。

然而，一般状态下的第四型人的问题就在于，他们总想通过反省自己的情感来理解自身。随着他们逐渐向内去寻找自我，他们的自我意识变得越来越敏感，以致主观的情感状态成为了主导现实。同时，由于一般状态下的第四型人深陷于自己的情感中，因此通常不会直接地表达情感，而是间接地、以象征性的方式来表达。

第四型人觉得自己与众不同，总想知道为什么自己会有这样的感觉，因此第四型人的整个人格方向是内向的，越来越自我陶醉。然而，具有讽刺意味的是，他们试图通过从生活中隐退来发现自己在生活中的位置，这样便能发现自己情感的奥秘。但是，隐退的结果是，一般状态下的第四型人明显难以适应生活，不健康状态下的第四型人则是所有人格类型中情感矛盾最为严重的。

第四型人倾向于以某些引人注意的方式来化解他们的情感矛盾。因为第四型人已经认同于自己的情感，所以他们开始在各种活动中寻找强烈的情感。他们对事情的感受越是强烈，就越是觉得真实。因而，一般状态下的第四型人开始运用想象去"激发"情感生活。他们甚至会对某个人一见钟情，且会长时间地沉溺其中，汲取所有的"情感营养"。问题在于，对于第四型人来说，如果他们与他人一直处于互动中或一直只关心实际的需要，那么，要想维持他们的心绪和想象是很困难的。他们的情感状态和自我形象被净化到现实难以支撑的程度。逐渐地，他们开始从现实生活、实际的人际关系与现实经验中退回来，为的是防止他人干扰自己强烈的幻想和心绪，避免自己陷入可能的困窘和自卑。最终他们仅仅和那些支持他们的认同及情感需要的少数人建立了互动。然而，随着他们把实际情况掩盖起来、远离生活，他们切断了与自己的情感和创造力的联系。

然而，在健康状态下的第四型人那里，丰富的潜意识生活是可以获得的，并可以表现为一定的形式。与其他人格类型相比，健康状态下的第四型人更像是人性中的精神性方面和动物性方面之间的桥梁，因为他们对自己的这两个方面有着清醒的意识。他们能到达人类所能抵达的内心最深处，也能到达人类所能抵达的人性最高处。其他人格类型一般都很难意识到人性的可能性和困境：人是一种精神性的动物，在两种生存状态之间处于一个尴尬的位置上。第四型人能感觉到本性中这两个相互冲突的方面，这令他们感到极为痛苦，但也有一种狂喜。这就是健康状态下的第四型人在最佳状态下能创造出让他人深深感动的东西的原因，他们能通过潜入自己的内心，触及人性的隐秘深处。通过这种方式，他们可以超越自己，发现人性的普遍本质，把个人的冲突和不同的情感融入到艺术之中。

但是，和别人一样，大部分第四型人都无法到达其潜能的顶峰。在应对焦虑的时候，他们转向内心，尤其对存在于自身的负面东西有较强的自我意识。为了抵消负面情感，他们运用想象使生活变得可以承受。结果，一般状态下的第四型人开始远离日常生活。他们沉迷于自身，不知道如何与他人建立关系，不知道如何处理现实世界的事务。他们觉得自己就像是局外人，与众不同但也不是尽善尽美，无法突破自我意识的藩篱从而与世界自如互动。

如果第四型人处在不健康状态下，负面情感就会滋长，因为第四型人已经把自己完全隔离开来，以免受到其他影响。不健康状态下的第四型人与他人是完全疏离的，而且具有讽刺意味的是，他们甚至与自己相疏离，时常绝望地想找到一条路，摆脱痛苦的自我意识。他们认识到，对自我的寻找已经把他们引向了一个无用的充满幻象和幻觉的世界。不健康状态下的第四型人十分清楚地了解他们对自己做了什么，并且担心所做的一切都太迟，所以他们憎恨自己、折磨自己，转而反对自己，直至毁灭自己已成就的一切。

自我认同的问题

第四型人发现要超越自我意识是很难的，因为他们渴望的东西正好与此相反：他们想要对自己的状态和情感有更清醒的认识，以便能够发现自我和获得一种稳固的同一感。但是，随着他们的自我意识越来越强，第四型人越来越深地陷入难以解决的、矛盾的、非理性的情感中无法自拔，他们想要先弄清楚这些情感的内容，然后才敢于表达自己。

自我发现是第四型人的一个极其重要的动机，因为他们从不觉得自己的自我感觉可以强大到足以维持其自我认同的地步，尤其是当他们需要确证自己的时候。他们的情感太过多变，所以他们的自我认同是不稳固、靠不住的。他们觉得自己是无法界定、不确定的，仿佛天上的浮云都可能会产生巨大的力量，也有可能一阵微风就烟消云散了。第四型人从不知道自己在下一个时刻会受到什么样的影响，他们很难规划自身。他们的自我总是错失某个东西，哪怕是伸手可及的东西，而他们又觉得自己缺乏的正是那个东西。

困难在于，一般状态下的第四型人在以个人的或艺术的方式表达情感之前，对自己的情感状态是一无所知的。但是，如果他们将自己所感受到的一切表达出来，又会担心可能表现得太多，会因为暴露了自己而感到羞愧或觉得是在接受惩罚。另一方面，即使不以这种方式来表达情感，他们也会沉溺于无休止的自我陶醉中，以强化发现自我的可能性。他们意识到了自己的自我意识——他们的意识充满了各种幻想和记忆，这些幻想和记忆最终只会把他们带向幻觉、后悔，让他们虚度光阴。

第四型人特别担心不能在自己身上找到稳定的自我认同，所以他们试图从能找到的随便什么思想倾向当中创造出一种自我认同。于是，趣味、喜欢和不喜欢以及情感反应的问题都变成了第四型人用来建构自我认同的材料。然而，他们的自我感觉是如此脆弱，因此他们开始看重在别人眼里相对来说不那么重要的特征。（"我只穿黑色衣服。""我只听古典音乐，从不听乡村音乐和西部音乐。"）重要的是，这些个人特征大多都只有负面作用。第四型人不知道自己是谁，但他们确信知道自己不是谁。然而，这些习惯是有害的，随着他们越来越依赖于用这些东西描画自己，他们开始把自己放在一幅画的边角。为了维持某一狭义的自我形象，他们拒绝参加生活中必要的基本活动。（"我是一个诗人，我不能干办公室的工作。"）

第四型人通过持续的内心对话、参照他们的情感反应来维持自我认同。当然，他们也希望别人认可其自我形象，但他们很少像第二型人或第三型人那样依赖于他人的确证。事实上，他们的认同感更多地与无法获得他人肯定的情感联系着。感觉自己与众不同和觉得自己受到误解对于第四型人的自我形象来说是至关重要的，如同善意和爱对于第二型人或大获全胜的"胜利者"对于第三型人而言是至关重要的一样。

父母取向

　　第四型人切断了与父母双方的联系。在孩提时代，他们既不认同母亲，也不认同父亲。（"我不喜欢我的母亲，也不喜欢我的父亲。"）他们因父母的婚姻问题、离异、生病，甚或因为家庭内部的人格冲突而有过不幸或孤独的童年。在某些情形中，第四型人也许有相对"正常"、没有坎坷的童年。不过，哪怕是在有保护的环境中，他们也无法从父母的反应中看到自己：他们觉得父母看不到他们真实的样子，或者父母寄托于他们身上的东西与他们自身完全无关。他们从父母那里获得的忠告和反应，在他们看来，只适用于一般状态下的孩子，而不适用于自己。由于缺乏确定的角色榜样，第四型人在孩提时代便把从内心中寻找自己的情感和想象作为建构自我认同的信息的基本源头。

　　从孩提时代起，第四型人就觉得人生从根本上说就是孤独的。在他们看来，出于他们无法理解的理由，父母已经抛弃了他们，或至少父母不把他们当一回事。因此第四型人觉得自己必定在某个方面有严重的问题，比如说有缺陷，因为连父母都不关心他们，没有给予他们孩提时代应当有的照料。结果，他们只能转向自身，以发现自己究竟是谁。

　　自我认识是第四型人最重要的目标，是他们希望借以找到自尊的手段。第四型人觉得，如果能发现自己是谁，就不会在内心深处觉得自己与众不同，觉得自己与他人有着本质的差异。然而，第四型人不是通过内省来创造自身，而是讽刺性地沉溺在了自我意识之中。他们的自我意识使他们异化了，使他们觉得自己脆弱不堪，并会在他们身上激起对自己和他人尤其是对父母的攻击性。但是，由于他们也觉得无力表现出进攻性或无力改变自己的状态，所以只好远离父母和他人，把攻击性主要投向自己。

　　由于成长时期同父母的关系基本上是断裂的，第四型人把发展自我同一性的基础建立在与众不同的方面。由于很少认同父母所具有的特质，他们开始运用各种方法来显示自己的与众不同。最终，这种差异感得到极大的发展且受到强大的保护，成为其自我形象的一部分，因而许多第四型人看不到自己在很多方面其实与他人是一样的。成为一个"普通人"对他们而言是一个可怕的前景，因为"与众不同"的意识就像是他们建立自我同一性的唯一可靠的材料。具有讽刺意味的是，虽然第四型人依赖于他们的"差异感"，但他们也嫉妒、怨恨那些看起来过着更正常生活的人。

与父母关系的破裂也催生了他们对"好父母"的渴望，这种父母可以看到他们真实的一面，认可他们所建构的自我。第四型人常常把这视为对理想的婚姻关系或伴侣的渴望。他们时常把这一角色投射到新认识的人身上，把对方理想化，并幻想对方将和自己一起度过美妙的一生。不幸的是，随着对对方的了解日渐加深，他们开始疏远对方，他们认识到，他人并非完美的、可以解决其所有问题的父母。第四型人很快认识到，对方只是一个普通人；对方的"瑕疵"很快也成为第四型人关注的焦点，他们开始对对方失去兴趣。不久他们又重新开始寻找和幻想，但一般都是带着更多的绝望去寻找自己的梦中情人。

敌意和绝望的问题

与情感三元组的另两种人格类型——即第二型和第三型——一样，第四型也有敌意的问题。他们的敌意是指向自身的，因为与第二型人和第三型人一样，第四型人已经为了一个理想化的自我形象而离弃了真实的自我。然而，由于他们的自我意识，第四型人总是觉得自己在所有方面都与理想化的自我不一样。于是，他们开始蔑视自己的许多真实特质，认为这些特质是成就其想象中的自我的障碍。他们因为自己的缺陷而对自己非常不满，我们将看到，他们会因此以各种方式惩罚自己。

当然，第四型人也会敌视他人。如果他人给他们招惹麻烦或疏忽了他们的自我形象与情感状态，他们就会怀恨在心，总是通过不加解释地突然"中断"与他人的联系来表达不满。第四型人的创造力也会用在嘲讽、讥刺那些伤害了其情感的人身上。第四型人还会对曾经被自己理想化的人产生强烈的敌意。当他人无法实现他们对"好父母"的渴望时，他们就会重历那因不能与父母保持联系而产生的原初痛苦，并会把这种痛苦投射到新欢身上。他们会以激烈的方式来表达不能对父母表达的愤怒和情感，但通常会在强烈的情感压垮他们或对他们的关系造成进一步伤害之前迅速退缩。更多的时候，第四型人会在沉默中酝酿、发泄。

从某个深层的潜意识层面上说，第四型人之所以对父母充满敌意，是因为他们觉得父母没有给予自己应有的照顾。他们觉得自己在这个世界上是不受欢迎的人，是毫无用处的废物，并且对父母如此对待自己一直怀恨在心。他们对父母的不满是如此之深，以致无法表达。他们害怕自己的愤怒，因此只好妥协，尽力接受它。尽管其他的人格类型也可能对父母有相同程度的不满，但第四型人更难以平复，因为他们对这些旧的伤害总是难以忘怀。从某个细微的层面说，第四型人并不想让自己的痛苦随风而逝，以免他人尤其是父母无从知道他们受到的巨大伤害。

然而，当意识到敌意和负面情感正逐渐消耗着自己的时候，一般状态和不健康状态下的第四型人会比以往更深地沉溺于自我怀疑、沮丧和绝望之中。他们会花费大量时间寻找继续活下去的勇气，尽管他们也深知自己身上的基本缺陷根深蒂固，难以掩盖。其实，绝望的感受是他们必须不断去克服的。如果绝望的暗流太过强烈，不健康状态下的第四型人就会陷入情感崩溃，或是走向自杀之途，因为他们没有信心摆脱这种情感。

一旦第四型人执着地想通过远离生活来寻找自我，他们就会步入错误的方向。不论这种寻找在他们看来是多么必要，他们都必须相信一点：直接寻找自我是一种诱惑，最终只会把自己导向绝望。

另一方面，健康状态下的第四型人之所以健康，不是因为他们一劳永逸地摆脱了情感风暴的袭击，而是因为他们已经找到了跨越当下情势的方法，走向另外的归宿。健康状态下的第四型人已经知道如何维持其同一性，而不用只以情感为参照。通过克服远离生活去寻找自我的诱惑，他们不仅摆脱了自己的毁灭性冲动，而且能够把美的和善的东西带入自己的生活。如果第四型人知道如何以这种方式生活，就能成为所有人格类型中最具生活驾驭力的人，就能从恶中找到善，从无望中找到希望，从荒诞中找到意义，从已经失去的东西中找到价值。

健康状态下的第四型人

第一层级：富有灵感的创造者

在所有人格类型中，非常健康状态下的第四型人最能从潜意识中找到动力。他们已经学会了倾听自己内心的声音，同时能以开放的心灵从环境中获得启示。最重要的是，他们能够在没有自我意识的情况下行动，如果他们有天分且受过训练，就能在值得称道的艺术作品中赋予他们的潜意识冲动一种客观的形式。

最健康的第四型人已经超越了自我意识，获得了根本意义上的创造自由，能带给世界全新的东西。当然，创造力充沛的时刻来无影去无踪，因为创造力是难以维持的。不过，第四型人在最佳状态下能够维持其创造力，因为他们已经超越了自我意识，开启了通向灵感的道路。他们从历数不尽的源头中汲取灵感，通过潜意识过滤新的经验素材。在这么做的时候,富有灵感的第四型人就像是牡蛎,能把所有经验甚至是痛苦的经验转变成美的东西。在他们富有灵感的创造性作品中,健康状态下的第四型人是他人获得启示的源泉,仿佛水管一般,崇高的东西就通过这管道注入世界。

第四型人的创造力是矛盾性的,因为他们能以普遍的方式表达个人的东西,能赋予个人的东西以意义,使其在他人那里激起回响,而当他们创造时,这种意义又是他们所意想不到的。通过开启自己隐秘的内心,第四型人能够表达内心的真实。不过,对于他们而言,要解释他们的创造力来自何方是很困难的。他们有关自我和他人的许多知识都能成为一种灵感,这灵感是自发、完整和突然出现的,超越了意识的控制。

富有创造力不只为艺术家所专有,那是一种重要的品质,每个人都应当在其自身内部将其唤醒。创造力的最重要形式是自我创造——通过超越自我来更新和救赎自身。这一过程就是要把你所有的经验——不论是好的还是不好的——转变成对个人成长更有启发的东西。("做一个没有遗憾的人。"——威廉·詹姆斯)

> 奥托·兰克并没有赞美艺术家本身,而是赞美具有创造力的个体,因为这种人的表达方式会随自己所置身其中的文化状态的不同而变化……事实上,兰克论证说创造性的艺术家始终在艺术中寻求庇护,而放弃这种庇护所回到现实生活中对他们而言会更好一些。一旦他那么做了,他就成了新人,精神分析学力图创造的那种新人。(鲁本·弗恩.精神分析学史.271.)

通过灵感来临时——这并非完全是情感激荡的时刻——的创造性行为,第四型人矛盾性地既创造了自己也发现了自己,他们由此成为了世界之中的存在。他们的认同问题开始得到解决。据说,第四型人不是通过父母,而是借助于自己的创造力在日复一日的丰富生活中成为自身的。这就是为什么第四型人在非常健康状态下不仅是艺术家,而且如兰克所说,是富有创造力的、奋发向上的个体——当然,他们也可能就是艺术家。

处在第一层级的第四型人热忱地拥抱生活:他们与真实的自我和世界有着真实的联系。他们不会局限于既有的经验,而是让自己学着对生活说"是"。当他们向生活中的更多可能性敞开的时候,他们在每个时刻都能体验到更新的自己——他们真正的认同便可以逐渐地、无声无息地被揭示出来。能够不停地更新自我,这正是创造力的最高形式,是一种"灵魂更新",这需要比创作一幅画、写一本书或表演一段舞蹈有更高程度的统摄能力。关于这种能力，其他人格类型可以向健康状态下的第四型人学习，第四型人不断渴望的就是这种能力。

第二层级：自省的直觉者

甚至相对健康状态下的第四型人也无法永远生活在如此高度的意识层级。当他们从受到灵感激发的创造性时刻清醒过来，去进行反思或享受其创造力的时候，他们就会失去维系创造力所必需的那种潜意识，受到灵感激发的创造力只能在创造行为中通过不断地超越自我意识来维系。这需要不断地、每时每刻地更新自我。实际上，自我更像一个过程而不是一个对象。然而，第四型人开始担心他们无法在持续的情感与想法的转变中找到自己。他们无法定位自己的身份，因此开始自我反省，而不是任由自己的经验放任自流。因而，一旦他们试图获得某种特殊的身份，就会意识到自身的存在，从而失去灵感的自发特质。由此第四型人变成了自省的和反思的人。

正如我们在"概览"中已经看到的，第四型人的一个基本心理动机就是想要了解自己是谁，因为父母没有以他们觉得真实的方式将他们映照出来。（"我是谁？我的生活目标是什么？"）为了确立自我形象和他们所能依靠的基本的自我认同，第四型人不是转向他人，而是转向自己的内心情感和情感反应。这给健康状态下的第四型人带来了直觉的天赋和丰富的内心生活，但也给他们带来了一个问题。在人类心理的所有方面，情感可能是最多变、最反复无常的。通过在情感的世界中创造出一种稳定的身份，第四型人和其他类型的人一样，也踏上了一条无法为他们提供他们所寻找的东西的道路。事实上，正如我们将看到的，第四型人越是认同于自己的情感，他们的自我认同就越是混乱不清。在第二层级，第四型人对自己的情感状态和一定程度的情感平衡始终具有客观的认识。不过，自第一层级开始的这一微妙转变对于第四型人将产生深远的后果，会导向发展的更低层级。他们已经不再拥有自己的情感，而是开始成为自己的情感了。

对情感的自省还导致了一个问题，就是令甚至健康状态下的第四型人也自发地远离自己的环境。生活成为一场戏，在那里，不论好坏，每个人都既是观众又是演员。尽管对情感的自省使健康状态下的第四型人可以把他们感觉到的自己与其他一切之间的距离作为更清晰地了解自己的有效工具，但这也使他们难以彰显自己，难以维持自己的实践活动。而且，他们也认识到自己根本无处藏身。第四型人于是被迫接受这个让人难以平静的现实（有关他们自己、他人以及生活的现实），因为自省使他们对他人的情感和自己的潜意识冲动都很敏感。不过，健康状态下的第四型人并不害怕从他们的情感中流露出来的东西,尽管这些情感可能是痛苦的和令人不安的。

第四型人不仅对自己很敏感,对他人也很敏感,因为他们是凭直觉生活的。直觉给予第四型人一种能力,可以了解他人是如何思考、感受和看待世界的。直觉不是那种无用的、杂耍式的心灵感应术,而是借助潜意识来感知现实的一种手段。这种感觉就像在一个漂流到意识岸边的瓶子里接收到信息一般。

自省是直觉的心理基础。第四型人可借潜意识来认识自身、世界和他人,并且希望通过反观自己的经验如何影响自身,来发现属于自己的维度。(或者更诗意地说:"我感受着万物产生的回声,如其击打我的心房。"——司汤达)

第四型人对应的是荣格的内倾直觉型。

> 内倾性的直觉指向的是内心对象,所以这个术语正适合运用于潜意识的内容……
>
> 虽然属内倾直觉型的人的直觉受到外部对象的刺激,可直觉关心的并不是外部的可能性,而是外部对象在他们身上激发出来的东西……
>
> 在这个方面,内倾直觉型能把所有背景都作为意识的所有物,具有几乎相同的特点,如同外倾感觉型记录外部对象一样。因此,由于直觉,潜意识形象获得了物的尊荣。(卡尔·荣格. 心理类型. 398—399.)

第四型人的意识生活中最丰富的部分是不受他们控制的,所以甚至健康状态下的第四型人也意识到他们无法完全控制自己。他们的直觉来去无踪,无法招之即至。而且,他们的直觉可能是不稳定的,这使他们觉得情感是难以认同或解决的。对于第四型人而言,直觉也难以理性地表达——这恰恰是因为直觉是非理性的,源自潜意识。不管怎样,第四型人的直觉使他们意识到,他们关于自己和世界的正面和负面的情感就像是一道没有尽头的河流。因此,他们必须花时间去认同和理解自己的直觉,必须有勇气接受直觉告诉自己的东西。

第三层级:自我表露的个体

健康状态下的第四型人需要表达感受,所以他们很清楚直觉所言说的关于自身的一切。他们是所有人格类型中最直接、最坦诚地向别人袒露自己最私人部分的类型。他们不会给自己戴上面具,也不会隐藏自己的怀疑和软弱,不管其情感或冲动是多么不体面,他们也不会欺骗自己。健康状态下的第四型人愿意向别人袒露自己的瑕疵和非理性，因为他们认为，对于自己是何种人这个问题而言，这些东西的出现并非偶然，而是反映了自己的人格真相。如果他们不把自己好的方面、坏的方面、怀疑的东西和确定的东西全部向别人说清楚，他们会觉得对别人不够诚实坦白。在这个方面，他们确实有一些真正属于人的东西：有一种情感上的诚实和深度，一种接受考验的意愿，哪怕是以痛苦为代价，只要这样做是诚实的。

健康状态下的第四型人如同关心个体的独立一样关心对自身的诚实，即使要冒险遭受那些注重传统、习俗胜过注重自我实现的人的责难。我们在健康状态下的第四型人身上发现，情感的坦诚很可能会激怒他人，有时会让他人陷入窘态，因为他人希望第四型人对自己不要这么坦诚。但是，健康状态下的第四型人带给社会的东西，就是他们的人性典范，是每个人都看重的信息，因为每个人都是独立的个体。

因而，正如健康状态下的第四型人想要对自己诚实一样，他们也希望别人如此对待他们。（"首要的是：忠实于自我，如同夜跟随着白昼一样，你不能对任何人不忠。"——《哈姆雷特》第一幕）他们把其他人作为独立个体来尊重，感受他人的感受，周密地考虑他人的隐私和需要。第四型人乐于让别人了解自己的生活方式而不加以掩饰，这是他们能成为好父母、好朋友、好听众和好的治疗师的理由之一。他们把别人看做是别人，而不是自己的一部分功能或可带给自己快乐的对象。

健康状态下的第四型人愿意经受痛苦的磨炼，接受他人情感的考验，不会轻易因为他人的"揭露"而心理不平衡。他们全身心投入到探索自身情感世界的活动中，所以能够怀着赞赏和同情倾听他人的话语。健康状态下的第四型人在清醒的时候总是在享受快乐，因此能帮助别人面对困难和克服困难。别人在第四型人那里看到的是一种平静的、情感的力量，可以给人以安全感和踏实感。

健康状态下的第四型人立足于现实且热衷于与他人互动，所以他们在人们眼里显得精明强干、精力充沛。如果他们很幸运地拥有创造的天赋，他们的作品必定具有感人至深的力量。他们潜入到潜意识的深处挖掘所能找到的真相，最终，在他们创造出的艺术作品中，其他人可以感受到他们难以言述的情感和想法。

第三层级的第四型人也能敏锐地意识到自己是一个独立个体：他们对自己的独特性和唯一性有着敏锐的意识。他们并不孤独，但他们知道自己在生活中是只身一人，是一个独立的意识个体。从这个观点看，健康状态下的第四型人不仅是个人主义者，而且是存在主义者，总把自己的存在看做是个体性的。

尽管在所有这些方面存在着一些严重的问题,但健康状态下的第四型人根本不把那些问题当一回事。他们很有幽默感,因为他们能根据生活中的诸多问题来看待人类行为中的荒谬和不合理。他们对人性有一种双重观点:他们可以同时看到恶魔和天使、卑贱和高贵存于人类之中,尤其是存于自身之中。这种讽刺性的并置是十分有趣的,也是十分触动人心的。人类的这种不协调性使健康状态下的第四型人十分困惑,而这种不协调在他们自己身上体现得最为明显。

一般状态下的第四型人

第四层级:富有想象力的自我麻醉者

一般状态下的第四型人担心他们不能长久地维持自己的情感、印象和灵感这些作为其同一性之基础的东西。他们相信,自己的创造力和在更深层级上的对于自我的感受将难以维系,除非他们能更强烈、更连贯地感受到它们。为了这个目的,第四型人开始用想象力来激发情感,支撑某些他们认为可表达真实的自己的情绪。尽管这样做能将他们导向丰富的幻想生活且相对而言不会有什么危害,但这也标记着一个重要的转变,即偏离了与生活的互动,更深地沉入到一种自我执迷中。

一般状态下的第四型人总想成为富有创造力的人,但他们的创造性的个体性比较强而普遍性较弱。我们可以看到,健康状态下的第四型人是艺术家,而一般状态下的第四型人只是把自己看做具有艺术家气质的人。在第四层级,他们寻求各种方法进行自我表达,但很少是自发性的,也很少有连贯性。他们的精力大部分用于创造一种模式,他们认为自己能从中获得灵感,所以其作品是偶然的。他们的创造力大多数只会停留于想象领域。

当然,不是所有一般状态下的第四型人都是艺术家,也不是所有的艺术家都必定是第四型人。不过,由于袒露自己的情感对于第四型人的情感健康来说是至关重要的,所以一般状态下的第四型人参加的所有艺术性活动都尤其值得重视,因为艺术和美是他们的替代者,是他们通过一种媒介向世界表达自我的手段。

如果是专业的艺术家,他们自然会知道哪一种媒介最适合表现自己的才能,他们也必定已经知道哪一种技巧最适合充分地表达自己。如果不是专业的艺术家,或尽管是专业的,却没有为自我表达找到合适的艺术路径,他们大都会认为自己的作品仅仅是支撑自我的一种方式,而他们真正的兴趣在别的地方——在美或审美的自我表达方面。如果让他们说出自己的"心愿",绝大多数不是艺术家的一般状态下的第四型人都会选择做一个画家、歌唱家、芭蕾舞演员、诗人、小说家、雕刻家、电影导演、设计师或其他类型的艺术家。

即使他们没有能力创造艺术作品，也会力图让环境变得更加美观，例如把家装饰得有品位一些、收藏艺术品或是注重衣装。不论对象是人还是物品，第四型人对美都有一种强烈的爱好，因为审美对象可以激发他们的情感、强化他们的自我意识。而且，审美对象象征着完美和整一，第四型人总想在这些东西中寻找自己。当他们感到自我失去了某些东西时，便会试图通过提高美的东西对自己情感的冲击来取代内心的失落。他们是浪漫主义者，喜欢把美的东西理想化。

创造美的环境还有另一个重要功能：它可以帮助一般状态下的第四型人维系某些情感和情绪，以强化他们的自我感觉。氛围对于他们是十分重要的，当置身于一种神秘、浪漫的氛围时，他们感到最为自在。有些音乐、光、色彩以及特殊的对象能激起人们强烈的情感联想，一般状态下的第四型人特别想把这些东西作为支撑来维系其情绪。服装，特别是当它以某种方式表现出一种"特别的品位"时，便成为第四型人间接地表达其自我认同的一种手段。一般状态下的第四型人家里的小装饰或衣橱很少是随意挑选的，一切都经过了精心设计，以支撑第四型人的情感，表达其内心想要说的："这就是我。"

然而，由于一般状态下的第四型人把想象力用在强化情感上了，所以他们也逐渐把注意力从现实中转开，用幻想来修正世界。他们想把自己寄托于强烈的情感、抒情式的渴念和暴风雨般的激情，以此来提升自我感觉，让自我的感觉保持鲜活。浪漫的想象可以驻足于自然、上帝、自我或理想化的他人，再不就是这些东西的结合，第四型人在这些东西上找寻预兆和意义，或是执迷于死亡和万物的消逝。但是，由于一般状态下的第四型人经常使用想象，所以他们的想象变得越来越强有力、越来越有诱惑性，成了他们获得慰藉和快乐的无尽源头。

第四型人也被那些激起他们情感和美感的人强烈地吸引着。然而，他们开始通过想象和别人交往，仿佛他人就是美的对象，像艺术品一样等着人们来鉴赏，而不是一个有着自身权利的人。第四型人也很容易被别人吸引，在想象中和恋人或朋友促膝长谈。爱和渴念的景象、宫廷式的浪漫场景、在性狂喜中拥有爱人的时刻，还有与爱人分手的痛苦与忧伤，这一切都在他们的想象中尽情上演。

从第四层级开始，第四型人渴望与一个"承认"自己的人建立深层的亲密关系。他们希望别人能以一种父母做不到的方式看待他们、认可他们的身份，因此他们总在守望着爱。第四型人花费大量时间出席熟人的简单集会或是不经意地瞭望拥挤的街道，探寻偶遇的可能意义，想着他人是不是特殊的人，能看到自己和接受自己。第四层级的绝大多数第四型人喜欢把自己看做是孤独的人，但实际上，他们总是在寻求与能激发自己情感和美感的人建立人际关系。

不幸的是，大部分人际关系几乎无一例外地都是发生在他们的想象中，别人甚至都觉察不到他们的关注或热衷的程度。通过运用想象力，一般状态下的第四型人强化了人际关系的情感冲击力，使其成为极度令人兴奋的东西，而置自我坦白和拒斥世界的问题于不顾。自然地，以这种方式和人交往有许多困难，因为他人必定与第四型人的想象并不完全一样。

富有想象力本身并不是什么错误，只是在幻想中强化情感的欲望一旦根深蒂固，事态便会发生倾斜，因为一般状态下的第四型人总是与自己的幻想而不是现实发生关系。我们在健康状态下的第四型人身上看到的直觉能力，现在已经退化为不加限制地运用想象力，也就是说，一般状态下的第四型人用想象来建构自身，而实际上他们并没有这样的自我体验。

第五层级：自我陶醉的浪漫主义者

随着一般状态下的第四型人变得越来越沉迷于培植有关自身与他人的情绪和浪漫幻想，他们开始认为，与世界尤其是与他人太多的互动导致自己创造的脆弱的自我形象走向了解离。他们极力控制自己不要走上那条道路，因为他们担心他人会因此耻笑自己或用别的各种方式使他们变得与想象中构想的自我形象全然不同。例如，他们可能想象自己是伟大的艺术家，但不愿花太多时间实际地创作艺术作品或怀疑自己作品的品质。然而，在他们的想象中，任何东西都是可能的，而且一般状态下的第四型人总想让自己只生活在那些能支撑他们的自我形象的群体和情境中。

处在第五层级的第四型人缄默、害羞且极端个人化——他们是忧郁的局外人，有着痛苦的自我意识。他们想要别人了解自认为真实的自己，但又担心自己会受到羞辱或嘲笑。这种担忧并非全然没有道理，因为第四型人可能具有一种与自己的背景或经历联系甚少的人格（例如，就像一个来自美国中西部小镇的人，为了让自己感觉更高雅、更成熟，而装出一副英国口音）。此时，第四型人开始背离自己，但他们不像第三型人那样总想通过理想化的自我形象给他人留下好印象，他们的自我怀疑压抑了理想化的自我——包括最为诚实的想法和情感——除最为亲密的知己以外，不想让任何人了解他们的内心。第四型人为了把他们与世隔离的取向合理化，而认为他人不可能理解自己的微妙情感。

他们开始回避与人交往，不愿冒着出现情感问题的风险同别人交谈。相反，他们想要寻找的同伴却是有着亲切的心灵的个体，同时排除那些不会分享他们感受的个体。当第四型人发现某个人可以理解自己的时候，他们会尽情倾诉自己的内心，同对方促膝长谈。最终，他们不是独自一人——总有某个人会来分享他们的世界。

一般状态下的第四型人在这种交往中感受到的热忱和兴奋可以暗示出他们是多么渴望得到理解甚至救赎。他们想要有人陪伴，以减轻孤独感。然而，要想不断地引起救赎者的注意，就必须不断地让自己看似有问题，而不是让自己显得太有主见。

他们把自己看做是孤独者，实际上是想从他人那里得到"高度关注"。事实上，一般状态下的第四型人开始抬高自己在他人眼中的重要性，因此总想知道他人究竟能在多大程度上容忍自己的情感、宽容自己的需求。他们可能陷入了困境，有时会假装"过得很辛苦"，但不会达到迫使他人离开的程度，至少他们希望是这样。

无论如何，一般状态下的第四型人仅仅允许那些能支撑其变幻莫测的自我形象的人围绕在自己的周围。他们强调他人应当尊重其细腻的情感，让自己变得反复无常以使他人"如履薄冰"，这样就不会打破他们脆弱的平衡。当然，一般状态下的第四型人会经历情感的混乱、怀疑自己的同一性，但也会利用自己的善变来吸引他人注意、操控他人。他们要求他人宽容自己的小过失和墨守成规，但又特别不能容忍他人的习惯。

很少有人愿意花太多时间和一般状态下的第四型人在一起，因为他们之间的关系常常就是关于第四型人的情感和问题的冗长讨论。健康状态下的第四型人常常令同伴感到开心，因为他们对他人具有吸引力，还因为他们对世界很好奇，而一般状态下的第四型人对任何无法立即刺激他们的情感和他们对同一性的寻求的东西都不感兴趣。他们不是真的想要了解他人的个人经历，除非他们能直接把这些经历同自己一直渴望的东西联系起来。当然，这样做的理由不难理解。第四型人因为自我怀疑和对自己认为真实的自我形象的无望寻求而耗尽了心力。他们觉得自己根本没有足够充沛的情感力量来处理其他人的问题。

不过，第四型人总有一种自知之明，愿意承认其幻想的理想自我与生活现实之间的不一致。这只会给他们增加更多的混乱，使他们对自己更加缺乏信心。对他们而言，参加聚会、发表小型演讲或和别人共事都是很难的事。一般状态下的第四型人觉得很难融入社会，在人群中感到很不舒服，这不是因为他们不喜欢别人——恰恰相反，正如我们所看到的，他们渴望拥有亲密的人际关系——而是因为他们的自我意识太强，以致无法很好地表现自己。

自然地，社会需求和他人的需要成为了一般状态下的第四型人的负担。因而，第四型人无法与他人相处，而只是在内心里渴望他人亲近自己。他们投射出一道缄默的、孤零零的光环，希望有人会注意到自己，并费尽心机接近自己。他人可能会认为第四型人是神秘的，甚或可能是深沉的，而第五层级的第四型人只是尽力把自己越来越脆弱的情感伪装在奇异、神秘的烟雾中。如果有人伤害到他们的情感而他们向后退缩、舔舐伤口，那他们的退缩就是一般状态下的第四型人允许自己表现出的一种进攻性的行为，虽然这会令第四型人十分痛苦——如果冒犯者没有认识到自己冒犯了他们。

第四型人的许多问题都来自一个事实，即一般状态下的第四型人对每件事都进行个人化处理。他们必须把自己的经验内化——从内心感受自己的情绪——以找寻这些经验所隐含的意义。但是，把所有事情内化却使一般状态下的第四型人的自我意识变得更加脆弱、更加不适应环境——"过度敏感"。例如，出租车司机的一句轻薄话可以毁掉他一整天的心情，朋友的一句尖刻批评可以使他几个月如坐针毡。如果有人嘲笑或讥刺几句，一般状态下的第四型人就觉得无地自容，不知该如何应对。（"这么说到底是什么意思？"）在许多时候，第四型人甚至在赞扬的话语中也只能听到负面评论。如果一个朋友恭喜他减肥有了成效，他可能会在几个小时中都觉得那人是在侮辱他，那人实际是在说他曾经有多胖。第四型人就是没有办法做到随遇而安或是率性而为，因为日益严重的自我陶醉不允许他们如此。

由于他们内化所有的经验，因而任何一件事似乎都与其他事相关联。所有新的经验都会影响到他们，把相关联的意义汇集在一起，直到每件事都被赋予过多的意义，充满了任意的连接。如果他们处在健康状态下，那么情感连接的这种丰富性可增进其创造力，因为他们的内化及经过拓展的经验有利于获取灵感。但是，这种自我陶醉也有讽刺性的结果，就是一般状态下的第四型人开始失去与其情感的联系，因而觉得自身内部一切永久的东西都是混乱、模糊的，没有稳定感。

一般状态下的第四型人不是努力去整理自己的情绪，而是陷入持久的自我陶醉中，这使他们觉得更加不充实。他们开始怀疑自己适应环境的能力，或是极力想保护自己，因为他们觉得自己是如此脆弱、如此不堪一击。他们对自己不能像其他人一样轻松地适应环境有极度清醒的意识，开始嫉妒他人，并悄悄地对他人心生怨恨。这是一个从"为什么我有这种感觉"到"我到底哪里错了"的阶段，自我怀疑的这一小步如同自尊和对他人的敌意情感等问题一样敲打着他们的心。

尽管健康状态下的第四型人在孤单时可能仍会觉得十分舒适，但一般状态下的第四型人常常只能感到孤独。他们觉得别人顶多只是宽容自己（并不真的喜欢），而人际关系中的任何问题都会导致他们被排斥，这正是他们担心发生在自己身上的最糟糕的事。他们对自己的社交状况的评估可能准确，也可能不准确，但不管怎样，一般状态下的第四型人根本不给自己找出真正答案的机会。

对于第四型人而言，这绝不是一种让人满意的生活方式。为解决问题，他们开始退缩，觉得被自身之内的某个东西所召唤，正在远离环境，虽然他们无法确证那个召唤究竟是什么。他们仿佛就是身体受伤要流血而死的人。在重新开始自己的生活之前，他们觉得必须获得所需的帮助，必须在关注别的东西之前注意到内心的紊乱。

他们喜欢自我冥思，因为他们的情感很容易受实际的或幻想中的小事影响，所以他们又极其情绪化。这已成为一般状态下的第四型人采取一切行动的前提条件，因为他们在做任何事前总是先反省自己的情感，看自己有什么感觉。他们拖延写信，喜欢逛超市，或不断地找工作，直到自己的心情平复。但是，由于第四型人根本不知道他们的心情何时会平复，所以事情最终或是毫无进展，或是得非所愿，根本没有从中得到快乐。

若不是因为总是心绪不宁，他们也不会有这么多的问题。他们太过专注于自己的不足，太过为怨恨所困，对生活中那些愚钝和不敏感的人传达出来的有关他们的形象太过敏感。他们可能会花上几个小时甚至几天去想早前的交谈和平复受伤的情感，或是不停地去想象如何报复将要拜访的那些令他们不悦的人。渐渐地，第四型人把时光虚度在幻想中而不是去采取建设性的行动。

第六层级：自我放纵的"例外"

第四型人自我陶醉的时间越久，为自己无意间创造的现实的和情绪上的困扰就越多。他们没有发展出社交和职业技巧，而他们的自尊又因持久的自我怀疑痛苦不已。他们觉得自己易受伤害，无法自我肯定。总之，一般状态下的第四型人总觉得自己与众不同，因为他们以退缩的方式来追寻自己的幻想，结果真的和他人格格不入了。因为他们与众不同，所以觉得自己的需求就该以不寻常的方式来满足，于是他们以放纵欲望、为所欲为来补偿自己。他们觉得自己是规范的例外，是期望的例外，完全放任自流。结果他们变得完全地不受约束，在情绪与物质的享受上彻底地放纵自己。

第四型人总在力图创造一个特殊和连贯的自我形象，但是在第六层级，其自我形象是如此狭隘，以致他们把自己抛掷到了黑暗的角落。由于第四型人主要是通过他们之外的、他们所讨厌的东西来界定自己，所以他们拒绝了正常的人类生活所包含的许多正常的日常经验。他们不愿意做按部就班的工作，不愿意做饭或打扫卫生，不愿意让自己卷入任何形式的社交或群体事务。他们通过蔑视"乌合之众"来给自身的不确定性筑起了一道防护墙，决不允许自己成为其中的一分子。他们的审美感觉是一件武器，用来侮辱和蔑视那些无法欣赏他们所欣赏的东西的人。

第四型人瞧不起普通人的生活，而内心中又对其他人充满嫉妒和怨恨。虽然他们告诉自己说，他们根本不想过其他人那样的悲惨生活，但一味沉浸于自我意识中，就已经揭示了其生活的不幸真相。他们本应在他人"平凡的"工作、婚姻和友谊中看到他人的幸福，认识到自己不幸的深层原因，可处在第六层级的第四型人认为别人是肤浅的，缺乏真实的深度，他们相信自己拥有这种深度，但他人的点滴快乐、无私和发自内心的真诚就像是一个巴掌抽打在他们的脸上。如果第四型人能认识到自己的"深度"已经成为一种自以为是、一种幻觉，并认识到自我陶醉是在耗费真正有意义的生命，他们可能就会发现一种途径，把自己从情感的泥潭中拉出来。不幸的是，他们中的许多人却转身背对着世界，试图靠自己来拯救自己，因为他们认为自己错失了一切。

一般状态下的第四型人曾经也有吸引人的地方，甚至有令人同情的地方，别人从那些地方可能会发现他们的保守及其自我意识也有令人喜爱之处，或至少是令人感兴趣的。他人可能会被他们的羞涩和纤弱所感动。但是现在的情况就不同了。自我放纵的第四型人对抗他人，因为他们太放任自己了。他们没有任何社会责任感，不为任何事着想，还拒绝所有的义务和责任；当他们受事情或他人所迫时，就会变得非常暴躁。他们或是以自己的方式、进度来做事，或是干脆什么都不做，并为这种自由感到骄傲。（"我做我想做的事，并只在我想做的时候做。"）

因为觉得与众不同，他们感到自己是特殊的一类人，且不愿和他人按相同的方式生活，完全无视社会习俗规范的约束。他们觉得一切被允许只是出于他们的情绪需要：时间是他们自己的，他们讨厌他人以任何形式介入。他们抗拒所有的事，从找一份能够利用其健康的自我修养的工作到与人合作，只要他们认为做别的事比做手中的事对自己更有利，他们都会抗拒。但是，自我放纵并没有使他们更有力量，反而使他们更加脆弱。自我放纵并不能满足真正的需求，只能满足短暂的欲望。然而，自我放纵的第四型人通常要依赖他人的支撑来维持其自由的生活方式，所以他们不想让任何人知道他们放纵的嚣张程度，也不愿意别人来督促他们工作。

由于坚持喜欢才做的自由，他们逐渐变得矫揉造作、不切实际，并表现出一种对现实的无力蔑视。矫揉造作替代了真诚的自我表达，使他们看起来就像是生活在戏剧中。假若他们是艺术家，那作品便是他们自我放纵和自我指涉的对象。因为自我放纵，所以大部分的事情他们通常都不会认真对待，他们不喜欢把心中的幻想写下来。华美的诗篇、令人心动的音乐、怪诞离奇的小说自想象中汩汩流出——但他们从不会试着把它们写下来。

在第六层级，一般状态下的第四型人仍很有自知之明，知道自己失去了很多人生重要的东西，尤其是在人际关系方面。结果，他们觉得对不起自己。他们可能变得有点忧郁、烦恼；因为没人像这个样子。自怜自艾是一种不太讨人喜欢的特质，但一般状态下的第四型人却乐此不疲，因为这使他们可以把自己想要的合理化，也使他们觉得生命亏欠自己一些东西，他们可能会为自己的悲剧生活酗酒，而不是去改变或停止什么。

整日里沉溺于自己的情感使自我放纵的第四型人有事可做，这成为他们消磨时间的方式。但问题是，从幻想中得到的快乐永远无法令人满足，因为那些快乐总是不切实际的。但想象对他们有一种诱惑力，因为这使他们的情感保持热烈的状态，通过放纵自己的想象，他们的自我感觉有一种鲜活的生气，即使现实生活正逐渐变糟。

为了掩饰成就上的欠缺，处在第六层级的第四型人会通过感官的满足来压抑过分敏感的自我所带来的不愉快。他们可能在性生活上变得放荡不羁，为了放松，为了短暂的性快感，也为了让自己兴奋，他们会和不认识的人发生性关系，或者沉迷于性幻想、有色情倾向的白日梦中，而不愿在现实中做任何实际的努力。他们可能会频繁地手淫，为了自我确认而去寻找虚拟的符号。他们可能会迷恋在想象中热恋过的那些人，给自己的痛感和快感、欲望和挫折、热烈的和虚度的情感提供无尽的源泉。或者，他们可能会嗜睡、暴饮暴食、酗酒和滥用药物。

对幻想的过分依赖使第四型人陷入了一种萎靡不振、令人厌恶的状态。他们的情绪太过夸张，好像自己是生长在温室——自我陶醉的温室——中的稀有兰花。处在第六层级的第四型人是颓废的，至少在他人眼中是这样。然而，第四型人并不这样看待自己，他们只是想要掩饰自己被剥夺的状态。

当然，他们不承认自己被剥夺了什么，因为他们已经剥夺了自己和现实接触的权利。悲哀的是，现在他们已经放弃了寻找自我，并且以自我满足来取代对自我认同的发现，其自我认同现在变得越来越含混了。

不健康状态下的第四型人

第七层级：自我疏离的抑郁症患者

正如我们已经看到的，自我放纵的第四型人认为自己毫无牵绊，自由地生活在一个自足的世界中。然而，这最终却成了一个新的焦虑之源：担心自己可能会失去达成希望与梦想的可能性，尤其是自我实现的希望。自我实现是第四型人朝思暮想的，但如果发生的一些事情使他们觉得梦想已经失去时，他们会突然觉得和自己隔绝或分离了。他们已经完成的和没有完成的事情现在都回到了原点，他们突然"螺旋式地进入"自己的某些核心之中，使他们既感到震惊，又想保护自己免于再失去其他的东西。

不健康状态下的第四型人会因为自己所做的事情而感到生气。他们认为自己浪费了宝贵的时间，失去了宝贵的机会，并在几乎每个方面，如个人、社交和职业方面，都落在了人后，这让他们深感羞愧。他们嫉妒别人，任何一个看起来快乐、有建树、有成就的人都是他们嫉妒的对象，尤其是当那些成就是第四型人无法达成时，他们也知道——这让他们十分悲哀——退缩到自我陶醉中并不是发现自我的好办法。相反，情况已经变得很糟：他们是在浪费生命，而且他们也很清楚这一点。他们感到极度迷惑，满腹狐疑，感觉自己就像斗败的公鸡，没有作出任何有价值的事情，并害怕自己将永远如此。

不健康状态下的第四型人在潜意识里压抑自己，让自己不能再有任何有意义的欲望，因为他们不想再受到伤害，尤其是因为对自己有渴望和期待而受伤害，可结果却突然封闭了所有感情，好像生命突然脱离了肉身一样。所有曾经在创造性的作品中发现的自我实现，曾经有过的梦想与希望，突然间全都消失了。他们转眼间变得精疲力竭、冷漠，与自己和他人隔绝开来，沉浸在情绪的麻痹中，几乎无法正常生活。

任何形式的努力都变得极端困难。在新的创意涌现出来以前，他们无法使自己坐在画架或打字机前面，也无法打电话给朋友或去看场电影，找工作或找治疗师更是不可能。他们想一整天都待在床上，实际也常常就是如此。具有讽刺意味的是，不健康状态下的第四型人即使想继续自我放纵也做不到了，因为他们根本无法让自己专注于任何事情。

不健康状态下的第四型人对自己当下的状态愤怒不已，可又害怕表达愤怒，以免事情会变得更糟。如果别人让自己的期待——例如一个浪漫主义的想法——落了空，不健康状态下的第四型人就会怒不可遏，甚至根本没法和以前所爱的人或新近还十分痴迷的对象待在一起。他们是如此愤怒，以至于只要可能就不愿对任何事作出反应。（然而，他人可以看到他们阴郁的表情和极度的悲伤。）

处于第七层级的第四型人觉得所有人都在和自己作对。他们对家庭、朋友、世界和自己都满怀愤恨，认为自己的问题肯定比任何人都糟糕，尽管还没有到不可救药的地步。第四型人时常认为自己是独特的,但不健康状态下的第四型人发现这种独特性只会让自己深感痛苦:他们比任何人都痛苦。(第四型人在治疗或康复中常常惊讶地发现他人也在经受同样的痛苦,有些时候他人的痛苦甚至更深。)然而,他人也在受苦这一事实并不能使不健康状态下的第四型人正在遭受痛苦这一事实打折扣,也不能让他们找到表达或释放痛苦的方法。他们的愤怒和悲伤难以言表,因此第四型人竭力想要克制,不让它们表现出来。

不健康状态下的第四型人依然有自知之明,他们知道自己的消沉,也知道自己可能会越陷越深。他们知道,只有面对最大的困难,才能免于在情感上陷得更深。因而,内心的火逐渐熄灭,并可能永远都无法再点燃。任何事情似乎都徒然枉费,万物终将覆灭。

第八层级:饱受情感折磨的人

由于抑郁和与自己、与别人的疏离,不健康状态下的第四型人的情况越来越糟糕。他们害怕会因为自己的抑郁和能力尽失而步入灭亡。他们对自己的失望最终转化为消磨生命的自我憎恨。

神经质的第四型人转而以绝对的自我鄙视来对抗自己,只看到自己最不好的一面,每件事都痛责自己:以前犯的错、浪费的时间、不值得被人爱、没有体现作为人的价值。他们被这些强迫症式的负面想法紧紧抓住,而其无情的自我责备也变成了一种妄想,任何希望之光都无法穿透的妄想。

病态的幻想变成了强迫症。他们相信自己是生活中的例外,是供祭的牺牲品,在为父母对自己以及自己对自己所做的一切而领受无尽的痛苦。他们觉得被人冷落拒绝,也为生存而感到内疚:未曾成就任何事情,没有他们,人们会过得更好。他们的自我憎恨就像电子加速器,将实际上不起眼的东西转成可怕的力量,把他们的自尊磨得一点不剩。

不健康状态下的第四型人不仅相信他们永远都达不到完美,而且相信别人和自己一样鄙视他们。他们完全没有自信,也没有理由希望自己能获得什么。一道幽暗的裂缝已经在他们心中张开,就如一个黑洞正逐渐耗尽其生命一般。他们感到心烦意乱,却不能把自己从蚕食性的自责与无助感中摇醒。他们可能独坐几小时,内心几近窒息,饱受痛苦的挣扎。他们会突然潸然泪下,不由自主地哽咽起来,然后又陷入更寂静、更深的痛苦之中。

他们以各种方式毁灭自己,破坏自己残存的一点点机会,对朋友和支持者施以非理性的指责。他们仍希望有人会看到他们的困境从而前来拯救他们,希望

"好父母"仍可能出现，但那一希望似乎离自己越来越遥远，最终将变成自我折磨的又一个源头。如果曾经染有毒瘾或嗜酒，这时便会迅速升级。他们的幻想已成为一种病态，一种对死亡的迷恋。

每件事都变成了痛苦的来源，整个生活都变成了难以承受的暗示，提醒着他们与生活的隔绝。如果他们曾是艺术家，那么其未完成的作品就在嘲笑他们；如果他们曾与某人相恋，那么失恋就在嘲笑他们；如果他们曾有家庭或工作，那么失败的经历也在嘲笑他们。

不幸的是，他们很多的自我责难可能都有实际的原因，因为自我陶醉、自我放纵使他们错失了很多取得生命中的成就的机会。在一定程度上说，他们的确该为自己带给自己的痛苦负责，而且，为什么自责如此之深，他们自己清楚得很。但是，处罚自己并不能真正地减轻罪恶感，自我憎恨只会毁掉自己剩余的所有内心资源。唯一的出路就是彻底地抛开痛苦的意识。

第九层级：自我毁灭的人

如果情况没有转好，他们的失望将变得更深，神经质的第四型人将企图采用各种方式毁灭自己。当他们变得无助时，我们所能看到的就是他们各式各样的绝望，不管经由酒精、药物还是其他手段，他们都直接或间接地要自杀。

其他人格类型的人很难了解为何自我憎恨会使神经质的第四型人觉得与生命本身的隔绝如此之深。世界上的每件事情——正面的、美丽的、好的、值得为之而活的事情——对他们而言都变成了一种谴责，他们无法忍受余生还要以此种方式度过。他们必须做些事来逃避这种残酷的负面的自我意识。本质上，神经质的第四型人必须摆脱自己，因为他们觉得被人生打败了，似乎已没有回头路可走。

许多神经质的第四型人相信自己完全无依无助，所以自杀是唯一可以解脱的手段。绝望的第四型人可能把拥抱死亡当做解决纠缠不休的生命难题的最后手段。死亡是抛开忧愁的好机会，也是他们祛除苦楚的自我意识的希望所在。

自杀不只是逃离内心的强烈痛苦的手段，也是对他人不予足够帮助、不了解他们的需要、不知道关心他们的谴责。从第四型人的观点看，他人缺乏爱和理解迫使他们放弃生命。自杀是退缩的最终行动，是第四型在不需要表现出攻击性、内疚感或责任感的情况下，给他人造成痛苦的一种激进行为。

虽然第四型人极有可能毁灭自己，但处在情感痛苦中，他们也可能杀害他们认为应对自己的毁灭负责的人。如果说绝望的爱在第四型人的沉沦中扮演了某个角色，那么嫉妒可能压倒了他们，使他们被迫犯下激情之罪，为赢取自己的生命而杀害他们无法获得其爱的对象。

还有一个吸引他们走上自杀之路的理由，自杀是绝望的第四型人觉得自己唯一可以控制的事情。通过思考自杀，他们觉得自己依然是某些事情的主人，即使这只是向生命说再见、拒绝继续受苦的方式。他们只觉得：随自己的意愿给自己一个结束是件令人舒适的事。

在退化到第九层级之前，第四型人无疑多次想过自杀。危险的是，他们想得越多，就越是迷恋，越是把死亡当成解决问题的一种方式。他们已在想象中演练过很多次自杀。在陷入绝望时，他们便会毫不犹豫地在他人没有任何警觉的情况下这样做。

第四型的发展机制

解离方向：朝向第二型

自第四层级开始，处在压力下的第四型人就开始表现出处于一般状态和不健康状态下的第二型人的许多特质。虽然一般状态下的第四型人通常都远离人群，但他们也时常渴望和需要他人，因而向第二型发展对他们而言是一个讽刺，是无意间对这一倾向的承认。第四型人之所以会转向第二型，是因为他们需要克服与自身和他人的疏离，找到一个爱他们的人。第四型人希望这样做能让他们爱自己，发现自己身上的优点。

在第四层级，第四型人把大量时间花在了对自己及他人的浪漫幻想上。尽管这时的他们没有远离世界，但其注意力更多地集中在自己的想象中，而不是在现实的人与事上。当他人试图更为直接地与他们接触时，他们就觉得有压力，并且时常通过有些被迫的方式流露出这种感受作为对他人的回应。人际关系，不管是现实中的还是潜在的，都成了压力的主要源头，而他们自己也时常这么认为。和一般状态下的第二型人一样，第四层级的第四型人想要确信人际关系是正常的，确信他人真的喜欢自己，因此他们常常说自己是多么关心他人，提醒别人与自己保持关系是多么有意义。

在第五层级，第四型人因为自我意识太强而变得极度自我陶醉，很难维持与他人的关系。除非他们想对他人诉说自己的问题和欲望，否则他们都只是沉浸于自己的情感和幻想中，艰难地维持着对他人的兴趣。这使得他人对其敬而远之，而这又必然会让他们感到压力，害怕被抛弃。就像一般状态下的第二型人一样，这时的第四型人的反应就是闯入他人的生活，对他人纠缠不休。他们依附着他人，占有着他人，因为他们仍然觉得和这些人在一起很舒服，觉得这些人赞同他们的幻想。他们开始寻找各种方式让自己"被需要"，不希望自己所关心的人从不正眼瞧自己。

在第六层级，自我放纵和自我放任让第四型人付出代价，他们不久就认识到自己需要援助，尤其需要金钱的援助，以继续他们"艺术性的"生活方式和寻找自我。对金钱和"手头拮据"的焦虑促使第四型人夸大自己在他人生活中的重要性。处在第六层级的第四型人是如此自我陶醉，以致即使自己只表现出最微不足道的姿态或施以一点点恩惠，他们都要让人觉得是十分慷慨的行为。事实上，第四型人可能不是特别慷慨，但他们总想提醒他人自己是多么亲切，这样他人就不好意思抛弃他们了。处在第六层级的第四型人强迫性地想要自己的付出或给同伴带来的"独特快乐"得到承认。他们希望他人尊重自己，视自己为一个有天赋却被埋没的能人，而事实上，他们只是梦想着得过且过的生活，在无所事事中耗费生命。

在第七层级，不健康状态下的第四型人太过抑郁、太过疲惫，以致都无力关心自己，更别说埋头于工作了。他们越来越依赖于他人的好心，但又极难与他人相处，因为他们内心有一股强烈的怨恨和怒气。在这个时候，失去他人的关心才是他们真正恐惧的——他们担心，若是没有亲友的援助，自己就会露宿街头、一贫如洗。因而，在转向第二型的过程中，他们开始操控他人，利用内疚感来动摇他人的信心，以保持自己的"供应线"源源不断。可这只会加重第四型人的自我责难和怨恨，因为他们常常处在他人如家人一般的呵护中，而那些人正是他们极力想要摆脱的。结果，他们再也不想与别人保持美妙的关系，哪怕这个人能理解他们、忍让他们、帮他们解决问题。然而不幸的是，神经质的第四型人几乎完全没有能力建立和维持与任何人的真正关系。

在第八层级，不健康状态下的第四型人饱受幻觉式的自我憎恨和病态的折磨。当痛苦达致极限时，他们便有可能走向第二型，打破其令人窒息的自闭，表现出被压抑的愤怒和性冲动。他们觉得自己经受了太长时间的折磨，因此有权要求他人满足自己的需求。他们可能会继续滥用药物和酗酒，或以强迫性的性行为来寻找安慰。而且，他们可能会跟踪某个被他们当做自己强迫性性行为的对象，或者如果有机会，他们便会对那些比自己更无助、更无抵抗能力的人作威作福。他们的怒火也可能公开爆发出来，对他人采取身体攻击，只要他们认为这个人应对自己的悲惨境遇负责。

在第九层级，当神经质的第四型人朝向第二型人发展时，他们肯定会走向精神崩溃，间接要挟他人关心自己，但几乎可以肯定地说，这个人并不是他们想象中的爱人。来自他人的怜悯取代了爱。他们可能没有任何经济来源，需要靠别人生活，跟寄生虫没什么两样，我们已经看到了他们这种特权感。而且，由于已经被击垮了，退化的第四型人也觉得不应对自己有任何期望，甚至不应期望过得好。

讽刺的是，处在第二型的第四型人很可能开始仇恨自己一度依赖的人，因为依赖感一直在提醒他们自己的弱点和缺乏自尊。当第四型人在强烈的对自己的攻击性冲动和对他人的攻击性冲动之间摇摆的时候，冲突就会升级。别人无疑也会对退化的第四型人感到很愤怒，因为他们的许多问题或是由他们自己的行为引起的，或是因为他们自己的行为而大大地加剧了。第四型人可能会因此切断严重依赖的关系。预测退化的第四型人的结局确实令人心寒：如果他们没有得到足够的专业帮助，最终只能走向发疯、自杀或二者兼而有之。

整合方向：朝向第一型

健康状态下的第四型人通过将注意力集中在一些客观的、超乎情感与想象的事情上来实现自我。当非常健康状态下的第四型人朝向第一型发展时，他们会从一个主观的世界走向一个客观的世界，从自我陶醉走向有原则的行动。他们获得了行动的勇气而无须顾虑情感，从而把自己从永无止息的自我陶醉中解放了出来。他们不再被情感控制，而是依信念做事，依原则而不依情绪做事。就像健康状态下的第一型人一样，经过整合的第四型人是行动的人，把精力全部投放到了个人利益和情感满足以外的事情上。

处在第一型的第四型人承认服从的必要性和价值，愿意自我规范，并不断地朝实现自己的潜能以期能对世界有所贡献的目标前进。可具有讽刺意味的是，整合过程中的第四型人发现，要得到一直在找寻的自由，就得做自己必须做的事，而非做乐于做的事，后者不过是一种被误导的自我寻找。他们觉得自己是世界的一部分，因此找到了发现自我的头绪。而且，经过整合的第四型人没有失去与自身情感的联系，相反，他们的情感与现实中正在发生的事情联系着。

并且，由于从现实中得到了满足，所以这种人不再自我放纵，也不再觉得自己与众不同。相反，经过整合的第四型人服从现实和良心的要求，愿意给自己设限，以此克服那种逃避社会及道德责任约束的倾向。像健康状态下的第一型人一样，经过整合的第四型人是很好的老师，对自己很客观，又因他们是第四型人，所以能把主观世界中丰富的色彩带到现实世界来。他们的直觉因出色的辨别力得到了强化，他们的洞察力则因澄澈的心智得到了强化。

最后，由于经过整合的第四型人已超越了自我，所以他们创造的东西是客观的，他们从中可以知道什么是真实的东西。经过整合的第四型人能思考自己的创作，不论那创作是艺术作品、慈善行为还是成功的人际关系，他们从中不仅能了解到自己是谁，而且能找到真正的自尊的理由。他们了解到：因为他们的创作是好的，所以创作的人也必定是好的。

第四型的主要亚类型

具有第三型翼型的第四型人："贵族"

第四型的人格特质和第三型的人格特质相结合产生了一个亚类型，情感上既反复无常又充满矛盾。（主三翼四型人也是如此。）尽管这两个组成类型从表面上看是相互对立的，但它们也有共同点，如果能恰当运用，也能在很大程度上抵消某些个人弱点。第四型人通常是内倾的、退缩的、自我陶醉的，而第三型人一般是外倾的、讲求交际的、以目标为取向的。第四型人惧怕暴露自己（一定意义上是"对成功的恐惧"），第三型人正相反，喜欢自我展示，对成功有强烈的竞争心。第四型人内倾的自我意识和第三型人的魅力及其他外倾的社会能力正相对照。尽管第三型和第四型相互冲突，但两者也有共同点，都关心自我形象和自尊的问题。第四型人倾向于发展一种个人化的自我形象：他们试图通过想象和情感来实现自我形象。第三型人则发展了一种更具公共性的自我形象，他们试图通过自己的成就来使他人认可其自我形象。这一系列正相对立的人格特质就共存于同一个人格类型中，虽然不是很容易。主四翼三型的典型人物包括：田纳西·威廉姆斯、玛丽亚·卡拉斯、鲁道夫·纽里耶夫、朱迪·嘉兰、迈克尔·杰克逊、普林斯、肖邦、杰瑞米·艾恩斯、马塞尔·普鲁斯特、玛莎·葛兰姆、伊迪丝·琵雅芙、保罗·西蒙、哈罗德·品特、沃尔特·惠特曼、阿尔贝·加缪、E.M.福斯特、古斯塔夫·马勒、柴可夫斯基、"布兰奇·杜波依斯"。

由于具有第三型翼型，健康状态下的主四翼三型人善于社交、有志气且多才多艺，尤其在艺术方面既具创造力，又具"扬名"的内驱力。他们关心自己是何种人以及想成为何种人，他们关心的是自我更外向、更具能量的方面。一般而言，第四型人不喜抛头露面，尤其不以行动为导向，但由于健康状态下的第三型翼型，这一倾向被一种想要成就和完善自我的欲望调和了。因此，主四翼三型人知道自己必须工作，必须与人打交道。因而，第三型翼型要比第五型翼型更以目标为导向、更善于社交、对人际间的"政治"也更为敏感。健康状态下的主四翼三型人渴望成功，但也渴望与众不同，愿意为实现自己的梦想付出必要的努力。两种亚类型都极具创造力，但主四翼三型人创造的时候心里更多地装着受众，他们善于适应他人、关切他人，有出色的幽默感。

通过注意他人对自己的看法，有助于让一般状态下的主四翼三型人走出自我陶醉。这个亚类型的人有能力创造一种好的形象，因此他们能够比主四翼五型人更有效地掩饰自己真实的情感状态：使他人感觉不到自己是多么脆弱、多么情绪不稳。主四翼三型人好胜心强，对把世上的东西据为己有尤其感兴趣，但他们害怕成功，害怕自我暴露，也害怕可能会遭受到的屈辱。然而，第三型翼型在一定程度上是行动型的，所以主四翼三型人也有强烈的想得到关注和赞美的需要，因为这些可以成为他们行动的部分动力。两个亚类型都有一种强烈的浪漫主义倾向，所以它们的结合会强化戏剧感——甚至到裸露癖的程度。而且，在一定程度上说，他们的自恋需要在现实中往往得不到满足，所以渴望成功在他们幻想的生活中扮演着重要角色，同时也是引起他们失望的焦点。与主四翼五型人相比，他们更实际，但在情感上和财力上也更喜欢自夸。正如他们恰当的绰号"贵族"所表明的，一般状态下的主四翼三型人喜欢让各种物品和布置包围自己，以让他们觉得自己有品位、有文化。有"高雅的品位"是与他们保持密切联系的一个先决条件，而且不论其经济背景如何，极不健康状态下的主四翼三型人会认为自己比周围的人——尤其是家人——更有品位，是"高雅人士"。第三型翼型为他们增添了一种想要取悦他人的强烈欲望，因此他们对他人的建议、帮助和批评比另一个亚类型的人更为敏感，但也包含更多的怨恨情绪，因为他们压抑了内心深处的情感反应。

由于不健康状态下的主四翼三型人基本上仍属于第四型人，所以他们的攻击性主要指向自己，他们自闭、疏离他人、抑郁、自我贬抑……然而，从一定程度上说，第三型翼型在整个人格中扮演着重要角色，所以在许多时候他们的行为更像不健康状态下的第三型人。主四翼三型人对他人充满敌意和恶意，嫉妒他人却又秘而不宣，这一点因为第三型翼型的嫉妒心而得以强化。利用他人、机会主义、表里不一这些特质也是显而易见的，他们一旦屈从于这些特质，就会加剧其内心的羞耻感和内疚感。我们在第三型人身上看到的想要毁灭他人的欲望，主四翼三型人常常会在心里想想，但很少表现出来。然而，如果处在神经质状态，他们惩罚自己的严厉程度甚至会超过他们强加给别人的痛苦的程度。犯罪和自杀的冲动终将成为可能。

具有第五型翼型的第四型人:"波西米亚人"

第四型的人格特质和第五型的人格特质相互强化,两者都属于"退缩"类型:第四型人退缩是为了保护自己的情感,第五型人退缩是为了保护自己的安全感。因而,主四翼五型人比主四翼三型人更与世隔绝、更少有雄心壮志。主四翼五型人更喜欢观察环境,尤其是他人。他们身上有一种学术的深度和强度,这是主四翼三型人所不具有的,但另一方面,他们对社会的不安全感也很敏感。他们可能更有洞察力和原创性,但持之以恒地做具体工作的可能性也更少。这个亚类型的典型人物包括:弗吉尼亚·伍尔夫、埃德加·爱伦·坡、安妮·赖斯、英格玛·伯格曼、D.H.劳伦斯、三岛由纪夫、J.D.塞林格、约翰尼·德普、鲍勃·迪伦、琼尼·米歇尔、索尔·斯坦伯格、索伦·克尔凯郭尔、赫尔曼·黑塞、威廉·布莱克、"劳拉·温菲尔德"。

在主四翼五型人中,处在健康状态下的有天赋的个体可能是所有人格类型中最具创造力的,因为他们结合了直觉和洞察力、情感的感受力和理智的理解力,通常还有令人吃惊的原创能力,甚至先知般的预见力。他们会比主四翼三型人发出更强烈的光和热,但也有可能更快地烧到自己。他们常常被艺术和社会科学所吸引,在那些领域,他们对人类状况的洞察力可以得到扩展和探究。由于第五型翼型的存在,健康状态下的主四翼五型人很少会关心别人的意见,所以灵感引导他们到哪里,他们就追随到哪里。他们的自我表达极端个人化,甚至有点独出心裁。他们从事创造与其说是为了受众不如说是为了自己。

一般状态下的主四翼五型人不仅自我陶醉,而且喜欢哲学和宗教性的沉思。他们的情感世界是主导性的,但也有强烈的学术倾向。他们比主四翼三型人更孤独、更缺乏社会联系。因而,他们的艺术表现作为个人的替代者比主四翼三型人更为彻底和全面。他们常常展示出杰出的洞察力,但也很难保持下去。他们还时常有一种彼岸的、空灵的特质,他们极端独立,不循常规甚至到了怪癖的地步。他们三缄其口,一心只沉迷于自己的思想,在自我表达中刻意嵌入谜一般的含义。他们的创造性观念可能是不同寻常的,只注重神秘甚至超现实的东西。他们迷恋于异国情调和象征符号,在个人表达上更加不同凡响——他们是波西米亚人,或至少偶尔是波西米亚人。主四翼五型人不太会与不理解他们的人沟通。他们感兴趣的是表达自己的内心愿景,不论是崇高的还是恐怖的,也不论是阴郁的还是抒情式的。与主四翼三型人相比,他们选择了更简单的生活方式,但也容易像第五型人那样把生活需要降到最低。第五型的怪癖以及高度紧张的神经性能量开始体现出来。极不健康状态下的主四翼五型人可能会变得完全离群索居,成天生活在充斥着巴洛克式的幻想和观念的白日梦中,但也越来越受到自我怀疑的折磨,无法采取建设性行动。

不健康状态下的主四翼五型人寄居在一个极为贫瘠且恐怖的内心世界中。他们否定自我，甚至否定生命，从内心中抵制一切外在于自我的东西，把全部生存问题都扔进更尖锐的替代问题中。他们对自己的问题有全面的了解，但又更容易迷失在情感的漩涡中——疲惫、抑郁、无望。确实，对自身痛苦本质的过分沉思使他们在原地打转，只是强化了他们的自我蔑视和虚无主义。由于第四型是基本人格类型，所以主四翼五型人受到自我怀疑、与他人的疏离、自闭、自我蔑视的侵袭。在一定程度上说，第五型翼型在整个人格类型中扮演着重要角色，所以不健康状态下的主四翼五型人会抵制他人的帮助，与他人越来越疏离。他们也把恐惧投射到环境中，导致了扭曲变形的思维模式，其中还有可能包括幻觉和恐惧症。他们不仅容易受到来自自我憎恨的折磨的影响，而且在自我之外也几乎找不到正面的东西，因此他们对明显没有意义的生活极度悲观。在所有人格类型中，主四翼五型人可能是与自己和现实最为疏离的，最容易陷于抑郁的精神分裂症。

结语

回顾第四型人的退化过程，我们可以看到，神经质的第四型人把自我形象中最糟糕、最脆弱的一面当成了有关自己的全部真相。可具有讽刺意味的是，他们理想化的自我形象与现实毫无关联，以致他们排斥了自己实际拥有的许多正面特质。可怜的不是他们像自己感觉的那样总是受到伤害，而是因自我憎恨而受到了深深的伤害。他们创造了一个自我实现的预言，并为其结果深深痛苦。

从现在的观点看，我们也可以发现，第四型人犯的最重大的错误之一，就是把自己和自己的情感相提并论，视为等同。这一想法的虚妄之处就在于：要了解自己，就必须了解自己的情感，尤其是负面的情感，然后再付诸行动。第四型人不了解自我及其情感并不相同，而负面情感的出现也不能排除正面情感的存在。然而，当他们退化时，坏的方面却驱逐了好的方面：负面情感逐渐腐蚀了已经发展出来的正面情感。

第四型人应做一次信心的跳跃，尽管他们缺乏对自我的清醒认识。通过积极地面对他人，他们将发现自己。他们必须爱别人，即使感觉到对方给予自己的爱不够。当他们爱别人的时候，就能发现自己是谁，自尊也会接踵而至。他们也将发现，因为他们能够爱，所以已经学会了从何处去爱。毕竟他们得到的也许已经足够多了。

第七章

第五型：探索者

第五型人简介

健康状态下：他们能以非凡的感知力和洞察力观察一切；有敏锐的目光和好奇心，有探求的心智，没有东西能逃过他们的注意；有远见卓识，能专注地投入到引起自己注意的事情中。他们能深刻领会自己感兴趣的东西；对知识有浓厚兴趣；常常能成为某个领域的专家；有创新和发明精神，能生产极具价值、有原创性的东西；极其独立、特立独行、风趣。在最佳状态下：他们富于想象，对世界有深广的理解力和深刻的洞察力；心胸开阔，有全局观念，有真正的语境意识；能作出开先河的发现，无论行事还是认知事物都能找到全新的方法。

一般状态下：他们在行动之前要先把一切都概念化——在心里把对象条理化：设计模型、做准备、实际操作、收集资料。一般状态下的第五型人好学、有技能，可成为专业人才且通常是"知识分子"：致力于研究、学术和理论建设。当他们致力于复杂的观念或想象的世界时，会变得越来越远离尘世，专心于自己的想象和阐释而不关心现实；十分着迷于非常规的、令人狂喜的主题，甚至那些涉及幽暗和令人不安的要素的主题。他们容易远离现实世界，好高骛远，高度紧张兴奋；对与自己的内心世界和个人理想格格不入的东西采取一种敌对的立场；变得极具挑衅性和粗鲁，故意采取极端的、激进的观点；愤世嫉俗，好争辩。

不健康状态下：他们完全脱离了现实、排斥现实，离心化，抱持虚无主义；极端不稳定且极具攻击性：拒斥和排挤他人及一切社会附属物。他们会对威胁性的想法既痴迷又恐惧，变得惊恐、神志不清，成为夸大扭曲以及恐惧症的牺牲品。他们想要遗忘一切，有自杀念头，精神状况异常，要与现实决裂；有精神错乱、爆发性自我毁灭和精神分裂倾向。

关键动机：想成为能干的多面手，获取更多知识和技能，探究现实，想要不为他人所动，克制自己的需要。

典型人物：阿尔伯特·爱因斯坦、斯蒂芬·霍金、弗里德里希·尼采、斯坦利·库布里克、乔治亚·欧姬芙、艾米莉·狄金森、西蒙娜·薇依、比尔·盖茨、让－保罗·萨特、雅各布·布罗诺夫斯基、詹姆斯·乔伊斯、加里·拉森、大卫·林奇、斯蒂芬·金、蒂姆·伯顿、可利夫·巴克、劳瑞·安德森、梅芮迪斯·蒙克、约翰·凯奇、格伦·古尔德、查尔斯·艾夫斯、鲍比·费舍尔、文森特·梵高。

第五型人概览

天才与疯子之间的关系是一个历史悠久的争论。这两种状态实际是两极分化，在人格图谱上各持一端。所谓天才，是指能够融合知识与洞察力以表现现实的本质、能够以清澈而充满灵感的理解力来观察事物的人。天才与疯子的区别在于，天才除了拥有不凡的洞察力外，还能在自身所处的语境内正确地理解事物。天才能够发现现实中存在的模式，而疯子则强行创造模式，把错误的知觉投射到每一种环境中。天才有时似乎也会与现实脱离，但那只是因为他正致力于一个更深远的境界，而疯子是真的与现实脱节，以妄想来取代事实。

第五型最能表现出这两个极端。在第五型中，我们可以看到天才与疯子，可以看到创新者与知识分子，也可以看到奇怪的狂想家与极度紊乱的妄想性精神分裂者。要想了解为什么相同的人格类型会有如此截然不同的状态，就必须了解第五型人。

在思维三元组中

第五型人是思维三元组的一员。其潜在的问题来自于他们强调思考重于行动，过于聚精会神在思考上。第五型人极其注重思考，以致全神贯注于精神世界，他们这样做实际上可能是为了排斥其他事情。这不是说他们什么也不做，而是说他们更擅长于生活在心智领域，更擅长于从一个抽象的角度看待世界，而较拙于生活在行动的世界中。

思维三元组中的3种人——第五型人、第六型人和第七型人——都专注于自身以外的世界。这似乎和第五型人专一于自己的思想这一现象相互矛盾，其实不然。第五型人把注意力集中于外部世界有许多理由，其中最重要的一个理由是他们思考的材料来自感官知觉，但对于感官知觉的准确性，他们又无法完全相信，因为他们无法肯定自身之外的东西究竟如何。他们唯一可以确定的东西就是自己的思想。因此，他们把注意力的焦点投向外在环境，同时也认同自己对外在环境的看法。他们的许多问题都源自于他们必须先去求证自己对世界的知觉与事实是否相符，然后才能有所行动，才能自信地探究。

安全感与焦虑的问题

与思维三元组的另外两种人一样，一般状态下的第五型人通常也有缺乏安全感的问题，因为他们害怕环境中不可预知的潜在威胁。而且，他们也觉得无力保护自己，以对抗世界中的许多危险：他们认为自己的能力不如别人，因此将掌握一些技能和知识当成首要任务，他们认为这些技能和知识对圆满应对生活是十分必要的。

第五型人的基本恐惧就是对无助和无力的恐惧，这一恐惧会对他们的行为产生深远影响。第五型人认为自己的个人力量和能力是有限的，所以他们以降低自己的需要和活动范围来回应内心的焦虑。他们越是觉得焦虑，就越是会降低自己的需要。有时这可能只是对问题的一种感性认识，但焦虑的第五型人会尽可能不让自己生活在极端原始的状态中，以缓和自己对能力不足的恐惧。自然地，基于这样一种态度取向，第五型人也很容易觉得他人的需求是一种负担，所以总想避免使他人的期望值大于自己的能力。随着其恐惧的不断增强，第五型人开始从外部世界、从与他人的联系中"退缩"。

当第五型人处在健康状态下时，他们能够如其本然地观察现实，能够一眼穿透复杂的现象，因为他们一直置身于世界中，一直在磨炼自己的感知力。然而，在寻求安全感的过程中，甚至一般状态下的第五型人的感知力也会开始发生偏离。他们的思考变得更加繁复、精细，焦虑感也因此越来越强。随着他们逐渐从世界中退缩，他们的恐惧感也越来越强，担心自己无力应对世界。最后，甚至连基本的生活需要在他们看来也是可怕的、不堪重负的。如果进一步发展到不健康状态，他们就会把自己与世界、与大多数人的联系彻底切断。一旦与世隔绝，曾经的古怪的想法就会发展到荒谬的程度，以致强迫性地陷入对自己和现实完全歪曲的认识中，并陷入内心的许多可怕妄想中难以自拔。

第五型人的焦虑问题是思维三元组的所有人格类型共有的一个问题，但对于第五型人而言，问题主要是因为他们难以客观地感知现实。他们害怕让任何人或任何事影响到自己或自己的思想。他们怀疑自己的行动能力，所以害怕别人的事情会带给自己太大压力，害怕比自己更有力量的人会控制或主导自己。然而，具有讽刺意味的是，甚至一般状态下的第五型人也愿为一种观念所主导，只要那种观念是源于自己。第五型人不允许任何东西影响自己思考，以免还在处于发展中的自信心受到损害。可是，第五型人的思考只仰赖于自己的观念和概念，没有在现实世界中加以检验，结果只会使他们与现实完全脱节。

如此一来，一般状态和不健康状态下的第五型人根本就没法确定自己对环境的知觉是不是有效，不知道哪些是真实的、哪些是心灵的产物。他们将自己被焦虑所驾驭的思想以及攻击性冲动投射到环境中，并且害怕一切与自己相抗衡的敌对力量。他们渐渐地说服自己，认为自己对现实的那些独特的、越来越灰暗的阐释就是事实的真相。最终，由于他们的阐释是在焦虑的控制下产生的，因此不健康状态下的第五型人终将被恐惧吞噬，而不敢有任何行动。

第五型人以世界为导向的基础是思考，因此第五型人格与荣格的内倾思维型人格是相对应的。

> 内倾型的思考基本上被主观因素主导……它不再把具体经验导回客观事实，反而是导向主观内容。外部事实不是这种思考的目标和起源，尽管内倾型的人常常喜欢让自己的思考看似如此。这种思考从主体开始，然后又回到主体，即使它延伸到实际的现实世界，也与这个世界无关……事实被搜集来只是为了当做理论的证据，而不是为了事实本身。（卡尔·荣格.心理类型.380.）

虽然第五型人与荣格的内倾思维型相对应，但相比之下，称第五型人为主观的思维类型可能要更为准确，因为他们思考的目标通常不是内倾的（就是说，指向自身的），而是指向外在环境的，他们急于要认识环境，就是为了让自己在环境中更加安全。他们思考的原动力，正如荣格所说，来自于"主观因素"，来自于他们想要了解外部世界的需求，也来自于他们不了解环境时所产生的那种焦虑感。因此，思考既是第五型人用来适应世界的方法，也是他们用来防御世界的方法，虽然这听起来有点悖谬。

第五型人的思维方式造成了一个结果，即使是健康状态下的第五型人，也无法将思考深植于生活经验。他们是这样一种人：他们总能在别人只看到很少甚至什么也看不到的东西中发现有意义的东西，所以他们可以凭借极少的实际经验而获得更多的智慧。这种思考态度可能会催生伟大的发现。然而，一旦第五型人停止观察世界，只将注意力集中于对世界的阐释上，他们就会与现实脱节。他们太过沉溺于自己的思想和梦境，因此面对世界时，无法保持一颗开放的心。这会使他们进一步与具有建设性的行为脱离，可那才是他们发展自信所必需的场所。他们花了大量时间倒弄那些有关现实的观念和幻想，却不知这些东西对自己的生活几乎不会有任何实际的影响，最后留下的就是让自己更加恐惧，觉得自己更容易受到世界的掠夺。

父母取向

作为格式化的经验的结果，第五型人在孩童时期就对父母怀有一种矛盾情感。和第二型人、第八型人一样，第五型人也想在家庭内找一小块属于自己的领地，找一个可以担当的角色，赢得父母的保护和抚慰。可不管是出于何种原因，第五型人总觉得家里没有适合自己的位置，他们什么也不能做，父母也不想要或需要他们做什么。结果，他们从主动参与家庭事务中撤退出来，转而寻找他们能"一展才华"的事情。第五型人想要找到一件能做好的事，证明自己和他人是平等的。然而，与别的类型不同，由于第五型人的基本恐惧是无助和无力，所以他们找到的施展才华的领域一般是他人还没有探究过的。从一定意义上说，他们主要把注意力集中在寻找和掌握主题与技能上，直到他们觉得有足够信心"重新进入"这个世界。

与此同时，第五型人开始以一种不言明的方式同父母讨价还价，这将成为他们此后处理一切关系的基本方式："不要对我要求太多，我也不想对你要求太多。"第五型人觉得自己需要把有限的时间和精力全都用来获取知识和技能，因为他们相信，这可以让自己变得有能力。因而，一般状态下的第五型人开始对别人闯进自己的空间、占用自己的时间、干涉自己的生活表示不满。一种在其他类型的人看来很合适的距离，在一般状态下的第五型人眼里就变得不合适了。之所以会这样，主要是因为第五型人在家里找不到位置。他们觉得自己快要被闯进来的父母和日常琐事挤出去了，不管是从比喻意义上说还是真的如此。父母也许没有特别用心地抚养他们，也许因为无爱的婚姻而情绪起伏不定或酗酒，因此父母不是爱和信心的可信赖的源泉，结果这些孩子不仅对父母持有矛盾情感，对世界也持有矛盾情感。

第五型人力图解决自己的矛盾情感，但不是通过认同某种东西，而是通过认同自己的思想。他们觉得自己的思想是"好的"（就是说，是正确的、能安全地认同的），而外部现实是"不好的"（因此必须警惕地予以观察），稍加注意就可以戳穿。在一般状态和不健康状态下的第五型人那里，拥挤的感受导致他们对自己的身体有一种不安全感。因此他们变得极其疏离，毫不关心肉体的舒适感，也极端理智，仿佛物质生活的质量与自己全然无关。恐惧的第五型人愿意抛弃舒适的生活甚至需求，以追求自己感兴趣的东西——就是说，这些才是他们想要主导的——所必需的空间和时间。

虽然第五型人仍然觉得父母、世界以及其他人是吸引人的、必要的，但他们也觉得必须与所有的人和事保持安全的距离，以免陷于被外界力量掳获的危险中。因而，基于他们的思考方式，即所谓的"认知风格"，第五型人在自己与世界之间建立起一种严格的二元对立：世上的一切事物本质上可分为两个基本领域——内在世界和外在世界，主体和客体，已知的和未知的，危险的和安全的，等等。这种截然的二分法——把自己划归为主体，把自身以外的世界划归为客体——在他们的一生中将产生巨大的影响。

疏离与恐惧症的问题

当第五型人处在健康状态下的时候，他们不必自环境中抽离，因为他们拥有足够的安全感和信心充分地参与到周围世界中。由于与环境的互动，他们的观察精准且客观。但是，随着他们退化到不健康状态，他们的感知力越来越专注于似乎存在威胁和危险的环境，结果这种关注方式使他们只看到恐惧和灰暗，他们的内心世界充满了焦虑。具有讽刺意味的是，他们越是感到恐惧，就越是觉得要去探究那威吓自己的东西。

最后，由于不变地专注于有威胁的东西，第五型人把恐惧投射到仅存的现实中，并在这么做的时候与自己的内心作对，这实际是用内心来恐吓自己。他们变得对环境完全没有防御力——他们原本觉得环境是最危险的——因为正是他们的内心让环境变成这样的。他们变得如此充满恐惧——对自身能力的感觉也变得如此微弱——以致要正常发挥功能或向他人求助都变得非常困难。除非退化的第五型人愿意信任某一个人，否则很难重新与现实建立联系。

如果长久生活在这种状态中，不健康状态下的第五型人的思想世界就会变得谵妄可怖，结果他们不得不与世界隔离，甚至不得不与自己的思想隔离。神经质的第五型人可能变得精神分裂，潜意识地将自己与心智世界隔离开来，如此他们才能继续生存下去。他们眼中的现实已经变得如地狱一般：黑暗、痛苦、没有希望。蜷缩在恐惧中的他们转而退回到空虚中，当然还有更大的恐惧在等着他们。

健康状态下的第五型人

第一层级：有远见的先驱

在最健康状态下，第五型人有一种深广的参透和领会现实的奇异能力，能够总领万物的要义，从别人只看到虚无而混乱的东西中发现事物的规律。他们还能综合已有知识，在前人发现的看似无关的现象间建立起联系，例如，时空的概念、DNA分子的结构或是大脑中化学物质与人类行为之间的关系等。如果他们有艺术天赋，还能发展出全新的艺术形式，或以前所未闻的方式革新已有的形式。这些创新常常成为别人学习和创造的新平台。

最健康状态下的第五型人不需要紧紧依附于对世界的思想观念，相反，由于拥有深刻的洞悉现实的能力，他们能够发现单凭理论思考无法获得的未知真理。他们能够准确地发掘真相，因为他们的意愿不只是去寻找答案，他们要以一颗开放的心去观察现实。

他们不会把自己的想法强加于现实之上，因而非常健康状态下的第五型人能够发现事物的内在逻辑、结构及相互关联的模式。即使面对模糊的事物，他们仍能持有清晰的思考能力，甚至能够预见未来的发展，且常常能够先于他人证实这个发展。在其思考天赋发挥到巅峰状态时，他们就像是先知和幻想家，虽然他们的解释极为简单明了。他们之所以拥有预见能力，就因为他们是以一种非凡的明晰性认知事物，就像织布的人在作品完成前，就已经预先知道整幅图案的构造了。

结果便是，他们能超越理性的思维去揭示客观现实的真相，并在这么做的同时还能面对一个难以言喻的世界，面对一个语言、理论和符号无法触及的认识境界发展。他们以一种看似来自自身之外的洞察力去感知这个世界全部的复杂性和简明性，这时候他们与其说是一个思考者，不如说更像一个沉思者。这是"沉静的心灵"所具有的特质，只有佛教和其他精神传统讨论过这种特质。当心灵变得平静而沉着的时候，它就像是一面镜子，精确地囊括和复现着它所面对的一切。健康状态下的第五型人不是用他们的心灵去防御现实，而是让现实进入心灵，他们知道自己与现实是不可分离的。

最健康、最有天赋的第五型人能够完美地描述现实，他们的感知和发现看似简单，甚至显而易见，仿佛人人都能想到一般，但是，天才的洞察力就在于先见之明，能从已知的事物跳跃到未知的事物，清晰而准确地描述未知的东西，使新的发现与已知的东西完美统一，这就是他们的伟大成就。同样，谁都可能"创造"一种新的艺术表现形式，但要把这一点做到能让人从此彻底改变自己感知现实的方式，就不是常人所能及的了。

因此，非常健康状态下的第五型人是开拓新的知识领域和创造力的先驱，是知识新风的开先河者。一个第五型人，如果天资充沛，定能成为划时代的天才，能给人类带来史无前例的知识突破。一个天资罕见的天才能划时代地理解世界运行的方式。即使天资不那么高的人，在第一次领会到微积分的奥秘或学会电脑操作时，也能感受到天才的兴奋，因为他们领会到的东西是全新的，是令人兴奋的。其他人只能想象某个人发现全新的东西时的那种兴奋，只要那发现不仅对个人而且对人类都是全新的。

不过在第一层级，非常健康状态下的第五型人的光辉完全是非自觉的，他们在世界中最常意识到的是如同在家一般的平和感受。由于他们超越了对无能和无助的恐惧，所以也就摆脱了对知识和技能没有止息的追寻。他们不再视他人和挑战为一种不堪的重负，而是能够敞开胸怀，抱着一颗同情之心运用自己的知识和才华。

第二层级：敏锐的观察者

即使并非总是处于最健康状态下，第五型人仍然对周围世界有很敏锐的观察力，能深刻地意识到这个世界的荣耀、恐怖以及不和谐的、无限的复杂性。他们对每件事都非常好奇，是心灵最为敏锐的人格类型。他们能够自发地享受思考的乐趣；拥有知识——知道自己了解某些事，并能在心里反复咀嚼这一过程，品味自己的观念——是他们最大的乐趣。拥有知识、认识世界是最令人高兴的事，人、自然、生命、心灵本身都因此而快乐。

由于拥有卓越的智慧，健康状态下的第五型人能够透过事情的表面，很快地进入较深远的层级。他们的洞察力相当敏锐，因为他们拥有不可思议的能力，能直入事物的核心，发现异常、奇妙但此前未注意到的事实或隐藏的因素，为揭开全部真相提供一把钥匙。由于拥有这种成功的洞察力，他们总是有有趣的或有价值的事情可以与人分享。观察实际上正是第五型人整个心理导向的象征。如果观察到某个东西，也就是说被感官或心智所领会，他们就可以理解这个东西。一旦事情被理解，就可以掌握，进而第五型人就可以如愿地确信自己该如何行动了。

没有任何事情能逃过健康状态下的第五型人的注意，因为他们不是单纯、被动地观察这个世界，而是以一种专注的态度观察事物如何相互联系而构成了一定的模式、具有一定的意义。第五型人似乎是透过放大镜观察这个世界，人与物都巨细无遗地呈现在他们眼前。他们的心智是如此活跃，能够随时随地发现有趣的事情，因此第五型人的生活从不贫乏枯燥。他们拥有学习的热忱，敏于学习和了解尚不知晓也不显见的事。无论已经拥有多少知识，他们总是渴望再多知道些，而这个世界有无限的复杂性，因此总是有更多的东西需要认识。

健康状态下的第五型人也能比一般人看得更为深远，因为他们能够持续地专注且不易分心，他们能很快进入探究对象的中心并了解这对象是如何运作的——

为什么事物会是这样。好奇心使他们把更多的心力用在那些吸引他们注意力的事物上，努力发现更多。他们能够辛勤地工作，以不可思议的耐心攻克难题，直至问题解决，或者直至明白该问题是无解的。他们可以持续多年埋头于某一个难题，因为他们对自己正在探究或创造的东西有特别的兴趣。由于健康状态下的第五型人习惯于自行探究感兴趣的事而无需他人的支持或注意，所以他们不会因为别人的漠然或不理解而打退堂鼓。对他们而言，与实现某个终极目标相比，探究、学习、创造的过程更是一种享受。他们最大的乐趣就在于探询现实、推敲熟识的形式——尤其是在艺术中——直到那些东西变得几乎不可辨认。他们也十分精于概念化的工作，能够提出正确而重要的问题，并为所探究的问题界定恰当的知识范围。他们不会盲目地做不可能的事，而只想理解以前还没有理解的东西。

不论实际智力究竟如何，大多数第五型人都认为自己"聪慧"、感知力强，并把这些视为自己确定的特征。许多第五型人并不是知识分子或学者，但都会把注意力集中在观念的世界、知觉的世界和考察现实的方法上。他们会持续地观察以前没有注意到的某个东西，或是思考如何把自己一直在探究的不同观念或活动联系起来。一旦对一直穷追不舍的某个问题或创造性的问题有了新的洞见，他们立即会信心倍增，投入到更深入的探究中。

第五型人知道别人可能把自己看做"怪人"。这也许是因为他们非凡的智力、高度发达的感觉敏锐度、特立独行的行为，也有可能是因为他们那专注的眼神。和第四型人一样，第五型人对变得"与众不同"并不感兴趣；相反，他们对自己在别人眼中的另类身份总是耸耸肩一笑而过。他们对生活没有什么激情，这种情感的缺乏也会扩展到他们周围的环境上。第五型人之所以看起来与众不同，就是因为他们愿意跟着自己的好奇心和感知力走。相对来说，他们不怎么关心社会成规，不想受到其他事务的妨碍从而没法做真正感兴趣的事。

健康状态下的第五型人渴望在客观世界中感觉自己是有能力、有才干的，然而，当他们开始实际的探究行为时，就偏离了主动参与，把自己变成了外在的观察者。在第二层级，如果健康状态下的第五型人无法了解环境，也会感到一定程度的焦虑。（当然，由于在面对环境之前是不可能了解环境的，所以他们陷入了一个两难境地。）因此，观察习惯所反映的不只是专注的好奇心，更有一种深层的个人需求。

第三层级：专注的创新者

一旦第五型人自认为智力和感知力非凡，他们就开始担心自己会失去这敏锐的感知力，或担心自己的思考不准确。于是，他们开始集中精力积极投身于最感兴趣的领域，目标在于真正地掌握它们。通过这种方式，第五型人希望能发展一种能力或一套知识，确保自己在世界上拥有一席之地。所以他们对单纯认识事实或获得技能并不感兴趣，而是想用所学的东西去超越以前已被探究过的东西。他们想要"有所推进"，不仅因为这是对他们能力的更大检验，也因为他们想为自己创造一小块别人难以匹敌的领地。

这种探究的结果时常是富于创新的发明和可带来非凡的实际成果的技术奇迹。有时，他们的刻苦钻研会带来惊人的新发现或创造出艺术作品。而有时，他们原创的想法可能不会带来多少东西，虽然这些想法在当时可能有实际用途。在某个时代被认为不切实际的东西，到另一个时代可能会成为某个全新的知识分支或技术分支的基础，比如，物理知识使电视和雷达成为了可能，或者催生了后来的某部小说或电影的某些奇思异想。

由于一直在寻找新的领域进行进一步的探究和掌握，健康状态下的第五型人一般都能保持开放的心灵。他们不会依附于某一个特殊的角度，而是会怀着好奇心去学习别人思考过的问题，他们相信从别人的角度总能学到有趣的东西。他们也会很有耐心地向别人说明自己的想法，哪怕这些想法十分复杂或别人一时难以领会，他们也毫不灰心。他们渴望与人交流，希望别人能理解自己所说的。

由于第五型人对事物有非凡的领悟力和理解力，所以他们深刻的洞识总能让自己进入难题的核心，向他人明确地解释问题所在，并提供可能的解决方法。健康状态下的第五型人喜欢和他人分享自己的知识，是因为他们在和别人一起讨论自己的想法时常常可以学到更多。这也是为什么他们可以成为受人欣赏的老师、同事和朋友的原因。他们那份对自己想法的热情对周围的人极具感染力，并且他们乐于跟别的知识分子、艺术家、思想家，实际是与所有跟他们一样有趣、有好奇心、有才智的人一起维护自己的专业领域。

尽管健康状态下的第五型人喜欢和能理解、能欣赏自己见解的人在一起，但他们是极其独立的。这主要是因为创新、学习和创造都是单独的探险活动，最好是独自一人进行。并且由于第五型人根本不知道自己的计划和发现会产生怎样的后果，所以他们十分看重独立性。只要是探究需要，只要是追寻自己的兴趣和发现所必需的，他们不管他人或社会是不是认可，就算被视做异端也在所不惜。必要的时候，他们敢于向既有的传统与教条挑战。

他们的创新可能是革命性的，能够扭转旧有的思考方式。由于他们的兴趣和知识视野，健康状态下的第五型人总能提出强有力的、能真正改变历史进程的思想。艺术、舞蹈、电影、音乐等领域许多时候都因为第五型人非凡的创新而"受人诟病",可后来他们的创新又被广泛接受,成为标准。

健康状态下的第五型人也拥有奇妙的幽默感。他们热衷于谈论生活中的许多荒唐事,乐于和他人分享自己嘲讽的言论。他们有一种对现实表象加以变形的特别能力,以突出某个看似没有逻辑基础的假设或洞察生命的方法。他们对奇特的、非常规的主题有着特别的兴趣,他们喜欢与物体、形象、语词打交道。因为喜欢思考别人拒绝或不思考的主题,所以他们的幽默有一种打破禁忌的特质。他们的想象力丰富,可以用这种想象力来形象地解决难题或创造另一个现实。正是因此,许多具有艺术气质的第五型人成为了导演、漫画家、各种类型小说(科幻小说、恐怖小说、黑色幽默)作家。人的美感总喜欢走两个极端:一端是极简主义和简约,另一端是超现实主义和幻想。大多数投身艺术的第五型人对单纯表现"世俗功利"的故事或叙事没有兴趣。他们希望将读者或观众的注意力从日常关注转向更绝对的真理——尤其是那些隐藏在"普通世界"中的真理。

在掌握这些感兴趣的领域的过程中,健康状态下的第五型人积累着知识。结果,他们在各个学科领域都卓有建树,不论是在艺术领域(例如抽象表现主义绘画、电子音乐、埃及象形文字),还是在科学领域(如何开发计算机或发射卫星)。他们常常是博学之士,拥有广博的知识,是众多领域的专家。他们知道自己说的是什么,乐于和他人分享自己的知识,愿意全社会因他们的学识而变得更加丰富。他们也比较自信,能积极主动地用自己的见识为人类谋福利。也恰恰是因为他们的见识精准明确,所以健康状态下的第五型人及其观念都特别受社会推崇。若是没有计算机和抗生素,若是没有高度发达的传播媒介和各种各样的技术创新来构建现代世界,我们会怎么样呢?

一般状态下的第五型人

第四层级:勤奋的专家

一般状态下的第五型人和健康状态下的第五型人之间最大的差异在于,一般状态下的第五型人担心自己知道得不够多,总是怯于行动,在世界中找不到自己的位置。他们觉得自己必须做更多研究、从事更多实践,必须更好地掌握技术或更进一步接受考验,必须更深入地探究他们所研究的主题。("知道得越多,越能发现自己的无知。")不管是出于何种理由,反正他们觉得还不能把自己的概念与想法付诸行动。他们确信自己还没有做好充分的准备去证明自己的想法,所以退回到经验领域，觉得在那里会更加自信、更能控制局面——控制自己的内心。每一种人格类型都有最适合自己的能力，第五型人的天资就是才智，他们在发展过程中也得益于才智。然而，一般状态下的第五型人不是利用自己的才智去创新和探索，而是开始用它来对事物进行概念化和作比较。简言之，健康状态下的第五型人运用知识，而一般状态下的第五型人追寻知识。

由于第五型人很擅长概念和想象的游戏，所以当他们"专心致志"的时候，对自己是很有把握的，可是从第四层级开始，他们开始逃避与世界直接接触。他们会花大量时间去把某个问题或一首歌的想法概念化，但又犹豫要不要把这些想法诉诸实践。一般状态下的第五型人更热衷于"准备模式"，无休止地研究、收集更多背景材料，然后付诸实践。或者他们只是在想象中简单地设计一本书或一个发明，而从不把计划付诸实现。"我还需要一点点时间"，这就是他们反复使用的搪塞之辞。然而，他们这样做也不是没有理由：他们犹豫不决是因为对自己处理世界的能力越来越缺乏信心。

一般状态下的第五型人认为自己不如别人准备得充分，所以必须去搜集自认是"成就自身"所必需的各种资讯、技能或资源。为此，他们开始放弃社会活动，花越来越多的时间和精力去获取资源。他们的房间成了他们心灵的写照，里面堆满了各种各样的书籍、磁带、录像带、CD、小玩意儿，等等。

一般状态下的第五型人是典型的书虫。他们成天泡在书店、图书馆以及提供地方让知识分子通宵讨论政治、电影和文学的咖啡屋。他们热爱学术，对可帮助他们获取知识的工业产品极为痴迷。他们会花大量金钱去购买所需的工具，不论那是中世纪的手稿还是计算机，只要它们有助于满足自己的学术兴趣。他们很讨厌把钱花在自己身上或用钱来贪图舒适，因为他们只认同自己内心的追求、自己的想象，而不认同自己的肉体需要。

在追求精通的过程中，一般状态下的第五型人通常会对某个领域极其在行，涉猎到大多数人所不了解的一整套知识。（作为行家，他们最引以为豪和快乐的事就是可以对人说："我知道你所不知道的。"）有些第五型人可能会成为某个学术领域的专家——遗传结构分析、雪花形态的数学分析、亚马逊流域鸟类迁徙的模型分析，等等。有些人则在非学术领域比较在行，甚至会成为专家，如古董、邮票收藏、喜剧作品或爵士乐。他们的收藏专长正可以作为其整个专长的隐喻：收集更多的资料，并把它们整合到自认为已经了解或可以了解的知识体系中。

他们对收藏的爱好与他们的专业化渴望以令人吃惊的方式结合在一起。他们可能有1950年—1990年间每一部重要的恐怖电影或科幻电影的完整录像资料——

当然会按导演进行分类整理。对他们而言，资料收集的完整性和对相关内容的全面了解是至关重要的。一个一般状态下的第五型人若是只有几张披头士的唱片或两三部贝多芬的交响曲，就会觉得那形同于无。他们想要获得披头士的全部曲目——包括稀有的盗版录音带——以及贝多芬的全部九首交响曲的各个乐团版本。按编年研究披头士音乐的发展，或比较、对照贝多芬第三交响曲的各个不同录音版本，是第五型人孜孜以求的最享受的事，当然，这样做也的确能得到一些知识。但第五型人惊叹的是，花这么多时间、付出这么大的努力是一件多么有益的事！他们至少暂时觉得自己是有能力的，因为他们精通如此狭窄的专业领域，但他们也开始逃避真正有助于建立其信心的那些活动。

一般状态下的第五型人开始更彻底地认同自己的内心，虽然这不是全部的问题所在，但也不是无关紧要的。正如我们已经看到的，健康状态下的第五型人最善于观察环境，最容易受到周围世界的影响，但由于日益增强的理智的生活态度，一般状态下的第五型人开始疏远现实。他们专心把注意力放在某些细节上，而完全忽视其他相关信息。他们专一于自己感兴趣的相关学科，如历史、语言学、音响设备、跑鞋、关于猿类家族的社会学等，此时我们看到他们开始对现实进行抽象，只关心自己感兴趣的现实事物的某些方面。虽然他们还没有像不健康状态下的第五型人那样完全与现实脱离关系，但其知觉焦点的狭窄化已经使他们的兴趣转向了对象更深层的抽象本质。

虽然他们并没有意识到这一点，但已开始接触最新的经验，试图分析它们或将其置于已知的知识结构中解析它们的语境。这时候的他们变得比较害羞，想要学习跳舞，却只是在旁边看着别人跳，心里分析着不同的舞步和变化并加以记忆。学习跳舞的最简便方法就是下场去跳，而一般状态下的第五型人在把一切了然于心之前是不敢尝试的。通常，等到第五型人打算"下场亮相"的时候，舞会已经结束了。这是一种比较笨的学习方法，但它也有积极的一面。由于第五型人的学习方法讲究系统化，也由于他们观察和记住了所加入的过程的每一步，所以许多第五型人可以向别人说明自己是如何得到确定的结论或获得特殊的结果的。而且处在第四层级的第五型人很乐于和他人分享自己的特长。他们可以热情地、长篇大论地与人畅谈自己正在从事的计划。不幸的是，除了自己感兴趣的东西外，一般状态下的第五型人不太乐意谈论别的东西。他们的个人生活、希望、欲望和失望，尤其是他们的情感，都成了个人隐私，他们不愿与人分享这些方面，而是更喜欢讨论自己感兴趣的主题，更喜欢通过心智的对话来通达深远的"真理"。

第五层级：狂热的构想者

具有讽刺意味的是，随着一般状态下的第五型人明显退回到内心的安全范围内，他们对自身能力的不安全感却开始增强。首要的是，他们对自身狭窄的兴趣之外的事物投入的时间越来越少，也越来越不愿意尝试新的活动。他们转向了心灵的高速运作，用自己所拥有的内心力量和财力去获取自信心和力量，使自己能够在生活之路上走下去。不幸的是，一般状态下的第五型人常常错误地运用这种力量，他们越陷越深，沉浸在被他人视做细枝末节的琐事上，对能真正帮助他们的活动也失去了透视力。他们把无数时间花在各种计划上，但又得不出什么结果，因为他们对自己和自己的观念更加不确定了，也因为他们害怕失去凭理智构建的安全感。

结果，第五型人认为自己没有任何内心力量可以利用。他们担心别人和自己的情感需要会让自己不堪重负，或至少会拖累自己。他们相信一切都取决于获得一种技能或能力，这样才有机会在这个越来越没有怜悯和关爱的世界中生存下去。他们发自内心地渴望和他人建立联系，但又觉得这是不可能的，除非能获得自己在寻求的自信心和操控力。他们开始认为太多的社会互动侵占了自己的时间和空间，而自己应当用时间和空间来达到精通的层级。为了抵御这些可能的"侵占"，他们进一步退回到内心世界，强化自己的关注焦点和所从事的活动。如果他们在比较健康的层级给自己创造了另一种现实，那他们就会在第五层级栖居于这个现实。一般状态下的第五型人不希望任何人或任何事让自己分心，因为他们认为通过探究那些现实就可以获得自己想要的东西。

可奇怪的是，一般状态下的第五型人自己也开始分心了。如果他们把所有精力都投入建设性的计划中，那他们的行为还可能为他人所理解，但日益增强的不安全感促使他们把大量时间都花在了那些可以暂时提供自信心和能力的活动上。在他们的心中，自己有能力完全掌控局势，以此来补偿心中那份来自现实世界的无力和无能的恐惧。

他们沉浸于复杂的学术难题和万花筒般的体系——那是些精细的、难以参透的迷宫，他们觉得只要这样做就可以与世隔绝，专心于学术，处理这些难题。他们投身于极其具体、复杂的思想体系，沉浸于晦涩的理论，而不管这些东西是与传统学术研究如天文学、数学或哲学的深奥领域有关，还是与诸如卡巴拉、星相学和神秘主义有关。他们无休止地沉迷于智力游戏中（如象棋、电脑模拟游戏、逃生游戏等），不仅把学术研究变成一种游戏，也把游戏变成一种学术研究。他们常常对类型小说尤其是科幻小说和恐怖小说很着迷。探究想象世界里黑暗而迷人的王国令他们有一种操控感——尽管那只是他们的幻觉。他们对奇异的、令人不安的主题有一种特别的兴趣，这既是为了进一步探究别人没有涉足过的"领地"，也是对自己的无助感作出的一种反恐惧症式的反应。

一般状态下的第五型人的思维变得越来越失去控制：他们乐意接纳任何思想，不管它们在别人看来是多么恐怖、多么难以接受或多么突破禁忌。第五型人寻求真理，即使那真理是令人难以接受的或者说会颠覆现有的传统，他们也在所不惜。在健康状态下的第五型人那里，这一倾向是值得赞赏的，是许多伟大发现的源泉，可在一般状态下的第五型人那里，这开始引发问题。由于第五层级的第五型人不愿主动地参与现实世界，所以他们的"现实检查机制"越来越少。结果，对可能令人不安的主题的探究只会加剧他们对世界和自身的焦虑感和不安全感。

由于这种恐惧，也由于其想象力促使他们在几乎一切事物中都只能看到不祥的预兆，一般状态下的第五型人开始迷恋权力。他们觉得知识就是权力，觉得拥有了知识就能获得安全保障，因为他们的感知力比别人更强，因此可以保护自己。他们被探讨权力形式的学术研究所吸引，而不去管那种权力形式是存在于自然中还是存在于政治和人类行为中。然而，第五型人对权力也有一种矛盾情感，他们并不相信那些握有权力、支配他们的人。他们觉得凡是有权力的人都有可能用权力来反对他们，让他们变得彻底无助，而这正是他们内心最深处的恐惧之一。

一般状态下的第五型人维持其独立性和逃避他人的可能操控的方法之一，是让自己变得更加隐蔽。他们越来越不愿意和他人谈论自己的私生活或情感生活，害怕这样做会给他人可乘之机。另外，和他人谈这些事只会让自己陷入更直接的恐怖经验中，只会让自己变得更加脆弱——而这也正是他们明确想要避免的。不管怎样，第五型人开始防止他人与自己走得太近，但不是通过公开说谎，而是不向他人提供自己的信息。他们可能言语简洁凝练，也有可能秘而不宣，或者就完全不善交际。他们还会通过分隔自己的人际关系和生活的各个方面来阻止别人进入。一个第五型人可能会跟一个朋友讲自己的专业研究，跟另一个朋友讲自己对昆虫的痴迷，跟第三个朋友讲自己的情史，跟第四个朋友讲自己喜欢到什么地方过夜生活。然而，没有人能对他们有完整的认识，一般状态下的第五型人会尽可能不让这些不同类的朋友碰面"分享小道消息"。

如果第五型人朋友太多，要维持这种相安无事的状态就很难了，但为了让生活尽可能简单，为了有更多时间做私人想做的事，处在第五层级的他们会减少人际交往，降低需求，把精力用在其他事上。他们决心继续自己的计划，尽可能避免会妨碍自己的任何人际纠缠或依赖。他们开始从身体上的舒适、各种活动和人际关系中"回撤",任何有可能损害其延续自己的兴趣所需的独立性和自由的事都被视为无谓的消耗。这个时候的第五型人完全沉浸在自己的心智世界中,甚至最基本的娱乐和舒适享受也都与他们无关。他们完全就像斯巴达人一样,过着极简单的生活,对他人几乎没有要求,他人也不要对他们有什么要求。一般状态下的第五型人常常选择自己能力范围以内的工作,因为他们不想被太多更具挑战性所以要求也更多的事纠缠。可具有讽刺意味的是,他们不想过这种生活是为了有更多时间去准备过自己的生活。他们想为快乐和小小的成功而活,并想要依靠自己的心智专一来获得这种快乐和成功。

可问题在于,一般状态下的第五型人已不再持之以恒地观察世界,而是将注意力集中于自己的观念和想象上。这是他们发展过程中的一个转折点。处在第五层级的他们不再探究客观世界,而是沉浸于自己对世界的阐释中,他们因为太过专注于观念而与环境甚至自己的情感体验完全脱节。健康状态下的第五型人对环境还有着非凡的感知力和清醒的认识,而一般状态下的第五型人在一定程度上只沉浸于自己的思想,对周围世界的感知越来越少。

由于第五型人只知道沉思和理论化,只知道在心里咀嚼自己的观念,从各个角度考察它们,无休止地提出新的阐释,所以只见树木而不见森林。由于专注于每一个新的猜想,他们根本无法确定自己的沉思有没有得到最后结论:一切似乎都悬而未决,处在可能性的迷雾中。例如,他们写得越多,讲解就越复杂,以致最后都变得无法理解了。尽管他们智力超群,但却很难发表自己的想法,因为他们没法得出结论。

在第五型人看来,似乎所有的想法都同样有道理,因为它们几乎都可以为自己所思考的一切提供一个可信的说明。任何可以想到的似乎都是可能的,任何可以想到的似乎都是真实的。他们在心智和情感上能够接纳一切新思想,哪怕是可怕的或离奇古怪的思想,因为思考新的可能性实际是他们最喜欢做的事。然而,他们的观念开始变得与外部世界没有任何直接联系。(认识论的问题不仅令他们着迷,而且他们在不知不觉中实践了这些问题。)但是,在观念与现实之间建立相关性不再是他们的思维的首要功能,相反,沉思和想象可以保持其心灵的活跃,维持其自我感觉。

而且,由于把所有时间都用在了思考上,因此处在第五层级的一般状态下的第五型人与他人无法顺畅地交流,他们的思维过程实在太复杂混乱。他们太过注重细节,他们的观念太过凝练,其意识的河流就像一场精致的独角戏,他人很难潜入其中一探究竟。并且他们的思维总是偏离正常轨道,由某一点直接跳到另一点，而从不指出其中的逻辑关联。知觉敏锐的第五型人在看了杰克逊·波洛克的绘画后，可能会发表一篇有关现代传媒产业的专题论文，或是讨论化学对环境中更高层级的生物链的危害。他们的独白也许很迷人，在其学术视野上甚至称得上激动人心，然而，他们的话语却是怪异而且乏味的，别人要想跟上他们的思考脉络实在是一件苦差事。而且，虽然一般状态下的第五型人自认为其他人会像他们一样，对他们所思所说的一切都感兴趣，但事实上他们的想法未必值得人们花那么多精力去理解。

处于第五层级的第五型人的思维运作完全是在抽象的心智层面进行的，因为就他们所关心的角度来说，身体不过是心智的工具，他们不会太注意自己的身体状况，除非身体会影响到他们的思维。他们完全沉浸在抽象思考中，以致忘记了要吃饭、睡觉、换衣服。他们看起来就像是传言中的那种心不在焉的教授，穿衣服的时候总是忘记扣上扣子或是忘记系鞋带。这算不了什么。在他们看来，这些细枝末节的小事根本不值得考虑：心智的生活、追求知识时的兴奋才是至关重要的。

好也罢，坏也罢，反正他们极度紧张，仿佛他们的神经系统总要比其他人格类型的人的神经系统更加紧绷。（第九型人处在一般状态下的时候，也十分理智和富于想象，但这两种类型的情感状态却完全不同。第九型人会变得比较温和、消极，而第五型人则会变得比较激动、紧张。）第五型人似乎缺乏压抑那些涌向心智的潜意识冲动的能力，因此他们会强烈地投入到个人的知觉世界、工作以及和他人的关系中。他们发觉自己很难随心所欲地做事，发觉要跟别人保持亲密关系尤其需要付出代价。

一般状态下的第五型人越是陷入抽象的沉思，对其他人的矛盾情感就越是严重——他们被他人吸引，却又怀疑他人。他们分析人就像是在分析自己感兴趣的学术对象。（"你刚刚说的话很有意思——简直不可思议，你在跟那些人发火，不是吗？"）然而，他们通常也尽量避免与人有情感交流，因为他们认为人心是不可预测的，可能会提出各种要求。一般状态下的第五型人相信人际交往中肯定会有圈套。他们无法想象为什么所有人都对他们感兴趣，担心别人期望从他们这里有所得，而他们并不能给出什么。并且，情绪的介入会引起他们无法控制的情感：热情之流总是太容易涌向心智。但是由于大多数第五型人也有强烈的性冲动，所以他们很难避免情绪和情感的产生，实际上也正是如此。因此，虽然第五型人发觉他人和人际关系有无尽的吸引力，但仍会保持警惕。

因此，一般来说，一般状态下的第五型人不是单身就是与许多人打得火热。由于总是卷入与他人的亲密关系，并且总是那么强烈而复杂，因此他们会采取退缩的态度，不再与他人接触，完全埋首于自己的工作和思想世界。可这样做只会加剧无助感，当他们感到极其孤独的时候，就会更深地陷入对自身和世界的恐惧。他们对现实的看法会变得更加阴郁多疑，他们会更加难以接受博爱、仁慈的观念，更别说相信仁慈的上帝了。进而，恶的问题成了一个巨大的绊脚石：在他们看来，世界的恐怖和不确定性是如此明显，所以让世界变得如此的上帝必定是一个虐待狂、一个邪恶的上帝，当然他们必须拒绝信仰这样的上帝。

第六层级：挑衅的愤世嫉俗者

此时，心中臆想的那些复杂性引出了新的、更棘手的问题。由于没有任何事情是明确的或确定的，于是焦虑越积越多。第五型人对自己努力研究的计划和观念更加绝望了，担心别人会劝说自己放弃追求，而他们根本就没有这种打算。他们害怕自己因为人或事的侵扰而延误事情的"进程"，所以决心抵御一切自认为会威胁自己脆弱领地的东西。处在第六层级的第五型人通过他们的说话风格、衣装打扮以及所从事的研究对世界说："别理我！"如果别人没能事先领会他们的意思，第五型人就会变得极具攻击性，把其他人都吓跑。

表面上看，处在第六层级的第五型人似乎在学术上极为自大，但实际上他们对自己并没有很大的把握，甚至最受人推崇的观念和计划在自己眼里也是无意义的。他们摇摆于攻击性地自我防卫和发觉自己一无是处之间，于是开始采取更极端的非正统立场，仿佛想从在自己看来毫无意义的观念中获得更大的信心。第五型人也许不会完全相信自己提出的激进观点，但他们还是要表达出来，要把它们当做锋利的工具。对无力应对环境的潜意识的恐惧会时常涌上他们心头，他们就生活在日益加深的对世界与他人的恐惧中。他们觉得几乎所有的一切都是不确定的、无法实现的，而令他们愤怒的是，别人似乎对他们的恐怖状态感到很满意或满不在乎。因此，他们开始动摇他人的确定性或满意度，让他人"分享"自己富有挑衅意味的观点。（"你打算去海边吗？我刚刚读过有关臭氧层的最新报道，研究显示，晒日光浴的人患皮肤癌的几率增长了近1倍。"）在这个时候，第五型人的话常常还有一定的真理成分，但其用意已不再是为了抵达真理，而是要用自己的知识来搅乱人心。并且由于他们花了这么多时间收集信息，所以很容易用这些信息强化自己所坚持的世界已经朽烂的观念，倾覆他人的安全感。

一定程度的极端主义是处于第六层级的第五型人典型的社会风格，也是他们典型的学术风格。喜欢挑战的第五型人在政治或艺术方面也常常是激进派，喜欢以先锋自居。他们喜欢把自己的观念发挥到极端，提出一些令人震撼的思想，以挑战常规的认识和行为，打击和废除流行的偏见。（尽管他们挑战性的观念并不如自己所想的那么正确，但确实会迫使他人对其作出反应，激起他人的争论甚至敌意。）作为彻头彻尾的持异议者，他们对抗所有的社会成规、规则和期望，不论其所涉及的是女性主义、政治、婴儿抚养权、性解放，还是所有这些东西的某种特殊组合。他们这样做其实另有企图，因为在他们的鼓噪下，真正的理解已被争论所取代。

处在第六层级的第五型人喜欢用自己的生活方式来说明自己的观点，责难世界。他们可能会选择过一种极端边缘化的生活，以避免"出卖"自己。在第六层级，"出卖"可能意味着各种形式的限期雇用甚或保持某种关系。他们会有意穿着挑衅社会的衣服或作出一些十分出格的行为。当然，社会抗议在任何文化中都是一种健康的、有活力的冲动，较为健康状态下的第五型人（以及健康状态下的其他类型的人）也会用挑衅性的语言、艺术形式或着装风格来表达观点。但是在处于较低层级的一般状态下的第五型人那里，他们所表达的观点其实就是根本没有观点。生命是没有意义的，人是愚蠢的，自己的生命也毫无意义。虽然其他类型也的确有这样的人，但这种人生态度却是 20 世纪下半叶出现的许多"多元"文化的共同态度。颓废派、朋克、重金属以及其他青年亚文化都很钟情于这种人生态度。

具有讽刺意味的是，他们的思想极为复杂，处在第六层级的第五型人也更加接近还原论，极度简化现实，拒绝对事物做更多正面的、多样可能的解释。例如，简约主义的第五型人不再考虑花朵本身，而只是关注使其得以绽开的淤泥，仿佛最绚丽的花朵"不过是"处在某种有意义的变化状态的泥土而已；绘画不过是想要把脸弄脏的冲动的表现；上帝不过是人们把父亲的形象投射到宇宙中的结果；人不过是一种生物机器，如此等等。结果，第五型人的观念把合理的见解与极端的阐释混合在一起，而他们自己根本没有办法分辨二者之间的差异。

这种倒错性地反抗现实的非理性因子开始腐蚀他们的思考过程。不过，尽管他们的想法奇怪且极其异端，可第六层级的第五型人还没有陷于疯狂，只是他们健康的原创力逐渐退化，变得乖僻、古怪，原先的天才开始变成怪异的人。（他们可能认定奥秘就隐藏在他们喜欢的电视节目中的人名内含的数字编码中，或是认定所有理性的思想都没有意义。）别人也许会觉得这些稀奇古怪的想法很好笑，但处于较低层级的一般状态下的第五型人对此十分热衷，有时会把全部的时间与精力都用来"证明"这些东西。另外，这些极端想法也是他们自我感觉的一部分，因此他们会不计代价地为它们辩护，固执地坚持，并想消灭一切反面的论点。他们喜好争论和与人争吵，他们也很担心，不知能否建立在学术上的领先地位，保护自己的思想，一旦认为有人窃取了自己的精彩理论，便不惜诉诸法律进行威胁。

尽管一般状态下的第五型人的许多观念极其极端并奉行简约主义，可他们并非完全无的放矢，他们通常都十分聪明，只是不太会展现自己想法的有趣之处。然而，问题的关键就在于，如何分辨哪些想法是有价值的，哪些是没有价值的。从更深的层级上说，之所以会变得这样，也是因为第五型人过于愤世嫉俗，对自己的想法和计划过于没有信心。他们的思想中浸染了一种深刻的悲观主义，认为所有的观点都同样不着边际。他们可以证明任何观点，因为一切似乎都既真实又不真实，因此都同样没有价值。处在第六层级的第五型人甚至喜欢论证他们认为相互矛盾的观点，以再次证明自己的智力，同时自发地证明无论再做多少努力都是没有意义的。

处在第六层级的第五型人给人的印象是极端沉迷于自己的计划，但走近看一下通常就会发现他们大量的时间都花在了相对不重要的活动上。他们可能需要做一个总结，关注一下工作程序表或完整的计划书，而不是只读一些无关痛痒的书，为自己收集的资料搞一些详尽的电脑数据备份，或研究一些能提高自己象棋水平的棋谱。他们越来越多地把时间花在对改善自己的处境毫无益处的活动中，实际上，这些活动不仅无益，反而有害，因为它们会使第五型人分心，忘记自己真正需要做的事。他们对自己没有什么把握，觉得完全没有能力参加太多活动——尤其是那些有可能改善自己生活质量的活动——所以只好让状况继续恶化下去，这样至少可以暂时让自己觉得生活还在"掌控之中"。一般状态下的第五型人也许无法面对采访或学开车等活动，但在他们的想象世界中，他们可以征服世界，可以在核灾难中存活下来，或者可以发挥惊人的神秘威力。

处在第六层级的第五型人觉得极端心神不宁，对自己明显的无助感深感焦虑，在他们看来，这种无助感俨如黑暗的、充满敌意的现实。他们觉得自己根本不可能在世界上找到一个容身之所，而事实上，他们让人厌烦的行为使这一点真成了可能。第五型人尤其想要找到一件自己能做且能使自己觉得与这个世界还有关联的事，但恐惧和愤怒促使他们日益脱离了与他人的联系。他们的脾气、充沛的想象力令自己饱受折磨，失眠对他们而言并不是什么稀奇事。如果他们能走向他人、承认自己的苦恼，就能克服困难，重建自己的生活；可如果他们继续逃避现实世界，那最后就只会切断本来所剩无几的生活联系，沉入更加可怕的黑暗。

不健康状态下的第五型人

第七层级：孤独的虚无主义者

必须与他人保持安全的距离，以保护自己对主控权的疯狂追求，这使处于第七层级的第五型人对自认为会威胁到自己的世界的所有人都抱一种对立态度。不幸的是，由于他们已处在十分不健康的状态，所以他们的自我怀疑越来越严重，觉得几乎所有人和事都成了他们的威胁。在他们看来，保证安全的唯一方法就是切断和别人的联系，独处斗室。他们十分绝望，很难适应生活，对世界也十分反感。不健康状态下的第五型人确信自己在社会中已无容身之所，所以他们背对着社会，变得极端孤立、孤独，越来越怪僻，陷入虚无主义的绝望之中难以自拔。

当别人质疑他们的想法时，情况或者会更糟，当别人嘲笑、不理睬他们的想法时，就会激起他们的攻击性。为了维持自己仅存的且完全一厢情愿的一点点自信，不健康状态下的第五型人开始变得极其无礼：怀疑他人，认为他人的想法完全没有价值，认为他人对问题的解决不过是一种幻觉，认为他人的世界不过是愚人的天堂。因此，不健康状态下的第五型人无意间激起了人们排斥，进而也让他们对所有人际关系产生敌意，感到虚无。但是，在这么做的时候，他们与他人的关系只会更加疏离，对与他人建立关系的可能性也更加不抱希望。

事实上，不健康状态下的第五型人有一种强烈的需求，想要驳斥他人的信念。他们以揭露人生的黑暗面为乐，力图证明人与人之间的关系实际是不可能的，人性本质上是朽败的。他们以贬低他人的想法为乐，认为他人赖以舒适生活的那些想法不过是资产阶级的幻觉，而自己之所以还没有沦落为那些想法的牺牲品，只是因为自己比别人更加理智诚实。

确实，这个世界常常有不完美的一面：有些人太贪图个人利益和舒适，有些人沉溺于自我欺骗，有些家庭和人际关系被虚伪、嫉妒、权势所污染，但这一切并不代表愤世嫉俗的犬儒主义就是最佳的应对态度。不健康状态下的第五型人倒脏水的时候连同孩子一起倒掉了：信念、希望、爱、仁慈、友谊，所有这些对他们而言都是难以相信的，因为他们害怕与他人纠缠在一起。依附于他人对处于第七层级的第五型人而言是极其危险的，所以他们必须对一切关系——实际上是人性本身的一切价值都采取虚无主义和犬儒主义的态度，以证明自己与世隔绝是合理的。

正如水枪的强大水柱可以击退乌合之众一样，不健康状态下的第五型人心中那股蓄势待发的攻击冲动所激发的强大力量也足以击退任何可能影响他们的事物。

他们"过河拆桥"，和朋友断交，辞去工作，除保留最低限度的生活必需品以外，把一切都清扫出门。（"让一切都见鬼去吧！"）就好像只有清除掉自己的一切，只留下最基本的生活保障品，他们才能获得独立，并因此不致被任何人或任何事所钳制一样。他们的行为甚至可能达到极端的程度。不健康状态下的第五型人可能把汽车也丢掉，一个人窝在一间废弃的屋子里生活，这样他们就不再是"某个体系"的一部分。他们漠视自己的身体，从来不注意自己的形象，吃得很差，过着穷人一般的生活。酗酒和滥用药物是他们的共同特点，其反叛的一面在使用非法药品上倒是没有一丝犹豫。喜好实验的特质也使他们想要尝试明知危险但却新奇的"毒品"或药物——如海洛因。毒品对任何类型的人都是有害的，对于第五型人而言，尤其会让他们的身体变得越来越虚弱。不健康状态下的第五型人此时本已很难维持基本的生活，他们与现实的联系也已经变得极为微弱了，而毒品只会进一步侵蚀他们的自信心，驱使他们进一步走向孤立，并加剧退化。

处在第七层级的不健康状态下的第五型人认为必须保持与世隔绝，这样才不致受到任何人的影响。他们所采取的方式通常并非暴力，而是以叫嚣之势大放厥词、写出长篇大论讥讽责难他人，或是突然退缩到一种充满愤怒与憎恨的沉默中。大部分人都会被这种行为击退，于是更加深了他们的孤立，可这恰恰是不健康状态下的第五型人想要的。不过，也正是因此，他们自己成了这一过程中最大的受害者，他们不再受到来自他人的"现实钳制"，不再把自己的感知力和现实做比较，随着恐惧的增加，他们与环境的那点微不足道的联系已经遭到了破坏。他们所有的经验都变成了对生命中的无助感和极度无意义感的一种确证。甚至一个小难题都让他们觉得是环境在跟自己作对，他们把他人的互动全都看成是对自己脆弱空间的侵犯，攻击性、恐惧不断升级。

有些人格类型能够在一定程度上掩饰不健康状态下的痛苦情绪，而第五型人能让人明显感觉到他们是不稳定的。别人可以看到他们的解离，并为之感到悲哀和恐惧，而不健康状态下的第五型人对孤立自己的攻击性防御又使外部干预十分困难。甚至可能"需要帮助"的暗示也会引发他们对无助和无能的恐惧，驱使他们走向更严重的病态。不健康状态下的第五型人仍有一定程度的理性思考能力，仍能敏捷地通过论证驱走所有正面的帮助，拒不承认自己阴郁、消极的人生观是错误的。他们对自己和他人不抱任何指望，从而退回到在实际上和想象中都非常阴冷的现实中。

由于对世界和自己面对世界时的无能都感到恐惧，不健康状态下的第五型人不得已以一种破坏性的方式把阴郁奇特的幻想、蔑视他人的情感和对生命的空虚的恐惧混合在一起。他们想要有所行动,想要做一些事来释放内心涌动不息的无情与冷漠,但是他们又觉得已被恐惧击垮了,对自己和他人完全没有信心。结果,他们非理性思维的强大力量屹立不倒,毫无减轻的迹象。他们内心充满了对世界的愤怒,认为这个世界抛弃了自己,而自己又无力采取任何行动,最后只得避免跟他人有任何联系,独自无望地挣扎,就好像他们是不得已才自断后路的。不健康状态下的第五型人可能仍是优秀的或有才能的,但他们心中的虚无主义毁掉了一切机会,使他们没法凭借自己的能力采取任何建设性的行动来重建信心。相反,他们毁掉了生活中的一切,鄙视世界,也拒绝依附于世界。不过,更糟的还不只是自我孤立,他们的内心充满了攻击性和得不到释放的冲动,因为不想卷入同他人的暴力冲突,于是他们陷入了可怕的两难境地:一方面被强迫性的攻击冲动所纠缠,另一方面又无力采取行动,因为他们害怕行动会带来更可怕的后果。他们想要在世界上有所作为,但他们阴郁的、愤世嫉俗的人生态度不允许他们介入任何可改善处境的活动。结果,他们什么也做不了,内心的紧张开始吞噬他们。

第八层级:可怕的"外星人"

随着不健康状态下的第五型人逐渐退回到与世隔绝的状态,他们会越来越不相信自己应对世界的能力。进而,由于缺乏与他人的接触,他们可怕的思想毫无控制,越来越猖狂。他们开始觉得这个世界将自己拒之门外,对自己毫无仁慈之心。处在第八层级的第五型人已经减少了各种活动,生活条件也削减到无处可退的地步。他们可能独处一室,几乎不出房门一步,或干脆藏身到朋友或亲戚家的地窖里,剩下的唯一可去的地方就是他们内心最深处,但由于他们的内心是恐惧的真正源头,所以也成了他们最后的祸根。

处在第八层级的第五型人很难分辨由环境产生的感觉印象和源于他们可怕思想的感觉印象。因而,他们认为现实中的一切都是汹涌的、吞噬性的力量,在他们看来,这个世界好像就是一个谵妄的噩梦,一种发了疯的景致,就像希罗尼穆斯·波希画作中的场景。在周围的环境中,几乎没有任何东西可以作为获得安抚或重拾信心的源头。他们越是透过自己扭曲的感知力看世界,就越是感到恐怖和绝望。

随着其恐惧范围的扩散和恐惧强度的增加,越来越多的现实遭到日益严重的扭曲,以致他们最后什么事都做不了,因为一切都染上了恐怖的味道。于是,神经质的第五型人开始被恐惧症弄得能力尽失,没有生命的物体在他们眼中也显出不祥的样态:天花板就要垮塌砸向他们,躺椅会将他们掀翻在地,看电视会让他们得脑瘤。他们还会出现许多幻觉,幻听或幻视到大量扭曲变形的知觉形象。他们开始觉得自己的身体就像外星人一样异形,觉得生物性的自我就像周围的环境一样在与自己作对。他们再也不能安静下来,无法睡觉,也无法开解自己,因为他们必须保持警惕,也没有办法摆脱自己的心智。结果,他们的身体被弄得疲惫不堪,各种问题堆积在了一起。

尽管一般状态下的第五型人也有失眠的时候,但不健康状态下的第五型人真的睡不着了。他们害怕睡觉的时候会更容易受到残暴力量的攻击,也害怕自己的梦,因为这些梦极其暴力、令人不安。他们只好用更多的药物或酒精来麻醉心智,但这也只是使他们更加疲惫不堪。失眠使他们的心情更加紧张,并引发了幻觉。童年时期存在于想象中的壁橱里的恶魔现在成了真实的东西,恐惧和失眠彻底击垮了他们的身体,令他们的情绪变得反复无常,身体变得极度虚弱。

令神经质的第五型人更为恐惧的是,他们的思想似乎有了自己的生命,变得无法控制,在他们不想受到惊吓的时候总来恐吓他们。他们的心智如同脱了缰的野马,难以逃脱的恐惧令他们惶惶不已,因为他们的恐惧根本上就源自自己。就像弗兰肯斯坦博士一样,他们也因为创造了怪物并赋予其生命而陷入了被毁灭的危险。

当第五型人处在健康状态下的时候,还能够从分离的事实中找出联系、得出结论,而现在这种能力反过来与自己作对。心智的联系变得乱七八糟,被关联在一起的事物实际上没有任何现实基础,而神经质的第五型人还绝对确信联系是存在的。鸟的飞行成了政治趋势的预示,一碗谷物早餐中葡萄干的数量成为全球发生灾变的时间的预兆。不健康状态下的第五型人认为生命是无目标的、恐怖的,可他们又不停地把一些不祥的意义指派到无意义的日常现象上。

不健康状态下的第五型人之所以抑制不住扭曲的思维的破坏性力量,是因为他们几乎已经切断了与释放其巨大心理能量的所有出口的联系。他们的心智变得像是一只电灯泡,通过灯丝的电流大于设计限定的电流,比如说功率为500瓦的电流通过了一只限额100瓦的灯泡。他们的思想就像这只电灯泡一样因承受着可怕的电流强度而瞬间爆裂了。他们抑制不住内心恐怖的思想和幻觉,几乎完全无力为自己做任何有实质意义的事。更糟的是,他们抵制来自他人的一切帮助,害怕自己会因为接受了帮助而变得更加无力。更何况接受帮助也是对他们无用和无能应对现实的最后确证,他们当然要尽可能避免或逃到人们鞭长莫及的地方去。

不健康状态下的第五型人喜欢毁灭一切,在他们眼里,世界是如此可憎。他们的愤怒、恐惧和攻击性已到了不可收拾的地步,殃及了一切,不过他们还没有行动的能力，还无法释放自己的破坏性冲动和情感。他们的行为反复无常、非理性甚至可怕，但他们对内心混乱的爆发仍只能作出微弱的回应。

生活已变得不堪忍受：他们似乎看见得太多，就好像他们没有眼睑一样。但是，事实的真相是：他们的心智吞噬了自身。世界之所以充满恐怖，是因为他们的心智充满恐怖。他们的心智根本没有办法提供任何慰藉或安抚。

第九层级：发作的精神分裂症患者

为了对越来越严重的恐惧和绝望有一点控制能力，神经质的第五型人尝试着使用一直在用的一种防御方法：隔离和分裂。但是，在这个病态阶段，这些方法对平复他们的恐惧感是无效的。他们的精神分裂变得越来越严重，通过把自己的心理分裂为令人恐惧的碎片，通过认同内心仅存的观念或幻觉，还可以给他们提供一点力量以应对自我的解离。但是，他们的恐惧具有一种无情的穿透力量，令他们感到世上已无安全的地方可去，甚至他们的内心也不可靠了。

从根本上说，神经质的第五型人相信自己再也不能抵御世上的敌对力量和内心的恐惧了。事实上，处在第九层级的大多数第五型人再也分不清这两个领域：它们已经演变成一种持续的痛苦与恐怖体验。在这个时候，第五型人想让一切都停止下来。他们渴望停止，想在忘却中终止一切体验。他们有两个主要方法可以做到这一点。

第一个也是最清晰的方法就是自杀。和不健康状态下的第四型人一样，神经质的第五型人可能会结束自己的生命，虽然理由不同。第四型人毁灭自己是基于自我憎恨，是想以此默默地谴责那些他们认为伤害了自己的人。第五型人走向自杀则是因为他们认为生命毫无意义、充满恐怖，根本没有理由再苟活下去。（当然，主五翼四型人和主四翼五型人会显示出这些动机的某种组合。）不健康状态下的第五型人对于自己和世界感觉到的只有恐惧和恶心，他们由此得出结论，终止恐惧的唯一出路就是终止一切体验。和哈姆雷特一样，"死亡"的念头成了"真心渴望的完满结局"。

如果不自杀，那么不健康状态下的第五型人就要"解决"一个问题，那就是控制心智，尤其是控制因不断蚕食自我的恐惧症、因意识与潜意识分裂为两个部分而产生的巨大焦虑。为此，神经质的第五型人退回到了自我看似安全的部分，退回到一种类似精神病的孤独症般的状态。

处在第九层级的第五型人为了抵御现实的侵袭，可能会潜意识地切断与世界的一切联系。换个角度说，他们对自己的思想是如此恐惧，以致干脆放弃思考。

他们借着认同自我内在的空虚来达到这个目的。事实上，他们已与自己隔离开了，就好像那些失去了孩子的父母，为了避免勾起悲痛的回忆而把所有和孩子有关的东西都丢掉。结果，他们将待在一间空荡荡的屋子里；于是，这个已经掏空了一切、可能会勾起恐惧与痛苦的回忆的自我也和世界隔离开了。

就这样，神经质的第五型人退化到一种内心空洞的状态，长久下去，他们极有可能变成精神分裂症患者。

以前他们所拥有的那些智慧和才能全都消失了。处在第九层级的第五型人开始与环境、他人甚至内心生活完全隔离，也就是与自己的思维能力、感觉能力和行动能力隔离开了。

不健康状态下的第五型人最终成功地让自我与环境保持距离，但却以自杀或精神分裂式的决绝作为代价。讽刺的是，他们从现实中撤退是为了获得时间和空间去建立自信心和应对生活的能力，但由于恐惧和孤独，他们最终毁灭了自己的自信心和才能，甚至毁灭了自己的生命。那些没有结束自己生命的第五型人像患了精神病一样与现实彻底决裂，最终过着一种无助、依赖或与世隔绝的生活——而这恰是他们最害怕的。为逃离周围的恐惧，在最后的努力中，他们尝试着将自己与环境相隔离。但是，他们所隔离的并不是真正的现实，而是对现实的焦虑的投射，他们只是把自己与自己的思想和情感隔离开来。一旦神经质的第五型人完成了这个隔离，他们就再也不能因为自己在内心中创造的空虚而向他人哭诉了。在一个被掏空的自我的深渊中，一切都是空虚的。

第五型的发展机制

解离方向：朝向第七型

自第四层级开始，处在压力下的第五型人就开始展示出一般状态和不健康状态下的第七型人的许多特质。一般状态下的第五型人倾向于从与他人的联系和世界上的活动中退出，因为他们害怕自己无法完成这些活动。就这样，他们关注和关心的焦点变得越来越狭隘。朝向第七型的发展可以看做是从第五型人的世界退缩出去的一种潜意识反应——尽管比较分散，过度敏感的焦虑可以在一般状态和不健康状态下的第七型人身上看到。

在第四层级，第五型人的精力集中在研究、实践和为研究做准备上。他们没有信心进入生活的角斗场，认为进一步发展知识和技能会给自己提供生存所需的保护。然而，与此相伴随的是渴望拥有第七型人多样的、永无止息的心灵特征。

还有，和第七型人一样，处在第四层级的第五型人不断地获取信息，收集音乐、书籍、录像带以及感兴趣的其他一切东西。他们从一个主题转到另一个主题，寻找能满足自己的东西，寻找能真正让自己投入的计划。但是，在这个永无止息的状态中，他们的寻求根本没法让自己得到满足。

在第五层级，第五型人更专一地投身于自己的计划和观念。他们开始切断社交，孤立自己，只专注于自己的思想而不关注周围的世界。他们开始渴望刺激，如果处在压力下，还可能投身于广泛多样的、与自己的核心计划或动机并无直接关联的活动。他们开始以电子游戏、电影、科幻小说和恐怖小说为消遣。他们喜爱让心智自由联想，喜欢享受有些傻气的时刻和另类的幽默，这一点时常令周围的人感到惊讶。处在压力下的第五型人可能对夜生活感兴趣，开始探索餐馆、酒吧和夜店——常常是作为偷窥者。然而，他们通常对自己的这些行为三缄其口，他们的朋友中很少有人知道他们生活的这一面。随着焦虑的升级，他们对消遣和刺激的欲望也会升级。

到了第六层级，第五型人的恐惧感变得更加强烈，对于能否找到一块属于自己的领地感到绝望。在保护其学术"领地"或创造性"领地"的过程中，他们觉得与他人的互动是一种威胁，所以变得极具挑衅性和对抗性；在追求其想要的东西的过程中，他们拼尽全力回避焦虑情绪，所以变得感觉迟钝且富于攻击性。第七型人贪婪、冷漠的特质只会强化第五型人不断高涨的犬儒精神，使他们对他人缺乏耐心，使他们的世界观极度强硬。有人可能会注意到处于第六层级的第五型人的粗野和亢奋，但大多数人则会被他们强烈、狂暴的能量吓跑。更进一步，处在压力下的第五型人会毫不犹豫地使用药物或酒精来平复内心的焦虑。他们会追求可让他们的痛苦与恐惧得到缓解的东西，即使他们的逃避需要付出代价且会缩短寿命也在所不惜。

在第七层级，不健康状态下的第五型人极度孤立，切断了与世界和他人的一切联系，结果失去了能有效地释放内心紧张的出口。当他们向第七型发展的时候，他们通过各种逃避现实的行为来释放这种能量，可结果只会使他们更加无力和无能。不健康状态下的第五型人蹒跚着从孤立、恐惧的状态发展到行为粗野的状态。他们的心智开始失去控制，当他们再也不能遏制恐惧时，这一巨大的心理涡流便以冲动且时常不负责任的方式表现出来。他们不顾一切地、鲁莽地投身于各种活动中，可这样只会让他们陷入更大的麻烦和与环境更严重的冲突。他们是非理性的，完全没有了判断力，对该采取什么样的行动也完全失去了选择能力。当别人质疑他们自我毁灭的逃避主义行径时，他们的回应粗暴且幼稚。

在第八层级，第五型人充满恐惧，分辨不清什么是来自潜意识的恐怖意象、什么是现实。在日益增强的压力下，他们的行为变得疯狂而鲁莽。现在，在朝向第七型的发展过程中，退化的第五型人完全失去了控制。因为他们反复无常、不负责任的行为，他们一直害怕的恐怖情况真的变成了现实。由于极度恐惧，这个时候的第五型人常常不听劝告，也意识不到危险的存在。例如，他们可能会招来杀身之祸——不是被某种设备伤害或电器的有害辐射损伤，而是因为不看路被货车撞倒了。失控的第五型人轻率鲁莽，所以容易出事，他们可能会中毒身亡，当然不是被克格勃毒死的，而是因为误食了不该吃的东西。神经质的第五型人需要重建与现实的联系（尤其是与正面现实的联系），虽然处在第八层级的他们完全没有能力完成这件事。他们行为冲动、反复无常、歇斯底里，就像一个躁狂－抑郁的第七型人，变得越来越不稳定、不可预料。

在第九层级，第五型人穷于应付恐惧，绝望地想要逃避周围的恐怖。他们已没有办法激起自信心或让自己觉得还有能力应付余生。他们的恐惧已达到可怕的极点，可能会强迫性地一直做伤害自己和他人的事。即使他们不会杀死自己，其鲁莽行为也一定会严重地危害自己的健康和限制自己追求其他活动的能力。和不健康状态下的第七型人一样，处于第九层级的第五型人因为恐惧而变得虚弱、无力乃至瘫痪。随着焦虑达到更新的高度，他们可能会作出追悔莫及的事情，如因为冲动而杀人或自杀。

整合方向：朝向第八型

一般来说，第五型人总是认为自己知道得不够多而无法有所行动：总还有更多的东西需要去认识。除非他们能够熟知这个世界和自己的内心，否则永远都无法感到安全。从精神分析的角度来看，相比于本我而言，他们的自我太过软弱，攻击性及其他冲动压倒了心智。

对于健康状态下的经过整合的第五型人来说，这种现象不会再发生了，因为他们已经通过认同而不仅仅是单纯的观察，把自己感知世界的能力整合到了自身之中。他们不再只是认同自己的思想，而且也认同自身思想的对象，因此能克服对环境的恐惧并学着信赖环境，而随着自信心的增强，他们的行动能力也会得到相应的提升。

在向第八型发展的过程中，第五型人也认识到，即使觉得自己知道得还不够多，他们也已经比其他人懂得更多了。他们还认识到，自己在没有绝对弄清楚每件事之前也可以有所行动。他们可以在行动中继续学习，当新的问题出现时，他们可以据此加以解决。他们明白，当需要认识某个东西的时候，他们就能够认识。

他们的自信不是来自技能的积累或大量信息的记忆与收集，而是来自他们与现实世界的真实联系。因此他们不是把自己当做独立于世界的、无助的微尘看待，而是当做世界的强有力的组成部分看待。

经过整合的第五型人的行动来自对自己的天赋才能的了解。虽然他们并非无所不知，但他们所拥有的知识已经足以使他们充满信心地领导他人前进。他们的想法通常可经由事实验证，因此他们不用惧怕采取行动，他们已经拥有实现自己的想法以及因此实现自我的勇气。因而，经过整合的第五型人觉得自己能对他人有所贡献。结果，他们的想法在行动中最终得以实现并且可能成为先导。经过整合的第五型人对事件具有独到的见解，并指引他人如何去做。并且正如我们已经看到的，他们的想法的实践价值可能是无可估量的。

第五型的主要亚类型

具有第四型翼型的第五型人："反偶像崇拜者"

第五型的人格特质与第四型的人格特质在许多方面是相互强化的。第五型和第四型都是退缩类型：这两个类型的人都倾向于回到内心的想象世界，保卫其自我，强化其自我感觉。他们都觉得必须先找到自身内部的某些本质性的东西，才能过上真正属于自己的生活。第五型人缺乏行动的信心，第四型人缺乏强有力的、稳定的同一性。因而，主五翼四型人很难与他人建立联系，很难有稳定的根基。他们比主五翼六型人更情绪化、更内倾，矛盾的是，他们又比后一亚类型更合群。作为与第四型组成的结果，他们对个人的、内在的东西更感兴趣。不过，第四型人和第五型人在方式上有很大差异：第五型人理智、冷静，而第四型人会为了强烈的情感体验而内化一切。尽管存在这样的差异——或者说因为有这些差异——这两种人格类型却构成了表现最为丰富的亚类型之一，结合了引人注目的艺术成就和学术成就的可能性。这个亚类型的典型人物包括：阿尔伯特·爱因斯坦、沃纳·海森堡、弗里德里希·尼采、乔治亚·欧姬芙、约翰·凯奇、约翰·列侬、凯蒂莲、劳瑞·安德森、詹姆斯·乔伊斯、艾米莉·狄金森、斯坦利·库布里克、大卫·林奇、巴斯特·基顿、加里·拉森、斯蒂芬·金、蒂姆·伯顿、可利夫·巴克、弗兰茨·卡夫卡、安伯托·艾柯、让–保罗·萨特、奥莉娅娜·法拉奇、格伦·古尔德、彼得·塞尔金、汉娜·阿伦特、科特·柯本、文森特·梵高。

在健康状态下的主五翼四型人中，我们看到了直觉和知识、感觉和洞察力、审美感知力和学术天赋的结合。他们有可能投身于艺术领域，成为作家、导演、设计师、音乐家、编剧、舞蹈指导，等等。主五翼四型人在有关第五型人的许多描述中经常被忽视，因为他们与学术型或科学型的第五型人（主五翼六型人）的风格不太符合。他们的思维更具综合性，喜欢把一切都联系在一起，寻找新的观察事物的方法。还有，他们喜欢运用想象，而不是像主五翼六型人那样喜欢运用心智领域中主管分析的和系统化的部分。如果他们投身于科学界，可能会被不太注重实验与数据收集而是注重直觉与统摄性想象的领域所吸引。主五翼四型人对诸如数学公式中的美有特别的感受力并且特别关注。对于他们而言，美是真理的一种暗示，因为美所体现的秩序正是对某个观念的客观正确性的一种确证。健康状态下的主五翼四型人最重要的一种力量正在于他们的直觉，因为直觉可帮助他们揭示有意识的思维难以企及的知识领域。第四型翼型把渴望发现独特的个人洞见的特质添加到第五型的好奇心和感知力上，结果导致了一种倾向，即胡乱"修补"熟悉的模式，直至把它们变成几乎不可辨认的东西。在有才能的主五翼四型人那里，这种倾向会催生出惊人的创新，尤其是在他们辛勤耕耘的领域。

在一般状态下的主五翼四型人中，第四型翼型增添了情感深度，但在持之以恒的努力和与他人合作方面又造成了困难。主五翼四型人比主五翼六型人更为独立，他们抵制加诸自身的框架和期限。他们与环境相隔离，这既是因为他们太过专一于自己的思想，也是因为他们太过内倾，在情感上太过自我陶醉。他们可能会利用分析的力量来疏离他人，而不是更深入地理解他人。他们情绪脆弱，对批评过度敏感，尤其是当批评涉及其工作或观念的价值的时候，因为这会直接伤害到他们的自尊。主五翼四型的两个组成类型都喜欢远离他人过隐居生活，他们可能极具创造性和想象力，可以逼真地构想出另一个现实的种种细节，但也可能会迷失在自己的心智中无法自拔。第四型翼型给了这个亚类型幻想的气质，但主五翼四型人的课题比较倾向于超现实的和幻想的方面，而不是浪漫的方面。他们极其不切实际，将大量时间花在阅读、玩智力游戏及精通雕虫小技上。他们常常很迷恋阴郁的、被禁止的主题，他们的自我表现方式不是会干扰到他人就是会让他人感到不安。一些主五翼四型人对骇人的、恐怖的东西很痴迷，随着他们变得越来越不切实际、越来越恐惧生活中可能的不测，一个典型的解决办法就是以各种形式的自我放纵——酒精、毒品或性越轨——来寻找情感安慰。

不健康状态下的主五翼四型人可能会沦落为令人虚弱无力的抑郁的牺牲品，同时还会受到攻击性冲动的烦扰。嫉妒他人与蔑视他人混合在一起，想要隔离自我与世界的渴望与后悔这样做混合在一起。心智的冲突使他们的情感生活显得无望，而他们的情感冲突又使心智工作难以维持下去。进而，如果他们陷入神经质状态，就会成为所有人格类型中最异化的一种类型：极度绝望、虚无主义、自闭、与世隔绝且极度自我憎恨。不健康状态下的主五翼四型人将退回到一种极度阴郁、极简的生活，试图斩断一切需要。第四型人的自我弃绝和绝望与第五型人的愤世嫉俗和虚无主义结合在一起，创造了一种不断否定和无尽恐惧的世界观。与世隔绝、嗜酒、吸毒、长期的抑郁是他们所共有的，自杀终将成为必然。

具有第六型翼型的第五型人："问题解决者"

主五翼六型人通常是第五型人最常关联的类型，是对科学和技术感兴趣的知识分子，尤其注重事实和细节。他们是环境的"分析家"和"编目家"，是问题的解决者，擅长剖析问题或事实的构成以发现其运作机制。第五型的人格特质和第六型翼型的人格特质结合在一起，产生了所有人格类型中最"难"和他人维持亲密关系或保持亲密接触的一种类型。第五型和第六型这两个构成类型都属于思维三元组，因而主五翼六型人可能是所有亚类型中最理智的类型。与主五翼四型人相比，他们与自己的情感更疏远。主五翼六型人很难信任别人，这不仅因为他们从本质上说是第五型人，也因为第六型翼型会强化他们的焦虑，使他们不敢冒风险接受任何人际关系。然而，第五型和第六型的应对机制并不兼容，两个构成类型之间会产生出一种内在张力。第五型人为寻找安全感而远离他人，第六型人为寻找安全感而与他人协力工作。因此，他们的人际关系变化无常，一般来说并不是其生活的重要构成部分。这个亚类型的典型人物包括：比尔·盖茨、斯蒂芬·霍金、西格蒙德·弗洛伊德、西蒙娜·薇依、雅各布·布罗诺夫斯基、查尔斯·达尔文、爱德华·威尔逊、卡尔·马克思、詹姆斯·沃森、厄休拉·K.勒古恩、阿尔弗雷德·希区柯克、多丽丝·莱辛、辛西娅·奥齐克、鲍比·费舍尔、B.F.斯金纳、艾萨克·阿西莫夫、霍华德·休斯、埃兹拉·庞德、西奥多·卡钦斯基。

与主五翼四型人相比，健康状态下的主五翼六型人要更为外倾和专注于外部世界。他们尤其不喜欢内省，而喜欢观察和了解周围的世界。他们以一种非凡的明确性观察外部世界，把第五型人渴望主控权的冲动和第六型人寻求确定性的冲动结合在了一起。因此，主五翼六型人具有一种天赋，能从分离的事实中得出有意义的结论，并在这些结论的基础上作出预言。他们常常被技术性课题、工程学、科学、哲学以及发明和修理工作所吸引。第六型翼型给了这个亚类型的人更强的与他人合作的能力和持之以恒的坚持能力。他们对实际的生活事务更感兴趣，具有更强的渴望，也有充足的才能，所以主五翼六型人能把创新能力和商业意识结合在一起，时常能带来暴利。他们的注意力更多时候指向物，而不是指向人，虽然他们强烈地认同生命中的关键人物。他们对事物有深刻的感受，但在情感表达上却极为克制。我们在他们身上可以看到一种知性的快乐、一种积极向上的幽默感，以及其他吸引人的可爱特质。如果他人能通过考验、获得允许走得更近，就能发现他们对友谊和奉献有着深刻的理解。主五翼六型人还有一个可爱的特质就是渴望得到他人的接纳，尽管他们有时社交能力较弱，但其他人还是不由自主地会被他们的热忱所感染。

然而，一般状态下的主五翼六型人大都有人际关系方面的问题。第六型翼型给了他们出色的组织能力和可爱的个人特质，但也加剧了第五型人的焦虑感和恐惧感。他们似乎不知道该如何处理自己的情感问题，也不清楚该如何直接地表达它们。我们发现，他们对自己的情感和情绪需要反应迟钝，正如对他人的情感和情绪需要反应迟钝一样。他们不太清楚该如何与他人沟通。（他们是典型的书呆子，是不善交际的怪人。）一般状态下的主五翼六型人会极度专注、极端理论化，但也极其心不在焉。他们总体上只专于学术追求，完全生活在心智当中，全身心投入工作而置其他的一切于不顾。当出现人际冲突的时候，他们为回避解决问题，会更深地埋头于学术研究中，采用消极-攻击性的策略远离他人和问题，而不是直接地面对问题。他们反叛，喜好与人争辩且不需明确的理由，虽然有些事情可能触动了潜意识的情感联想。主五翼六型人十分固执地依附于自己的观点和理论（并且这些观点和理论可能是还原主义的），若是有人与他们的意见不合，就会采取对抗的态度，而具有主五翼四型人则会拒斥所有的意义（他们是虚无主义者），并以此动摇看起来有安全感的人的确定性。

不健康状态下的主五翼六型人多疑，有反恐惧症倾向，喜好争论，对他人常有过激反应。他们极端害怕一切形式的亲密关系，极缺乏稳定感，且有妄想症倾向。他们会潜意识地寻求解救，但又恐惧地拒斥、对抗救援者。我们在不健康状态下的第五型人身上看到的孤立和心理扭曲因第六型翼型的妄想症、自卑感和被迫害妄想而被强化。神经质的主五翼六型人最后变得极度恐惧，把危险投射到一切东西上，同时又消除了所有的社会互动。他们会突然对想象中的敌人发起攻击，其结果有时是致命的。最终有可能走向精神错乱和发疯。

结语

对第五型人做一个整体的回顾，我们可以看到许多互为两极的特质之间的斗争：思考与行动，对世界的迷恋与恐惧，对他人的认同与排斥，爱与恨，等等。

这种既被环境所吸引又自我放逐于环境之外的状态源于对父母爱憎并存的矛盾情结。但不幸的是，第五型人渐渐强迫性地采取自我防卫的方式，排斥环境中看似有威胁的事物——即在他们看来有危害和危险的事物——结果矫枉过正，连好的事物也一并弃绝了。最后，这个世上再也没有第五型人所能认同的事物，他们也不再相信任何真实或有价值的事物，其最终的结局便是虚无主义：不再有任何事物能让他们依附了。

像其他人格类型一样，在退化的过程中，第五型人逐渐陷入了神经症的漩涡中无法自拔，最后得到的正是他们最恐惧的结果——无助、无用和无能，具有讽刺意味的是，因为拒绝依附于任何东西，他们恰恰成了这样的人。他们不断强化对自己的思维过程的沉迷，而不是理性地寻求安全感与实际的力量，因此他们最后得到的恰是不安全与无能的感觉。

这是一个悲剧性的结局。如果第五型人身上有反常、阴暗甚至是恶魔般的一面，那就是他们为了保护自己，无情地排斥世界和他人。然后会怎样？只剩下对于黑暗的沉迷和可怕的吸引力。

第八章

第六型：忠诚者

第六型人简介

健康状态下：他们能够忠于他人、认同他人；坚定不移、满怀热忱、有爱心；重要的是，他们值得信任，能和他人打成一片、结成同盟。他们对自己发自内心信仰的个人和运动愿意奉献一切。共同体的建立者：有责任心、可靠、值得信赖；有远见卓识和强大组织能力；天生是解决问题的能手。他们勤奋、有恒心、为他人牺牲；能在自己的世界中营造稳定和安全，给世界带来合作精神。在最佳状态下：他们能够自我肯定，信赖自己和他人，独立但也能与他人互相依赖并且平等地互助合作；对自身的信赖使他们具有真正的勇气、正面的思想、领导力和丰富的自我表现能力。

一般状态下：他们把时间和精力投注到自己深信的安全稳定的东西上；有组织能力和建构能力，期待与人联合，期待有权威来保证安全和稳定；向他人作出许多承诺，希望能有所回报。他们一直保持着很强的警惕性，总是提前预期问题的出现；寻求明确的指导方针，只有在系统和工作程序确定后才觉得更加安全。他们会抵制别人对他们有更多要求，会以消极－攻击性的方式对他人的要求作出反应；优柔寡断、谨小慎微、因循守旧、模棱两可；强烈怀疑自我，同时也会猜疑他人的动机；极度敏感、焦虑、抱怨、发出矛盾的"混杂信号"；内心的混乱使他们的反应难以预料。作为对不安全感的补偿，他们会变得好战、卑鄙、尖酸刻薄、向他人发难；极端喜欢结党营私，防范心强，把人分成朋友和敌人，四处寻找有谁会威胁自己的安全；独裁、偏激、制造恐惧以压制自己心中的恐惧。

不健康状态下：他们变得依赖别人、自我贬抑，同时有强烈的自卑感，觉得自己很无助、无能，寻求更强大的权威或信仰来解决一切问题，唯命是从，有受虐倾向。他们觉得受到迫害，觉得他人总在"算计自己"；行为莽撞，没有理性，以非理性的方式表现出自己的恐惧、妄想、暴力。他们歇斯底里，逃避惩罚，有自我毁灭、自杀倾向；酗酒，吸毒过量，流落街头，有自暴自弃的行为。

关键动机：渴望获得安全感，渴望得到他人的支持和认可，总想证实他人对自己的态度，总想保护自己的信念。

典型人物：罗伯特·肯尼迪、马尔科姆·艾克斯、老乔治·布什、沃尔特·蒙代尔、汤姆·汉克斯、布鲁斯·斯普林斯汀、坎迪斯·伯根、格尔达·赖德娜、帕特里克·斯威兹、戴安娜王妃、朱莉娅·罗伯茨、菲尔·多纳休、杰·雷诺、约翰尼·卡森、黛安·基顿、伍迪·艾伦、安迪·鲁尼、杰西卡·兰格、玛丽莲·梦露、奥利弗·诺斯、J.埃德加·胡佛、理查德·尼克松、拉什·林堡、"乔治·科斯坦萨"、"阿奇·邦克"。

第六型人概览

第六型人充满着矛盾：他们在情感上相当依赖他人，却自认为很独立；很想得到他人的信任，也信赖他人，但又不断地想要考验他人以减轻自己的疑虑；很想得到权威的保护，却又害怕权威；很顺从但又会反抗；害怕攻击性，但有时自己也具有极强的攻击性；想要寻求安全感，却总是感到不安全；可爱迷人，却也可能刻薄可恨；他们信仰传统价值，但也可能颠覆这些价值；想要逃离惩罚，但又常会惹火烧身。第六型人之所以如此充满矛盾，是因为焦虑促使他们从一种心理状态跳跃到另一种心理状态。在回应焦虑感时，他们总是期待结构、信仰、同盟或权威前来帮助他们平息焦虑。

> 我们的教育体系教导我们要相信自身以外的东西：一个组织、一桩婚姻、一项交易，或是职业、宗教、政治、某件事，或者几乎可说是任何事，只要它能够提供一套规则让我们遵守，并且对顺从的行为加以奖赏。做一只家养动物总比做野生动物来得安全。(迈克尔·科达．权力．254.)

对第六型人而言，安全感就来自于坚如磐石的忠诚和对自身以外的权威的全身心的投入，他们相信这个权威可以带来稳定感和安全感。第六型人需要有一个比他们更强大、更有力的东西在指导自己，从而获得被保护的感觉和安全感。IBM可以是这样的权威，共和党或教会也可以是这样的权威，第六型人相信，这些组织的教条或教义是很重要的，但是，有人可以信任和信赖也同样是至关重要的。

在思维三元组中

第六型人是思维三元组中最基本的人格类型。他们最缺乏作决定的能力,并且难以自主,总是要征询或参照所信赖的人、组织或信仰体系的意见。从一定意义上说,第六型人很难相信自己的想法和能力,要知道一件事该怎么做,他们得参照别人而不是自己的想法。因而,虽然第六型人原本就认为某个思想体系似乎值得信赖,但还是会不停地去评价所有新观念,这些新观念不能与他们已信以为真的东西相冲突,不然就会改变他们已有的观念。他们总是在寻找某个东西——一套指导方针、一个权威——给自己提供生活方向,告诉自己能做什么、不能做什么,给自己更明确的指示,给自己划定范围——总而言之,他们总在寻找安全感。当然,所有9种人格类型的人或多或少地都会与权威有一定关系,也都需要一些生活指导原则和保证,但是,是支持权威、反抗权威还是害怕权威,第六型人似乎在这个方面的问题最多。

在9种人格类型中,第六型是困惑最多的类型,因为他们敏感,很容易从一种心理状态跳到另一种心理状态,而有时这两种心理状态实际是相互对立的。第六型人容易因为自己的情绪状态和态度如此反复无常而感到困惑和挫折:他们可能在此刻可爱而迷人,可下一瞬间就变得任性暴躁;他们这一刻具有决定力并且自信十足,可一会儿就又变得优柔寡断并自我怀疑。他们寻求对自己而言至为重要的人物的赞许,但拒绝地位低下的人。他们可能相当顺从,然后又公开地反抗,故意背离权威者的要求。由于第六型人是9种人格类型中最矛盾的,所以也是最难以了解的人。即使对最亲近他们的人而言,第六型人也总是谜一般地难解。大多数人对第六型人的评价是:"喜欢他们容易,但了解他们很难。"

了解第六型人的关键在于认识到他们的矛盾性:他们人格的两个极端在攻击倾向与依赖倾向之间摇摆不定。他们觉得自己既是强大的又是软弱的、既是依赖的又是独立的、既是消极的又是具有攻击性的、既是甜美的又是尖酸的。要想预知第六型人从一个时刻到另一个时刻的心理状态是很难的。在每一层级中,他们都显示出一种与此前描述过的和此后将描述的层级都截然不同的人格。

使情况变得更复杂的是,第六型人不仅对他人有矛盾情结,对自己也是如此。他们喜欢自己,却又自我贬抑,觉得自己差人一等。他们有信心,却又常感到无望和失败,好像没有别人的帮助自己就会一事无成。他们觉得自己胆小卑怯,但下一瞬间他们突然又变得怒不可遏并且攻击他人。依赖性与攻击性的双重冲动在第六型人身上共同起作用,以各种复杂的结合方式持续地交互作用着,因为第六型人的矛盾性反应不仅指向外在权威,也指向内在权威,即他们的超我。

只要有可能，第六型人就会努力避免处在焦虑、矛盾的状态，因此他们埋头工作，在生活中植入可以给他们稳定感和持续感的结构。只要他们了解了游戏规则，意识到生活中有人在支持他们，就能持之以恒地做下去，完成很多事。但这里也存在一个问题：第六型人要获得内心稳定感取决于外部环境的稳定，换言之，只要生活中的一切能有条不紊地进行下去，他们就觉得安全，就能处理事情，可一旦出现问题或不确定性，他们很快就会陷入混乱的迷雾，表现出强烈的情绪反应。（正是因此，许多第六型人会误以为自己是第四型。）他们的自我怀疑和猜疑就会出现，他们就会向后退回到矛盾和不稳定的状态。

因此，要想了解第六型人，就必须了解他们摇摆不定的个性。为了维持自我感觉，第六型人心灵的两面必须彼此交互作用。第六型人不能够偏废任何一面，例如，他们无法借由压抑依赖面而变得独立。不管怎么样，他们总是自我的两个方面的混合物。当他们处在健康状态下的时候，这两面还能并肩合作、相互支持，然而，一旦两面之间的紧张度提高，焦虑也随之升高，而这也就是引发他们多种问题的根源所在。

焦虑与不安全感的问题

思维三元组的所有3种人格类型都有焦虑问题，但第六型人作为基础类型，问题也最为严重。这种类型对焦虑的意识最为强烈，"焦虑本身就会引发焦虑"，而其他人格类型的人或者是根本意识不到自己的焦虑，或者在潜意识中把焦虑转化为其他症状。例如，第五型人通过与自己的经历保持距离来转化焦虑，第七型人通过持续的活动来压抑焦虑。相反，第六型人自知他们是焦虑的：有时能够抵制，有时只能屈服。

第六型人通常有两种不同的处理焦虑的方法：一种为恐惧症式的反应，一种为反恐惧症式的反应。更多恐惧症倾向的第六型人常常是通过某种依赖来应对自己的恐惧。他们对自己的焦虑有很清醒的意识，因此会立刻求助他人，尤其是向权威人士寻求支持。他们的自我怀疑很强烈，情绪也很脆弱，与第四型人颇为类似。有恐惧症倾向的第六型人相信保持低调就不会引起麻烦，尤其在他们认为可以得到安全感的情势中。当冲突发生时，他们常常会息事宁人，尽可能在既定的指导原则和程序范围内行动，不越雷池一步。有恐惧症倾向的第六型人最为恐惧的是他们所依靠的人抛弃他们。

那些更具反恐惧症倾向的第六型人更有可能质疑权威，甚或对抗权威。他们急匆匆地去与他人作对，常常比有恐惧症倾向的第六型人更爱猜疑。他们决心要独立，要抵制到他人那里寻求支持的想法。在这个方面，有反恐惧症倾向的第六型人可能与第八型人类似。他们总想通过行动来压抑自己的焦虑，处在一般状态下的时候，他们在质疑他人的时候反应会更为激烈也更具防御性。他们总想知道别人是站在哪一方，为了找出答案，甚至不惜以攻击性的方式激起他人的反应。具有反恐惧症倾向的第六型人最恐惧的是，他人会算计他们或胜过他们。当冲突出现时，他们可能极具对抗性甚至特别好斗。不过，在他们虚张声势之下——恰恰和有恐惧症倾向的第六型人一样——也是满心恐惧与焦虑，只不过他们的攻击性行为是对焦虑的一种反应而不是焦虑的直接表现。

重要的是要记住，没有一个第六型人具有彻底的恐惧症倾向或反恐惧症倾向。相反，其中的每个人都存在这些态度或反应模式的混合，只是他们可能会在不同的生活领域体现出来。例如，一个第六型人面对其配偶可能极具攻击性，而且具有反恐惧症倾向，但在工作单位却可能更具恐惧症倾向和依赖性；而另一个第六型人情形也许正好相反。究竟哪一种倾向占据优势，这要看童年时期的状况。在有些情形中，他们接受的基本教诲是"把你的右脸也转过去"，就是说要顺从，服从，离暴力之徒和敌手远一点。而另一些孩子所接受的教诲可能是要强硬，不要让任何人欺负，要奋起反抗暴徒和敌人。在这两种情形中，第六型人和其他类型的人一样，都会把这些教诲与经验带进成年时期，但与其他类型的人相比，第六型人对恐惧和潜在危险的反应是更为核心的问题。一般来说，处在某些发展层级的第六型人更多地表现出恐惧症式的反应，而处在另一些发展层级的人则更多地表现出反恐惧症式的反应。事实上，这两种反应在各个发展层级间似乎是交替的，对此我们会在以下的章节中加以探讨。

所有第六型人在自我保护方面都有着特别的警觉性，因为只有这样，他们才能预想出环境中的问题，尤其是出在他人身上的问题。他们总想提问，特别关注细节和问题，想知道别人是站在哪一边，最后，总会出现一点妄想症倾向——所有这些都不过是为了保护自己免受实际或想象中的危险的伤害。

结果，第六型人学会了根据环境的变化生活在一种持续交替的状态中。由于恐惧，他们训练出了一种能力，观察周围的人与环境，这样他们就能预见事件并由此提前采取保护措施。具有讽刺意味的是，第六型人必须在心里装着"危险"，这样才能感觉到安全：他们越是妄想，就越要让自己得到完全的保护。

第六型人的焦虑从根本上说是一种持久的得不到支持的感受。最根本的是，第六型人甚至怀疑自己是否能够支持自己。他们不信任自己的能力，比如自己是否知道该做什么，尤其是当他们的决定会影响到自己的安全感的时候。至少他们会在心里不停地揣测自己，决定已经作出了，可很快就担心自己作了错误的选择。由于对自己极不自信，第六型人总想从自身之外寻找支持和信心：也许是配偶，也许是工作，也许是值得信任的好友，当然还可以是军队、宗教或信仰、治疗师、精神实践、精神导师……形形色色，随各人的生活状况而定。

因此，第六型人必须持续监测自己的支持系统，以确信它们是稳定安全的。他们为事情该如何进行下去担忧，为自己的投资担忧，也为可能的法律问题担忧——实际上，任何事情都可能破坏他们的世界的安全。第六型人必须和同盟者、支持者站在同一条战线，以确信自己仍"在队伍里"。一般状态下的第六型人常常不知道别人会如何看待自己：他们想要别人喜欢自己，但又时常怀疑对方是否如此。于是，他们考验他人，想看看他人对自己的态度究竟怎样，他们不停地寻找他人认可或不认可自己的证据。如果一般状态下的第六型人退化到神经质的状态，他们就会极端猜疑别人，成为妄想狂，成为焦虑的奴隶，整天忧心忡忡。他们严重缺乏安全感，甚至无法正常生活。

第六型人对应着荣格的内倾情感型。虽然属于思维三元组，但第六型人相当情绪化，因为他们的情感容易受到焦虑的影响。遗憾的是，荣格对这一人格类型的描述并不是十分清晰。也许是为了解释他在描述这一类型时遇到的困难，荣格说：

> 对于内倾情感型的这种状态，我们很难给出一个学理性的解释或近似的描述，但当一个人了解这种状态之后，他将发现这种情感的特殊气质是相当容易观察到的。（卡尔·荣格. 心理类型. 387.）

正如我们刚刚已经看到的，要简单地用几句话来描述第六型是十分困难的，因为第六型人的心灵状态是不断变化的。如果我们把第六型人视为"双性倾向"的人，即内倾情感型与外倾情感型的混合体，可能会有所帮助。这也就是为什么他们在对自己的行为作出反应时——尤其是在出现焦虑的时候——会表现出完全相反的补偿行为。然后他们又会对这一新的状态作出反应，接着又对下一个状态作出反应，如此一直循环下去。例如，第六型人可能挚爱着某人，但是又害怕自己会被对方占上风或被抛弃，于是开始怀疑自己挚爱的那个人。但是，这种怀疑又会引起他们内心的焦虑，于是他们开始寻求种种证据，以证明彼此的关系没有问题。一旦从对方那里得到了确信，他们就会怀疑自己是不是还不够讨人喜欢，于是变得更具防卫性，补偿过度，表现出完全不需要他人的样子，并如此不断继续下去。如果你在生活中接触到这样一个充满矛盾同时又令人捉摸不定的人，那他极有可能就是第六型人。

还有一点很重要，当第六型人处于某种情绪状态中时，即使对最亲密的朋友，他们也不会直接表露情绪——例如，像第二型人那样。同样，第六型人极少情绪化，他们相当清楚自己应如何感受世界。他们知道自己爱的是谁、讨厌的又是谁。但他们很少会带着"有色眼镜"看待他人和世界。大多数健康状态和一般状态下的第六型不能确定自己对事物的想法，尤其不能确定什么时候应当做什么。由于这种不确定性，他们很害怕自己采取错误的行为或发出错误的信息。他们因为对应当做什么充满矛盾的想法而六神无主，可同时，他们也想弄清楚生活中的他人真正想要的是什么。结果，对自己和他人的这种矛盾情感使他们总是传达出含混的信息。或者换一种方式说，第六型人对自己的情感——尤其是焦虑——有一种相反的反应，所以他们所表达的可能是情感的反弹而不是情感本身。除非是处在非常健康状态下的第六型人，否则他人很难真正确知他们心中的感受和想法。

这就是为什么实现独立和情绪稳定，尤其是从焦虑中解放出来，对第六型人而言是如此重要。如果太过屈从，他们的自尊心就会受到伤害，他们会觉得低人一等，是个受人摆布的傀儡。但另一方面，如果在寻求独立时表现得太具攻击性，他们又会担心与为自己提供安全感的人疏离，甚至可能会得到可怕的惩罚。第六型人所面临的挑战就是要找到一个方法来维持其人格的两面，逐渐降低互相冲突面之间的紧张度，直到它们形成一个互融的整体：这时候他们便是健康的个体了。

父母取向

作为其成长时期的经历的结果，第六型人与他们的保护者之间有一种关联。在儿童早期的发展环境中，这个保护者的角色应当是一个能提供指导原则、组织、有时还有纪律的成年人，这个人一般占据着家庭中传统的父权位置。在大多数情况下，充当保护者的是父亲或类似于父亲的人物，如祖父或老师，但在许多情形中，母亲或哥哥姐姐实际上也可能扮演保护者的角色。还是孩子的时候，第六型人就想通过得到保护者的认可获得安全感，如果没有得到保护者的认可，他们就会觉得焦虑。随着渐渐长大成人，他们与保护者的关联转向认同保护者的替代者，比如他们可从中获得安全感的政府权威或信仰体系。

从深度心理学的角度说，保护者的角色有助于孩子与母亲分离，由此孩子才能独立发挥功能。第六型人潜意识地想要寻找某个人或组织来帮助自己变得更加独立。具有讽刺意味的是，第六型人越是不自信，他们在寻求独立的过程中对他人或组织的依赖性就越强。

由于与保护者角色的关联，第六型人会强有力地内化他们与那个人的关系，不论那个人是爱他们、支持他们的，还是难相处的、具有破坏性的。在后来的生活中，他们与支配其童年岁月的那个人的关系会继续维持下去。如果第六型人在孩童时期觉得保护者角色是慈爱的，是向导和勇气的可靠源泉，那么成年后他们就会继续从他人那里寻找相似的指导和支持，这个他人可以是他们的配偶，也可以是他们的工作，还可以是他们的治疗师或者密友。他们会尽最大努力取悦这些人或群体，尽职尽责地按照既定的原则和指导方针做事。在这种情形下，如果他人或情势辜负了他们的信任或无法达成他们对支持的期待，第六型人还是会觉得极端失望和被人出卖。

另一方面，如果第六型人认为他们的保护者角色是暴虐的、不公正的和具有操控性的，他们就会将自身与权威的这种关系内化，觉得总是无法与他们认为强于自己的那些人相处。他们就会对生活充满恐惧，担心自己会"遭殃"，会受到不公正的处罚，并采取防御措施，对保护者持反抗的态度，因为他们已经把残暴的保护者角色投射到了自己的许多关系中。在极端不良的童年环境中长大的第六型人有可能受到其保护者角色的贬抑或虐待，以致最终走向自我毁灭，浪费生命，因为他们潜意识地活出了保护者角色给他们描画的负面形象。

而且，正如第三型人为了更讨养育者的欢心而不断作出改变一样，第六型人也热衷于寻求保护者的支持。他们认为，如果能得到足够的支持，他们就能变得独立。这是因为第六型人觉得他们与自身的内在指导、与满怀信心地在世界上前行脱离了联系。对于这种独立性，他们可能会通过恐惧症式的、依赖性的生活方式直接表现出来，也可能以反恐惧症式的、武断的行为反向表现出来。不管哪一种方式，第六型人都没能真正体认自己的内心能力和力量，他们必须不断地向外界寻求确信、支持以及他们能够成功地进入生活的证据。然而，随着第六型人逐渐退化，他们对同盟者和权威的依赖以及对自己歇斯底里式的反应都会日益增强，直到他们真的毁了自己的安全感。

由于第六型人被教导不要相信自己的内心指导，所以他们在内心中不断质疑自己的行为，想要看看自己究竟能不能满足已被内化的保护者角色的标准——即超我的标准。和第一型人一样，第六型人常常想要描画出"正确"的行动过程，为此他们总要思考其各种各样的导师、同盟者、权威人物会如何回应他们的选择。如果要作一个重要的决定，他们在这个过程中就会好几天不得安宁，因为他们害怕与支持者疏离。这就像是第六型人必须在想象中定期召开董事会，以"检查"

他们所认同的各色人等。极具反恐惧症倾向的第六型人很可能会对他们认为不公正的权威大发雷霆，但他们太需要对方的支持网络，所以不想采取任何会危害到这个网络的行动。当然，极少有健康状态下的第六型人会因为自己歇斯底里式的反应和妄想而动摇其支持体系，即使这样做了，他们也会马上付出巨大努力重新建立与其他安全资源的关系。在所有的第六型人那里，通过他人的肯定和支持来定位自己的生活，是他们本性中最根深蒂固的一种方式。

健康状态下的第六型人

第一层级：勇敢的英雄

在最佳状态下，非常健康的第六型人学会了肯定自己。他们与自身的内在权威有一种和谐的关系，能信任自己，不会像一般状态下的第六型人那样不断地怀疑自我。因而他们为与他人以及——看似是自相矛盾的——自己形成平衡的关系确立了一个正面的基础。他们有安全感，受人欢迎，对自己也很放心。

自我肯定是内在的，是一个与内心力量、自我认识保持联系的过程。一旦这个联系建立起来，第六型人就能拥有一种心灵的澄澈，能确切地知道自己在什么时间需要做什么。进而，非常健康状态下的第六型人会从自身内部体验到一种坚韧与刚毅，可以帮助他们完成生活中需要完成的一切。健康状态下的第六型人的自我肯定是一种真正有根基的特质，这根基就在于生命，在于一种只能从一个人的内心最深处发出的支持。这与攻击性反应绝不是一回事。非常健康状态下的第六型人的自我肯定源自对自己的内在能力和价值的一种认识，并且这一认识根本不需以他人为参照。他们的自我肯定标志着一种转移，即从在自身以外尤其在权威人物那里寻找保护和安全感转移到在自身内部、在生命中发现持久的信念，这个信念不是一种信仰，而是一种深刻的内心感受、一种生活经验。非常健康状态下的第六型人不是反应过激的那种人，而是十分成熟的。他们相信世界不会分解，相信自己能够处理生活中发生的一切。他们专一于自己的存在，结果，他们甚至能够平静、果断、沉着地面对重大的危机。

健康状态下的第六型人能给予他人信心和勇气，因为他们的思维是正面的，他们的信念来自于内心。他们的行为举止传达出一种沉着、一种果敢、一种为更大的善而不倦努力的意志力。他们的内心有一种不屈不挠的勇气。因而，非常健康状态下的第六型人敢于面对巨大危险，为他人的利益奋斗，或对非正义的行为仗义执言。（在这个方面，他们与健康状态下的第八型人和第一型人颇为类似。）他们在面对挑战的时候也很灵活，能和他人通力合作，也能很自如地独自解决难题。

在人际关系方面，非常健康状态下的第六型人达到了一种动态的相互依靠、一种真正的相互依存，这对各方来说都是最好不过的事。没有人在这一关系中居于支配地位，也没有人在其中低人一等。健康状态下的第六型人支持他人，而自己也受他人支持；关爱他人，而自己也被关爱；既能独自工作，也能和他人一起合作。他们是真正可以合作的、平等的伙伴，可以毫无顾忌地和他人互动。他们拥有真正的安全感，因为他们相信自己，故而也能相信值得他们信任的人。

他们可以自由地表达出内心最深处的情感，因为他们已经汲取了内在的勇气之源——充分相信自己。他们不再对情境或自己的情感作出内省式的反应，因而不论是在私下还是在工作中，都能够有力地表达自己的感受。如果有天分并得到培养，他们会成为出色的艺术家或杰出的领导者，因为他们能够维护自己、滋养自己的心灵。非常健康状态下的第六型人是特别强有力的领导者，因为他们知道如果某人感到不安全是什么样子，知道如何发现别人需要帮助，就能帮助别人创造真正的安全感。对第六型人来说，成为有勇气的人是一种很高的成就，这就是我们只能在他们最健康的状态下才看得到勇气的原因。非常健康状态下的第六型人的勇气特别值得赞赏，因为它所赢得的不只是对抗外部困难的胜利，而且还有对抗长期的内心怀疑的胜利。（"唯一的安全感就是勇气。"——拉·罗什福科）

焦虑是人类必有的现象，因此即使是非常健康状态下的第六型人也应当记住一点，即连他们也不可能完全摆脱焦虑。当然，整合情况越好的第六型人，焦虑就越少，但也要明白，不能指望一劳永逸地完全摆脱焦虑的纠缠。人类没法保证自己不受到疾病、意外等的侵害，也无法避免命运的任何灾祸，因此健康而自我肯定的第六型人并不指望绝对的安全，因为这是一个不可能实现的目标，相反，他们学会了利用人类生活进程中必然伴随的焦虑来达到更高目标。

第二层级：迷人的朋友

即使是处在相对健康状态下的第六型人，也不能一直做到自我肯定，也无法完全做到与他人和平相处。由于这样或那样的原因，他们害怕被抛弃、被孤立。他们已经失去了与自己内在支持力量的联系，认为自己缺乏维系生存勇气的内在源泉，于是他们觉得需要他人的支持，他们的幸福有赖于维持安全的人际关系和结构，以增强安全感。

简单地说，第六型人开始寻找可以信赖的人或事，因为他们逐渐失去了自信心。当他们处在第二层级的时候,这一点表现得还不是很明显,但已经与第一层级的自我肯定在方向上有了明显的改变。他们开始审视周围的环境,力图发现可能的同盟和支持者,或寻找可以提高安全感与自信心的东西。于是他们投身到世界中,寻找能够与他人建立联系或介入某些计划的方法。为此,健康状态下的第六型人发展了在情绪上感染他人的能力。

健康状态下的第六型人拥有一种迷人的个人魅力,能够在无意间吸引别人。但有时候,我们很难确切指出是什么因素产生了这种吸引力,或者说健康状态下的第六型人何以能如此自如地吸引别人。不管怎么样,健康状态下的第六型人知道如何引起他人强烈的情感反应、左右他人的情绪。他们有一种让他人作出回应的能力,尽管他们自己通常意识不到这一点。

第六型人能够吸引他人,是因为他们对他人有一种真正的好奇心,因为他们想要发现对双方都有利的联系,这就好像第六型人自己在默默地问:"我们可以做朋友吗?我们可以一起共事吗?"他人觉得他们的友善是真心的,于是就作出了正面的回应。第六型人有一种热忱的、令人愉快的特质,可以刺激双方的关系。可即便如此,他们的吸引力并不总是很容易辨别,这恰恰是因为它十分微妙——可能只是眼神的交会、灿烂的微笑或潜意识的肢体暗示——也不一定要以谄媚的方式公开引诱或讨人欢心。

我们若要更好地理解他们的迷人特质,可以观察一下孩子身上表现出来的相同特质:信任、期待与爱,孩子向父母展现出的这些特质正是健康状态下的第六型人吸引他人的特质。他们能够向他人传达非言语的信息:"这里没有什么可害怕的。"他们极其富有智慧、喜欢开玩笑甚至装傻,有一种孩子似的淘气;他们也具有一种滑稽的、自嘲的幽默感,可以逗那些他们想与之建立关系的人开心。爱开玩笑的天性是第六型人表达爱的信号,是他们取信于人、与之走得更近的一个信号。

除了这些天生的亲切感以外,健康状态下的第六型人还是自信和值得信赖的。其实,他们把兑现承诺和及时、持之以恒地帮助他人视为自己的责任。(在这方面,人们容易误认为他们是健康状态下的第一型人。)他们想尽最大努力做一个值得他人信赖的人,总是让人感受到坚定和有判断力。他们身上有一种坚定、顽强的特质,而这正是思维三元组的另两个类型即第五型和第七型的人在健康状态下所不具备的。在寻求支持的时候,健康状态下的第六型人会明确表示,他们将给予他人坚定不移的支持。

与这种顽强和可靠联系在一起,第六型人还具有一种能力,就是能在潜在的威胁和问题变得不可收拾之前察觉到它们的存在。他们对安全感的渴望使他们对可能的危害和威胁具有一种敏感，从而发展出了一种敏锐的警觉性，一眼就能看出环境中可能存在的问题，并立即采取措施确保周围每个人的安全。这一才能对健康状态下的第六型人和他们身边的每个人都很有帮助，因为世界中有许多危险和困难是我们必须预先知晓的。

自然，第六型人想要和他人建立关系的愿望对双方都是有利无害的，是双方都乐意的。而他人也会对他们的友好、信任和支持作出相应的回应，且更多地是以行动而不是言辞，也就是说，他人也会报之以友好、信任和支持。进而，在与他人的亲密关系中，他们爱护和关切他人的特质会自发地流露出来，使双方都很高兴，都能得到情感上的回报。然而，要注意的是，想要吸引他人的欲望会自发地把他人置于优先位置，这在此后将会产生重要的结果。

第三层级：忠实的伙伴

一旦健康状态下的第六型人开始寻求安全感，并发现某些人、观念或情势似乎是可信赖的、安全的，他们就开始担心自己会失去与这些东西的联系，失去与自己的保护感和归属感的联系。为吸引他人而采取的行动至少会引发一个问题，即这种意图有可能遭到拒绝，或者双方的关系发展得不够理想。即便是对健康的第六型人而言，必须吸引他人这种想法也会引起一丝焦虑，这使他们不由自主地感觉到，通过向自身之外寻求安全感和他人的接纳，即使是出于好的意愿，也必定会产生某种不安全感。因此他们想要加固已经建立的友谊、同盟和安全结构，以确保自己的安全得到保障。为此他们要彻底投身于他人、工作和已经涉足的项目中。

为了这一目的，健康状态下的第六型人变得极端实际、极其负责任。他们把纪律引入到整个工作中，并坚持执行，同时也一丝不苟地关注细节和工艺。他们对工作引以为豪，对自己为投身其中的项目所作出的贡献感到十分光荣。他们极其有效地保持组织的运转，不论是大公司、小本生意抑或是家庭预算。他们是这样一种人：必须确保支票已经支付，确保有足够的钱纳税。他们节俭、勤奋、工作卖力，总想为公司或企业发挥自己的价值。通过这种方式，他们力求确保自己在世界上有一个位置，确保自己的工作可以带来相对的安全。

许多第六型人，尤其当他们有才能且受过教育，都善于分析和处理棘手的问题。他们的警觉性可以很好地转变成一种关注细节的能力、一种能指出并把握方向的能力。一般说来，第六型人喜欢组织内部的工作，因为在那里，一切已被明确规定好，不会有什么异议。在组织内部，他们觉得安全，工作起来有创造性和创新性，不管他们是计算机程序员、工程师、法律专家，还是注册会计师或音乐家。他们在工作中时常显示出极其娴熟的技能，这表明他们在所投身的项目中倾注了很多心血。正因如此，加上他们又如此讨人喜欢，所以，如果能充分展示才能，健康状态下的第六型人通常可以在职业方面崭露头角，不过，他们取得成功的过程有点像坚持不懈的乌龟打败更快、更灵巧的兔子。

健康状态下的第六型人也可以帮助自己创立的或加入的企业形成平等的精神和强烈的公共福利意识。他们尊重他人，能创造出合作的氛围，在那里，人人都觉得他们是合伙人或同事，而不是高高在上的管理者。他们明白自己的安全主要取决于其所在的共同体和工作单位的福利，因此他们与他人协力合作，以维持建制和结构的稳定，使共同体更加稳固健康。他们常常涉足地方政治事务，参加地方委员会，帮助改善城镇或公寓的居住环境。公共事务之所以能吸引许多第六型人，是因为这可以为他们施展自己的诸多正面价值提供机会。同样，第六型人常常对一定层面的政治感兴趣，虽然不常是在国家层面，但至少是在他们的职业或地方共同体的范围内。他们常常认为自己是为工作和环境服务的，总想做力所能及的事来保护和维持自己的利益与安全。

基于相同的原因，健康状态下的第六型人如果觉得周围有不妥当的地方或发现他人在自己所在的系统内滥用权力，就会提出质疑。他们会尽全力反对不公或告诉他人共同体或环境中存在的问题。然而，正如我们将看到的，如果处在一般状态下，第六型人在这些情况下就会失去自制力，以消极-攻击性的方式去对抗他们不喜欢的人与环境，或把自己真正变成破坏共同体稳定、散布恐怖的阴谋家。但在健康状态下的第六型人那里，对权威的质疑反映了他们对公众福利有着真正的兴趣，是正直和诚实的真正代表。

在个人层面，健康状态下的第六型人能够对已和自己形成特殊情感关系的人给出发自内心的承诺。他们为他人的福利付出心血，同时也希望得到对方同等的回报。这也就是为什么成为一个家庭的一分子对他们而言常常是很重要的，即使只是"朋友的家庭"。实际上，家庭是第六型人所寻求的情感支持与情绪稳定的象征。他们想要拥有能让自己依赖的人，想要自己能被人无条件地接受，并且有一个可以安身立命的地方。和家庭与朋友建立紧密的关系能使他们觉得自己并不孤独，对他人承诺能够减轻自己被抛弃的恐惧。

健康状态下的第六型人的一些美德在今天这个"以我为先""先顾自己"的社会中已经不再流行。然而，第六型人的优点——坚持、信赖、诚实、勤奋、为家庭和朋友奉献、为公众福利奉献——是如此明显，无需额外解释。

一般状态下的第六型人

第四层级：尽职尽责的忠诚者

一旦第六型人把自己奉献给某个人或者群体，他们就开始担心做任何事都会危害到人际关系的稳定。他们害怕"添乱"，害怕在某个方向做得太过，因为那样会危及自己的安全。他们觉得为了维持一种看似稳固、安定的生活方式，自己已经很努力了，他们担心周围的一切会出状况，因此想要进一步加固自己的"社会安全"体系，更努力地工作，以获得同行和权威的接纳与认可。

于是，一般状态下的第六型人甚至准备作出更大的奉献，承担更多的义务，他们坚持认为自己能够克服困难，把工作做下去。焦虑使他们把自己置于责任的重负之下，因为他们想要确保自己的位置是安全的，确保自己不会无处效力。他们想要"面面俱到"，所有的角度都要考虑、与左右上下对齐顾到，随时为未来可能出现的问题做好准备。童子军的格言"时刻准备着"对于第六型人十分合适。处在一般状态下的第六型人可能会调用各路工作资源，或利用空闲时间维修自己的房子、处理家庭财务。别人也许想知道，他们是否会怨恨工作负担和压力太重，不过第六型人似乎对履行自己的义务与责任很热心，每当压力减轻，就会给自己找更多的活干。

同样，一般状态下的第六型人会全身心地把他们自己、他们的资源和精力全部投入到能在未来继续支持他们的情势和建制中。基于这个原因，他们不再有兴趣涉足缺乏"正规记录"的工作、组织或建制，他们会小心翼翼地审查自己的博士学位证书、自己的治疗师和律师，一丝不苟地调查计划购买的汽车或房子的背景，想要知道如果自己今天出手，在可预见的未来情况会怎样。某些谨慎已经开始影响他们的思考并因此限制了他们的选择范围。

当他们处在第四层级的时候，在更健康的层级见到的那种自我肯定开始消失，一般状态下的第六型人更多地依附和认同特定的思想体系和信仰体系，以给自己提供答案或让自己更有信心。同时，他们开始怀疑自己的思想和观念。这个时候，第六型人开始寻求那些"似乎知道他们在说什么"的人的肯定，以说服自己相信那些观念是正确的。简单地说，对于他们相信的事，他们需要寻找一种肯定。

一般状态下的第六型人对重建信心的需要大多可看做是他们对自己的决断能力缺乏信任的一种表现。他们无法自己作出决定，而是越来越多地到文献、权威文本或规则与规定——反正是各种各样的"文件"——中去寻找先例和答案。（当一般状态下的第六型人成为领导者的时候，最有可能这么做，他们总是组成一个委员会，通过一致同意而不是自己独立作决定来管理。）即便在看过指导原则和规定之后，他们还是会私下猜疑，不知道自己有没有正确领会。他们把一切托付给朋友和权威，以确保自己的阐释"没有差错"。被第六型人视做权威的可以是任何人或任何事，从阐释部队纪律的军校教官到阐释教会规则的牧师，乃至阐释社会规则的法规本身，都可能是他们眼中的权威。第六型人觉得，如果理解了规则，就能避免可能受到的批评和处罚。在某些时候，他们也可能不遵循规则，但那恰恰是因为他们想知道这些规则究竟是什么，以及在做事之前究竟可借鉴多少。

这并不意味着一般状态下的第六型人在任何事上都不能作决定，而是说他们在作出重大决定的时候会面对更多的内在冲突和自我怀疑。职业选择、会直接影响家庭或工作稳定性的决定，这些都成为引发严重焦虑的源泉。当然，作出重大决定对谁都不是件轻松的事，但一般状态下的第六型人会因此陷入真正的情感矛盾，尤其当他们不断地对该做什么得出一个结论、接着又开始怀疑或否定这个结论的时候，其心结会越来越重。情况将会变得更为复杂，因为第六型人对别人代替他们作决定这一点感到愤怒，于是，每当要作重大决定的时候，他们必定要经历焦虑、磋商和怀疑的恶性循环。

然而，尽管难以作出决定，处于第四层级的第六型人也并不是意志薄弱的胆小鬼。至少从他们的角度说，他们是真正有信念的人，自己只是在按照应当受到尊重的合法条规办事，因为这些东西本身就具有权威性，是经受了时间考验的传统价值。因此，一般状态下的第六型人在做事前不会在意是不是得到了"允许"，也不在意要不要遵守规则和正式的程序。（其实，一般状态下的第六型人擅长让权威来给自己的工作制定规则和规定：从他们的角度看，有可遵循的法律或组织总是很方便的。）

因而，许多一般状态下的第六型人很高兴自己是传统主义者，是组织的一分子和团队的成员，他们是在大多数建制和官僚制度中占有一席地位的主要人格类型，是各种群体的砥柱。他们不会因为生活中有严密的组织结构而觉得压抑，反而会觉得自己因此变得更强大了。隶属于一个比自己更大的群体使他们觉得自己不再孤独，而是更强大、更安全了，这恰恰是因为他们是可以长久坚持下去的群体的一分子。（同学会、俱乐部、大企业、政党、大学、工会、宗教群体、朋友关系，这些都对他们有巨大的吸引力。）群体和建制所提供的安全感远大于任何个体成员的力量，群体还能完成单靠个体所不能完成的许多事。再有，密切的朋友关系（例如运动队中队友或办公室中女同事之间的那种"关系"）对一般状态下的第六型人也是很大的心理满足。然而，这会导致两个大的缺点：第一，一般状态下的第六型人做某事是因为他们觉得应当做，这种责任感开始套在他们身上，使他们时常觉得自己在做实际并不愿意做的事。

第二，认同一个群体、一种政治或宗教观念、一种传统或一个组织容易形成狭隘的世界观，把每一个人都划归为"我们"或"他们"。当然，知道哪些人与自己拥有相同的思想、价值观、宗教信仰、国家理念和政治理念，可以帮助自己简化并掌握这个世界，但是狭隘主义也会挑起人们之间不必要的分裂。即使是在自己的群体中，一般状态下的第六型人也会把找出哪些人对群体尽力、哪些人不尽力视为己任，当别人不像自己那么严肃地看待责任和义务时，他们就会感到不悦：如果别人不像自己一般忠诚和投入，那不仅会使他们愤怒，也会使他们感觉受到威胁。

一般状态下的第六型人对他们所认同的人的忠诚几乎没有限度。他们发现自己几乎不可能切断与对方的情感联系，哪怕他们想这么做。（"一朝是朋友，终生是朋友。"）如果第六型人付出的真心受到欺骗，他们的爱也许就会变为恨，但绝不会漠然无关。不管怎样，他们绝不会彻底地摆脱自己的情感依附，不论是对个人，还是对一支足球队、一个国家或一种宗教。他们的奉献精神会持续下去，因为他们的奉献不是无谓的选择，而是发自真心的认同，这种认同已成为他们自身的重要部分。因此，一般状态下的第六型人会放慢自己向某人或某事承诺的速度，因为他们意识到那需要投入巨大的心血。他们开始自问谁才真正值得效忠。

第五层级：矛盾的悲观主义者

如果过分地忠实于自己的责任和义务，第六型人就会担心无法应付肩上的压力和要求。然而，他们也害怕失去来自盟友和支持体系的安全感，所以不想与他们太过疏远。这给他们提出了一个大问题：如何才能减轻身上的压力和紧张，同时又不会让自己尽忠的那些人感到失望甚至愤怒呢？于是第六型人站在了一架独木桥上，一边是盟友和权威的期待，一边是抵御更多的要求加诸肩上。

终于，第六型人认识到他们不可能同等满足其所效忠的所有人。显然，就他们的需要而言，有些人和情况要比其他的人和情况更为关键，但是，当被迫决定谁应当"让路"的时候，难以决断就会令他们甚为痛苦。因此，他们想要弄清楚谁是真正站在自己一边的，谁是真正可靠的支持者。处在第五层级的第六型人总想考验他人（包括他们的盟友和权威人物），以便知道别人是如何看待他们的。他们为自己而焦虑，为他人而焦虑，有时会对他人作出防御性的反应，有时会抱怨，有时则是两种方式并存。

这种两难处境常常会升级，因为一般状态下的第六型人开始对自己的思想、情感和行为表现出激烈的反应。这实际上是第四层级的第六型人喜欢事后猜疑的行为的进一步强化，但是在此时，情感的力度更大也更反复无常了。一般状态下的第六型人总想保持冷静的头脑，如果事情一帆风顺，这基本上可以做到，可一旦出问题，其内心秩序就会立刻陷入混乱，并常常导致冲动性的反应。处在第六层级的第六型人似乎无法对自己的问题作出恰当的回应。他们也许会认为自己太过顺从，并开始猜测群体中的他人是怎么看待自己的；接着他们又断定维持自尊需要与他人为敌（包括权威），至少有时是这样。他们开始怀疑自己被人利用了，或者他人是否真的尊重自己。于是，他们变得越来越警惕多疑。如果说健康状态下的第六型人值得信赖、持之以恒，那么一般状态下的第六型人就渐渐地令人捉摸不定、难以预料了，有时他们只是耍一点小脾气，有时则会否认自己的责任，公开采取防御措施。

由于在自我和人际关系方面的这些对立的张力，一般状态下的第六型人在情感上变得极度矛盾。他们的内心交织着相互对立的两面，第六型人游移其间，有时顺从，有时显示出攻击性；有时感到被爱，有时不是；或者有时爱人，下一刻又不爱。由于知道自己对他人有相互矛盾的好恶情感，他们不由自主地认为别人对自己也是如此；由于他们对别人的态度转变很快，他们觉得别人也会那样对待自己。因此他们会有所警戒，并且变得捉摸不定。

健康状态下的第六型人心胸开阔，好奇心强，总在寻求各种方法和他人建立联系，但处在第五层级的第六型人觉得身上的责任造成了太重的负担，所以再也不愿接纳任何观念或知识。他们对新的观点或观念持怀疑态度，觉得自己已经尽了最大努力去理解已知的观点和方法。因而他们开始害怕改变并抵制改变，认为改变是对自身安全的潜在威胁，因为那需要在本已拥挤的心中再添加更多东西。他们的思维和观点因此变得更狭隘、更偏安一隅。他们日渐失去了清晰的推理能力，诉诸站不住脚的论断和肤浅的论证。

由于与内心的权威失去了联系，一般状态下的第六型人现在很难为自己做什么事，也很难自己作决定或是领导他人——即使有人请求他们这么做。他们也总是在绕圈子，无法下定决心，对自己以及自己真正想要什么都无法确定，完全惊慌失措、毫无主见。如果必须有所行动，他们会显得极端谨慎，作决定时也很胆怯，援引各种规则与先例来指引并保护自己。因此当必须完成某件事的时候，他们总是拖到最后一刻才开始行动，而这时候就得在高度压力下工作以完成职责。

也许是因为不确定和焦虑使得许多病人不得不去接受治疗，所以许多心理学家对这种情感矛盾进行了描述。

> 许多消极-攻击性的情感矛盾会不断闯入他们的日常生活，导致优柔寡断的性情、摇摆不定的态度、极端对立的行为与情绪，以及无法捉摸和难以预料的倾向。他们无法决定是该依从他人的愿望以获得舒适与安全，还是该转向自己追求的东西；是该顺从地依赖他人，还是要加以抗拒并且追求独立；是该主动地掌握世界，还是要坐下来消极地静待他人的领导。他们在各种对立的想法之间摇摆不定，就像寓言中那头布里丹的驴子，先是转向这一边，接着又转向另一边，永远定不下来究竟哪一边的草更好。（西奥多·米隆.人格障碍.244.）

虽然这种矛盾情结有助于第六型人逃避压力和行为责任，但也产生了许多情绪上的压力，使他们容易紧张、疲倦，就好像一只脚踩着油门，而另一只脚踩着刹车一般。每当感到紧张的时候，他们会不断地抱怨，性情变得消极、乖戾。一般状态下的第六型人的家人和朋友很清楚餐桌上的谈话不外乎是不断地抱怨生活和自认为带来了麻烦的人。他们严苛而暴躁，仿佛生活中的一切都很艰难、让人不愉快。他们常小题大做，在任何事情中都能找出问题，也都能找到理由辩解为什么某个想法没有起作用。尤其是，他们开始以酗酒和药物来缓解紧张。然而，过度使用这些东西来解决焦虑只会造成对它们的依赖，对权威和信仰体系的依赖无形中被对于其他东西的依赖所取代，这不仅是一种讽刺，结果也只会变得更糟。

处在第五层级的第六型人会变得极其难以相处，因为他们不愿明确地表达自己的意愿，同时又要他人担负起作决定的责任。结果没有人能从他们那里得到直接的答复：'是'或'不是'全都语义混淆。例如，他们说很想与某人聚餐，可从来不定下聚餐的日期。他们看似友善，其实自我防卫相当强，右手迎接对方，左手却推开对方。他们的犹疑不定使旁人只好什么事都冲在前面，而他们只是不断地作出出乎意料的反应，一会儿赞同别人的做法，一会儿又拒绝接受已经决定的事。如果发生了什么差错，他们会理直气壮地发出怨言，以表示这个差劲的决定不是自己的责任。

通过间接攻击他人，一般状态下的第六型人表现了其消极-攻击性中的攻击性的一面。例如，当他们生某人的气时，会故意不去接电话，让对方久候，还假装是"忘记"了这回事。一个具有消极-攻击性冲动的职员会故意"忘记"最后期限或丢掉材料而使老板受到损失。由于其消极-攻击性行为是间接的、隐秘的，所以第六型人可借此逃避责任。

间接的消极-攻击性行为也会表现在其人际关系中,即使在他们的幽默中,也会有几分刻薄、嘲讽的味道。消极-攻击性质的幽默借着说反话,能够间接地刺痛对方。("我当然尊敬您——以您应得的尊敬来对待您。")人们不知道他们的笑话中隐含着讽刺的意味,直到带有攻击性的下文出现后才恍然大悟。

第五层级是一般状态下的第六型人退化的转折点,他们第一次认识到他们对自己和他人的态度是复杂而矛盾的,于是他们开始怀疑他人和自己,无法确定自己对他人的忠诚度以及他人如何看待自己。他们不知道自己的想法和情感,也无法确定该做什么、不该做什么。总之,所有的怀疑和焦虑最后都渗入心中,一旦发作,他们就难得安宁。

第六层级:独裁的反叛者

一般状态下的第六型人很少尝试解决他们的怀疑和焦虑,而是会表现出过激的反应,转向另一种完全相反的行为。他们害怕自己的矛盾情感和犹豫不决会失去盟友和权威的支持,因此采取过度补偿的方式,变得过分热情、富有攻击性,以努力证明自己并不焦虑、没有犹豫不决和依赖。他们想要他人知道自己不能被"刺激",不能被人占了上风。事实上,他们的恐惧和焦虑已经到了紧要关头,因而想要"振作起来",想要通过粗野的暴力行为来控制自己的恐惧。为了向盟友和敌人证明自己的力量和价值,他们坚决地表现出自己矛盾的消极-攻击性情感中攻击性的一面,以压抑其消极的一面。

在第六层级,从根本上说,不论他们是属于恐惧症还是反恐惧症,第六型人的反恐惧症倾向都变得更为公开,为了控制越来越强的焦虑,他们会同所有看似可能引起自己焦虑的东西作斗争。在正常情况下,反恐惧症行为的确可以帮助人们控制恐惧,例如,害怕黑暗的孩子会故意走进漆黑的房间来克服恐惧。但是,处在第六层级的一般状态下的第六型人并不能适当地运用这种防御机制。其反恐惧症倾向使他们矫枉过正:他们对威胁到自己的东西怒不可遏,并大加责难。他们变得极具反叛性、极其好斗,用尽各种手段阻挠、妨碍他人,以证明自己不能受欺负。他们对自己满腹狐疑,绝望地固守着某一立场或位置,以让自己觉得自己很强大,驱散内心的自卑感。

这种矫枉过正的攻击性并不是真正有力量的表现,而是以在某些方面阻挠或孤立他人的办法来让自己觉得优越于他人的一种方式。可具有讽刺意味的是,害怕与他人失去联系、害怕失去支持的第六型人开始孤立他人、放弃他人的支持。

因此当处在第六层级的时候，第六型人就成了搞阴谋诡计、玩办公室政治的行家里手，总想震慑可能有损他们安全的潜在敌人或威胁。如果握有权力，他们就恰恰是连自己都憎恶的那种权威人物：独断专行、不公正、报复心强。他们是权威、严于律己的人、暴君的可笑翻版，大话、空话连篇，危险但又软弱——因此更为危险。他们并不是真的强大，而只是让人觉得很难相处，因为他们可怜而又卑劣。

我们已经看到，一般状态下的第六型人认同群体和自己所处的地位，然而处于第六层级的他们却成了极端的宗派主义者与独裁者，严格地将人划分为"支持我们"与"反对我们"的两个集团。每个人都被简单化为支持者或反对者、自己人或外人、朋友或敌人。他们的态度是"我的国家（我的权威、我的领导、我的信仰）不是对就是错"。如果信仰受到挑战，他们便会视为对自己生活方式的攻击。虽然焦虑仍是他们的基本问题，但在第六层级，对他人的非理性恐惧和仇恨才是这种焦虑的表现形式。

独裁的第六型人在捍卫他们认为可能带给自己安全的群体或个人时，会有很深的偏见，并且心思缜密，对外人总是回敬以精神上的攻击，认为他们可能是潜藏的敌人。由于惧怕陷入密谋，他们总是密谋陷害他人，竭尽全力用公众舆论去对抗被他们视为敌人的人，甚至对抗群体内部的成员，只要这个成员在他们看来不完全站在自己一边。但是，由于过度补偿的动力机制，第六型人常常讽刺性地背离自己的信仰。如此坚定地相信自由和民主的第六型人居然变成了狂热的偏执者和独裁者，热衷于否认普通公民的人权。如同有些基督徒对异教者的仇恨与其作为基督徒的信仰相抵触一样，这些宣扬法律与秩序的人到最后却以法律之名破坏了法律。

如果处在第六层级的第六型人身为领导者，情况就更危险了。不那么健康的第六型人会频繁出现政治错误，激起群体的恐惧和焦虑，并将这些情感表现出来，他们常常会因为某些问题责难他人，而从不采取实质性的、务实的解决措施。人们会因为他们表面的攻击性与不畏艰苦捍卫群体"传统价值"的决心而拥戴他们成为领导者。不幸的是，他们通常会成为煽动者，通过激发他人的不安全感来获取站在身后的无知群众的力量。这时，不安全感而非勇气将成为群体的原动力。

当处在第六层级的时候，第六型人很难为了某个东西而工作，相反，他们的热情是因为要反对他人或某个东西而被激发起来的。他们是典型的革命者，克敌之后发现自己对建立一个更公正的制度丝毫不感兴趣。其实，处在第六层级的第六型人需要靠敌人帮助自己释放焦虑。如果没有人可为他们的问题负责，他们对自己的负罪感和恐惧感就会升级——甚至可能达到令他们不堪忍受的地步。如果没有明确的敌人，过度补偿的第六型人就会创造出一个敌人，找一个替罪羊作为攻击的焦点。这个层级的第六型人的一个丑陋的方面，就是需要通过一个人或群体来释放被抑制的焦虑。他们通常会给替罪羊扣上一些卑劣的帽子，这样就可以使他们的攻击行为成为合理的，就可以采取任何能满足自己情感需要的手段来处置对方。这种情况在办公室政治中、在家庭内部、在两性（或性别取向）之间或在国家政治中常常出现。通常，不受欢迎的权威会成为替罪羊，因为这是引发第六型人所有问题的终极原因。有时候，比较弱势的和支持保障较少的人会成为攻击目标。值得寻味的是，他们所憎恨的对象一般是黑人、犹太人、同性恋者、外国人、"局外人"，等等。这些人通常具有一些第六型人惧怕却又是他们自身所具有的脆弱与不安全感等特质。如果某个人必须被边缘化，那一定不是第六型人。另外，他们的好战和偏执会在许多方面显示出来。很明显，许多第六型人本身是少数族群的成员，但处在第六层级的时候，他们也会找出一个人作为责罚和被边缘化的对象。

从第六型人的角度看，他们的攻击性是有道理的，因为他们觉得自己受到了"不公平待遇"。他们认为有权有势的人在剥削自己，甚至要毁灭自己。面对令人气馁、看似不可战胜的不平之事，他们觉得自己弱小无助。处在第六层级的第六型人相信他们的痛苦必定是有原因的，必定有某个人在毁坏他们的前程，他们决心保护自己免受威胁。一般状态下的第六型人很赞成影片《电视台风云》中的一句名言："我痛苦得都快疯了，我再也不要过这样的生活！"第六型人觉得有太多的问题让他们四面楚歌，自我怀疑让自己变得千疮百孔。他们厌恶过去、恐惧未来，不幸的是，处在第六层级的他们把焦虑全归罪于他人，不仅归罪于"外人"，而且归罪于与自己亲近的人：他们的家人、宠物、比他们更弱小的同事或同学——甚至在错误的时间、错误的地点恰好碰到的陌生人。

与其他类型的人一样，退化到第六层级或更低层级通常表明，在孩童时期的环境中存在着极为严重的机能失调因素。由于第六型人的问题关系着其与保护者角色之间的关联，所以年幼的第六型人可能认为其保护者的角色是不公正的、危险的。结果，成年的第六型人把这种关系投射到世界中，每到关键时刻就只看到威胁，只看到压倒一切的威吓。具有讽刺意味的是，由于更低层级的第六型人会借用这种不堪的早期关系在潜意识中界定自己，所以他们最终会运用许多同样的攻击性策略对付他人。这就像那样一种人，他们在童年时候因哭闹挨了打，长大以后，每当听到孩子哭闹，就会产生攻击性冲动，想要施以暴力。

很难说服那些在他们变得如此好战和独裁之前并不了解他们的人，相信他们现在或曾经能够成为一个讨人喜欢、十分可爱的人。他们现在是如此卑劣可鄙，毫无可爱可言，而且，由于他们独裁、好战的力量建立在心理转移基础之上，所以那种状态不可能长久。但不幸的是，因为他们的攻击性是真实存在的，所以有可能会持续很长一段时间，使他们可能会损害甚至危害到他人。如同处于第六层级的所有人格类型的情形一样，第六型人不幸地饱受痛苦的折磨，但更加不幸的是，他们的恐惧也给别人带来了痛苦。如果这种情况长时间持续下去，他们最终定会与同盟者疏远，给自己带来真正的敌人。一旦发生这种情形，他们的位置就真的要受到威胁、岌岌可危了。

不健康状态下的第六型人

第七层级：过度反应的依赖者

如果第六型人的行为太具攻击性，或者如果他们的挑衅与威胁行为太欠考虑，他们就开始担忧这是否已经危害到了自己的安全，破坏了自己和支持者、同盟者及权威的关系。进而，他们认识到，自己的言行有可能给自己树起强敌，招致严厉的惩罚。至少他们有足够的理由能预料到自己会被所依赖的每个人抛弃。虽然他们未必真的与支持者发生了冲突，却仍有所担忧。结果，他们受困于强烈的焦虑与不安，想重新寻回信心，确保无论自己曾经做过什么事，与同盟者和权威的关系仍能一如既往。（在看似顽固独裁的外表下面，他们其实是一个被吓破胆的、没有安全感的孩子。）

曾经顽固地虚张声势、甚至觉得自己不再需要他人支持的一般状态下的第六型人，现在突然转变了。他们一面是满脸眼泪和谄媚，另一面又厌恶自己不够坚定、不够强硬、不够独立、没有好好保护自己。他们自觉胆怯，因为他们在尝试攻击性行为后无法继续坚持，虽然他们在尽量尝试着坚持。

由于不断的自我责难和强烈的不安全感，第六型人开始变得不健康，那种不安全感强化了其自卑程度，让他们觉得自己毫无价值。我们在一般状态下的第六型人身上看到的犹疑不决和捉摸不定，在此明显地恶化了。不健康状态下的第六型人觉得自己很无能，不能胜任任何事情，随着焦虑越来越强，他们变得极端依赖同盟者或权威人物，如果原来的朋友和保护者已经抛弃了他们，他们会重新寻找一个人来依靠。

健康状态时奉献给他人的忠诚，现在退化成了依赖。不健康状态下的第六型人只为打发日子而寻求大量的放松：为自己作决定和采取建设性的行动已经完全不可能了。只要可能,他们就想依赖于一种抓得住的支持体系。他们严重依靠配偶、朋友,如果可能,还有家庭,整天等着有人前来指挥。他们惧怕犯错误,以免仅存的权威因为反感而离他们而去。最后,他们几乎不主动采取任何行动,以避免承担责任。("我只做你要我做的。""神父说这样就行了。""我的朋友也是这样做的。")但是,回避责任固然可以帮一般状态下的第六型人解除许多焦虑,但还是会危害到他们想要独立的愿望,因为他们越来越依赖别人来为他们作出重要的决定。

不健康状态下的第六型人觉得自己全无价值。他们牢骚满腹、抱怨、看轻自己,以致仅存的一点自信变得更加微弱,他们变成了向他人倾倒苦水的情感抽水马桶。周围的人开始觉得不安、焦虑,因为第六型人有一种不可思议的能力,能引起别人的焦虑及其他情感。他们那沮丧的样子让人不堪重负,实际是在逼别人真的弃他们而去。当然,这只会使不健康状态下的第六型人更加依赖于外界,用卡伦·霍尼的话说,更加"病态地依赖",也更加难以相处。

他们不断贬抑自己,发自内心地认为自己差人一等。("凡是喜欢我的人一定是自己也有什么缺陷。")借由这种自我贬抑,他们似乎是在说:"你必须喜欢我,因为我是无助的,而且失去你我将变得一无所有。"他们根本不相信自己,也无法相信别人会相信他们。如果有人鼓励他们,在他们的大脑中,那些正面的话会立刻大打折扣。他们所迫切寻求的并不是鼓舞士气的谈话——虽然那在当时会有一点点帮助——而是一个强有力的权威人物、一个"出色的"保护者答应保护他们的承诺。

同时,不健康状态下的第六型人对他人抱着猜疑态度,常常会对别人出自真心的善意行为感到困惑。在许多时候,处在这种不健康状态下的第六型人在小时候通常受过极其暴虐的保护者的虐待,所以对善待他们的人仍会以同样方式作出十分强烈的回应。别人的循循善诱、温柔或同情只会让他们觉得疏离、不习惯。尽管不健康状态下的第六型人可能在心里认识到,别人提供给他们的是善意的建议和帮助,可他们似乎没有办法相信真的会有人对他们好,而以消极-攻击性的行为推开那些想帮助他们重新站起来的人。

令人悲哀的是,不健康状态下的第六型人似乎对在过去带给他们痛苦的那同一种人特别痴迷。他们很迷恋"损友"——那些让他们变得更加依赖、激起他们的妄想或以别的方式引发其不安全感的人。第六型人对不那么讨人喜欢的"外人"常有一种错位的同志般的情谊,对这种人,他们时而怜悯,时而抱怨。他们也会寻找暴虐或冷漠的人,与他们建立一种罗曼蒂克的关系,这也是因为他们不相信世间有仁爱。还有一点有些不同寻常：他们这样做只会增强自己的焦虑。（"她究竟想从我这里得到什么？"）暴徒、瘾君子、歇斯底里者、无赖，他们至少应该明白这都是什么样的人吧！

在工作中，同事会在不经意间发现他们的焦虑与不安全感。他们的表演天分很差，因为他们太焦虑以致不能集中精神，常常因为莫名其妙的身心问题而旷工，一点点小病就能让他们在床上躺上个几天，或者因为醉酒而再歇个三五天。（以前酗酒的问题现在变得更严重了，因为不健康状态下的第六型人需要酒精或药物来降低焦虑和不安全感。）

抑郁也是第六型人的一个严重问题。他们极度焦虑，常因为恐惧和紧张而大发雷霆；不过，他们也害怕表达自己的感受，这两种情形都是因为他们害怕朋友会离开自己——因为他们可能会完全失控。然而，压抑自己的焦虑只会使他们越来越无精打采、抑郁、丧失能力。日复一日，随着不安全感与依赖感的日益严重，他们对未来的信心与期待日渐减弱，空耗了生命。抑郁的情感、愤怒和妄想日益增强。

如果这种情况持续下去，不健康的第六型人会感到更加无助、不安全，而实际上也正是如此。别人怀疑他们并不是真心地想要解决问题，因为"有问题""抱怨问题"也是有作用的，可帮他们重获信心。事实上，不健康状态下的第六型人这样拖延自己的问题是有利的，这样他人就会给予他们帮助和他们所渴望的安全感。如果没有人来这么做，或者说如果来这么做的人也像第六型人一样是不健康状态的，结局确实会很恐怖。

第八层级：妄想性的歇斯底里

此时，第六型人那种摇摆不定再度出现：不健康状态下的第六型人由自我贬抑转向反应过激和歇斯底里式的焦虑。在前一个阶段，他们焦虑是因为自我贬抑，觉得自己低人一等。而现在，除此之外，神经质的第六型人还被焦虑所驾驭，因为他们失去了控制焦虑的能力。当他们想到自己的时候，会变得失去理性、疯狂；想到他人的时候，则充满歇斯底里与妄想。

不安全感已经升级发展成一种漂浮不定的强烈焦虑，以致神经质的第六型人会非理性地对现实产生错误的知觉，把每件事都视为危机。神经质的第六型人潜意识地把自己的攻击性投射到他人身上，因此开始形成被迫害妄想。这标志着他们退化方向的又一次"转向"，因为神经质的第六型人不再认为自己的卑微感是最严重的问题，而是怀疑别人对自己有明显的敌意。换句话说，他们由害怕自己转向害怕别人。

从一定意义上说，随着第六型人从一般状态变为神经质状态，前一种状态下的恐惧开始以更强烈的形式上演。一般状态下的第六型人只是想要考验一下他人，以发现他人对自己的态度，而现在，神经质的第六型人肯定地得出了负面判断，确信他人对自己有恶意。如果老板态度稍微严厉些，他们就会非理性地反应过激，认为自己就要被解雇了。如果和房东稍有冲突，他们就以为对方要把自己扫地出门，甚至会雇打手对自己实施打击报复。他们觉得周围到处是针对自己的密谋者，觉得每个人都在迫害自己，尤其是那些权威人物，第六型人确信这些人会来惩罚自己的失败。事实上，神经质的第六型人对权威者的矛盾情结尤其严重：由于高度焦虑，他们比任何时候都更加需要权威者重新给自己以信心；但是由于被迫害妄想，他们又觉得权威者一定想要毁掉自己。

处在第八层级的第六型人对他们认为会打击、背叛或伤害自己的人怒不可遏。他们会勃然大怒，咬牙切齿，但因为焦虑太过强烈，他们意识不到自己正是现在这种可怕情感的源头，而是反过来把这种情感源头投射到他人身上，因为他们过度警觉的注意力一直集中在外部世界，每时每刻都在提防着危险的到来。他们认为自己仇恨的、破坏性的想法与情感实际都是他人对自己的态度，于是他们决心把自己从危机四伏的"敌意"中解救出来。他们的心灵变得像一个哨兵，必须24小时全天候戒备，防止入侵者进入，破坏仅存的一点安全感。

由于把自己的恐惧和攻击性投射到他人身上，结果，神经质的第六型人因为自己的发现而更加恐惧，似乎一切人、一切事都是危险的。有时纯粹的巧合也被视做确凿的事实，甚至一些最无辜的评论也会成为其被迫害妄想的证词。他们认为街上一个朝自己走过来的陌生人可能是要来逮捕自己的警察，或者是监视自己的间谍，要不然就是一个要对自己施以攻击的疯子。不幸的是，他们的妄想除了会加深自己的恐惧以外别无它用。曾经的单纯猜疑现在已退化成为真正的疯狂——妄想性精神错乱。

妄想性的被迫害妄想可能与补偿性的自大妄想交替出现，即觉得自己是被某个重要人物如上帝，或童年时期幻想的英雄的幽灵所监视，这样，神经质的第六型人就可以觉得自己不是一般的人。这些被迫害妄想还可以跟自夸的妄想混合在一起：联邦调查局一定会来绑架他们，因为只有他们了解核反应堆的装置。这些被迫害妄想也可能独自支配着他们的妄想性思维：确信电话被窃听，邮件被中央情报局拆读，食物被下毒，朋友正在密谋叛变。然而，更为严重的是，妄想性的第六型人认为自己比所有人都更务实，只有自己能看到事情的真相。

他们对敌人大加斥责，常常把自己其实从未见过的一些人或某一个群体视做假想敌，把他们描述成必须加以剿灭的怪物。第六型人总是有一种政治嗅觉，但此时，这种嗅觉变得很丑恶。他们已变成了一群很可怕的人：因为觉得自己被拒绝，因为害怕敌对集团会破坏自己仅存的一点安全感，所以他们团结起来进行密谋，唯一的目的就是攻击或削弱他人。如果不健康状态下的第六型人没有加入这个群体，或没有朋友支持他们这些极端的想法，他们常常就会觉得更加孤独，就会独自默默地去发展那些妄想的理念，等待机会回击想象中的那些压迫者。

重要的是要了解，神经质的第六型人的非理性恐惧是没有界限的，他们总在寻找害怕的理由。他们生活在恐惧的乌云下，绝对相信可怕的事将会降临到自己身上，哪怕是最微不足道的偶然事件也会被他们无限夸大。当然，想要说服他们是不可能的。在他们眼里，一切都像是世界末日，并且由于他们的的确确有严重的心理问题，所以他们对一切都有一种恐慌。如果问题和失败同时交织出现，他们一定无法应付。

此时的危险在于，不健康状态下的第六型人再也不能遏制自己的焦虑，他们会突然对同盟者或陌生人——他们把这些人看做是自己最恐惧的人的替代者——发起攻击，甚至会对他们认为要毁掉自己的某个英雄人物发起攻击。对自己伤害最小的一种形式大约就是歇斯底里的爆发或对配偶与同事的攻击，结果或者是关系疏远，或者是被开除。他们还会摔东西、喊叫，或对朋友、同事、亲友实施身体暴力，这些人也许曾让他们有过挫折感，但也许只是其恐惧的一个象征。然而，在最恶劣的情况下，第六型人的恐惧会表现为对他们所痴迷的政治人物或公众人物的袭击，或持枪在公共场所肆意攻击，再不就是结成暴力团伙、仇恨组织或犯罪团伙，集体精神错乱。

幸运的是，大多数第六型人的神经质不会发展到这种程度，他们中的许多人会得到足够的支持与帮助，使他们免于因恐惧的纠缠而作出不可挽回的破坏行为。但是，即使神经质的第六型人没有卷入暴力行为，其恐惧和妄想也还是会持续下去，如果这种状况变得不可忍受，他们就会为了逃避焦虑更进一步。

第九层级：自残的受虐狂

如果第六型人真的以过激的行动对恐惧作出过度反应，或者如果他们忍不住要把自己的恐惧和敌意投射到他人身上，他们就会为了引起他人的注意或为了与他人发生联系而自我毁灭性地堕落。由于不健康状态下的第六型人确信来自权威人物的惩罚不可避免，所以他们干脆自我惩罚，以抵消负罪感，逃避或至少减轻权威的惩罚。

这时他们就开始自残,这是另一种形式的颠倒。他们不再继续被焦虑所控制,不再让自己生活在可怕的始终将降临的恐惧中,而是寻求以自我惩罚的形式来减轻环境的威胁。他们自行堕落,自己把自己打败了。具有讽刺意味的是,正如他们曾经把他人当替罪羊施以迫害一样,现在他们以同样的仇恨和报复欲望把攻击冲动转向了自己。

神经质的第六型人引火自焚不是为了结束与权威人物的关系,而是为了重新建立一个保护者的形象。通过把失败加诸自身,他们至少可以免于被别人打败。此外,不管怎样,这种带给自己屈辱与痛苦的行为可以缓解他们的负罪感,减轻他们的自我责罚,使其不致走上自杀之途。因此从某些角度看,自我打击与自我贬损可以帮助他们脱离更可悲的命运。

但这样做并非任何时候都有效。处在第九层级、功能失调的第六型人根本没有理性,他们用以惩罚自己的方法最终只会导致严重的身心虚弱甚至死亡。他们可能会退出生活的角斗场,把自己贬谪为游民,让自己生活在贫民窟,这足以让自己的身心退化到没有回头路的地步。还有的第六型人会以酗酒和吸毒来惩罚自己,这样做无异于同死神调情。更有一些第六型人干脆走上了自杀之途,想以此更有效地达成自己的目的。

重要的一点是要明白,神经质的第六型人变成受虐狂,不是因为他们在这种自我折磨中可以得到快感,而是因为他们希望自己的苦难可以吸引一些人站在自己一边来拯救自己。受虐的痛苦目的在于寻求与他人结为一体,就好像是说:"因我的拙劣处罚我吧,然后你就可以再爱我。"

> 威廉·赖克认为,在受虐狂的行为背后,有一种想要激怒权威人物的渴望,但赖克不认为这是为了贿赂超我,或是为了实施可怕的惩罚。相反,他坚持认为,这种夸大式的激怒体现了对惩罚与焦虑的一种防御,因为它所引起的惩罚将会有所减轻,而且可以把被激怒的权威人物置于一种能使受虐者的责备变得合理的地位:"看你对我有多坏!"因此,在这种激怒的背后潜藏着对爱的极度失望,一种因害怕孤独而对爱有过多要求所导致的失望。(利兰·欣西,罗伯特·坎贝尔.精神病学辞典.452.)

即使神经质的第六型人成功地让别人惩罚了自己,他们还是会保留一定的主控权。因此,他们的自尊并不是绝对的零,他们已经得到了惩罚,并经由惩罚而重新确信，他们并没有被完全抛弃。他们仍与别人联系着，尽管这是一种会给自己带来痛苦的联系。对于神经质的第六型人而言，受到权威的惩罚仍意味着被人爱，说明还有人在关心自己。这让我们悲哀地想起那个被保护者殴打和虐待的孩子。那种关系十分恐怖，但所有的小孩还是宁可有一个恐怖的父亲也不愿被抛弃、被丢下无人看管。因而，受虐狂借由这个过程可以免除陷入被离弃或被抛弃的恐惧，获得一定程度的安全感。而当他们连这也失去了的时候，剩下所能做的就只能是结束自己的生命了。

第六型的发展机制

解离方向：朝向第三型

自第四层级开始，一般状态和不健康状态下的第六型人在压力下开始表现出一般状态和不健康状态下的第三型人的某些特征。一般状态下的第六型人被自我怀疑、社会不安全感和缺乏信心所折磨。当他们觉得特别没有把握的时候，就会像一般状态下的第三型人那样，通过他们认为他人所期待的方式来行动，以补偿自己的不安全感。第六型人决心要说服自己和他人相信自己是有价值的、优秀的、有能力的，这一点也和一般状态下的第三型人一样。

处在第四层级的第六型人把自己奉献给了同盟、环境或组织，认为这样就可以增强安全感。他们认为自己有义务满足他人的要求，作为回报，他们渴望得到他人的认可和支持。可越来越大的压力使他们向第三型发展，从而使他们进一步下定决心要拓展自己的事业，获得更大的认可，成为"领头羊"式的人物——所有这些都有助于抵御潜在的安全威胁。同样，他们知道自己的资源是有限的，周围只有这么多机会，所以他们变得极具好胜心，想要确保所渴望的声誉或地位。还有，由于他们认同的是同盟和可以带给自己安全感的那些体系，所以他们会用从这种认同中获得的尊严去支撑自我，并喜欢拿一种体系和别的体系比较。（"哈佛比耶鲁好。""我用的是 Mac 而不是 Windows。""我的达拉斯牛仔队再次赢得了超级碗！"）处在第四层级的第六型人开始给自己加上一堆责任，让自己埋头于工作，以压制内心的焦虑。当不安全感出现的时候，他们基本上和一般状态下的第三型人一样，以更加努力的工作来排遣。

到第五层级，第六型人觉得太多的义务已让自己不堪重负，所以对工作环境和同盟产生了一种矛盾情感。然而，和一般状态下的第三型人一样，第六型人还不想疏离身边的人，不想让别人知道自己不自信。因而，他们发挥魅力，变得更加"友善""专业"。和第三型人一样，作出这样的调整是因为害怕被离弃——第六型人相信这要比真心的回应更合适。为了赢过别人，他们只能迁就别人的期待，然后推测别人会作出怎样的回应。这种努力通常是不会成功的：第六型人不是第三型人，别人可以在他们友善、专业的举止之下读出勉强的意味。他们的正面态度和开心的表现似乎是装出来的，而不是真心实意的。当第六型人认识到他人会看穿自己为了显得自信、"亲和"而付出的努力时，会变得更加焦虑、更加自我怀疑。

在第六层级，第六型人的态度和行为更具挑衅色彩，更具攻击性。他们密切注视着他们认为不可小视的每一个人，但又会做过了头，去威吓他人。处在第六层级的第六型人向第三型的发展可看做是一种自大、专横。第六型人变得"自高自大"，过高地估计自己的能力、夸大自己的成就，以补偿自己越来越强的自卑感。他们抬高自己，抬高自己所依托的生意、事业和意识形态，把自己放在一个优越的位置上，同时贬低他们视为对手的人。他们坚持认为，别人一定会承认其才能或成就，而当这种赞美没有如期出现的时候，他们又会变得充满敌意。而且，和第六层级的第三型人一样，他们也会通过吹嘘自己的成功甚或性能力来巩固正在下滑的自尊心。同时，在第四层级看到的那种群体间较量现在已退化成敌意和攻击性。大家为了各自的足球队不惜大打出手，或是以各种手段去挫败对手的士气与政治观点。他们对彼此间的密切关系的骄傲变成了对优胜的狂热。

当处在第七层级的时候，第六型人害怕自己会因为做得太过头而损害支持的基础。他们害怕盟友或上司因为自己所做的坏事而让自己去干活。和不健康状态下的第三型人一样，处在第七层级的第六型人试图掩盖自己的错误，拒不承认自己与所引发的问题有关。通常，不健康状态下的第六型人会继续帮助他人，不论是私人的帮助还是工作上的帮助。（"我会为你摆平一切的。"）但是，他们的功能失调真的太严重了，不可能有太多精力，于是他们只好欺骗别人说自己已经做完了，而实际上根本就没有做。他们不一定是要恶意欺骗别人，这样做只是为了逃避惩罚或被抛弃。他们认为自己有能力将功补过，所以要去做自认为可以做好的事，反正只要能够安抚别人就可以了。尽管如此，可事实上不健康状态下的第六型人根本不值得信任，他们那样做只会让自己的焦虑越来越强、安全感越来越少。他们的伪装不过是压力和紧张的另一个源泉，结果他们越是想要努力地工作，恐慌就越大。

在第八层级，妄想的第六型人可能会陷入对他们自己和他人都有潜在危险和破坏性的活动和执念中。他们生活在持续的恐惧中，害怕强迫症式的仇恨和复仇计划会被他人揭穿。结果，他们变得极其狡猾、表里不一，就像不健康状态下的第三型人一样。他们是众所周知的"街区里安静的好人",在他们的妄想症因为一次可怕的偶然事故爆发出来以前,谁也不会注意到他们的存在。在不十分激烈的层面上,可能不会有任何预兆暗示出他们对工作或人际关系很不满,但突然,在某个早晨,他们可能会不做任何解释就消失不见了。他们的妄想症还会使他们为自己制造出一些虚假的身份,给新认识的人一种虚假印象,而实际上他们根本不是那个样子,这就好像他们害怕别人看到自己伪装之下的样子——这也是不健康状态下的第六型人能够获得安全感的最后一根救命稻草。

到了第九层级,第六型人通过自我惩罚来避免受到他人的惩罚,但在越来越大的压力下,他们可能表现出最低层级的第三型人的行为,其焦虑和愤怒会以变态的形式爆发出来。这时,向第三型发展的第六型人不再受虐式地把攻击性指向自身,相反,他们会把它指向他人,要看着他人受苦。在一般状态下的第六型人身上看到的独裁者的偏执和仇恨以更具攻击性和危险性的形式再次出现了。退化的第六型人为一劳永逸地克服自卑感而残暴地攻击他人。他们无情地伤害他人,尽管受害者并不是让他们受苦的真正元凶。

但是,处在第三型的第六型人基本上仍是第六型人,他们变态的暴力仅仅是自残的另一种形式,但却是应受到最严厉处罚的一种形式。如果他们触犯了法律,就无法得到回应、调和他们与别人的关系,相反,他们会被囚禁甚或被处决,这就是说,他们自己成了仇恨和报复的对象。

整合方向:朝向第九型

最简单地说,第六型人想要解决对自己和对他人的矛盾情感与焦虑。当他们走向第九型的时候,正可以解决这个问题。

处在第九型的第六型人情绪十分开朗,对他人有接纳心和同情心,他们的心胸会变得越来越开阔。经过整合的第六型人情绪稳定、平和、自持。他们完全克服了依赖倾向,成为独立自主、为人所信赖的人,并且正如我们在其各个发展层级中已经看到的,他们能够给他人提供支持和信心,而不是从他人那里寻求支持和信心。

事实上,转向第九型的第六型人和处在健康状态下的第六型人有很大的差别。朝向更好方向的革命性转变已经出现在整合中的第六型人身上:他们变得非常独立,然而矛盾的是,他们也和他人更加亲近,比以前的任何时候都亲近。

这一发展的出乎意料的收获之一就是:当这时候的第六型人不再刻意寻求权威或者自己所属组织的成员的保护时,却意外地得到了更多友谊。由于不再对人敏感，他们能与人形成稳定的关系。他人也会主动接近他们，因为他们健康、成熟、容易相处。我们在健康状态下的第六型人身上看到的那种风趣与幽默感并未消失，虽然此处又增添了第九型人的开朗、乐观和善良等特质——第六型人对这些特质并不完全了解，但现在他们全都拥有了。

最后，经过整合的第六型人不仅拥有安全感，并且有信任他人的能力，这些都是他们曾经缺乏的。而且，由于他们能够信任自己，因而最终也能够克服焦虑，真正踏实、自在地生活在世界上。

第六型的主要亚类型

具有第五型翼型的第六型人："防卫者"

第六型的人格特质和第五型的人格特质在某些方面是相互冲突的。第六型人一般是以同他人的关系为导向的，而第五型人一般是以远离他人为导向——这样才能避免受到任何人的影响。第六型人和第五型人都看重安全感，但第六型人为此而寻求与他人结成同盟，并致力于思想体系的安全，而第五型人倾向于远离他人，倾向于胡乱地修补甚或废除已建立的某种思想体系。这两种类型的倾向在具有第五型翼型的第六型人身上都存在，他们总把自己看做为"小人物"而战的人，而同时又会倒向某些体系、同盟和信仰，因为在这些东西当中通常包含有强大的权威要素。主六翼五型人看起来就像第一型人，因为他们严肃、自制，致力于特殊的道德、伦理和政治信念。和第八型人一样，他们也相当外向、富于热情，喜欢表达自己的信念，但却不像主六翼七型人那样关心自己的信念是否被人喜欢。这个亚类型的典型人物有：理查德·尼克松、罗伯特·肯尼迪、老乔治·布什、马尔科姆·艾克斯、罗伯特·雷福德、米歇尔·菲佛、黛安·基顿、杰西卡·兰格、布拉斯·斯普林斯汀、菲尔·多纳休、洛克·赫德森、葛培理、沃尔特·蒙代尔、亚历山大·黑格、鲍勃·多尔、约瑟夫·麦卡锡、J. 埃德加·胡佛、奥利弗·诺斯、梅尔·卡哈内、约翰·辛克利。

健康状态下的主六翼五型人结合了第六型人的组织能力、人际交往能力和第五型人的感知力、好奇心。他们有强烈的理性，这取决于第五型翼型在整个人格中所占的分量。健康状态下的他们常常有很好的技术天分，被视为解决实际难题的好手；他们善于与人沟通，受过良好的教育，是权威的评论者。他们对诸如医学、法律、工程学这些专业有浓厚的兴趣，总想掌握一种知识体系，但过于局限在某一领域已有的规则、规程范围内。他们常常会投身于政治事业与公共服务领域,对下层人有强烈的认同,是被他们视为处于劣势的群体或个人的代言人或保护者。主六翼五型人比主六翼七型人具有更强的专注力,虽然他们有时在所关心的东西上太过狭隘。他们通常是对环境尤其是人的敏锐的观察家,对他人会作出何种反应总是很有先见之明。他们的感知力不如主六翼七型人那样具有独创性,但由于第六型是基本类型,所以他们的洞察力不是知识分子具有的那一种,而是极其有能力、有学识的人具有的那一种。

我们在一般状态下的第六型人身上看到的焦虑在主六翼五型人身上远比在主六翼七型人身上体现得强烈。但主六翼五型人比主六翼七型人更为独立,不大可能向他人要求确信、建议或要求他人帮助解决问题。他们可能会有一两个良师益友或值得信赖的人,但在大多数时候,他们会"自行解决"问题和焦虑。他们工作十分努力,对所认同的体系或集体极为忠诚,但这会导致强烈的宗派立场和与对手的竞争意识。于是,主六翼五型人的情感表达总是会受到限制,通常是更为淡然、理智、悲观。第五型翼型也增添了一种保密和区隔化的倾向,这更加剧了一般状态下的第六型人的猜疑心理。随着不安全感升级,他们会认为世界是危险的,会变得更加敏感、更具攻击性,会打击他们认为将威胁到自身安全的人或将其当做替罪羊。他们把别人都看成是潜在的敌人,害怕别人会密谋毁灭自己。具有讽刺意味的是,他们也会以其人之道还治其人之身。

不健康状态下的主六翼五型人会越来越深地陷入妄想,强迫性地维护自己的安全,或是费尽心机去保护自己的地位。他们极度需要帮助,可能会滥用酒精和药物作为处理焦虑与妄想以及激励自己、消除卑微感的方法,第五型翼型带来的犬儒主义和虚无主义要素与不健康状态下的第六型人可怕的心理状态相结合,导致了越来越严重的孤独、绝望和反社会行为。强大的压力极可能导致愤怒和极具破坏力的行为的爆发,并伴以与现实的决裂。自我毁灭、把自己当替罪羊的行为引发的屈辱和处罚成为对负罪感的一种偿还,虽然其自我毁灭行为的程度和性质别人还不清楚——因为这并不是出自行为者的自觉自愿,而是无奈之举。另外,他们还有强烈的暴力倾向和性行为上的施虐-受虐倾向,谋杀和自杀也不是完全不可能的。

具有第七型翼型的第六型人:"搭档"

第六型的人格特质和第七型的人格特质可以相互强化,所以比起主六翼五型人来说,主六翼七型人明显要更为外倾、对享受快乐时光更感兴趣、更合群,且不那么专注于环境或自身。在这个亚类型中,主类型与翼型之间也有一种动态的张力关系。第六型人专一于奉献、责任，可以为了安全感而牺牲个人追求，而第七型人专一于经验、个人需要的满足和保持多样的可能性。（主六翼七型人有时有点像第二型人。）他们平易近人、乐善好施、对他人有强烈的认同。他们比主六翼五型人更热衷于被人喜欢和被接纳，可说起话来也更犹豫不定。第七型翼型为他们增添了好社交、好开玩笑、热情等特质，但第六型基本类型不大容易与这些特质保持平和，所以主六翼七型人常常会关注他人的反应，以确定自己的行为是否得体。这个亚类型的典型人物包括：杰·雷诺、汤姆·汉克斯、约翰尼·卡森、莎莉·菲尔德、坎迪斯·伯根、格尔达·赖德娜、戴安娜王妃、玛丽莲·梦露、朱莉娅·罗伯茨、米凯亚·巴瑞辛尼科夫、雷杰·杰克逊、帕特里克·斯威兹、汤姆·塞立克、泰德·肯尼迪、安迪·鲁尼、拉什·林堡、"弗雷德·默茨"、"阿奇·邦克"、《绿野仙踪》里"胆小的狮子"。

健康状态下的主六翼七型人不仅渴望被人接纳、对他人有安全感，而且渴望快乐，尤其是物质享受方面。他们兴趣广泛，常常有多种爱好或消遣方法。他们友善，好社交，对自己和生活不是那么一本正经、满脸严肃。他们中的许多人对表演艺术（演出、流行音乐）或其他职业都趣味盎然，只要这些可以让他们把自己热情的、好人缘的特质和职业技能（广告、市场营销、管理、法律等）结合在一起。他们喜欢自嘲，如果可能，会把自己的恐惧变成安慰、进一步加深与人的联络甚或增强自己幽默感的机会。健康状态下的主六翼七型人通常极为风趣，因为幽默感是他们借以处理生活与生活压力的最重要手段之一。他们总体上比另一个亚类型的人要更为外向。

一般状态下的主六翼七型人工作卖力、为人忠诚，但也开始出现拖拉、工作不主动的问题。他们比较多地依赖于他人重拾信心，在作出重大决定前总要找大量资料来参考。如果得到的建议相互冲突，他们就会比主六翼五型人更为犹豫不决。他们不知道如何才能很好地处理焦虑、紧张和压力，其反应常常是冲动、生气、发怒。他们的幽默感被用来嘲弄别人，他们的消极－攻击性倾向则被用来帮助自己摆脱令人不愉快的情况。渐渐地，主六翼七型人开始抱怨、烦躁，第七型人憧憬未来的倾向变成了幻想在一定情势中一切都可能出问题的倾向。同时，第七型翼型使得主六翼七型人喜欢以各种消遣和补偿措施来救助自己。暴饮暴食、暴殄天物、不事生产开始成为他们形象的一部分。他们不像主六翼五型人那样有坚定的政治立场，而是牢骚满腹，对自己喜欢的和不喜欢的都要唠叨一番。然而，由于他们害怕面对生活中令人不满的现状的真正源头，所以他们害怕失败、害怕失去重要的人际关系的焦虑常常会被置换到无助的"第三方"身上——这属于典型的"泄愤"综合征。

不健康状态下的主六翼七型人变得更加依赖他人，对内心深处的情感需要也从不伪装。他们对恶劣的工作环境可能已经不堪忍受，可同时又必须依赖他人、依赖成瘾物或二者兼有。自卑感加上逃避自身的渴望使他们在面对焦虑时束手无策，而随着焦虑越来越严重，他们的情绪会变得越来越反复无常。最后，他们在逃离摆脱焦虑的过程中，常常会陷入疯狂而不是妄想。他们会表现出潜意识中的恐惧，比另一个亚类型的人更容易陷入歇斯底里的过激反应，这使他们变得极其不可预料、冷酷无情。他们可能在极度依附于破坏性的人际关系与猛烈攻击支持者之间摇摆不定，也可能蓄意进行疯狂的攻击，因为焦虑——而不是攻击性——已经到了无法收拾的地步，最后，作为一种解脱，自杀也是有可能的。

结语

回顾第六型人退化的过程，我们可以看到是他们自己破坏了对安全感的渴望。不健康状态下的第六型人是自我否定者，他们是自己最大的敌人。如果他们持续那种受虐与自我打击的行为，神经质的第六型人终将逼走他们所依赖的所有人，他们将被抛弃，孑然一身，而这正是他们最害怕的。

与他人结成同盟的关系本身并没有错，然而对第六型人来说，关键在于他们必须了解盟友的性格，因为这些人对他们的影响实在太大了。对一个好人承诺能够帮助第六型人成就好的自我，对一个本身就有攻击性和不安全感的对象承诺自然只会对第六型人产生相当负面的影响。

第六型人害怕被抛弃，害怕孑然一身，因为若是生命中没有一个可以依靠的人，他们必定会受焦虑之苦。他人可能局限他们，使他们在焦虑和对焦虑的反应——即攻击性冲动——之间来回游移。然而，第六型人又需要靠某种心理张力来维持自我感觉。因此具有讽刺意味的是，第六型人与他人的互动既是为了控制焦虑，也是为了刺激焦虑。当然，焦虑是不愉快的经验，攻击性也是很危险的，因此第六型人会向外寻求援手，以拯救他们脱离这两种窘境，结果可能会出现恶性循环。因而，第六型人的心理陷入了不可调和的两难境地，除非他们能找到办法完全摆脱。他们必须明白，如果信赖自己，就不需要依附于他人并受其左右。而只有在认识到自身内部也存在权威时，他们才能真正地信赖自己。借着信赖内心的指导，他们才能找到一直在寻找的安全、支持和方向。

第九章

第七型：热情者

第七型人简介

健康状态下：他们反应能力极为敏锐、容易兴奋，对感性和经验性的东西充满热情；是最外倾的类型：可以立即对刺激作出反应，觉得世间的一切都生机勃勃；充满活力、活泼、亲切、自然而然、顺其本性、快乐。他们容易取得成就，能把许多不同的事做好，是有作为的全才、多面手。务实、有效率、通常都很多产、兴趣涉猎广泛。在最佳状态下：他们具有包容心，对自己所拥有的一切怀有感激之情和欣赏的态度，而且敬畏生命中的一切：为之狂喜，对精神性的东西、对生命中无限的善有一种亲近感。

一般状态下：他们兴趣广博、好奇心强、物质主义、有"世俗智慧"，是见闻广博的鉴赏家；能在新鲜的事物与经验中自得其乐，是精于世故的老手、鉴赏家、赶时髦的消费者，金钱、广博的爱好和最新的潮流对他们同等重要。他们好动、不能对自己说"不"、不愿否定自己；心性不定、做事说话随心所欲；唠叨、夸大其词、喜欢说俏皮话、善表演；害怕枯燥的生活，所以要让自己永远处在运动状态，但做的事太多——所以都是浅尝辄止。他们过着高消费的生活，过度放纵；以自我为中心、贪婪、不知足；不断地要求和攫取，却总是不满意、粗鲁无礼；痴迷、顽固、感觉迟钝。

不健康状态下：他们为满足自己的需要不惜侵犯、虐待他人，好冲动、幼稚：不知道什么时候该停止。吸毒和纵欲逐渐侵蚀了他们的身体，使他们成为堕落、下流、沉迷于酒色的逃避主义者。他们逃离自我，行为冲动，不善处理焦虑和挫折：失去控制，心情飘忽不定，行为随心所欲（疯狂）。最后，他们的能量和健康完全耗尽：幽闭恐惧、惊慌失措；常常抛离自我和生活；极度抑郁、绝望、自我毁灭、冲动性自杀。

关键动机：渴望快乐和满足，渴望阅历丰富，想要多样化的选择，享受生活的乐趣，自娱自乐，想要逃避焦虑。

典型人物：约翰·肯尼迪、伦纳德·伯恩斯坦、史蒂文·斯皮尔伯格、马尔康姆·福布斯、玛丽安娜·威廉姆森、伊丽莎白·泰勒、莫扎特、阿图尔·鲁宾斯坦、费德里克·费里尼、理查德·费曼、蒂莫西·利里、罗宾·威廉姆斯、金·凯瑞、贝特·迈德尔、艾尔顿·约翰、丽莎·明尼里、布鲁斯·威利斯、杰克·尼科尔森、琼·柯琳斯、诺埃尔·考沃德、拉里·金、琼·里弗斯、里吉斯·菲尔宾、苏珊·卢琪、杰拉尔多·瑞弗拉、霍华德·斯特恩、李伯拉斯、约翰·贝鲁西、《谁害怕弗吉尼亚·伍尔夫》中的"玛莎"和《欢乐梅姑》中的梅姑。

第七型人概览

为什么连花样繁多的享乐主义生活也无法让自身感到满意，要理解这一点并不十分困难，因为它有一个终极的敌人，即厌倦是无可避免的……若生命只是奉献给各种享乐和有趣的经验，那将是空虚的。那不是精神的生活，而是让精神湮灭在繁多的消遣中的生活……我们只要想一想，就能知道那些在标本式的生活中享受着甜蜜的消遣的人除了不再做自己以外，大概没有根本的方法让自己过得更好。我们知道，那些把自己投入自我放纵的生活的人终将被空虚、孤独、自我憎恨和怀旧所毁灭。尽管如此，大部分人仍不愿有所改变。尽管所有人都知道这一点，但还是勉强自己去钻营过上这种生活的机会。为什么会这样？因为我们说服自己相信，我们在享受快乐时会有所节制。我们会约束自己……肤浅的消遣生活就像为小孩子准备好许多美味食物的餐桌，确实有巨大的吸引力。然而我们知道，在小孩子的餐桌上之所以如此，是因为小孩子不特别清楚自己的饮食习惯，而我们之所以迷恋消遣的生活，原因也是如此……自我放纵的人喜欢说："我的一切都指向享乐，拥有快乐越多，我也就越伟大。"其实，没有人真心相信这样的论调，这也就是为什么我们说这样的生活其实是建立在自我欺骗之上的。（约翰·道格拉斯·穆伦. 克尔凯郭尔的哲学. 100—101.）

事实上，一些有幸享有生活中最甜美快乐的人并没有"被空虚、孤独、自我憎恨所毁灭"。有些人真的很快乐，并知道自己是多么幸运。有些人看似非常快乐——起码他们自己是这么觉得的，但他们仅是被逗乐，是在消遣，是在追逐生活的快乐，而并非在更深层次上体验幸福。最后，还有一种人，尽管拥有一切，却仍觉得痛苦失望。出于某种原因，拥有财富和生命中的许多好东西对他们而言仍嫌不足。为什么这3种人会有这样的差异呢？

所有的人格类型都要面对一个问题，那就是如何尽量"利用"这个世界的资源，而第七型人正是这个普遍问题的最典型例子。如何享受快乐而不是为快乐而活？如何拥有生活中的好东西同时又不对他人的需要无动于衷？如何活在世界上又不会迷失自己？不管怎么样，第七型人的生活离不开这些问题。

在思维三元组中

第七型人是思维三元组的3种人格类型之一。其潜在问题的本质首先在于他们最有力的优势——机巧的心灵：他们的思维敏捷而善变。第七型人好奇心强，容易受到外界刺激，对新的观念和经验十分热衷。然而，他们对自己和生活有一种焦虑，其程度取决于他们的心灵失控的程度，因为这种失控会使他们失去焦点的行为陷入一种恶性循环。在第七型人身上，他们的思维和行为之间存在一种强有力的联系。如果他们对自己认为很有趣、很享受的活动有了想法，他们就想尽可能快地将其付诸实施。从根本上说，他们的心灵总比行动要快一步，而实际上他们已经跑得相当快了！他们会不加控制地想要实现自己所有的想法，寻求令人满意的体验和快乐。

第七型人很容易受到环境的刺激：他们对刺激有强烈的反应，并倾其所有地投入到经验世界里。值得注意的是，与第五型人不同，第七型人把他们的思想首先聚焦在这个世界和他们想要完成的事上，思考世界的可能性，思考未来的活动，这些都使第七型人感觉十分良好，能够帮助他们阻挡可能的痛苦情绪和内心焦虑。第七型人对一切都会直接作出反应，所以他们做什么都很迅速，而这又会导向更令人兴奋的想法并因此导向更多的行动。

经验是第七型人的生活指导。他们对于味道、颜色、声音和物质世界的机理等都相当敏感，他们的自我认同和自尊取决于他们能够获得源源不绝的刺激性想法和感官印象。他们的人格特质、防御机制和行为动机都能反映出一个事实：对第七型人而言，他们所感兴趣的一切都是处在世界之中但又在自身之外的东西或经验。因此，对于不能直接感觉到的东西，第七型人极少会有兴趣。一般来说，他们缺乏深刻的内省，不是以人为导向，而是以经验为导向：外倾型的、务实的和斯文的。他们觉得，世界是为他们的快乐而存在的，获得自己想要的东西是最重要的事。

当第七型人处在健康状态下的时候，他们的经验是获得大量满足的源泉，他们学着把许多事情做好，因为他们注意力的焦点就是在环境中进行生产。然而，如果处在一般状态下，第七型人生活的焦点就从创造更多物品和经验转向了拥有与消费更多物品和经验，他们忙着使自己的生活充满刺激。然而，过度活跃终将使快乐远离他们，因为他们无法欣赏自己创造或拥有的任何东西。这就是处在不健康状态下的第七型人会成为堕落的逃避主义者的原因，行动越来越冲动、失控。

第七型人对应着荣格类型学中的外倾感觉型：

> 感觉主要是由客体所引发的，因此能够引发最强烈的感觉与知觉的客体对于个体心理学而言是至为关键的。结果与客体强烈的感觉相联系……当客体能够激起感官的兴奋时，便具有了价值，并且无论与理性判断相符与否，只要在感官能力范围内，客体的存在都能够充分地被意识到。衡量客体价值的唯一标准就是它们的客观属性所能引起的感官反应的强度……
>
> 没有一种类型的人能像外倾感觉型的人这么现实。其对客观事实的知觉非常发达，他们的生活乃是对具体物质的实际经验的积累……他们的经验不过是新鲜感觉的向导……感觉对他们而言乃是生活的具体表现：过得充实就是真正真实的生活。他们的整个目标在于具体的享乐，并且他们的道德也以此为方向。(卡尔·荣格.心理类型.362—363.)

荣格对外倾感觉型的描述非常适用于第七型人。没有一种人格类型像第七型人这样务实、多才多艺。他们对世界正面的甚至乐观的取向给自己和他人带来了大量的快乐。但如果他们的胃口超出其能力所能控制的范围，一般状态下的第七型人的消费就会超过他们的需要，也超过其所能享用的程度，这时，经验带给他们的快乐就会变少，并开始为获得更多乃至一切而焦虑。

焦虑与安全感的问题

跟该三元组的其他两种类型即第五型和第六型一样，第七型人也有焦虑的问题，且发展出了一套抵御焦虑的思维模式和行为模式。我们已经看到，第五型人恐惧和焦虑的是自己应付外部环境的能力，因此他们选择从环境中退却。第七型人几乎正好相反：他们恐惧和焦虑的是应付内心世界——如悲伤、失落感和焦虑——的能力，结果，他们向外逃向了外部环境，寻求与外部环境充分的互动，以此回避内心的情感痛苦。

第七型人想要控制自己的焦虑程度，为此他们把注意力全部放在了令他们兴奋的观念和可能性上。他们让心灵保持在他们所期待的活跃状态，这是他们认为能带来快乐的一种正面经验。每当焦虑来临的时候，第七型人就准备投身于新的冒险、新的知识、计划加入的新的研讨班或新的令人兴奋的人际关系。只要能够让注意力停留在所期待的正面经验上，他们就可以告别痛苦与焦虑。他们不想面对自己的焦虑或检讨其出现在生活中的原因，因为这样做会把他们引向内心，使他们更感焦虑，而外倾可以把他们拉向外界，朝向外部环境，压制焦虑，至少可以暂时如此。第七型人发现，每当焦虑的威胁就要在意识中爆发的时候，他们的活动所带来的注意力分散有助于压抑它，但是，为此他们需要不断寻求可引起兴奋的活动，以免受到内心痛苦的影响。因此，他们必须把自己投入到越来越多的经验中，避免面对焦虑或任何不快的情感。

问题在于，第七型人越是用将来必会获得的预期的快乐来填充心灵，他们与自己当下所拥有的经验之间的联系就越少。结果，他们当下拥有的经验并不能真正地影响他们，也不能真正地满足他们。这就像我们听说过的，一个人一直想要看埃及金字塔，然而，到达金字塔后，又期待着当晚能在开罗享受一顿令人兴奋的晚餐，或想着回家给朋友看旅行拍的照片……以致"错过"了观赏金字塔。他的注意力总在别的地方，而不能集中在正在经历的事情上。这自然会减少经验带来的快乐享受，令第七型人永远处在饥渴状态。

随着快乐的减少，一般状态下的第七型人感到焦虑、不安全，为此他们投身于更多活动中。但是，由于他们变得过度活跃，一般状态和不健康状态下的第七型人不仅不能真正享受他们所做的事，而且会变得更加焦虑，想更进一步投身于快乐的追求中。他们没有意识到，对他们而言，一旦陷入更多的寻求中难以自拔，再要走出这个恶性循环就越来越困难了。

第七型人越是感到焦虑，越是压抑痛苦的情感，他们的心灵就越是急切，他们在经验中获得的满足就越少，越是容易遇到大麻烦，就好像心灵已快过行动好几步了。越是感到焦虑，就越是会分心去预期未来，他们的经验就越没法帮助他们平复焦虑。就这样，第七型人一直在向外逃向经验世界，因为他们想跑在内心的恐惧和伤痛的前面。但是，他们逃得越快，所需的兴奋度就越强，要维持兴奋就越难。

第七型的缺陷就是，一般状态和不健康状态下的第七型人做得越多，就越容易为避免痛苦而分心，越是无法感到满足。他们没有看到自己的快乐是不确定的、容易消失的，因为他们既没有把经验内化，也没有控制自己的欲念。从根本上说，如果他们在经验中投注得太少，就不可能在所做的事中得到满足。他们发现，由于恐慌越积越多，他们已经没法获得快乐了。因此，他们变得愤怒、恐惧，因为生活好像残酷地剥夺了他们的快乐。

父母取向

当他们还是年幼的孩子时，第七型人就与养育者脱离了联系。在其早期发展中，养育者是他们的镜子，照料他们，给他们关爱，给予他们关于个人价值的意识。养育者通常是母亲或母亲的替代者，但也不总是如此。在有些家庭中，是父亲或哥哥姐姐养育婴儿。不管哪种情形，第七型人都觉得他们的养育者存在问题。他们觉得自己与养育者没有建立牢固的关系，也不觉得这个人是可靠、持续的养育之源。由于各种可能的原因，第七型人因其养育者角色而沮丧：他们不认为自己可以依靠养育者来获取所需的东西。结果，第七型人总想通过自己来补偿自认为没有获得的东西。

也许，在大多数情形下，当第七型人还是孩子的时候，他们的养育者并没有想带给他们挫折。另一些童年时期的遭遇，如贫穷、战争、成为孤儿、长期生病等，也可能会让他们的期待——即生活中美好的东西总会出现——备受打击。养育者角色有可能在某个关键阶段缺席，或者第七型人天生需要大量的联系和刺激，而这些东西远不是养育者角色所能提供的，再或者某次事故的发生，这些都可能令孩子的信念——如他期待能得到坚定的支持——受到打击。因而，不论出于何种原因，害怕被剥夺都是第七型人的基本动机。其心理硬币的另一面则是：第七型人要求其所有的欲望都能得到满足。拥有他们认为可以带给自己快乐的一切，就象征着得到照料、拥有他们觉得总是抓不住的幸福感。

欲望与攻击性的问题

一般状态下的第七型人需要即刻得到满足，他们不给自己设限，也从不否定自己的需求。一旦看到想要的东西，就一定得据为己有；如果有什么想做的事，就必定会马上动手；如果有什么事能使他们快乐，就想马上得到更多。他们的欲望非常强烈，而其想要满足欲望的强度强到使他们呈现出一种攻击性的人格。然而，由于他们心中也有不安全感，所以其形象是多样混合的，他们借攻击性冲动来抵挡焦虑与不安全感。

一般说来，第七型人容易与人发生冲突，总是认为他人一定会限制他们，而不能为他们做什么。一般状态和不健康状态下的第七型人的自制力来自自身外部，或是来自被迫对他们说"不"的人，再或是来自只会挫伤他们欲望的现实本身。如果他们遭受了挫折，就会怒火中烧，因为那会让他们在潜意识中想起童年时期真实的或想象中的被剥夺的经验。那些令一般状态和不健康状态下的第七型人遭受挫折的人不可能忘记他们的愤怒或他们无意间表现出来的需求程度。

然而，当第七型人处在健康状态下时，他们关心的只是自己的真正需要而不是所有欲望的满足。他们是多产的，能给世界添砖加瓦，而不仅仅是消费世界。他们多才多艺，能让环境有最大的产出，既为他们自己，也为他人。他们也是少有的幸福的人，因为他们能真正消化自己的经验，面对自己的感受和自我。

但是，当他们朝向不健康的方向退化时，就会放纵自己的欲求，变得贪得无厌、自私，并且漠视他人的需求，只关心自己的满足。然而，极具讽刺意味的是，由于不健康状态下的第七型人并未真正地把事物或经验内化为自身的东西，因此没有任何东西能够满足他们。他们就像瘾君子一般，需要越来越多的"兴奋剂"来维持人造的高潮。结果，不健康状态下的第七型人在寻求快乐的过程中，失去了判断力和控制他们行为、压抑越来越严重的焦虑的能力。由于没有任何稳定的力量可以安抚这样躁动的心，于是恐慌渐渐淹没了他们。当第七型人处在健康状态的时候，可以完全肯定生命，而当其处在不健康状态的时候，就完全被生命的现实吓倒了。

健康状态下的第七型人

第一层级：入迷的鉴赏家

在最佳状态下，非常健康的第七型人对现实有足够的信心，这使他们在与环境接触时可以不必想着要环境给自己提供什么。他们不会逃向内心中喋喋不休要求的"享乐"，而是会一点一滴地享受当下的经历。通过这种方式，生命中的每一刻都成了汲取滋养和真正快乐的源泉。处在第一层级的第七型人发现，生命的内涵本身就足以满足他们，只要他们能够真正地吸收。此外，对现实的深刻体验使他们不仅感到快乐，而且简直是感到狂喜，使他们能够超越单纯地接纳现实，无条件地肯定生命的本真。（阿图尔·鲁宾斯坦说："我无条件地热爱生命！"）

在肯定生命的态度下，非常健康状态下的第七型人能够接受人类存在的神秘性与多变性，他们不因生命固有的脆弱感到焦虑，而是能够真正地赞赏生命原本的面貌。也许，他们是第一次超越生命的外部表象，去感受以前从未见到的形而上的现实可能性。在灵魂深处肯定现实是第七型人独有的特质，这使他们能超越单纯的心理快乐，进入狂喜的境界，那是文字和感受难以企及的境界。他们觉得生命神圣庄严并且令人敬畏。他们心中充满了对这个世界和生命的惊喜与赞赏，面对这伟大而美好的一切，他们屈膝感谢并赞美。

他们以极度的喜悦拥抱一切，首先是拥抱生存本身这个难以言喻的现象。生命是如此奇妙，令人敬畏惊奇，非常健康状态下的第七型人能够在每件事情中看到美好的一面，即使是未曾思考过的事物都能使他们感到快乐。生存本身不可思议的丰富性对他们有深远的影响，从内部改造着他们，使他们的内心生活——精神生活——成了对他们而言的一种现实。因此，甚至生命的黑暗面和令生命走向终结的死亡的阴影，都无法令他们感到忧惧，因为这些现象也都是他们真诚拥抱的生存的一部分。矛盾的是，当第七型人能够最真诚地拥抱生活的时候，他们对生活或生活中的任何事物却最不依恋。

由于他们怀着感恩的心情把每件事物都视为礼物，而不是为满足他们的需要而存在的东西，所以他们学会了欣赏事物，好像它们就在自己心中，而不只是消费的对象。他们不再给生命中的快乐附加条件。（"我拥有了那辆新车，所以心里很快乐。"）生命不再等着事物带给他们快乐，而是成了对此时此刻获得的所有礼物和经验的欣赏。因而，非常健康状态下的第七型人对生命中本质的善怀有一种信仰。（"看看田野里的百合花……它们不用照顾，也不用播种。"）他们发现，当一切都说过、做过之后，不管拥有些什么，只要正确运用，就足以使他们感到十分快乐。他们不必急着去获得经验或占有财物，因为只要充分领悟了，每时每刻都有可能满足他们内心深处的需要。只要他们专注于生命中真正美好的东西——不是表面的善，而是真正的善，是有永久价值的东西——他们就不可能得不到快乐。

当非常健康状态下的第七型人处于这种充满喜乐的肯定状态时，就能对世界保持持久的惊喜，因为在丰饶的现实中充满了他们以前所未经历的事物，对那些自认为已经体验了一切的人来说，这实在是一个绝妙的讽刺。他们之所以能一再地体验狂喜的巅峰感受，是因为现实是没有穷尽的，对他们来说，当下所拥有的已经足够了，所以他们永远不会被剥夺。

第二层级：热情洋溢的乐天派

即使是健康状态下的第七型人也并非总是处于我们在第一层级看到的那种高度心理平衡的状态。一定程度的焦虑开始出现：第七型人开始失去对生命丰富性的信仰，开始担心自己需要的事物会不够。这一改变十分微妙，因为处在第二层级的第七型人仍非常积极，精力旺盛、热情洋溢。然而，他们还没有充分消化当下的经验，就开始预期未来的经验；他们开始思虑自己想要做的事，或思虑如何获得他们认为要得到幸福所必需的经验与事物。于是，他们开始渐渐偏离直接经验，那种直接经验也很难让他们满足。

由于健康状态下的第七型人的注意力焦点指向周围的外部世界，所以其通向经验的方式与其他人格类型截然不同。感官世界刺激着他们，令他们兴奋，而他们也希望兴奋能一直持续下去，并以尽可能令人愉快的方式持续下去。他们的心灵被有形的世界万物刺激着，能立即指向他们的潜意识经验，因为他们能迅速意识到外部现实，并对其作出反应。

健康状态下的第七型人认为自己是快乐的、热情的，他们喜欢做快乐的人，喜欢让心灵感受到快乐，感受到极度的兴奋，这是他们生活的目标。他们是令人愉悦的伙伴，因为他们几乎总是处在亢奋状态。他们的生命力、活力、热情是有感染力的，使他人也被触动。他们是真正快乐的同伴，因为他们是如此乐观和活跃，别人总是会忍不住受到他们亢奋的精神状态的感染。（"热情是永恒的快乐之源。"——威廉·布莱克）

处在第二层级的第七型人的心灵相当敏捷、热忱。像第五型人一样，他们也极为机敏，有着十分广泛的好奇心，能喜悦地接纳新生事物。由于有充足的才智，他们惊人地多才多艺：有语言天分，机智诙谐，妙语连珠，天生对从音乐语言到视觉语言——如色彩、形状、构图等——的形式和结构有着敏锐的理解力。第七型人常常记忆力惊人，因为一切都印刻在他们的心灵中，就像影片中的光一样：一次瞬间曝光就能在胶片上留下印迹。他们可以毫不费力地在一瞬间记下故事、趣闻、乐谱、电影情节和历史事件。他们能轻松快速地掌握新事物，这在层级比较低的人那里时常会成问题。如果事物对他们而言来得太容易，他们就不能欣赏或施展自己拥有的许多天赋。然而，从积极的方面说，第七型人探究周围世界的热忱使他喜欢尝试许多新事物，也发展了他们多样的才能。一般说来，第七型人很享受对要做的事的思考，对经验而不是抽象概念的思考。在许多方面，他们的内心生活就是其经验的仓库。

虽然健康状态下的第七型人爱憎分明，但只要他们还处在健康状态下，其对事物的态度就会非常积极。甚至在他们已经长大成人以后，还能"想着年少时代"，仍保持着年轻的心态。他们生命力顽强而且精力充沛，能够很快地自不可避免的伤害或挫折中恢复，就像凤凰浴火重生一样。第七型人从不会让某件事长久地挫败他们，似乎有办法让所处情境中的一切物尽其用。（"如果生活给了你柠檬，就把它制成柠檬水。"）

与对事物的这种正面态度相适应，健康状态下的第七型人的精神极其自由。他们有惊人的自发性，能迅速地对发生变化的情势作出反应。当他们处在健康状态的时候，不会固守于任何特定的计划，而是伺机而动。他们有强烈的冒险意识，不怕尝试新生事物。处在第二层级的第七型人也能够轻松地自嘲，这样，在不能把事情做得完满的时候，自己也不会难堪。比如，从滑雪板上摔下来或笨拙地玩一种新的乐器对他们来讲都没什么，他们不会让这些事萦绕于心，而是把它们都看做学习过程的一部分。

总而言之，第七型人幸运地拥有丰沛的生命力，能够一再地重新出发。他们与世界的每一次接触都能激发他们的活力；每一次经验都能够促进他们扩展新经验的能力。

第三层级：多才多艺的全才

第三层级的第七型人仍处在健康状态，但他们开始担心无法维持快乐和兴奋，对被剥夺的恐惧一直挥之不去，于是他们想要确保自己获得可以带来快乐的经验和事物。结果，他们对生命产生了一种务实的实用主义态度，他们知道，想要拥有足够的自由和财力、拥有令人满意的生活，就必须多才多艺，处在第三层级的第七型人对自己的创造性成果和工作业绩很满意。

通过把强大的生命活力与高涨的生活热情结合在一起，健康状态下的第七型人成了极其多才多艺、具有创造力的人，只要专心致志，就能把事情做好，就能给他人贡献许多有价值的东西。他们是全能的多面手，多才多艺，拥有数不清的技能。他们是如此擅长各类事情，成了在各个经验领域间搭建桥梁的人。他们拥有广泛的知识，尤其是实务经验相当丰富，此外，各种兴趣也都能充分发展。

作为一个群体，健康状态下的第七型人可能是所有人格类型中最能干的，如果智力非凡，他们可能会是神童。但是，不论是否拥有非凡的禀赋，他们通常都比同龄人拥有更多才艺，他们的经验使他们成了万众瞩目的人物。这在一定意义上是他们心理外倾的结果：实际上，他们所有的注意力和精力都倾注在了外部世界中。他们不会由于内省的默想而分心，因为那会使他们从实际行动中退出。相反，他们会神采奕奕地随时准备投入新的领域。事实上，正如我们已经看到的，他们的一个明确标志就是不怕尝试新生事物。他们与世界心心相印，因而总是能够把自己引回到世界中。结果，他们能不断获得新的兴趣和才能，仿佛是潜移默化的一般。

健康状态下的第七型人对每件事都很擅长：他们懂多种语言，能够演奏各种乐器，在自己的专业领域内相当杰出，甚至对烹饪、缝纫等技艺也都很内行，此外他们还懂音乐、艺术、戏剧等你所能说出的所有事物。的的确确，整个世界似乎就在他们的掌握之中。事实上，他们之所以如此多才多艺，是因为他们对自己要完成事情所必需的技能有一种务实的态度。一个浏览报纸上征聘广告的第七型人绝不会因为某个工作需要打字或文字处理能力而发愁：他们会去学习如何打字和使用文字处理软件。

健康状态下的第七型人学得越多，继续学习更多东西的潜能就越大，从而可以生发更多的才能。熟悉一种才能可以引导他们进入新的领域，因而他们的才能随着从事的领域越来越多而得以快速积累。例如，一个第七型人学弹钢琴有所成就时，一位歌唱家可能邀请他当伴奏，他可能因此对声乐感兴趣，并且有机会加入当地的一个小歌剧团或合唱团，于是一个新的领域由此展开。另外一个第七型人可能喜欢讲故事给弟弟妹妹们听，本来只是一项平凡的兴趣，后来他可能决定要把这些故事写下来并且出版。不久，这些短故事可能成为一本书，然后成为小说或是电影剧本，结果这位喜欢讲故事的人物可能就此成为剧作家或是演员。一件事情总是会引发另一件事，一旦第七型人致力于某件事时，他们就不只是自得其乐，而且可能同时成为带给他人快乐和享受的源泉。

这样的第七型人以与他人共享他们的热情与欢乐为乐，这便是他们的快乐得以持久的一个源泉。无论热爱的是绘画、烹饪、音乐，还是一种思想，健康状态下的第七型人都乐于与人分享。他们诚挚地想让周围的人快乐并且欣赏和享受他们所挚爱的事物。这种令人愉悦的特质使他们受到人们的欢迎。

重要的是要明白，健康状态下的第七型人可以做好许多事，因为他们能把所从事的活动放在第一位并为自己设置活动范围。他们知道可以在什么地方找到满足和圆满，并愿意为此付出必要的牺牲。只要他们把所要做的事放在第一位，并真正全身心地投入，就能有丰硕的成果，就能健康地享受生活。然而，他们的焦虑也引起了骚动，他们开始担心所做的事不够令人满意。

一般状态下的第七型人

第四层级：经验丰富的专家

因为拥有许多经验能使第七型人感到快乐和满足，于是他们开始担心如果自己只集中在一两件事物上，可能会错过其他的，所以想要拥有更多能使自己快乐的事物。这并不是什么不合理的欲求，但是用一句俗语来说，他们"眼高手低"，并且欲望会不断地增加。结果一般状态下的第七型人的确变得越来越有经验，对所有事情都至少要尝试一次，这样他们就不会因为被剥夺任何事情而感到焦虑。

健康状态与一般状态下的第七型人之间的差别在于，健康状态下的第七型人对生产和创造更感兴趣，而一般状态下的第七型人对消费和娱乐更感兴趣。他们拓展生活网络以获得更多不同的感官享受。他们把可以自由地做事、可以自由地想去哪里就去哪里放在头等重要的位置，他们悲叹人生没有给他们足够的时间去做自己想做的一切，并开始担心自己会失去获得各种各样的东西和体验的可能性，因为他们相信只有这些东西才可以带来快乐。他们想要获取更新更好的东西，而且这种欲望逐步提高，从拥有一套大房子、一辆漂亮的汽车，到四处旅行玩。总之，一般状态下的第七型人想要拥有更多、经历更多，因为他们认为，这么一来自己就可以获得更多快乐。

再强调一次，一般状态下的第七型人的基本问题在于焦虑，他们担心自己会错失比现有的更令人兴奋的东西。（"墙外的草总是更绿。"）进而，他们担心已经投身于其中的活动不足以压制他们的焦虑。一旦走到这一步，第七型人便会变得焦躁不安，总想转向另外的也许更有趣的活动或经验。就像这样一种人，他们在集会上正在与人愉快地交谈，却又侧耳偷听旁边另一场更有趣的谈话。这时候就需要作出选择了：是继续专心于已经在进行的谈话呢，还是告辞去加入别的谈话？一般状态下的第七型人想要同时参加两场对话，但在这个过程中，他们从任何一场交谈中所获得的满足必定微乎其微。焦虑让一般状态下的第七型人从一个有趣的领域转到另一个领域，但他们却无法用足够长的时间专注于任何一个领域以真正地消化它。

处在第四层级的第七型人通常意识不到他们的焦虑，而是给它贴上"烦躁"的标签。具有讽刺意味的是，作为一个如此正面、如此热爱生活的类型，第七型感到烦躁的时候远多于其他类型。这是因为烦躁对于第七型人所代表的意义远甚于其他类型。当第七型人说他们很烦的时候，实际上常常是说环境中可防止他们焦虑的能量或刺激不够充足，他们的意识中总是存在痛苦或不开心的感受，所以第七型人觉得他们需要"改变一下舞台"。

这种导向的结果就是，一般状态下的第七型人开始积累大量经验。他们不停地向别人请教了解最新的影片、本地最好的餐馆、最有趣的个人成长研讨会等；他们喜欢聊天，喜欢给人讲故事，喜欢与他人分享冒险的乐趣；他们也可能到处旅行，常常翻阅他们到过的许多地方的简介，看到简介越来越厚，他们感到很满足；如果他们喜欢看书，便会大量购买，其数量是他们根本读不过来的，结果常常是床头摆满了只读了一半的书。

处在第四层级的第七型人仍是多才多艺的，虽然他们很少专一于某一方面。他们喜欢让自己一天到晚忙忙碌碌，日程表排得满满的，若是一周的某一件重要的事成为泡影，他们就会再找一件事来替代。第七型人一般都善于身兼数职，当处在第四层级时，总是会把各种不同的活动、任务和消遣搅和在一起，在这种多色调的生活中享受一种快感。活动越是多姿多彩、五花八门，对他们就越是有吸引力，他们会尽最大努力让自己的经验始终保持在新鲜、多样的状态。

在某些第七型人那里，对多样经验的喜好会变成对物质财富的狂热。然而，一般来说，他们享受的是财富的获得，因而，购物的过程，查看商品目录，幻想新车、皮毛大衣或音响器材，常常比实际拥有一件东西更令他们满足。一旦物件买到了手，当初的兴奋和新鲜感就会荡然无存，然后再忙着寻找别的东西。如果有足够的资金，处在第四层级的第七型人会成为见闻广博的行家，以有"品位"自居，并且懂得如何去过高雅的生活。即使钱不是很多，所获很少，占有欲也未必会小。

> 从较低的层级来看，这种类型的人喜爱有形的现实，而且不太喜欢思考……他们的目标在于尽可能地去接触物体，去感觉，可能的话去享受其中的快乐。这样的人绝非不可爱，相反，他们积极享受生活的能力使他们可以成为很好的伙伴。他们常常是令人喜爱的同伴，有时还是一位精致的美学主义者。在前一种情形中，生命中的大问题在于享受一顿或可口或普通的晚餐，而在后一种情形中，问题则在于食物的精美与否。一旦某个物体能使他们有具体的感知，就不必再多说或多做什么了。只要具体有形就足够了，超出具体有形以外的遐想只有在能够增强感觉强度的条件下才会被承认。但是有强度不一定就是令人愉悦的，因为这个类型的人需要的不是一般的酒色之乐，他们只是渴望最强烈的感觉，而这种感觉在他们心目中只能自外界获得。来自内在的东西对他们而言是病态且值得怀疑的……在正常情况下，这种人对现实的适应力相当好，这也是他们的理想，且使他们能够很好地体贴别人。由于其理想与理念没有任何关系，所以他们没有理由以违背身在其中的现实世界的方式行事。（卡尔·荣格．心理类型．364．）

正如荣格所说，一般状态下的第七型人绝非不可爱，他们讲究饮食，问心无愧地寻求美好的生活。机智幽默、无忧无虑、乐观和气是他们所追求的日常生活状态。第七型人是典型的好主人，喜欢举办鸡尾酒会或晚宴，以最佳的方式招待客人，懂得各种佳肴和烹饪技术，或者认识最好的厨师。在他们的财力（或者超出一点点）限度内，他们总是很时尚，总想显得很有派头。一般状态下的第七型人知道什么是最好的，并且乐于为自己、家人及朋友创造一种富贵奢华的生活气氛。他们的梦想就是拥有许多财富，使自己不必再为金钱烦恼。

然而，即使在一般状态下的第七型人之间，奢华的程度与方式也有很大差异，这得视生活的精致程度而定，此外也和他们的财力、社会经济地位、教育程度及智力有关。某些第七型人相当温文有礼而且时髦，就像那些经常出现在最新颖的餐馆或歌剧院的社会名流一样。此外，若经济情况不允许他们过太奢华的生活，有些第七型人会用一些不太奢侈的东西来替代，尽管他们仍想拥有自己能力范围内所想要的财富和经验。他们会去电影院以取代去歌剧院，以一年去欧洲旅行一次取代一年三四次，以去保龄球馆和购物中心取代去俱乐部，或者以水晶饰品取代钻石，等等。对一般状态下的第七型人而言，最重要的事是持续拥有新鲜的、快乐的体验。("我想要一切！")不过，这些东西似乎都物非所值：他们得到的东西似乎根本不是他们所寻找的。

对所有一般状态下的第七型人而言，危险在于，随着欲求的不断上升，他们对于经验品质的判断力变得越来越差，一味地消费，失去了鉴赏力。他们欲求增快的速度总是超过了他们得到满足的速度。

第五层级：亢奋的外向者

一般状态下的第七型人做得越多，对自身经验活动的种类与品质就越没有判断力。他们害怕无事可做，哪怕是一瞬间，因为一旦如此，焦虑便会袭上心头（可怕的"烦躁"）。他们以前老成干练，现在却不断地将自己胡乱投入各种活动中，以维持对种种刺激的感受和对自我的知觉。他们让自己处在没有停歇的活动状态，把所有精力都向外掷向远离自我的方向，以寻求新鲜的经验。他们的格言是："我做故我在。"

由于一般状态下的第七型人不会拒绝任何事情，因此他们会使每天的24小时充塞着各种经验。他们渴求多彩多姿的变化，总在寻找新奇的、不同的事物来愉悦自己的生活。在他们看来，生活的步调越快越好。他们对于思索自己的行为或停下片刻反省一下那成堆的活动的内在意义没有丝毫兴趣。实际上，他们做什么事都十分快——吃得快，说得快，想得快，这样才能够尽快地参与下一件事。他们习惯于让生活的步调全速运转，稍稍迟缓一点都会令他们感到无聊和沮丧。

享乐是他们生活的指导原则，每件事都应该是好玩的。一旦觉得不是如此，他们马上会对这件事失去兴趣并迅速转移到其他事情上去。第七型人爱好社交、喧哗、多姿多彩的生活，他们具有公众人物的性格，生平最喜爱的事物莫过于和有趣的同伴在宴会中把酒畅谈，听听人们说一些他们做过的有趣的事，然后高呼

"太妙了！""难以置信！""棒极了！"——这是他们最常用的3个评语。("那部戏真是棒极了，表演简直令人难以置信，情节也太妙了；然后我们去了一家很棒的餐馆，享受了一顿棒得难以置信的绝妙晚餐！")他们活动的节奏可能会让其他人有点喘不过气来，但一般状态下的第七型人就是喜欢处在活动状态，喜欢说"该出发了"，并奇怪为什么其他人会跟不上他们的节奏。根本的原因在于，他们觉得人的一生终归只有这么多时间，而又有这么多新鲜的事情要去做。

第七型人有一种显见的口腔特质，他们感兴趣的许多活动都与嘴有关。谈话、饮食、喝酒、抽烟、大笑、说俏皮话、论人是非等是他们最典型的活动，而且如果有可能，这些活动经常是同时并行的。例如，在所有人格类型中，第七型人是最爱讲话的，他们会把任何闪现在大脑中的话一倾而出。这种缺乏抑制力的特性往往会使他们显得有趣，并且由于他们通常都有十分丰富的阅历，经历过许多事情，因此总是能够以多彩的言语和极大的热情来描绘许多故事。快活开心的他们极少用严肃的态度看待事物，即使在面对自己的焦虑和困扰时，也往往以说笑的方法来处理。

一般状态下的第七型人也有一些演员和喜剧作家的气质，许多专业的喜剧作家就是第七型人，他们创作的源泉大多来自掩藏在生命感受中的不安全感与焦虑。他们的幽默和他们的生活一样，都取决于对自由无拘的热爱，取决于想尽可能少受拘束的人生态度。他们心里没有任何幽隐难言的东西，心里想的什么，就直接说出来让人知道，哪怕有可能伤到一些人的情感。尽管这样做可能会冒犯一些人，但别人也许会觉得他们的冒失粗鲁很有新鲜感。

虽然一般状态下的第七型人风趣且热衷社交，但他们并不总是最适宜交谈的对象，因为他们很少用心倾听他人说话。这样的人总是渴望成为众人注意的焦点，要人们听他们说话，为他们的笑话哄堂大笑，并且对他们感兴趣的一切事物也都感兴趣，然而他们并不会同等地对对方的话有任何真心的兴趣。("啊！太好了！现在让我来告诉你们我今天做的事。")在谈话过程中，只要有新的念头闪过，他们就会马上转移话题，甚至打断对方的话，不让人把话讲完。有时候即使是激烈的争吵，也是他们产生兴奋的途径，因为争吵能够维持一定程度的刺激，也能够激发乐趣。

要理解这种过度的好动，就要记住：处在第五层级的第七型人要费更大力气来压抑自己日益增强的痛苦和焦虑。从一定意义上说，他们是想分散自己的注意力，是在自娱自乐，这样他们的注意力才能被别的东西占据。然而，他们也想要环境（包括他人）来帮助他们分散注意力、变得开心。如果环境不够刺激，无法让他们"兴奋"、分心，他们便会投入更多的精力、使出浑身解数"让环境启动起来"。他们要激活他人的热情，这样他们也会成为开心快乐的源头。

一般状态下的第七型人过度活跃的问题在于这会鼓励肤浅与琐碎，因为他们做了太多不同的事情，因而无法真正做好任何一件事。具有讽刺意味的是，对于自己所做的一切，他们对由此而来的经验没有真正的认识，因为这种人没有深思的习惯。他们总是一心两用（看戏的时候还在看节目单）或随时准备做下一件事，因此他们总是太忙乱而无法对所做的事进行反思。他们至多给出一句话的点评，并且也就到此为止。（"食物还行，但我吃过更好的……"）

一般状态下的第七型人具有天分和才智，但是他们却浪费许多做有价值的事情的机会，他们总是流于表面，浅尝辄止。虽然不愿意承认，但他们的确仅仅是口齿伶俐。我们在处于健康状态下的第七型人身上看到的那种成就一番事业的伟大能力，在一般状态下的第七型人身上只剩下表面的光芒。他们不再是行家，而只是粗浅地涉猎。（他们可能还会唱歌，但水准很差，因为他们不勤加练习；他们学了几句法语，然后就转而去学俄语；他们刚学了一点刺绣，然后又去学绘画，再去学摄影，接着又学钢琴。但他们在任何事情上都不是行家里手，因为他们没有办法长时间坚持做一件事。）一旦某种活动需要潜心的努力，他们就会感到厌倦并转向别的事情。他们把这种肤浅的行为合理化，认为自己是个全才，其实准确地说，他们不过是三脚猫，实在没有任何专长。

第七型人活泼灵动的心灵现在开始与自己作对，被压抑的焦虑令他们敏捷、开放的心灵变成了在外围兜圈子的思维风格。他们的思想和观念如闪电般以自由联想的方式狂乱地跳来跳去。在有些情形中，这种狂乱可能会因为自由发表意见或为了取悦他人而受到阻止，但处在第五层级的第七型人开始在这种动荡不息的心理状态中徘徊不前。以前的专注和注意力集中越来越难以做到了，他们只能注意极其有限的范围。这开始影响他们多才多艺的能力，因为他们无法凭借自己的许多好想法来做事，他们的心里仍能酝酿出引人兴奋的创造性计划，但除非有人帮他们管理，否则这些计划很少能实现。一般状态下的第七型人仍有旺盛的精力和实际的创造力，但他们白白地浪费掉了，把自己的力量虚耗掉了，在某种程度上，他们知道这一点。

值得注意的是匮乏感开始进入他们心中。更健康状态下的第七型人是独立的、乐于进取的，如果他人想要加入他们的行列，当然会更好。但是一般状态下的第七型人开始害怕孤身一人，因为他们害怕一个人的时候孤独感会出现。而且，如果没有观众，他们喜欢逗乐、讲笑话、好动的性格就会很奇怪。如果没有人作出回应，第七型人会意识到自己的许多行为是多么空洞无聊。

他们的专业工作也令他们痛苦不堪，因为做好一份工作需要专注，而一般状态下的第七型人无法把时间和注意力专一地放在例行的事情上。他们的心总是在别的地方，总想去做更有趣的事。他们连午休、购物或休假的时间都没有，因为日程全都排得满满的。这是他们发展过程中的一个转折点，因为他们在较高层级时的活动虽然也很忙碌、不得空闲，但却是多产的，而现在他们的过度好动只是表面的忙碌而已。他们不能让自己安静下来，必须每时每刻都有事可做，哪怕是在度假的时候也不例外。（待在海边的小屋里会让他们发疯，除非小屋处在闹市中。）他们很容易分心，确实，他们刻意要自己分心以躲避厌倦感。他们无法待在安静的环境中——在打电话的时候也要同时打开音响和电视，有时甚至晚上睡觉的时候也要打开它们。

对经历的消化吸收能力现在也基本丧失掉了。他们对主观的东西、对经历如何影响自己丝毫没有理解，他们更感兴趣的是一周内看了多少部电影，而不是那些电影对于他们有什么意义。由于他们消费经验只是为了让刺激保持在强烈的程度，所以对自己所做的事情基本没有认识。又由于他们没有在内心深处真正地吸收消化自己的经验，所以一点不觉得做一个人有什么意思——因此他们不是变得越来越成熟，而是变得越来越幼稚，这对他们真是莫大的讽刺。还有，他们的人际冲突也越来越频繁，因为他们已无法再令周围的人满意，他们那种无休止的活动使人们感到厌倦。

第六层级：过度的享乐主义者

在第六层级，一般状态下的第七型人觉得压力十分大，内心的忧伤和恐惧日益加深，总想爆发出来。他们开始为挫折而焦虑，因此需求变得更多，尤其是需求那些曾经吸引或取悦过他们的东西。（不再满足于凯迪拉克，还必须拥有劳斯莱斯；一次度假还不够，应当有两次甚或三次。）现在，他们变得贪婪而急躁，坚持要别人必须迎合自己的需求，所有想要的都必须立即获得满足。（"我要的不止这些——并且现在就要得到！"）他们无法忍受任何生理或情绪上的不适，或者是任何不方便。他们要求自己渴望的一切立即得到满足。

对第六层级的大多数第七型人而言，拥有大量财富成为最重要的价值标准，因为只要有了钱，就可以得到想要的东西。他们把所有钱都花在自己身上，结果通常是负债累累。他们无法拒绝任何事情，因此只要能够用信用卡得到所需要的，就没有理由不立即让自己满足。即使没有很多钱，也要发挥最大优势去得到想要的东西,比如为了钱而结婚或再去挣更多的钱,反正就是要维持已经习惯的那种生活方式。或许对他们而言,为爱情而结婚是个动人的理想,但是信奉物质主义的第七型人不会让爱情阻碍他们获得自己想要的东西的机会。

他们的生活方式放纵过度,过于铺张,夸耀财富。到了第六层级,一般状态下的第七型人是贪婪的消费者。("我看到想要的东西,就会竭尽全力去得到它。")贪婪是第七型人首要的原罪,其最明显的表现就在于,他们疯狂地寻求快乐的满足,毫无节制,以至于到了无耻的地步。他们过度索求一切,已超过了实际的真正需要,并把高雅的趣味推向了荒淫无度的深渊。("如果一个东西是好的,有两个岂不是更好。")具有讽刺意味的是,当精细的鉴赏者退化为没有节制的贪求者时,便显得虚浮而粗俗了。

处于第六层级的第七型人的过度要求出现在了生活中的每一个领域,包括他们用来保持健康和年轻——对他们而言,这是十分重要的事——的手段。("你不能太富态,也不能太瘦。")他们做日光浴,把皮肤晒得像皮革一样,他们也做整容手术。因为饮食无度,所以必须减肥或洗胃,或到疗养院去搞一段时间的节食。第七型人女性通常会过度讲究装扮,身上戴满珠宝首饰,让人看起来廉价而庸俗,尽管她们可能在上面花了不少钱。而男性通常是一副暴发户的模样,色彩图案花哨,虽然全都价格不菲,品位却有待商榷。

当然,任何一种人格类型的人都可能有生活放纵过度的时刻,但只有在第六层级的第七型人那里,过度是一种标志,因为他们有意识地对自己不加限制,甚至在他们的享乐主义因为一定程度的节制而有所缓和的时候也依然如此。处在第六层级的第七型人有意识地不加节制、放纵无度。("过度为成功之首。")他们铺张浪费,先是买回来,然后就扔到一旁。他们的态度可以说是:"我用的是自己的钱,干吗要关心别人怎么看?"

即便如此,一般状态下的第七型人仍需要周围的人,因为他们没有办法独自一人待着。然而,一般来说,朋友和他人对第六层级的第七型人而言基本上只是过客:他们继续维持某种关系只是因为这个关系还可以带给他们快乐,他们毫无遗憾地中断某种关系则是因为那个关系已无法带给他们快乐。他们的婚姻可能只持续一两年,越是不那么重要的关系,持续的时间就越短。一旦新鲜感没有了,他们就要转向新的关系。

尽管已经拥有许多,可他们仍然嫉妒那些似乎比自己拥有更多的人。他们也极端以自我为中心,对他人的福利毫不在意,除非那会影响到自己的便利和舒适。处在第六层级的第七型人不愿意与他人分享,也不愿意他人依赖自己。他们觉得,别人和自己一样只关心自身的利益，在种种精于世故的手段的虚饰之下，他们实际是冷酷无情的。

处在第六层级的第七型人不愿面对自己行为的后果，他们留下许多令后来者头疼不已的烂摊子，期望别人在他们走后收拾干净。他们以一种傲慢的态度面对他人的批评，拒不承认自己应对所造成的损失负责。（"那不是我的问题。"）事实上，他们对自己的痛苦感受的抵御使他们对他人的痛苦麻木不仁：他们是否对别人造成了伤害几乎跟他们无关。他们决心不让自己受别人"责难"，在他们看来，负罪感和悔恨让人很不舒服，他们绝不会去面对。

不用说，把自己的满足放在其他一切之前会让他们成为糟糕的父母，因为他们太过以自我为中心，实际上根本不会关心孩子的需要。（处于第六层级的第七型男性当然很不敏感，而女性也远非慈母类型。）他们不允许孩子干涉自己的生活方式，所以可能选择做流产或把孩子送给别人收养。家庭会把他们拴住，会对他们有要求，他们想避开这样的情形。

第七型人无意间给自己提出了一个难题：他们已经习惯了无节制的生活，以致除了过量服药没有别的什么东西能够满足他们。他们对各种刺激的需求越来越多，这样才能给自己一些冲力。但为了达到他们需要但又无法自然获得的那种亢奋，他们开始滥交或滥用药物（尤其是可卡因和酒精），或是花许多钱去买一些新奇的、更昂贵的玩意儿。但这无济于事，他们因为太过沉溺其中而无法自拔。第七型人很容易依赖于某种刺激来源：电视、旅行、性或迷幻药，一旦依赖成瘾，就很难摆脱，并会突然发觉自己没有这些便什么也做不了。

遗憾的是，处在第六层级的第七型人根本没有真正的幸福和快乐感受，他们拥有的比他们实际需要的要多得多，他们做的也比大多数人多得多，但他们并没有因那些经验而有所拓展。事实上，真正的情况恰恰相反：他们的心肠越来越硬，他们的欲望越来越得不到满足。对他们而言非常不幸的是，他们也是贪得无厌的。习惯性的过度已经使他们变得真的"无法满足"了，处在健康状态时对快乐的寻求现在实际上变成了对痛苦的逃离。虽然他们仍喜欢讲各种各样"难以置信"的经历，但他人不禁发现，是痛苦和绝望在驱使他们尽力"逗趣"。

不健康状态下的第七型人

第七层级：冲动型的逃避主义者

在某些时候，第七型人可能开始注意到，他们从事的活动并没有给他们带来很多快乐。事实上，相反的情形倒是经常发生：过度使他们变得越来越悲惨和不幸。如果能认识到这个事实也许会让第七型人摆脱困境，但如果回避使焦虑愈演愈烈，或者如果他们负载的痛苦超出了其所能承担的限度，他们就可能会滑向一种冲动的逃避主义状态，为释放焦虑而以攻击性和不负责任的方式把焦虑表现出来。

他们从不反省自己的经历，把大量时间花在做自己想做的事情上，所以不健康状态下的第七型人通常都无法理解自己为什么这么不快乐、难以满足。但是，他们只是意识到自己不快乐，所以开始攻击那些曾经似乎阻碍过他们或拒绝过他们的要求的人与事。

不健康状态下的第七型人让自己保持在活跃状态——实际上是保持在逃离状态——就像冲浪者在浪头袭来之前要站在浪头顶端一样。他们变成了真正无可救药的逃避主义者。我们在一般状态下的第七型人身上看到的无节制的过度活动已经退化为完全不加甄别的行为，任何事物只要能够提供快乐或有助于消除紧张焦虑，他们都来者不拒。他们沉溺于酒色，纵情于淫乐，直到把自己折腾到筋疲力尽为止。他们越来越沉迷于声色犬马，因为他们总在寻求新刺激、新的逃离自己的办法。他们变得如此荒淫无度，以致都无法也不想集中注意力或与外界有真正的接触。

在第七层级，甚至快乐享受的现象都消失不见了。虽然他们仍可能讲笑话、说"趣事"，但声调已明显接近愤怒的边缘。不健康状态下的第七型人充满敌意和怨恨，他们追求自己的"快乐"，其实心里一点也不快乐，只是习惯成自然而已。他们越来越害怕一人独处，所以毫无顾忌地强迫别人加入自己自我毁灭的放纵行为。（"如果你不跟我喝个痛快，就从这里滚出去。"）

我们已经看到，第七型人是一种瘾君子类型，因为他们对曾带给自己快乐或曾有助于缓解焦虑的东西有一种强烈的依赖。上瘾有各种各样的形式，可以是"上进的"（这样他们就能得到快乐），也可以是"堕落的"（这样他们就能得到放松，丧失意识，从而不会感到焦虑），反正不管哪一种形式，潜在力量都十分大。几乎可以肯定，到现在第七层级，第七型人已经滥用了——只要能弄到手——各种形式的刺激物和镇静剂，他们想借这些东西来使自己快乐，结果却渐渐地步入更多不快乐。

处在第七层级的第七型人是如此惧怕潜意识中的忧伤和痛苦，甚至因此不敢睡觉。他们竭力想避开弱点，避开其潜意识的敞开状态——这种状态常常出现在熟睡之前。他们常常把自己折腾到筋疲力尽，如果必要，可以几天不睡觉，这样，当自己最终停歇下来的时候，就可以很快地失去意识；如果这还不够，他们还会使用安眠药或烈酒,接着再采取下一步行动,用大量咖啡因或更有效的刺激物让自己折腾到第二天早晨。像第六型人和第五型人一样,不健康状态下的第七型人已经变成了过度警觉的卫士,但在这一情形中,他们搜寻危险的前沿阵地就是自己的潜意识。

他们只要稍受一点挫折,就会变得十分愤怒,作出一些粗鲁无礼、考虑欠周的行为。他们就像被宠坏的小孩,只要他人没有完全顺他们的意,他们马上就会变得狂暴且具攻击性,心里有什么就脱口而出,根本不管这些话是不是有道理,也不管是不是会伤害他人。而别人也常常发现他们的行为让人很讨厌、不舒服,可他们也无能为力。不健康状态下的第七型人根本不在乎自己是不是伤了别人的感情或毁掉了别人的机会。如果某个东西不合胃口,他们就会暴怒、大喊大叫或者找一个"替罪羊"做出气筒。

由于缺乏抑制冲动的能力,一旦受到外在刺激,他们将立即不由自主地表现出来。生气的时候,他们会乱摔东西;伤心的时候,他们会号啕大哭;想侮辱别人的时候,也会毫不犹豫地去做,而且丝毫不觉得不好意思。不健康状态下的第七型人很少遏止自己的冲动,因为他们处理焦虑、攻击性或其他烦恼的唯一方法就是诉诸于此,并且要马上表现出来。

当然,诸如此类的种种行为常常不仅可以达到某种效果(人们会因尴尬而保持沉默或因震惊而默许),而且还可以消除内在的紧张而使自己获得即刻的满足。但是这种不健康的发泄情绪的行为会强化他们的冲动,就长远的角度而言,会使事情变得对自己更加不利。此外,这种冲动行为令他们显露出幼稚与不成熟,很少人能够忍受长久地待在他们身边,而这只会给不健康状态下的第七型人带来更多的挫折与愤怒。

最后,处在第七层级的第七型人用来对抗痛苦情感的防御机制将会崩溃。在一些阶段,悲伤和痛苦就已经在意识中浮现出来,但他们没有集中精力、采取有效措施压制它们。他们没有足够多的心力保护自己,所以当面对无法化解的情绪时,他们只能像这种情况下的其他人一样,变得抑郁。而且由于他们已经尽了最大努力去避免痛苦和抑郁,所以在陷入灰暗时会更加脆弱不堪,因为他们没有发展出很多应对这些状态的办法。第七型人不太会像其他类型的人那样陷入长期抑郁,但他们觉得自己的抑郁很严重,因为这个情感领域对他们的自我感觉而言是全然陌生的。

结果,不健康状态下的第七型人想尽可能快地摆脱痛苦状态回复到常态中。他们在自己的不幸中看不到任何浪漫的东西,只想着重新和环境建立联系以便逃脱抑郁状态。不幸的是，处在第七层级的他们情绪太过错乱，已没有办法回复到平衡状态了，相反他们终将走向躁狂。

第八层级：强迫性躁狂

由于他们的抑郁，以及从喜爱的娱乐活动中得到的快乐越来越少，因此不健康状态下的第七型人担心自己会完全丧失享受快乐的能力，甚至担心会丧失获得真正快乐的可能性。结果，他们从冲动退化为躁狂，进入一种完全逃避自己的状态。为了感受某个东西，他们愿意做任何事。他们想尽可能多地投身于疯狂的活动中，以让自己的能力得到充分发挥，使自己免于体验五内俱焚的焦虑和羞耻感。与其他类型的许多人相比，第七型人更容易让人觉得他们很完美，至少在某些时候是这样。不过，神经质的第七型人对环境和人际关系造成了巨大的破坏，因为他们的行为和情绪完全失去了控制且极度不稳定。他们就像龙卷风一样，行为极其混乱，也完全无法预测。

我们在一般状态下的第七型人身上所见的那种过度的行为，现在已退化为神经性的躁狂，心情、思想和行为都极为善变。在数分钟之内，他们的心情可能自好战的敌意转为痛哭流涕的悔恨再转为兴高采烈。周围的人自然难以适应这种人，而且当他们尝试和神经质的第七型人沟通、讲理或尝试去限制其"精神亢奋"的状态时，第七型人往往会以难以预料的危险行为作出反应。

虽然第七型人的心情经常处于一种亢奋状态，但其中却有一些不自然的妄想和强迫性的成分。他们越来越亢奋，觉得自己处于世界之巅，兴奋得失去了方向。他们快速地高声谈话，觉得自己能够做任何事情，能够实行一些伟大的计划，赚许多钱，事实上他们并没有那样的能力。而且，由于他们不考虑后果，所以为了维持这种自信的感觉，他们可能使用过量的迷幻药或酒精。

疯狂的第七型人还有一个典型的特征，就是会强迫性地参与各种不同的活动，以此维持抵御抑郁的能力。这些强迫性的活动有各种不同的形式：从强迫性的购物或赌博到不停地滥用迷幻药和酒精，还有强迫性的进食、强迫性的性生活，等等。这些强迫性的行为也可能给他们自己或他人带来严重的事故，如酒后驾车、吸毒过量、各种各样"冒失"的恶作剧造成的灾祸，等等。甚至正式的"躁狂症"如盗窃癖（神经性的偷窃冲动）也可能是这种强迫性行为的一部分，这取决于他们的冲动指向何种对象。

如果神经质的第七型人认识不到他们已经陷入幻觉，那是因为他们不理解自己失控的程度。从他们的观点看，抵御焦虑的唯一方式就是在它有机会浮现到意识中之前先把它表现出来。这个观点其实有一定的逻辑，因为神经质的第七型人借着他们的躁狂活动可以创造新的（虽然是幻觉的）经验源泉，这样他们就能借这些经验释放焦虑。因而，对他们而言，实施、完成计划并非重点，获得逃避的手段才是重点。

然而，神经质的第七型人无法了解自己正处于危险中。他们的思维就像水珠在滚烫的烙铁上滑动，一旦慢下来他们就完了，他们认为是这样。一旦失去了维持驱散焦虑的持续活动的能力，他们就会变得非常沮丧，这正好可以说明何以那种疯狂的活力会消失无踪，以及为什么我们把这称做"躁狂-抑郁防御"。此外，他们的强迫性活动还必定会给自己带来这样那样的麻烦。其他的人（和现实本身）必定会阻断他们的妄想，断掉他们逃避自我的路。

第九层级：惊慌失措的"歇斯底里"

疯狂的第七型人终于把四周的事物"消耗"殆尽，再也没有什么东西可以拿来稳固自己了。这时候，原来还能够通过让自己保持在活动状态来加以压抑的焦虑终于闯入了意识中。此时他们已无处可逃，已没有东西可以依赖了。结果，他们进入一种歇斯底里的恐怖状态，仿佛被发怒的野兽追杀一样。"歇斯底里"在此是在流行的意义上说的：无故恐慌、战栗、无法以行动或做任何事来帮助自己，等等，对他们而言，这实在太恐怖了。

那些强硬、老练、似乎完全能够照顾自己的第七型人，突然之间被洪流般的焦虑所击倒，并且无处可逃。他们的防御机制瞬间彻底瘫痪，令神经质的第七型人成为势不可当的焦虑的猎物。当然，任何强度的焦虑对一般状态下的第七型人而言都极具威胁性，因为焦虑来自潜意识，一个不为自己所知的领域。但是，这种情况对神经质的第七型人而言更为严重，意识到焦虑的瞬间，他们突然觉得自己仿佛被吞噬了。一度显得如此可靠坚固的有形世界，却不足以拯救他们脱离这不可名状的恐惧，当他们潜意识中的内容闯入意识的时候，那种恐惧就彻底地吞没了他们。

一旦最后的防线崩溃，所有痛苦、可怕的潜意识中的东西会全部向他们袭来：忧惧、罪疚、创伤、解离、混乱、焦虑全都闯入了意识。不健康状态下的第七型人已经花了几乎全部精力去抵制这些情感，所以当这些情感袭来的时候，他们惊慌失措，根本不知如何应对。结果便是恐怖的一幕，他们真的彻底麻痹：害怕移动，害怕思考，以免增加自己的痛苦。

在这个恐慌的时刻，神经质的第七型人在醒着的时候也会经历常人在梦魇中偶尔经历的那种恐怖。但幸运的是，常人会从梦魇中醒过来，而且，恰恰因为可以醒过来，常人才能恢复与现实的联系并能再次压制恐惧，但对于第九层级的神经质的第七型人而言，这是不可能的。他们已经完全醒过来，已经无处可以藏身。恐惧令他们像患了幽闭恐惧症似的完全瘫痪了，害怕被杀害，害怕会发疯，害怕会遭受无尽的折磨且无处可逃。

那些疯狂鲁莽的活动是各个层级不健康状态下的第七型人所共有的，它们常常会把第七型人的身心承受力推到极限甚至超出极限。许多不健康状态下的第七型人发现自己处在严重的体能崩溃状态。不论其根源是因为粗心而引发的偶然事故导致的疯狂，还是因为吸毒、嗜酒或性生活不洁而引发的疾病，抑或是因为透支身体而引发的崩溃，结果都是一样。第七型人再也不能通过投身于行动来逃离焦虑了，他们可以选择"逃避"的路径被彻底斩断。

神经质的第七型人的焦虑令人感到可怕的原因之一就是，他们恐惧的源头一直难以言明——因而极端难以应对，更不要说解决了。第七型人习惯过一种外在化的生活，给予自己越来越多的经验和刺激，结果，他们很少真正地去接触自己的内心，随着情况越来越恶化，他们在一定意义上就是在"争取时间"，只是希望自己不愿面对恐惧和痛苦的想法不要造成任何负面后果，此时，他们才认识到自己错了，可一切都已经于事无补。

第七型的发展机制

解离方向：朝向第一型

自第四层级开始，一般状态和不健康状态下的第七型人就处在压力之下，开始表现出一般状态和不健康状态下的第一型人的某些特征。我们已经看到，一般状态下的第七型人抵制自身的种种限制，想要自由地追求那种能让他们兴奋起来的东西。从一定意义上说，他们已经认识到，如果希望自己有能力继续享受快乐，就必须集中精力。然而，就像一般状态下的第一型人一样，一旦活动日程表排定，他们就觉得需要更努力地工作并约束自己。虽然自我约束的某些手段对此时的他们还是有用的，可那是出于错误的动机，因而效果有限。第七型人觉得应当有所限制，但接着又觉得自己的活动受到了阻挠，想极力反抗这些约束。这样做的结果通常就是，他们最终总想做更多限制自己做的事情。

到了第四层级，第七型人的兴趣在于获得广泛的新经验和尽可能享受快乐。他们热衷于探究似乎能让他们兴奋起来、让他们有新鲜感的东西。和一般状态下的第一型人一样，此时的第七型人喜欢向他人传授经验，热心地向他人报告一个新的研讨会或一本新书，或警告朋友不要去某个差劲的餐馆。然而，他们热情洋溢的谈话很快就会变成一场争吵，尤其当别人似乎并不欣赏他们发现的那些精彩事物的时候。同时，由于总想确保自己有能力追求身边令人兴奋的可能性，他们迫使自己一直处在行动状态。这样做不是因为他们真正想投入某项活动，比如说锻炼和家务，而是因为他们觉得自己应当做。结果，他们觉得更加受挫、更为焦虑，认为自己错过了某些更令人开心的东西。

在第五层级，第七型人变得更加没有分辨力、焦躁不安。他们的精力被分散了，他们不由自主爆发的无名之火令他人产生反感。当转向第一型的时候，他们觉得自己要悬崖勒马，因此变得更加自制、更加苛刻，以便遏制住冲动。他们可能突然从极端放肆无礼变得极端严肃刻板，对他人也极端粗暴、不近人情，对别人在他们眼中表现出来的无能越来越没有耐心。从根本上讲，他们的自制无法很好地发挥作用，因为那实际上是抵御其真实情感的又一种方式。转向第一型所引发的唯一感受就是，由于自己的需要没有得到满足而越来越愤怒、怨恨。

在第六层级，第七型人决心满足自己的渴望、平复自己的焦虑。他们是自我中心的、充满欲求的，但也处在压力之下，随着他们转向第一型，他们对没有尽全力关心他们的欲望的人极其挑剔刻薄。同时他们也变得极度趋向完美主义，不论是对他人的服务，还是对自己的成就。一般状态下的第七型人知道，他们已经没有机会获得人生的许多东西了，并最终断定是因为努力不够才与机会失之交臂。同样，他们对周围环境的要求也越来越趋向完美主义，没有一件事让他们满意，没有一个人做得对。他们觉得自己处在持续的受挫状态，没有什么事可以让自己高兴起来。他们责骂、侮辱让他们失望的人，通过居高临下的刻薄评论发泄怨气。

处在第七层级的时候，不健康状态下的第七型人极力想要逃避恐惧和痛苦，开始作出自我毁灭、荒淫无度的行为。此时，向第一型的转变加剧了他们的痛苦和怨恨。当他人因为其不负责任的生活方式而与之争论的时候，他们就会以挖苦和愤怒来回应。他们的活动完全没有灵活性：没有人能改变他们的想法。尽管几乎完全丧失了生活目标或自制力，不健康状态下的第七型人还是极其不能宽容他人的怪癖之处和弱点。曾经快乐的人现在变成了令人讨厌的伪君子，仇视他人，只看到别人的恶。

到了第八层级，第七层级的冲动已恶化成躁狂和冷酷无情。不健康状态下的第七型人完全丧失了控制，对自身和他人都极具危险性。当转向第一型的时候，他们把全部精力都投注到某些方向或计划上，希望能以此恢复控制力。自制力——一种专心于自己、恢复情绪稳定的方法——是他们最需要的，而转向第一型似乎可以提供这种能力。他们开始试着借某种强迫性的活动或拜物教式的信仰把秩序加诸自己狂野的冲动；他们开始把注意力完全集中在一个观念上，相信这个观念可以把他们从解离的过程中解救出来，或者开始相信是某个特殊的人或物引发了他们全部的痛苦。不论是何种情形，第八层级朝向第一型的转变都标志着他们抵制不可抗拒的焦虑的最后一搏，但是由于这种努力通常是建立在错觉之上的，根本没法带给他们一个平衡的焦点，所以至多只能给他们争取一些时间。

而且，向第一型的转变没有起到什么作用，因为退化的第七型人渴望得到的可借以解救自身的那个交合点完全在自身之外，而讽刺的是，这反而成为了他们破坏性冲动的一种心理避雷针。这个被期望成为救赎途径的人，非但没有帮助第七型人抑制他们的破坏性冲动或建设性地处理这些冲动，反而成为了第七型人仇恨的焦点，这种仇恨针对的是那些在过去挫败了他们欲望的人。

到了第九层级，以前为寻求快乐而投注到环境中的能量现在全部爆发，变成了仇恨的内核，这种仇恨不仅针对现实，也针对令其受挫的人。第九层级的第七型人突然简化了他们的生活，将其对某个人或某个东西的兴趣强化到强迫症的程度。朝向第一型的转变告诉了他们一个道理，他们据此就能够无情地根除让他们遭受挫折和痛苦的任何人或任何事。处罚他人的冲动和对他人最无耻的责难全都是这种人的一部分。

退化的第七型人是危险的，这不仅因为他们好冲动、具有暴力倾向，而且因为他们的思维混乱不堪。现在，因为某种歇斯底里的激情或因为某个时刻暂时性的精神错乱，他们极有可能杀害或严重伤害身边的人。即使退化的第七型人不会杀人，也有可能变得极端暴力，虐待孩子和配偶。如果他们真的杀害或伤害了他人，那他们的躁狂防御可能导致严重的抑郁，最后的结果就是自杀。

整合方向：朝向第五型

由于已经达到心理平衡，经过整合的第七型人再也不用害怕会被剥夺快乐。当健康状态下的第七型人朝向第五型发展时，他们会从内心之中和事物发生密切关系，借着经验的内化，经过整合的第七型人建立起了他们需要借以找到生活的稳定感和安全感的基础。

非常健康状态下的第七型人会感受到生命的伟大，这种感觉使经过整合后的第七型人想要更多地了解使他们获得如此非凡的快乐的东西。对他们而言，只是体验世界已经不够了，他们还想进一步了解世界。他们注意力的重心已从自身

（他们的经验和当下的快乐）转移到外界。他们更加尊重每一件事物的统一性，理解了这个世界并不只是为个人的快乐而存在的，他们不再只是世界的消费者，而更是沉思者。他们对一切都保持着感恩的心情，这种心情开花结果，使他们对一切事物都有一种好奇与惊喜的感受。

经过整合的第七型人现在已经克服了那种沉溺于酒色的逃避主义倾向，向第五型发展的第七型人能够专注于他们的经验，而他们的努力也获得了回报，使他们能够拥有广泛而深刻的经验，而新的经验深度又使他们能够更专注于自身。他们变得更加专业，能更加深刻地洞察现实，也允许现实洞察自己。经过整合的第七型人能够充分发挥自己了不起的才能和技能去影响自己的经验，在向第五型发展的过程中，他们并未失去健康状态下的热情与创造力，相反，经过整合的第七型人只会比以前更具创造力，为世界贡献更多原创的东西。

第七型的主要亚类型

具有第六型翼型的第七型人："表演者"

在一定程度上，第七型的人格特质和第六型的人格特质之间是存在张力的：第六型人以他人为导向，而第七型人以能够真正满足自己的需要的事物和经验为导向。然而，第六型和第七型都存在一种依赖性；第六型人依赖于从他人那里得到赞许和安全感，而第七型人依赖于使他们感到快乐的环境。所以主七翼六型人总想追求自我满足，同时也把他人看做获得刺激和快感的另一个源泉。他们可能是所有亚类型中最爱交际和最外向的。第七型人冒险追求经验的特质和第六型人渴望通过人际关系获得安全感的特质相结合，产生了喜欢和他人交往互动的人。主七翼六型人比主七翼八型人更明显地以人际关系为导向，后者更倾向于以经验为导向。这个亚类型的典型人物有：罗宾·威廉姆斯、史蒂文·斯皮尔伯格、阿图尔·鲁宾斯坦、莫扎特、伦纳德·伯恩斯坦、伊丽莎白·泰勒、玛丽安娜·威廉姆森、理查德·费曼、蒂莫西·利里、贝特·迈德尔、丽莎·明尼里、艾尔顿·约翰、彼得·乌斯蒂诺夫、卡洛尔·伯纳特、雪莉·温特斯、金·凯瑞、乔纳森·温特斯、鲍勃·霍普、席德·凯撒、梅尔·布鲁克斯、泽罗·莫斯苔、米基·鲁尼、里吉斯·菲尔宾、李伯拉斯、莎莎·嘉宝、约翰·贝鲁西、"小猪小姐"。

健康状态下的主七翼六型人极其多产，且有着富于感染力的热情。他们可能特别爱开玩笑、特别孩子气、十分迷人、傻得可爱，尽管经历过艰难，但身上总有一种天真无邪的气质和对生命中的美好的信念。他们也可能极具创造力和娱乐精神——正如这一亚类型的昵称所暗示的那样；与主七翼八型人相比，他们对世界怀有一种更正面的看法（像第九型人一样）。他们思维敏捷，常常有很强的幽默感，当处在健康状态时，能利用第六型的纪律意识、合作精神和组织能力去完成许多事情。他们本质上是自信的，但也希望他人能喜欢和接纳他们。如果有钱，他们对他人会很大方，尤其是在社交、聚餐和旅行的时候。他们用自己乐观、高昂的情绪和他人联结，与他人打成一片。主七翼六型人有温柔甜美的一面，这是十分有吸引力的。他们如万花筒一般，是各自不同的人格特质的混合体——令人开心但又冒失、敏感但也能屈能伸、自然流露但又可以依靠、成熟但又孩子气。

一般状态下的主七翼六型人依然多产，但第六型翼型的恐惧会加剧第七型注意力不集中或分散的倾向。他们缺乏安全感，与主七翼八型相比，对焦虑有更强的意识。主七翼六型人常常显得神经质、反复无常，总是坐立不安、心神烦躁，与主七翼八型人相比，更缺乏坚持精神。他们是防御性的、冲动的。他们渴望得到认可，却又害怕焦虑或独处，特别渴望有情人。他们渴望被爱，也容易陷入爱河。但是一旦浪漫褪去，他们又很容易失恋。热恋是一种强烈的体验，他们很享受这种体验：他们总是或者处在一段恋情中，或者正在寻找恋情。他们很风趣，但焦虑也开始浮出表面。他们就像拉拉队队长，总想激发他人的热情，创造一个更令人亢奋的环境，但又常常做得过度，让他人在这个过程中感到有些厌烦。当他人没有满足他们对刺激的期待时，第六型人喜欢生闷气和悲观的倾向就会表现出来。一般状态下的主七翼六型人若是处在更低的层级，就会在第七型人对去往更广阔天地的渴望和第六型人对失去与他人的安全联系的担心之间徘徊。他们爱社交，但对人们如何看待自己感到不安；他们好冲动，但对自己的决定心存疑虑；他们铺张，但对金钱有一种焦虑。随着焦虑的增强，主七翼六型人对他人越来越漠不关心，且对此根本没有察觉。他们也会变得以自我为中心，要求他人帮助自己应对焦虑的冲击。因而，尽管第六型翼型弱化了第七型的攻击性特质，但也强化了后者的焦虑。与主六翼七型人的情形一样，主七翼六型人也有强烈的药物滥用倾向。

不健康状态下的主七翼六型人显示了不健康状态下的第七型人反复无常的疯狂特质和第六型人胆小、有依赖性的特质，所以他们无休止地寻求"玩伴"——后者将成为其不幸遭遇中的"共谋"，可帮助他们摆脱日趋严重的恐惧和痛苦。他们想要得到他人的认可和关爱，但也可能会产生严重的自卑和焦虑，这些特质正是该亚型的两个组成类型的共同问题。他们会转而求助于别的人，可怜而又令人生厌地要求他人解决他们的问题。他们也许会通宵达旦，跟愿意和他们说话的随便哪个人通电话或泡夜店。如果这还没有效果，他们就会变得歇斯底里和无助，一会儿大喊大叫，一会儿又乱冲乱撞；一会儿赶走他人，一会儿又四处找人回到身边。他们也特别容易出现自我毁灭的行为，作出一些剧烈的、自虐性的事，如企图自杀。最终，身心俱疲的他们投向了毒品的怀抱或者干脆彻底崩溃。

具有第八型翼型的第七型人："现实主义者"

因为第七型和第八型都是攻击性的，所以这两种类型的人格特质结合在一起，产生了一种极具攻击性的人格类型。主七翼八型人的攻击性体现在两个方面：对环境提出各种要求和用自我的力量强化这些要求。没有人能在不受到回击的情况下令这一亚型的人感到挫败。他们极其自信和勤奋，也比主七翼六型人更以目标为导向、更讲求实际、更具雄心壮志。他们利用自己的内驱力和高昂的热情去维持一种紧张、积极的生活方式，很少担心周围的人会从中作梗。他们的自我力量相当大，第八型翼型使其更能把注意力集中在任务和目标上。这个亚类型的典型人物有：约翰·肯尼迪、马尔康姆·福布斯、加里·格兰特、温莎公爵夫人、费德里科·费里尼、玛琳·黛德丽、琼·柯琳斯、琼·里弗斯、菲莉丝·迪勒、海伦·格莉·布朗、乔治·普林普顿、诺埃尔·考沃德、科尔·波特、大卫·尼文、拉里·金、劳伦·白考尔、朱迪思·克兰茨、杰奎琳·苏姗、苏珊·卢琪、杰拉尔多·瑞弗拉、霍华德·斯特恩、《谁害怕弗吉尼亚·伍尔芙》中的"玛莎"。

健康状态下的主七翼八型人热情活跃，因为他们基本上属于第七型人。他们能真正地享受世界和世界所提供的东西，是最广义上的唯物主义者。他们能享受生活中美好的东西，能把第七型人活泼的才智和第八型人的闯劲与冲力以某种方式结合起来，结果通常会达到实质性的成功。第八型翼型增添的自信、强力意志和自我主张等要素，有助于他们克服障碍、承受前进道路上的一切艰辛。他们具有领导才能，作为挑战者，他们思维敏捷，个人风格光彩照人。他们有着引人注目的成熟，讲求实际，有进取心，有恒心（尤其面对艰难的任务时），有坚强的毅力，给人一种令人困惑的世故的印象。主七翼八型人知道，他们能得到自己想要的：他们讲究思维策略，能迅速地重新组织起内部和外部资源去追求想要的东西。

与主七翼六型人相比，一般状态下的主七翼八型人更讲求实际、更世俗也更有世界眼光。他们能把热情用在许多方向，能同时干许多活甚至从事多种职业。第八型翼型为他们增添了一些工作狂特质，这一点在主七翼六型身上就不那么明显。他们追求各种各样紧张激烈的经验，享受这种经验提供的肾上腺素上升带来的快感。他们还有一种强烈的欲望，想要积累资产或"玩具"——新式汽车、漂亮的服装、珠宝、音响器材、电视等奢侈品。他们的口头禅是："我值得拥有这些！"当然，主七翼八型人也喜欢旅行，喜欢新鲜的体验，但注意力更多地集中在活动而不是社交上。他们当然不会对浪漫免疫，但在人际关系方面往往是精明的现实主义者。他们不惧怕一个人待着，对自己的需要、期待和弱点心知肚明。当处在较健康层级的时候，他们目标明确，直言不讳，若是处在不健康的状态，主七翼八型人绝不会"冲到最前面"去获得所需。他们会明确亮出自己的欲望，在追求欲望满足的时候很少照顾他人的需求、欲望和情感，有时甚至无视法律和道德的存在。他们不会故意回避冲突，实际的情形也常常是与回避相反：对抗会让他们感到刺激，因为冲突可以让他们兴奋起来。与主七翼六型人过重的孩子气和过度热情相反，他们采取了一种厌世的态度。他们也有顽强的意志力，可以抵御可能会控制他们的任何力量，因此与另一个亚类型相比，他们滥用药物的可能性要小一些。同时，他们比主七翼六型人更坚强、更有意志力。

不健康状态下的主七翼八型人既要承受第七型的强迫性的躁狂折磨，也具有第八型破坏性的反社会倾向。他们在逃避焦虑的时候常常会陷入危险的境地。赌博、参加地下组织、极端的性行为、"过边缘的生活"，这些会迅速地损伤他们的身体、情绪和财力。他们可能变得冷酷无情，尤其当他们相信某个人拥有自己想要的东西——不论是人还是物——的时候。由于不健康状态下的第七型人会走向失控，而不健康状态下的第八型人会过于低估自己的力量，所以不健康状态下的主七翼八型人极端鲁莽而危险，一旦表现出来，就会变得极具破坏性，且可能会对他人产生毁灭性的影响。他们捉摸不定的行为会迅速导致死亡或精神崩溃的情况。

结语

回顾第七型人退化的过程，我们看到，不健康状态下的第七型人最惧怕的事最终应验了。他们所寻求的快乐被剥夺了，这不是因为世界喜欢阻挠他们，而是因为他们对生命没有足够的信任。他们消耗自己的经历，只在表面上体验它们，仿佛一切的存在都只是为了他们的快乐。活着只为眼前的满足，然而这并不能带给他们真正的快乐，而是适得其反。

还有一点值得注意，第七型人害怕被剥夺，而事实上我们极少看到他们真的被剥夺，至少长时间来看是这样。他们害怕被剥夺，因此做每件事都不会亏待自己；因为他们具有攻击性，所以常常能如愿得到自己想要的。但也恰恰是因为他们具有攻击性，所以最后常常是竹篮打水一场空，因为缺乏节制而毁灭了自己，也失去了获得真正快乐的可能性。

　　如果第七型人不知道"体验自己的经历"，那么他们所做的一切都毫无价值，都是白费力气。即使拥有最丰富的财物或是最神奇的经历，如果不能够真正吸收它们，则一切都毫无意义。最终，一旦第七型人不能克服被剥夺的恐惧，他们将盲目地继续消耗，却得不到满足。要想让他们明白这些道理是不太可能的事，因为生命中最有价值的经历只有那些在精神与心理上有足够准备的人才能体验到。除非第七型人能够在灵魂深处把外在的经历内化，否则他们永远也无法体验到生命必定会提供的最崇高庄严的经历。他们无意间丢了西瓜捡了芝麻。

第十章

第八型：领导者

第八型人简介

健康状态下：他们重视自我彰显，自信、坚强；对所需要和渴望的东西不轻言放弃；足智多谋、会"做"姿态、内驱力充沛。他们有决断力、有权威性、有号召力；是众望所归的天生领导者；富有开拓性、能力挽狂澜、是斗士、喜欢充当供养者、保护他人、受人尊敬，能带给他人力量。在最佳状态下：自我约束、宽宏大量、仁慈、忍让、能通过主动屈服于更高权威来克制自己。他们有胆识，为了实现自己的理想、赢得持久的影响力，甘愿置身于极端危险的境地，可以成为真正的英雄和历史上的伟人。

一般状态下：他们能够自给自足，经济独立，最关心是否拥有足够的财力，是实业家、实干家、"彻底的个人主义者"、操盘手；具有冒险心、不迁就自己的情感需要。他们开始主导环境，包括他人；渴望身后有追随者支持他们的努力；以"老板"自居，自己的话就是规则；自鸣得意、自吹自擂、强势、喜好扩张；自负、以自我为中心，总想把自己的意愿和想法强加于人；不把他人看做平等的人或者说不知道尊重他人。他们极其好战、好斗：勇往直前、喜欢挑起战争、喜欢挑起敌对关系；把一切事都当做对意志力的考验，决不退缩；通过威胁和报复获取别人的服从，让他人失去平衡状态、产生不安全感。

不健康状态下：他们会挑衅所有想要控制他们的企图，无情无义、独断专行、"强权即真理"。他们是罪犯、亡命徒、叛徒和骗子。心肠硬、不讲道德、有潜在的暴力倾向。他们对自己的权力、不可战胜和说服能力有一种妄想型的观念，自大狂，自以为无所不能、"刀枪不入"。鲁莽让他们冒过多风险。如果深陷险境，他们就会残酷地毁灭一切不屈从于自己意志的东西，而不会向别人投降；复仇心重、暴力、粗野、凶恶。有反社会的倾向。

关键动机：想倚赖自己，抗拒自己的弱点，想影响环境，想彰显自己，想控制、战胜他人，想成为不可战胜的。

典型人物：小马丁·路德·金、富兰克林·罗斯福、林登·约翰逊、米哈伊尔·戈尔巴乔夫、葛吉夫、巴勃罗·毕加索、理查德·瓦格纳、英迪拉·甘地、凯瑟琳·特纳、马龙·白兰度、约翰·韦恩、查尔顿·赫斯顿、肖恩·康纳利、欧内斯特·海明威、诺曼·梅勒、迈克·华莱士、芭芭拉·沃尔特斯、安·理查兹、李·艾柯卡、唐纳德·特朗普、法兰克·辛纳屈、贝蒂·戴维斯、罗斯安妮、利昂娜·赫尔姆斯利、罗斯·佩罗、菲德尔·卡斯特罗、萨达姆·侯赛因、拿破仑、吉姆·琼斯、"维托·柯里昂"。

第八型人概览

追求权力的理由广为人们所讨论。如果追寻权力仅为一己或一群体之利，则称为自私；如果反映了大多数人的兴趣和看法，则常被认为是能鼓舞人心的领导者或政治家。

难以辨明的是，在追求权力的目的中，有多少是为了能够行使权力本身。在所有社会中，无论是原始社会或表面上看似文明的社会，行使权力均为人们所深爱。许多有关屈从的繁文缛节——令人兴奋的民众、受到喝彩的演说、餐桌和宴会上的上座、轿车内的座位顺序、飞机的放行、军礼欢迎仪式，无一不是对拥有权力的颂扬。这类仪式、行使权力时想要影响他人的借口和说词都受到颂扬。真正去行使权力当然更是如此，诸如对下属的指示、军事命令、传达谕旨或是主管在会议结束时说："好，以下就是我们要做的……"均是类似的例子。自我实现的价值感常常源自权力的行使和环境的配合。在人类的特性中，再也没有比虚荣更危险的了。诚如威廉·赫兹利特所言："对权力的喜爱其实就是对自己的喜爱。"所以，权力的追求除了是为个人利益、价值和社会的看法外，更是为了权力本身，因为拥有权力、行使权力能带来精神和物质上的回报。（约翰·肯尼斯·加尔布雷思.权力的分析.9—10.）

想要描述权力时，难免会混淆一些模棱两可的概念，像领导权、权威、意志力、勇气、自主和破坏性等。比方说，"有意志力"与"专断"二者间有何差别？"意志力"似乎是可好可坏的东西，更多时候是看它的用途，而不是它指什么。我们也很难界定一个人为何是权威，或为何是特别有能力的领导者。是不是只要是由我们同意的人来行使权力就算健康的权力行使，而我们不同意的人行使权力就该受到谴责？在这里我们不可能深入且完全公正地探讨权力的复杂性，但在本章，我们多少会涉及一些这类议题，因为本章所讨论的人格类型正是权力的最佳例证。

在第八型人格中，可以见到勇气、意志力、自主、领导权、权威、专断，同时也会见到权力的黑暗面：毁灭权力已经创造的一切的能力。

在本能三元组中

第八型人是本能三元组的3种类型之一。该三元组的3种人格类型以不同的方式避免自己受到环境的影响：第八型人支配环境，第九型人忽视环境，第一型人则试图完善环境。第八型人倾向于在环境中强有力地表现自己，这样就没有人也没有什么东西能胜过他们。

在九型人格中，第八型人是最具公开攻击性的人格。他们与自己的本能冲动建立了一种强有力的联系，这使他们有旺盛的精力和强烈的自信，并渴望以有意义的方式影响世界。他们是那种负责任的人，总想将自己的意志贯彻在环境中，当然包括他人。没有人敢忽视第八型人，除非他想冒险拼命。由于第八型人的意志是如此坚定、有力，所以他们是最容易辨认出来的一型，同时也是最难相处的一型，因为按自己的方式行事对他们极为重要。如果处在健康状态下，他们就能运用强大的自信和意志力，以建设性的方式来支配环境。但若在不健康的状态下，他们会滥用一切权力来控制他人，为满足这种欲望，他们会不计一切代价，即使那意味着要毁灭挡住了他们的路的人。

本能三元组的重要主题之一就是抵抗。该三元组的所有3种类型都会部分地抵抗自己和他们的环境。第八型人的特殊抵抗形式就是面对环境中的冲突，他们根据斗争和忍耐力来看待周围的世界，相信自己必须持续不懈地投身于与环境的斗争，否则就难以继续生存下去。这一观点把他们引向了一种强有力的专断式的自我表现，由于他们如此喜欢表现自己，并且通常得出对自己有利的结果，所以，第八型人对权力产生了一种强烈的自信心。与其他人格类型相比，第八型人有更强烈的、钢铁般的决心和专一性。但他们自己没察觉到，假若他们允许自己的意志力自由发挥，则他们彰显自己的能力很可能会具有相当的破坏性。一旦发生这种情况，别人常常就会采取行动反对他们，接下来生活就会被冲突和纠纷瓦解离析，他们担心会在这个无情无义的世界中变得孤立无助，而这就真的要成为现实。

第八型人对应着荣格类型学理论中的"外倾直觉型"：

> 外倾直觉型的人对新事物及创新有灵敏的嗅觉。因为他总是在寻找新的

可能性,所以一成不变的环境令他窒息……理性和情感都阻挡不了他,也威吓不了他,不能使他放弃去寻求新的可能性,即使与他以前的信念不符亦在所不惜……为他人的福利考虑是一种软弱,他人的心理健康远不及他自己的重要。同样地,他也很少关心他人的信念及生活方式,所以常让人觉得是个不道德的、无耻的冒险家。由于他的直觉集中在外在事物和探索新的可能性上,所以,那些能把这些能力发挥到极致的职业,常是他所专擅的。企业大亨、实业家、投机者、股票商、政治家,等等,皆属于这一类人物。

不用说,在经济、文化方面,这个类型的人是非常重要的。如果他心怀善意,也就是说,如果他的态度不那么以自我为中心,就可能成为新企业的创始人或促进者,能带来非凡的贡献。他是放眼未来的少数群体天生的拥护对象。他们有才干,如果能把注意力放在人而不是事上,将能对他人的才干和潜能作出直觉性的判断,然后依此"塑造"一个人。他为新事物鼓舞士气、煽动热情的能力无可匹敌,虽然可能第二天就偃旗息鼓了。他的直觉越是强大,就越是能将自我与他人所见的所有可能性合而为一。他能将自己的洞见注入生活,能以令人信服的方式和富有戏剧性的热情将其表达出来,也就是说,能让它在生活中得以体现。但这不是在表演,而是一种命运。(卡尔·荣格. 心理类型. 368—369.)

第八型人认为除非目的已达到,否则必须坚持己见,正如荣格所言,假使第八型人不那么以自我为中心,那他们个人的目标也会对别人极其有益。他们可能会建造摩天大厦、筑城、建邦,这些举动虽说是为了个人的表达,但也是大众福祉所必需的。在诸多人格类型中,第八型人是天生的领导者,如果能超越自我欲求,多为大众的福利着想,则其所作所为的确可能对历史有所贡献。他们那种极度自信的态度能鼓舞众人,使大家共同投身于有益的建设中。

但不幸的是,正如荣格所暗示的,第八型人很有可能变得以自我为中心,被自我的力量和自己正在进行的宏伟计划冲昏了头。即使是一般状况下的第八型人,也会为了争取支配权而与他人对抗,好像别人在争取权益时必定会损伤他们自己的权益一样。一般状态下的第八型人认为,只能有一个顶尖人物存在,而自己理当就是这个顶尖人物。他们觉得整个世界都该为他们而调整,大家应团结一致助其完成目标。

由于有这种心理倾向,所以,如果第八型人处在不健康的状态下,他们必定是相当危险的,这一点也不奇怪。他们可能为了达到目的而惨无人道,即使那意味着最终要牺牲所有人的权益和需求来达成他们自己的目标也在所不惜。所以第八型的人格特质有两种极端的、截然相反的可能性：当处于健康状态下时，其他人格类型都没有第八型能鼓舞众人的热情，为大众做有益的建设；相反，当他们处于不健康状态时，没有一种人像第八型一样，会那么彻底地滥用权力，且具有那么大的破坏性。

攻击与压抑的问题

本能三元组中的3种人格类型有共同的问题，那就是攻击性，以及因压抑而造成的自我发展不良。这3种类型的人都具有攻击性冲动，但第九型人会将这一冲动完全压抑，第一型人会将之升华为理想主义的工作，而第八型人则完全且强有力地将其表现出来。还有，这3种类型的人都压抑了自我的某个方面，结果对他们的人格造成了特殊的影响：一般说来，这3种类型的人都认为自己不会有什么不对，所有的重要问题都出在他们之外的环境身上，所以，第八型人要控制环境，第九型人忽视环境，而第一型人试图改善环境。尤有甚者，借由压抑的保护作用，他们对自己的行为后果不再有焦虑，所以他们的生活不大会受情绪冲突或自我怀疑之类的问题困扰。简言之，这样的心理特质让这3种类型的人对什么事都看得比较简单，但却苦了周围的人，给他人的生活带来了诸多不便。

乍一看，很难看出第八型人也会压抑。他们在表现自己、与人交往方面没有什么障碍，每当与人交流，他们通常都是直击主题。他们有胆识，可以为自己所爱的人和所信仰的事，甚至只为一己私利而和他人一决雌雄。他们有丰富的欲望，会享受生活的乐趣——所以还有什么是第八型人不敢做的吗？

基本上，驱使第八型人的力量是一种恐惧，即害怕被他人主导、伤害和控制。正如我们刚刚已经看到的，他们认为这个世界完全是一个"自相残杀"的场所，而他们绝不愿自己"被吃掉"。因此，第八型人相信，他们必须奋起保护自己，与残酷的生活现实作顽强的斗争，但为此必须压抑自己的多愁善感和妥协软弱。

第八型人通常像孩子一样敏感，虽然他们旺盛的精力和天生的热情常常会被成人世界所阻挡，甚至威吓。他们的生命活力不仅令朋友着迷，但也引来了那些因受到威胁而对他们心怀戒备的人，这些人会以隐晦或明显的方式攻击年轻的第八型人。结果，第八型人知道了强化自己、武装自己以面对生活，但这样做是要付出代价的，那就是要牺牲天生的敏感和多愁善感。大多数第八型人都会想起童年时期的一些重要危机，正是在这些危机中，他们认识到他们再也不能如此开心地生活，并强烈地感觉到这是生活中的一大不幸。

但不管是不是不幸，第八型人下定决心要让自己坚强，他们身上的那种多愁善感、那种软弱、那种对爱的渴求、那种求助的能力，所有这一切都必须压抑下去。最重要的是，他们必须压抑自己的恐惧，因为那可能是其寻求独立性和坚强的最大威胁。当然，在外表之下，第八型人和别人一样有自己的忧惧，但他们已经学会划出一定的范围，让恐惧在意识层面得到限制。如此一来，他们就能有目的地发起挑战，直面这些恐惧。如果他们恐高，那就要学会爬山或跳伞。如果他们惧怕动物，那就要去狩猎和野生动物亲密接触。虽然我们已经提到了第六型人什么都不怕，但第八型人才真正体现了无所畏惧的生命探求。可讽刺的是，惧怕被控制和被主导的第八型人最终却被这一恐惧本身所控制和主导了。

第八型人压抑其脆弱的另一个原因是他们与他人的互动性。在健康状态下的第八型人那里，我们看到，开朗、乐观的心理倾向反映了他们天性中的情感状态，但随着他们逐渐屈从于恐惧，他们开始相信根本无法让他人走近自己。他们发现自己很难相信他人，所以试图让自己相信他们不需要他人。他们还强化自己的内心，告诉自己天涯何处无芳草，自己身上必定有他人需要的东西。这是特别让人悲哀的，因为事实上，虽说第八型人承认大家需要他们，但常常不相信大家会爱他们，同时又不敢承认自己需要别人、爱别人的程度有多深。

父母取向

还在幼儿时期，第八型人就对养育者有一种矛盾情感，这一形象在第八型人的早期发展过程中是一面镜子，不仅关心他们，还提供给他们关于爱和个人价值的意识。养育者通常是母亲或母亲的替代者，但在有些家庭，充当这个角色的也可能是父亲或哥哥姐姐。第八型人对养育者没有强烈的认同，也无紧密的联系（这一点和第三型人一样），但在心理上，他们也没有与养育者角色完全脱离联系，这一点又和第七型人相似。结果，第八型人明白了，他们应和养育者保持一定的联系，融入家庭之中，充当与养育者互补的角色。养育者角色体现了母性特质：温暖、呵护、养育、认可、温柔、敏感。因而，第八型人认同补充性的父权角色，他们明白，获得价值感、爱和养育的最佳方式就是成为一个"强者"，一个小小的保护者，别人要向他们寻求力量和指导，尤其是在陷入危机的时候。第八型人完全地认同这种角色，觉得放弃它就会失去自我认同，就没有希望得到他人的爱或关心。

跟同样具有两种"矛盾情感"的第二型人和第五型人一样，第八型人觉得，他们的幸福和生存取决于自身生活角色的实现。第二型人认为他们必须始终无私地养育和爱护他人，第五型人觉得他们没有角色可以承担因而必须找到一个角色，而第八型人相信他们必须果断、坚强、能够处理重大问题、不辞辛苦。在这3种类型中，这些角色的健康表现可以给周围的人甚至世界带来极其重要的贡献。然而，随着恐惧和不安全感的增加，这些角色变成了牢笼，困住了这3种类型的人，使他们没法充分表现他们的人性。

正如我们已经看到的，第八型人开始压抑恐惧和多愁善感，这样他们才能变得足够强大，去迎接必须面对的挑战。在功能极度失调的家庭或在极度恶劣的儿童成长环境中，这些挑战可能是相当强大的，就第八型人而言，他们成为了极具攻击性、难以与他人亲近也不愿承认自己受到伤害的人，好像必须建起一个攻击性的自我防御的坚硬外壳，这样别人才不能再伤及那个软弱的、多愁善感的自己。

如果第八型人在儿童时期受到严重虐待，那他们对他人及世界的信任就会被破坏，以致生活在对拒斥和背叛的不断预期中。与有信任问题而且可能会发展出攻击性的防御世界的第六型人不同，第八型人认为他们没法依靠外界的任何人或任何事。在家庭内部，他们觉得自己是一个独立的人，只渴求彰显自己的权威。根本不能指望别人为其提供保护或指导，凡是环境中的权威人物，就要奋起与之对抗，不论那个权威是父母、老师、兄长还是警察。第八型人不愿把自己的命运或决断交付到他人手中掌控。（"少跟我废话！"）

如果第八型人成长的早期环境中存在一定的温暖、呵护和相互支持，情形可能会好一些，成年以后，他们就会担当起强有力的保护者角色，尤其是对他们信任和亲近的少数人。如果没有得到支持或呵护，他们就会出现一种"人不为己天诛地灭"的人生态度。他们觉得好像必须为自己的生存而斗争和奋斗，如果他人也要生存，那他们最好能够照顾好自己。试图成为第一号人物是人生要务，过多地顾及别人只会给自己的生存带来风险。

我们在第八型中可以十分清楚地看到一个孩子的天性——在这里，就是精力旺盛、身体的强大忍耐力、强权意志——是如何与一个家庭结合在一起，造就出一个人特殊的行为模式、决定其人生态度的。在下面讨论各个发展层级的时候，我们还会看到这些天性受到正面鼓励和得到正面表现的时候是如何造就一个建设性的、强权式的、将留给后世一笔永久遗产的人物的。而在另一个极端，这些旺盛的精力会因为虐待而遭到扭曲和损害，这时，我们看到的将是一个具有报复心的破坏性人物，其给后世留下的将是另一种遗产。

健康状态下的第八型人

第一层级：宽怀大度的人

在最健康的状态下，第八型人心胸宽广，富有同情心，能为了比自己的志向更伟大的事业作出让步。他们是真正无私的：不是以消极无效的方式——留存着他们全部的旺盛精力和活力——而是完全不计私利地为他人着想。健康状态下的第八型人明确地知道，为了更大的善应当做什么，并且会真的付诸实施。

他们也知道不能按照自以为是的冲动贸然行事，相反，要尽可能让内心保持平静，等待更深刻、更真实、并非基于恐惧和直觉反应的冲动由内而发。他们控制着自己和自己的激情，即使他们能强有力地与他人对抗，他们也不会采取行动，这证明了其真实力量的强度。矛盾的是，如果第八型人能够自制，看起来反而会更强大。他们宽大为怀，予人自治权，而不支配别人。

然而，健康状态下的第八型人不是好欺负的，不会让自己冒失去独立的危险。事实上，健康状态下的第八型人知道，他们内心最深处实际是自由而独立的，具有充盈的内心力量和生命力，永远有能力去迎接生活的挑战，因为越是健康的第八型人越有能力照料自己。同时，他们认识到，"人不可能是一个孤岛"。当他们需要帮助的时候，就会实实在在地去寻求帮助，而在需要给予他人帮助的时候，他们就毫不吝啬。这大大地减轻了他们肩上的负担，使他们天性中对生活的热情和爱能够茁壮成长。

这种自制足以显示他们的勇气，而勇气的大小总会受到考验，因为人们不论做什么或不做什么都极有可能危及自己的生活。非常健康的第八型人不仅拥有体能上的勇气，更具备道德上的勇气，坚信自己所相信的原则，因此被视为英雄，赢得世人的景仰与尊崇。

第八型人具有为大多数人谋求最大利益的心理潜能。非常健康的第八型人总是具备第八型人特有的魅力，全身散发出一种绝对自制和博爱的灵气，使周围的人喜欢聚集在他们的身旁，寻求指导、安全和保护。而第八型人心灵的高尚大度也感化了周围的人。所以非常健康的第八型人最可能成就真正伟大的事业，因为其自我先前就已立下了要实现客观价值的宏愿，比如谋求和平、兴办教育、以切实可行的方式帮助他人，等等。

第八型人的伟大之处就在于，他们能找到具体可行的方法来减轻别人的负担，让每个人生活得更好。他们会运用所拥有的人力资源来谋求大众的福利，担起为人们解决问题的重任，所以无论对身边的人而言，还是对国家或整个世界而言，第八型人总是无可避免地会被看做造福者。人们万分感激他们创造了各种机会，使人能过上和平、繁荣的生活。结果，人们对健康状态下的第八型人十分忠诚，以一种近乎崇拜的心情爱戴着他们。

尽管健康状态下的第八型人常常是人们关注的对象，可他们并不会受此影响。他们为人处世有一种天真淳朴的特质、一种纯粹的精神，令世人万分感动。与不那么健康的同类型人不同，健康状态下的第八型人宽容大度，温和体贴，对生活怀有深刻的、不可动摇的信念。他们的坦率诚实常体现为一种通向终极真理的能力。

第八型人即使没有亲自完成自己的志愿，人们仍认为他们是伟大的。他们认为自己的愿望可能只有少数能够实现，但仍能对世界产生巨大影响，因为他们的英雄事迹与志愿激励了千万人继续完成其工作，以他们的名义成就伟大的事业。万一具有这种才干的第八型人在完成志业之前不幸去世，他们的死将使人们觉得自己被遗弃了，觉得他们的保护者被带走了，面对命运的无常，再也没有保卫他们的人了。没有一种人格类型的人能像第八型人一样对他人产生根本的、情绪化的影响力，让周围的人都以身为他们的追随者为荣。

于是，英雄般的第八型人成了不朽的人物，在其追随者的心目中留下了永难磨灭的印象，他们在世上奠立了一种极为特殊的丰碑，一种只有深受爱戴和尊敬的人才可能享受到的特殊丰碑。

第二层级：自信的人

第二层级的第八型人并不总是像处于第一层级的人一样健康。如果他们陷于恐惧，害怕受到他人的伤害或控制，就会渴望保护自己，成为自立的人。他们总想走自己的路，所以想要对抗环境，坚持己见，造就和加强自己的意志力。第八型人总想觉得自己在控制自己的命运，是"命运的主人"，并且总想确信有自由和空间追寻自己的目标。他们几乎从不怀疑自己克服障碍的能力，所以显得特别自信。

第八型人之所以觉得自己是坚强的个体，是因为他们在遇到外部世界的挑战时曾体验到自己的意志力的伟大力量。他们觉得自己坚实可靠，并以自信来让人明白自己的内心力量。他们自知能克服障碍，在斗争中成长，且越战越勇。（"如果不能毁灭我，就只会使我更强大。"——弗里德里希·尼采）他们明白自己有争取权益的能力，有对抗加诸身上的任何压力的意志力。

他们越是坚持己见，就越有自信，就越相信自己克服困难的能力。他们具备化挫折为机遇的技巧，并能在逆境中茁壮成长，在逆境中学习；他们从不问为什么不能做好一件事，因为他们有把握做好任何决心做的事情。与其他人格类型的人不同，健康状态下的第八型人很少会因为自我怀疑、焦虑、不安全感而饱受折磨，也不会投入过多的精力去反思或关心自己的身份。

通观人格特质的整个图谱，我们会看到，第八型人有忍耐力和坚强的意志力，有坚持己见的能力。对他们而言，没什么微妙难明的事，因为他们越是能克服环境中的困难，自信心就越加强。只要有一点机会，他们就要想尽办法坚持己见、彰显自己。

第八型人虽然常常是专注于外部，指向环境，但有高度发达的直觉能力。第八型人对万事皆有"预感"，能在人和情势中看到他人看不到的可能性。他们是这样一种人：能对着一摊破旧杂物看上很久，突然知道该如何有效有益地把它归拢起来；看着在火中烧毁的旧房子，仿佛就看到了新家或办公楼；看着一个人在同艰苦的环境作斗争，仿佛就看到了潜在的领导者。确实，直觉使他们具有杰出的知人论世的能力，通过观察一个人的资质，他们能看出他会成为什么样的人，或者换一种说法，他们能在远处感觉到某个人的不诚实或不忠诚。

这种自信、直觉、自立的特性也使健康状态下的第八型人变得很机智。当有事情要做时，就有来自自身的动力主动去做；遇到挑战时，就能激发斗志、产生动力。简言之，第八型人相信，他们在这个世界上能按照自己的方式去做事，这是一种特别有用的心理基础，可以帮助建立坚强、自信、能干、可靠的自我感觉，使其有坚定的意志力和自我，有影响环境的能力。只有第八型人有这种内在的坚固性。并且只要第八型人处在健康状态下，就会具有这种心理特质。

第三层级：建设性的领导者

一旦第八型人认为自己是坚强、自信、独立的，就会害怕变成软弱、胆小、有依赖性的人。于是，他们投身于世界，迎接挑战，以证明自己的力量和独立性。最终他们会成为有建设性、有权威的领导者，能应付新的挑战，会用自己的力量去完成值得的目标。

虽然构成领导才华的能力很复杂，难以抽象地定义，但第八型人正是那种人们自然会在他们身上发现领导才华的人格类型。健康状态下的第八型人拥有精明、权威、果断和值得敬重的特质，所以被信任、被仰赖、被期盼，人们期待他们来解决问题，运用他们的才干去为大家奋斗。大家视他们为指导者、领导者、保护者，是达成他人需要的人。

健康状态下的第八型人身上散发出一种天生的领导者气息，他们有理由为自己和自己真正的成就感到自豪。处在第三层级的第八型人不是没有自我，他们的自我致力于为外界服务，影响他人去实现人人皆可受益的目标。如果第八型人在现场，他们就是总指挥。如果他们处在健康状态下，别人就不用担心，尽可由他们指挥，因为第八型人显然是值得尊敬的，心中只有每个人的最大利益。第八型人果断有力，决断公正。而且，他们是十分有力的领导者，因为他们最具说服能力。正如我们已经看到的，他们极度的自信与对所做之事的绝对把握能够激励他人，让他人心甘情愿地支持他们的领导地位。（"领导即是让人们去做他们本不想做的事，并且乐此不疲。"——哈里·杜鲁门）

第八型人领导者地位的另一个关键方面就是他们能够作出决断。在个人风格上，第八型人直率而冷静，并能把这些特质用来应对所进行的项目瞬息万变的挑战。他们不惧怕亮出立场，哪怕是不受欢迎的立场，他们还能作出艰难的决定，并为他们的选择负全责。别人并不总是喜欢第八型人作出的选择，但他们受到尊重，被视为值得尊重的人，可以"鼓舞士气"。

拥有他人的尊重对健康状态下的第八型人是十分重要的。他们力求自己的举止值得尊重和信任，握手或言辞对他们而言都是神圣的，他们常常只是握一下手就做成了生意，并希望别人也能以同样的方式行事。然而，他们并不幼稚，一旦觉得别人不诚实或不公正，就会立刻停止和那人的交易。事实上，任何一种不公正都会深深地影响到他们。第一型人对公平竞争和正义的问题也很敏感，但他们喜欢以某种内在化的标准——一种伦理准则——来评价自己和他人的行为。至于第八型人，他们的回应更多是出自勇气。当他们看到别人受虐待时，或如果他们觉得自己的利益被损害了，就会本能地以迅捷的行动作出回应，连他们自己也对此感到吃惊。第八型人经常会意外地发现自己因为制止了一桩犯罪行为而成了本地新闻的焦点。

处在第三层级的第八型人也具有远见卓识：他们的直觉建设性地给他人创造了各种可能性。他们可能会实际地运用这种天赋做一些实际的事，如盖楼、公共事务、修建公园、社会规划等，他们也会用它去培养他人，给他人提供挑战和刺激以培养其力量和性格。（"如果你学会了弹吉他，我就给你买一把好吉他。""如果你能做好这笔生意，我就升你为副总裁。"）健康状态下的第八型人之所以能很容易地做到这一点，是因为他们不惧怕别人有力量。事实上，他们明白团队和托付任务的必要性，他们也想让周围的人像自己一样强大。健康状态下的第八型人也适合于培养子女的力量，这很像一头母狮轻轻推搡身边的幼狮，教会它们生存之道。人们满怀爱意和热忱地期盼着健康状态下的第八型人，因为他们虽然看起来强势，可行为却是关切的、有权威性的，而不是专权的。

这种尊重和爱慕令第八型人颇为感动，尽管他们有时不太愿意表现出来。在他们的内心深处，总想给后人留下一点遗产：他们想在人们的心目中被看做一个对身边的人有着正面影响的人，如果可能，在他们所处的社会中甚至在全世界都能有这种影响。他们了解他人对自己的信任，不想让这种信任消失。尽管这会带给他们最大的满足感，但也是最大负担的源头之一。不论是好是坏，反正健康状态下的第八型人认为自己天命如此。

实际上，通过观察优秀领导者的品质，我们可以看到健康状态下的第八型人的人格特质。一个出色的领导者可以带给人清晰而有价值的方向感，教给人达到共同目的的方法。一个出色的领导者无论其影响范围如何，都能建立并维持稳定的社会秩序，小至家庭内部，大至整个公司乃至国家。他能激励人们去为比自身更重要的目标而奋斗，诸如赢得战争、发射太空站或造城等。这种人知道如何去塑造一个共同体或一群人，在有些时候，这种人甚至会成为那个共同体或那群人的象征，成为其渴望的事物的标志。这种人可以激励人们去做本以为不可能做到的事，借此帮助人们建立自尊、勇气、自信。尽管出色的领导者喜好突出自己，但他们也愿意为其追随者的行为承担最终责任，如果失败了，也愿意承担后果。从影响来看，只要第八型人是出色的领导者，就值得周围的人效忠、崇敬和支持。

一般状态下的第八型人

第四层级：实干的冒险家

当第八型人开始面对巨大的挑战和他们为自己设定的目标时，常常难以如愿。虽然他们从不会让别人知道这一点，但在大胆、自信的外表下面，对自身能否"完成"冒险，他们有些担忧和怀疑，并会为此感到不安。如果他们向这些恐惧举手投降，就会对自己赢取胜利的能力丧失信心，并开始把全部的精力集中于积蓄力量，他们觉得需要这些力量来完成自己的计划，以维护受其"指挥"的人们的安全和利益。

这就需要他们在优先考虑的事情顺序上作出明确的改变，这个改变起先可能还比较微妙隐晦，但会产生深远的后果。在过去，指引健康状态下的第八型人的是对生活及其挑战的热情，对真理和正义的热爱，以及对自己和他人的更大可能性的洞察，而现在，一般状态下的第八型人已经丧失了这些观点的一些重点，反而开始不切实际地行动，只是渴望能够保住事业的发展。

现在他们不再有造福人类的愿景，开始视环境为一个有残酷竞争、你死我活的世界。他们想要对自己和"自己的子民"最有利，而且与第三型人不同，他们不介意直截了当地表明这一点。他们不再把事业看做激动人心的挑战和发展的可能性前提，而是计较成败得失，下定决心不能失败。

健康状态下的第八型人对生活有一种具有感染力的自信和热忱，他们满腔热情、乐观、真正令人愉悦；一般状态下的第八型人虽然仍旧有热情、活泼的时候，但也形成了一种被动、"不多说废话"的特质。一般状态下的第八型人努力工作，在人际交往中很有生意头脑。即使他们不是真正的生意人，也会倾向于把自己的家庭和事务当做生意来经营，就好像他们对自己的领导能力的不信任引得他们要建起一个堡垒储存家资一般。

处在第四层级的第八型人专心于自己的事，但仍是其所关心的少数人的保护神。受他们关心或照料的人群远不及以前广泛，这也许再次暗示了他们的不安，虽然他们所掌握的人际圈子实际上仍然很大。处在第四层级的第八型人仍是友善的，但他们不太尊重他人，甚至很难关爱他人。

由于焦虑日益增强，一般状态下的第八型人坚持己见越来越多地是出于一种冲动。他们精于评说他人，如果怀疑他人要"占上风"，便会毫不犹豫地介入冲突。他们需要周围的人绝对诚实和直率，尽管他们确实常常告诉别人自己的想法，可也有一些主题是他们所不愿交流的——尤其是涉及情感和对多愁善感的恐惧。

他们常常自诩为自给自足的、"坚定的个人主义者"，支持自由企业制度，这种企业制度使他们能够追求自己的利益，也使别人能够这么做。他们缺乏合作精神，不是很好的合作伙伴，也很少关心他人的利益，除非他人可以帮助他们获得成功，或支持他们认为应对其负责的某个人。作为实业家，一般状态下的第八型人在商业和政治领域尤其游刃有余，可以成为社会的推动者和变革者。

商业、不动产、工业、金融业，是第八型人可以发展的领域——不论在哪个行业，他们的实业才干都可以得到很好发挥，尤其在商业领域，他们被视为不可或缺的人物。当然，和任何类型的人一样，第八型人的职业身份十分广泛，保健专家、家庭主妇、厨师长、运动员、艺术家、娱乐明星，这些都有可能。一般来说，一般状态下的第八型人总想尽可能地主导自己的活动，在很少或根本没有发言空间的情势下，他们会极度受挫。

虽然他们的从业目的可能会使人时常把他们与第三型人混淆起来，但其差别是很明显的。第三型人更感兴趣的是有一份可以让自己小有名气的职业，如果情况理想，还能从中谋取一些声望或魅力，因为他们渴望的是成功，以树立自尊，提升个人价值。相反，第八型人渴望的是控制和独立。一个第八型人会对拥有或操持一个赚钱的垃圾站或生产电器开关的公司很有兴趣，因为他知道，在可预见的未来，人们一定要扔垃圾和用开关。魅力的重要性远不及用这些资源形成一个可靠的实力基础。

因此，赚钱对许多一般状态下的第八型人而言是十分重要的，以此为手段，他们便能变得更加自给自足，而不必听命于人或依赖别人。金钱使一般状态下的第八型人愿意投身于他们想要做的任何项目，而根本不会考虑其他人的忠诚或热忱。只要有足够的钱，他们就能买想要的东西、得到想要的人。（"我崇拜白瑞德，他是我所知道的唯一'目标'。"——1939年的影片《乱世佳人》）通常他们是十分具有说服力的推销员，而且在更不健康的发展层级则更加不讲道德，是彻头彻尾的骗子。

即使他们一开始没有很多钱，但由于实干，有强烈的驱动力，所以迅速致富的例子也屡见不鲜。他们也是很棒的谈判者或交易中介，因为他们对想要的东西穷追不舍，直到到手为止。他们能承受压力，可以对别人说"不"，但如果因为自身利益而要作出妥协，有时也会这么做。他们是"经济人"，随时准备着买卖、交易、赚钱。他们也是谨慎的消费者，总是观望等待好价钱。只要有利可图，其工作方向就会转向那一边，许多时候，他们真的可以获利。他们可能去制造鞋子、生产电脑、淘金，甚至去卖比萨饼，重要的不是他们干哪一行，而是哪个行业好赚钱，可以让他们积累财富，这才是底线。

一般状态下的第八型人喜欢与人竞争，虽然严格来说，第八型人更适合"干实业"这一能够表现自我的形式。他们在环境中表现自我，如果他人马上就要认输，他们就更是如此。因为如果别人同意把自己的那一份割让给他们，他们就能得到自己想要的，而不用浪费时间和精力去竞争。

承担风险是寻求成功的任何冒险行为所必需的，而一般状态下的第八型人爱担风险，就是因为这样可以获得金钱和心灵上的报酬。他们酷爱危险与激动人心的事，无论在商场上还是在任何其他活动中皆是如此。他们也喜爱享受挑战中的那种巅峰感觉，想要去做不可能的事，去做别人做不到的或根本没法做的事。他们有可能去驾驶飞机、航海、潜水、赛车，享受身处险境的激荡与克服艰险的得意。然而，第八型人对低级的、不负责任的赌博行为没有兴趣。他们计算自己的成功率，如果凭推理觉得可以冲到最高点，他们就会抓住机会去享受一把兴奋的感觉。大多数第八型人都不太谨慎，但也不愚蠢。最后，他们感兴趣的就是活下去和留给后人一笔遗产。

由于如此不懈地坚持工作和享受工作的乐趣,所以一般状态下的第八型人在生意上及其他目标上通常都能获得成功。工作提供给他们一个表现自我、可以证明其力量和独立的场所。谈判或冒风险对他们而言不仅可以赚钱,更是实现自我、进一步证明无人能占自己上风的好机会。

第五层级:执掌实权的掮客

在这个时候,第八型人还可以让自己的许多项目、计划和企业高速运转。他们驱使自己努力"养家糊口",或者以一种能够表现自己的力量和能力的方式来管理自己的世界。然而,如果他们的项目运转不灵,或者如果他们觉得别人不尊重他们、不欣赏他们的努力,他们就会更具攻击性地表现自己,这不是为了赢得钱财,而是为了向他人展示自己的力量和重要性。第八型人总想让周围的每个人都相信他们是"大人物""大老板",也想说服自己相信自己属于上游。

结果,一般状态下的第八型人开始再次转移焦点,这一次是从项目转向他们自身。第八型人总想对环境产生影响,总想看到自己、自己的意志力和自我在环境中延伸,总想让环境成为自己的一面镜子,成为自己的意志力和伟大的见证。处在第五层级及更低层级的第八型人极可能在孩提时期没有得到有规律的养育,并且和第四型人一样,总想创造一个环境来支持自我的形象。由于第八型人的自我形象是强有力的、独立的、有控制力的,所以他们能在自己的世界中以最强有力的方式表现自己,以便能看到自己的成就、活动和对周围人的影响,并以此确证自己真的是掌控者。他们最基本的恐惧就是害怕受他人伤害和被人控制,现在,这一恐惧上升到了一定的程度,让他们无法忍受活动圈子里任何形式的竞争。别人的力量或重要性开始成为威胁,因此处在第五层级的第八型人把每个人都置于自己所能掌控的范围内。

他们的一个证明自己重要性的典型方式就是其"大厦"情结。他们喜欢史诗般的气势,不论是实际上的还是比喻意义上的。他们享受着建造的乐趣,不论是建造房子还是建造财团,反正只要能反映自己的力量和重要性就好。在私人生活中,一般状态下的第八型人喜欢做"君王",统治一个庞大的、强有力的家族王朝,让自己的影响力代代相传。他们的影响力传得越久远,他们对环境的影响就越大,就越能确保自己的不朽,这正是一般状态下的第八型人开始以各种方式努力追寻的目标。

处在第五层级的第八型人总想让他人尽全部努力支持他们,但他们仍处在相对健康的状态中,能够用说服而不是威吓的方式达到目的。他们可能会施以小恩小惠进行利诱，对别人说，如果听他们的话，肯定会有更多好处。他们放出许多"大话"，通常都是吹牛皮或是作出言过其实的许诺，极力让人们和他们同坐一条船。（"如果你加入我的这个项目，我保证你第一年就能挣大把的钞票。"）他们的承诺对自己而言也许有一点实质意义，但也可能没有，而实用主义已经让他们偏离了诚实和诚信，即使诚实和诚信可以帮他们运作计划或扫清障碍，他们也不会是指挥官。

同样，如果他们想让别人知道他们有多么重要、不可小视，其所采取的方式也相当直截了当：他们可能会炫耀性地四处扔钱，在餐厅扬言给每个人埋单，付小费也出手阔绰。他们可能通过挑衅或取笑别人来显示自己的幽默；他们特别喜欢说粗话，以让别人知道他们是多么"性情中人"，多么不拘小节。一般状态下的第八型人相当自负，相当看重自己，虽然他们的扬扬得意常常暴露出内心越来越强的不安全感和将会遭到拒绝的预感。

每当第八型人打算以各种行为向他人显示自己的中心位置和重要性的时候，他们也会看他人的脸色，判断别人是不是在听或有什么样的反应。他们期望获得外快和特权，期望周围的人对他们表现出尊重和服从。如果他们为人父母，就期望别的家庭成员没有异议地听从他们的指令。如果他人的反应不能令他们满意，他们就会采取高压手段强行对周围的人施压，要求人们满足自己的愿望。

处在第五层级的第八型人有一种天生的弄权意识，而且会毫不犹疑地发挥其权力。他们是"强权人物"，随一己之意行使权力。他们明白权力不是一件东西，而是一种能成事的能力，一种造势、让环境如他们所愿展现的能力。权力不是可抽象地享用的东西，若想维持，就必须不断使用。

可令人惊讶的是，一般状态下的第八型人常常意识不到自己在互动中操弄权力或力量的程度。在他们眼里，关于一个重要决定的简单讨论就像是一次激烈争吵，他们觉得自己在克制、在维持平和的情绪，而他人却觉得他们的激烈程度快要冲破房顶了。同样，他们火暴的自我表现方式对那些缺少自信的人来说是一种冒犯甚至威胁。

由于每一种人格类型都倾向于认为他人多多少少和自己一样，所以一般状态下的第八型人认为他人和自己一样能捍卫自身利益。第八型人认为他人和自己一样也很享受激烈粗暴的对抗和冲突。但不同的人格类型当然并不完全一样，不可能每个人都像第八型人那样，喜欢在环境中表现自己的意志力。随着他们走向退化，第八型人越来越不可能考虑他人的感受或他人身体的、经济的和心理的缺陷与不足。

之所以会出现这种情况,是因为第八型人的焦虑层级已达到很深的程度,开始觉得与他人的所有互动都可能是对自身权力和独立性的一种潜在挑战。他们相信,最好的防御就是积极进攻,所以只要感觉到自己的地位受到威胁,就要表现自己。他们的态度有某种地域性,就仿佛在强调某种特性、某种行为甚至某种感受都是他们独有的专利。他们的意思也很明确:"这是我的地盘,走开。"

他们操弄权力的行为具有扩张性。只要看见空子,就会立刻前去钻营;常占据有利位置,因为他们想要继续扩张,想要摆脱任何限制。随着势力范围的日益扩大,他们的自我感觉,尤其是自以为了不起的感觉,也日渐增强。如果不能在环境中扩张自己、表现自己,一般状态下的第八型人就会觉得焦虑,所以他们只能不断地寻求扩张。

确实,一般状态下的第八型人在生活的各个领域(包括性生活领域)都极富扩张性。第八型男性认为自己孔武有力,是男人中的男人,虽然别人可能觉得他们不过是自吹自擂。以精神分析的观点来说,他们属于菲勒斯型的裸露癖("我最伟大、最棒!"),总想通过控制和支配事物和人来证明自己的优势地位。在家里,他们是不容置辩的主人,别人都是他们的财产。他们要每个人都意识到,其他人是为他们的需要服务的,除此之外别无他用。由于攻击性和性欲在他们心中是相互关联的,所以一般状态下的第八型男人与妻子的关系通常不那么好,也常玩弄女性、支配女性、爱恨交织地看待她们,有时候视女性为圣母,有时候却又视之如妓女,但无论哪一种情形,女性都不过是为了他们的欢悦与强化自我意识而存在的玩物。

第八型女性也同样地支配她们的配偶,因为她们也有与第八型男性同样强烈的攻击性。然而,在家庭以外,第八型女性通常较难表达其攻击性,因为文化不鼓励她们这么做。许多第八型女性饱受巨大的压力和挫折感的折磨,因为社会给她们的旺盛能量提供的发泄出口很少。所以她们只好将其攻击冲动转向家庭,支配自己的丈夫,控制家庭财务,要求性和心理的满足,等等。

男性常常会受到强悍女性的威胁,这对于第八型女性来说并不是什么稀奇事,所以她们常被人说成是"母老虎""泼妇"等,诸如此类的蔑称还有很多。尽管确实只有极少数不那么健康状态下的第八型女性有攻击性的特质,但她们往往因为这些在男人身上会得到称赞的特质而备受责难。(类似的情况在第二型男性的身上也存在。)无论哪种情况,社会对第八型女性的能量的压抑可能还不足以影响她们表现其更健康的特质,性别问题和九型人格中的各类型都是要揭示全世界文化中的许多不平衡。

对一般状态下的第八型人来说，因为他们强大有力，所以十分想让自己相信自己"超凡脱俗"。他们把自己看做大人物，扬扬得意俨如黑手党党魁或四星上将。他们越是想支配所有的人和事，就越有可能和他人发生冲突，因为他们不再支持和保护周围的人。事实上，他们开始以可见或不可见的方式压制和控制他人。他们不会交出自己的权威，不会让别人威胁到自己的名声，不信任任何人。他们需要的是无条件的服从。如同享受运用意志力一样，他们也会因为别人这么做而受到威胁，这对他们的确是一种讽刺。

然而，他们对荣耀梦想得越多，就越是需要他人的配合来达成理想。因此一般状态下的第八型人常常以某种形式资助下属，或是提供钱财，或是提供保护。具有讽刺意味的是，第八型人不经意间开始依赖他人来执行自己的指令，而他们讨厌的正是与他人分享权力和荣耀。第五层级是他们走向退化的转折点，为了支配他人而操弄权力会使人变得没有人性，会使攻击性和破坏性越来越强。

第六层级：强硬的对手

如果第八型人继续坚持己见，无视他人的存在，继续支配周围的人、推行自己的看法，就很可能招来抱怨和抗议。如果抱怨和抗议来自自己"羽翼"保护的人，则尤其会令他们心神不安，因为他们觉得自己已经给这些人提供了很多。这一情势会迅速导致第八型人的危机。他们害怕形势失控，甚至更糟，受他们保护的人会挑战他们的权威。至少，他们深信他人不会背叛自己，他们要投入战斗，但部队却没有跟在后面。

这时，他们会怒不可遏，觉得在这个竞争的世界中受到了挑战，觉得在家里也受到了挑战。在他们看来，生活就是一场斗争，所以必须强迫周围的每个人"齐心协力"，和他们保持一致。他们感到十分沮丧，觉得没法信任任何人。他们必须推动和强迫事情运转起来。（有时，这会实际地表现为对刻板作风的不耐烦。受挫的第八型人可能把钟表的发条拧坏或把旋钮扭断，因为他们没有检查说明书就强迫它"工作"。）

因而，一般状态下的第八型人把一切关系都变成了敌对关系，他们想打倒所有的人而不想被别人打倒。他们视自己为战士，故意制造冲突，即使为了芝麻大的小事也在所不惜。然而，对他们来说重要的是他们的自我：第八型人不会倒下，因自我是最关键的。

每个人，从生意伙伴到水果销售商，都是他们的对手。他开始对别人施压，不再仅仅是支配别人，甚至还恐吓威胁他人，直到得到自己所要的。处在第六层级的第八型人变得好战黩武,像个打手一般,只要这样能够达到他们的目的。他们像无赖一样,从不向人道歉,只会命令别人做事,如果命令没有立即得到执行就会发怒,他们喜欢威吓别人,要别人在他们面前畏首畏尾。(他们喜欢说:"照我说的去做!")

在前一个发展层级我们看到,一般状态下的第八型人已经在整个体系中建立了"权力基础",其效力与他们分配给其他人的量成正比。当他们的生意可以给他人带来所需的好处时,他们的权力也就能最有效地发挥作用。他们总想控制生活必需品,如粮食、庇护所、安全感,这样他人就不得不按他们说的去做事。当然,人的首要必需品之一就是钱,所以,第八型人把钱看做权力,把挣大钱当做最优先要考虑的事。对于第六层级的第八型人而言,金钱是衡量自己和成功的尺码。重要的是,由于控制了金钱,所以钱成了他们获得自足感所能仰赖的少数东西之一。钱是他们生活得有安全感和独立性的源泉。配偶的爱、子女的孝顺、朋友和同事的忠诚全都是不可靠的。只有钱和权力是稳妥的,是他们能借以生存下去的可靠手段。

这种强硬的第八型人越来越以自己的好战为骄傲。他们的自我一心只想着获取自己所需的东西,以致根本无法与人妥协。再也没有一种人格类型如此刚愎自用了。在每一次意志力的较量中,取胜成为重中之重,因为第八型人可以借此继续保护其自我感觉。

不用开火就可以让他人屈从自己的意思,或者说不战而屈人之兵实际上也是他们自豪的原因之一。第八型人之所以能够常常占上风,就因为他们带给对手的压力远大于对手带给他们的压力。他们发言的时间越来越长,声音也越来越大,自信满满地威胁他人,从不让步,直到别人投降为止。这就是没有一种人格类型在心理战方面赢得过一般状态下的第八型人的原因。没有一种类型的人能像第八型人那么善于虚张声势,威吓他人,无须诉诸武力就可以让人屈服。然而,如果他们的命令没有被贯彻实施,他们常常会以武力相威胁。("你别让我发火。")人们担心,如果不屈膝在第八型人的淫威之下,会立即招致惩罚。有人正确地指出,第八型人的威胁有意志力和野蛮做支撑。处在第六层级的第八型人把这一点阐释得很清楚:如果他们认为有人阻碍了自己实现目标,他们一定会采取行动。健康状态下的第八型人公平游戏的意识和正义感已经退化为"以眼还眼,以牙还牙"的心理。

处在第六层级的第八型人对他人不可能做到公平。健康状态下的第八型人在与周围人的竞争和较量中可以获得极大的满足感,他们很善于激励、鼓舞自己的

"团队",而一般状态和不健康状态下的第八型人的作用几乎完全相反。他们的自我太过脆弱,无法和他人一起分享荣耀,他们害怕受到控制或保护,所以不允许别人靠近,并觉得自己是强有力的、自信的。他们想以此动摇他人的自信,使他人产生一种依赖感,以此来强化其支配权和控制权。第八型人清楚地知道,他们正是这样做的,但也不总是如此。他们的不安全感和对"他人把事情搞砸"的担忧驱使他们去压迫周围的人,直至他人无法表现自己,甚至无处倾诉其挫折和欲望。

确实,第八型人认为应当对身边的每一个人声色俱厉。他们讨厌自己的软弱,更憎恨他人的这个毛病。不仅商业伙伴和竞争对手会受到武力对待,其配偶和孩子也不能幸免。处在第六层级的第八型人用威吓去刺激他人,用"胡萝卜加大棒"软硬兼施来刺激别人,承诺服从就有酬赏,不服从就要受责罚。当他们说"往上跳"的时候,别人就应当立即服从,他们给他人发出的口令常常是:"赶快做,要不就离开!"他们不能容忍不服从或不忠诚,禁止人们质疑自己的命令。他们的话就是法律。

然而,他们也有讽刺之处:他们通常只敢恫吓那些自己有把握控制的人,所以会在行动之前先观察敌手的弱点,然后在对手的致命之处予以痛击。除非背后有靠山,否则,他们不敢与实力相当或实力大过自己的人发生冲突。这并不是说他们全是在装腔作势、缺乏实力,而是他们宁可虚张声势以达目的,也不愿冒失败的危险。万一失败了,对他们而言将是个大灾难,因为这不但会让他们失去所下的赌注,他们的自我认同、自尊也将随之幻灭。

更具讽刺意味的是,由于他们经常欺凌弱小,所以渐渐开始将赖以执行命令的人视为敌人,使人们对他们怨声载道。他们恫吓周围的每一个人,最后甚至忍不住怀疑,若无自己的命令别人还能做什么。如果招惹了别人,就必须自己站稳免得别人报复,或者继续维持恫吓状态。于是,一旦对别人采取了冲突敌对的态度,就再也无法松懈下来了。

不了解他们的恫吓手段会走到什么地步,这令人恐惧。这种强硬人物并非精神错乱,他们知道自己行为与私欲的极限。他们会不断催促别人做事,直到私欲得到满足、不必再催促他人为止。但是,每次情况不会完全相同,第八型人恫吓他人的程度要视对手而定。如果对手很弱,他们就会强硬一些。当然,他们也有可能错误地估计对手的实力,此时对抗就会爆发。

不健康状态下的第八型人

第七层级：亡命之徒

第八型人已经投入了恫吓和对抗周围世界的战斗。他们肩负的重任使得他们把几乎所有人际关系都推向了破裂的边缘。在这个关键时刻，他们确切地感觉到他人在与自己作对，或者在疏远自己，或者在公开与自己对抗。这一转折性的认识只会使实用主义的第八型人停下来重新思考对策。如果被危机困住，或者有过特别悲惨的童年经历，他们可能会把同世界的战争进一步升级。他们现在准备尽一切努力战胜敌人。悲哀的是，他们的认识并非全然是错觉，如果对他人的挑衅太过严重，他人就有可能团结起来进行反抗。在生死存亡的紧急关头——当然是比喻意义上的，但也可能是实际上的——以胜利求生存便成为最重要的了。

甚至惨无人道。在第七层级，他们已经退化到强权即真理的哲学中。丛林法则和适者生存的理论给了不健康状态下的第八型人一个原理，那就是：为达目的不择手段。现在他们凌驾于法律之上，满腔厌世感地生活在这个务实的世界中，在这里，不论是对是错，有能力取胜才是最重要的。权宜之计就是一切。

由于童年时期所受的虐待和剥夺或最近遭受的失败与人际关系的破裂，处在第七层级的第八型人觉得彻底被背叛和离弃了。他们不相信任何人，把世界视为残酷、冷漠的地方，认为自己是被遗弃的人，是社会的"弃儿"。他们认为自己已经跨过了一道线，不可能回头了。他们已经跨越了社会一直觉得可以接受——他们自己也认为是这样——的底线，所以没有什么可以失去。这就像一旦你犯了一宗罪，那么再犯一宗罪也没什么可焦虑的。罪犯的身份已经成立了。

再有，不健康状态下的第八型人在犯罪方面还颇有一套手段。重要的是，他们害怕被他人控制，认为加诸他们身上的几乎任何限制都在等着他们挑战。画在沙滩上的线必定会被冲刷。不健康状态下的第八型人不会向任何规则低头，如果他们仍处在制定规则的位置，那就不能有任何限制来局限他们对他人的控制。这种状态下的人冷酷无情、专制暴虐：他们压榨他人，剥夺他人的权利、自由和尊严。

与处于第七层级的第八型人不可能产生亲密的关系，信任他们也是危险的，因为他们会将所有友谊与合作的迹象视为对方暴露出来的弱点，是可以进一步占便宜的邀请。他们心怀鬼胎，毫无道德感，对说谎、欺诈、偷窃、食言毫无罪恶感。为了达到所求，不惜诉诸不法手段与诡计。（他们是弥天大谎最频繁的制造者，是最无耻无情的虚伪之徒，他们的谎话说上一千遍就成了真理。）健康状态下的第八型人的诚实、正直和同情心已被完全颠倒过来。

尤其危险的是，处于第七层级的第八型人乐于甚至热衷于用暴力解决所有挑衅。只要从对方那里看到一点点攻击性的迹象，就会崩堤似的予以反击。其他人格类型的人或许也会诉诸武力，但只是在走投无路又必须自卫时才这么做，而且一旦使用暴力，还常觉得罪恶深重，唯恐别人会报复。

不健康状态下的第八型人则不然，他们几乎是本能地使用暴力，不假思索，也一点不觉得有罪恶感。其实，对于自己的行为，他们会产生罪恶感，但否认了那种感觉，认为那只会使他们变得软弱，只会留下弱点让别人攻击，他们不能忍受自己的软弱和怜悯之心，因此会故意让自己变得冷酷无情。

> 把强权作为与罪恶感作斗争的手段是很容易理解的：一个人权力越大，就越不需要证明自己行为的正当性。自尊心的增强意味着罪恶感的减少。"认同侵略者"对战胜焦虑会大有裨益，同样，罪恶感也可以通过"认同迫害者"得到缓解，因为你只要强调一点："只有我自己可以论定何者为善、何者为恶。"然而，这个过程可能没什么作用，因为超我实际上是我们人格的一部分。因而，以强权对抗罪恶感的斗争会造成恶性循环，必然会使越来越多的强权甚至越来越多的过错与犯罪被毫无罪恶感地默认接受，以便肯定强权的合理性。接着人们便会以犯罪的形式来向自己证明：人可以犯这些罪，而不会受到惩罚，就是说，人们将尝试以这种形式来压抑自己的罪恶感。（奥托·费尼切尔. 神经症的精神分析理论. 500.）

换一种技术性不那么强的说法，否认罪恶感、否认自己同情对手、不承认自己有害怕报复的情绪感受，可以让不健康状态下的第八型人更加残暴。通过一步一步地滥用其权力，他们变得毫无道德感，而且为了避免罪恶感的谴责，必须做得更不道德，结果很简单：他们越是残忍，就越必须作出更残忍的行为，这样才不会对所作所为有罪恶感。

不健康状态下的第八型人会对最亲近的人予以最痛苦的虐待：贬抑对方，给予言语甚或肉体上的虐待。强暴、折磨幼童、殴打配偶，都是他们常见的发泄攻击性的方式，对无法保护自己的人而言，这些暴行的伤害更大。不健康的第八型人常常玩很大的赌注——家庭、财富、事业、国家的控制权，都是生死攸关的大事。

一旦开始不再顾忌道德法律和习俗，他们就几乎再也无法停下来了。确实，他们不想停下来，因为陷得太深。他们害怕一停手，就会遭到曾被自己伤害的人的可怕报复。所以只要开始踩踏别人，就一定要不惜一切代价握有权力，放弃权力无异于要他们放弃生活方式，甚至是冒生命危险。

也许，要他人去同情不健康状态下的第八型人的困境十分困难，如同要不健康状态下的第八型人去同情他人一样，也是不可能的事。他们的行为太过惨无人道，人们很容易忘记不健康状态下的第八型人走上这条路不是偶然的，不是因为他们想要做一个"恶人"。我们可以十分冷静地去想象一下什么样的经历催生了这样的人格，我们应当记住，作恶施暴者通常就是孩提时候暴力的牺牲品。不论年少的第八型人身上发生过什么，他们都已下定决心，没人能再伤害他们，甚至是没人能再靠近他们。

第八层级：万能的自大狂

不健康状态下的第八型人生活在一个无法无天、充满暴力和报复社会的世界中，他们肯定会有一些强有力的敌手，其中最重要的可能就是国家权力。如果他们曾以暴力对待他人，遭到报复的威胁就会变成现实，甚至有可能永远延续下去。即使暴力并非第八型人形象的一部分，他们也有可能涉入不光彩的活动，被债主或仇家追逼，欲置之死地而后快。健康状态下的第八型人可以得到他人热烈的反应，对于不健康状态下的第八型人，我们同样可以这么说，虽然热情的性质截然相反。

生活在这样的压力之下，第八型人陷入强迫性的自我保护之中，想使自己变得刀枪不入。在这个方向上，他们常常采取现实主义的方式——换电话号码、雇私人侦探、隐藏行踪。然而，一段时间后，持续的威胁带来的生活压力和他们还没有被击败的现实会使他们产生一种坚不可摧的错觉。他们开始认为自己不可能受到伤害，并开始对自己及自己的权力产生错觉。渐渐地，他们变成了自大狂，觉得自己无所不能、刀枪不入——就像处在绝对权力中的神一样。

处在第八层级的第八型人通过让他人感到恐惧和担心自身的安危来强化他们所拥有的权力。一般状态下的第八型人只能威胁和试图恫吓他人，而神经质的第八型人可能会通过惩罚和伤害无辜者来显示自己还是有能量的。他们想警告他人，自己比以前更有能力使用更可怕的武力手段。

还有，通过无情地行使权力，第八型人逐步说服自己相信人类的限制对自己不适用。如果说以前他们没有屈服于任何限制之下，那现在他们就更加确信命运赋予了自己异于众人的特权，他们认为自己是超人般的人物，超乎道德之外，能随心所欲。由于总是为所欲为，所以神经质的第八型人觉得没有什么证据显示他们不是坚不可摧的。正由于以前从没有被人阻挠过，所以他们认为没什么理由要现在止步。

神经质的第八型人缺乏自制的能力，为了让自己的绝对权力得到一时的肯定，他们不惜以更为荒谬的手段扮演上帝的角色。在第八层级，他们显示出对死亡的某种变态般的迷恋，他们恐惧死亡，其实这正是他们的基本恐惧——害怕受到伤害——的一种反映，这种恐惧使他们在其权力允许的范围内以杀戮他人来对抗死亡。他们置别人于死地的原因倒不是因为他们是虐待狂，而是以此作为使自己免于一死的奇妙方法，他们认为，若能杀死很多人而自己不被杀，就表示自己是坚不可摧的。

> 阿明坚信他就是上帝的工具。但正如你在他身上观察到的，你会觉得他除了自己的性命外不会相信任何东西。他会利用一切手段——炫耀、搞笑、谄媚、虚假的承诺、威胁、弥天大谎、谋杀——来维持控制权。不过他真的很辛苦，就像一个可怜的野兽蜷缩在角落，却还声称自己刀枪不入。死亡的威胁已近在眼前。对阿明而言，没有人是独立个体，所有的人都是潜在的牺牲品。（西尔维娅·费尔德曼．今日心理学．1976（12）．该文是对巴贝特·施罗德的影片《阿明将军》的评论。）

神经质的第八型人已与现实脱节，尤其是关于权力的现实。他们的自我已完全得胜，像癌细胞一般自内部开始了破坏。事实上，他们的自我是如此膨胀，以致在现实中失去了根基。为了保住性命而作出聪明的决策所需的判断能力已经遭到破坏。具有讽刺意味的是，他们对自己的坚不可摧越是陷入错觉，他们就越是冷酷无情、无法无天——为自己最终的毁灭埋下种子。

于是，生活在错觉中的第八型人陷入了一种冲突：一方面必须在敌意日渐高涨的环境中孤立自己，另一方面又极力说服自己和随从——如果还有人留下的话——相信，他们是自身世界的绝对主人。他们极力调和这个冲突，用尽手中还握有的一点权力从心理上和体能上贬低他人，并升高暴力的层级。但是，由于他们冷酷无情，所以他们注定要失败，尤其是一旦大开杀戒之后。最后他们必定要被制止。

第九层级：暴力破坏者

即便是自大狂的第八型人也认识到，在聚集的反对压力之下，他们不可能长久地安然处之。所以他们总想在别人毁灭自己之前先行毁灭别人。在所有人格类型中，神经质的第八型人是最具破坏性与反社会性的，他们若是处于健康状态下，则是最具建设性的。

由于保住性命是他们现在的唯一要务，所以这种人会不惜牺牲一切——人与物——来保住性命，妻子、儿女、朋友、生意伙伴，以及他们建立或取得的一切，都可能成为牺牲品。权力的黑暗面便在于其破坏的欲望。如果世界不屈从他们的意愿，他们就将一切破坏殆尽。他们会在力所能及的范围内进行野蛮破坏。

这就好像他们已经落入了死亡的陷阱。这种牺牲一切以保全性命的想法是极端荒谬滑稽的，尤其是因为第八型人跟每个人一样，最后都难免一死。别人的死亡并不能保证他们继续存活，恰恰相反：破坏性的第八型人对他们的所作所为感到恐怖，给自己招来毁灭。他们也失去了享有伟大与不朽的筹码，受到万世诅咒，至少也是遗臭万年。

具有讽刺意味的是，在毁灭的尽头，自我保护的欲望出现了。所以，创造与毁灭是第八型人人格谱系的两个极端。创造欲与破坏欲原本源自同一种冲动，但当生命冲动变成了不计代价挽救自己性命的时候，它就开始腐化，变成破坏性的了。

神经质的第八型人之所以能够破坏，就因为他们从不认同别人。自我中心使他们在世上只看到自己，如果世界不能映现他们，他们最终会仇视世界直至妄图毁灭它。不过，如果世界真的曾映现过他们，那又会是什么样的世界呢？哲学家西勒尔说："如果你不为自己而活，谁会为你而活呢？但如果你只为自己而活，那你又是什么？"

第八型的发展机制

解离方向：朝向第五型

自第四层级开始，处在压力下的第八型人就开始表现出一般状态和不健康状态下的第五型人的某些特征。一般状态下的第八型人好冲动，对挑战反应敏感，喜好在环境中表现自己。这时他们常会陷入一种境地，觉得自己"高人一等"。对第八型人而言，向第五型转变的主要诱惑是他们视这种发展为从坚持己见的行为转至思想的安全领域的一种战术。他们认为如果能变得更精明干练、更有远见，就可以维持自己的权力。于是他们不再鲁莽行事，做事变得有远见。由于他们的行动变得更隐秘了，因此能在警告对方之前先给予一击；由于变得更狡猾，因此他们能隐藏在敌人身后待时机成熟后发动致命一击。简言之，诱使第八型人转向第五型的动机在于权力与安全的结合，这看起来真是无懈可击的结合！

处在第四层级的第八型人忙于建立自己的事业和计划。他们是实用主义者，喜欢简单明了、直截了当的回答或解决方式，喜欢迅速作出决定。第八型人突然发现自己被计划和他们为自己设置的挑战缠住了，或者发现自己的冲动已经如脱缰野马一般管不住了。这时他们会突然退回来开始收集讯息、积聚资源，他们相信这些有助于稳固他们的位置，就像一般状态下的第五型人一样。他们也许会去研究一下自己，花上几个晚上来学习新的技能或汇总所需要的讯息。如果他们具备了足够的财力，就可能雇用别人帮助他们分析情势或做一些初级的调查研究，但他们会自己动手分析、评论所发现的资讯。

处在第五层级的一般状态下的第八型人变得更独断专行、胆大妄为，但他们直接、粗心的行为的背后隐藏着对被拒绝的预期和在社交方面缺乏自信。这时，第八型人就会退回来重新思考他们的计划，变得情感淡漠、心事重重，就像一般状态下的第五型人一样。他们变得越来越不善交流、隐秘、高度戒备。他们也可能疏离朋友和社会活动，以防止任何人对他们了解得太多，并因此占据有利位置。

处在第六层级的第八型人开始恐吓别人，认为自己的人际关系充满敌对性，几乎不相信任何人，只想要那些服从自己的人在身边。此时转向第五型会增强他们挑衅他人和坚持阴郁、极端的世界观的倾向。第五型人的犬儒主义和拒斥主流价值观的倾向会强化第八型人身为局外人的感受，强化他们的愤怒和被误解的感受。他们蔑视人性的弱点也因为第五型人智力上的傲慢自负而更显突出。

当处在第七层级的时候，第八型人已变得彻底反社会和冷酷无情了，他们拒斥社会和法律，只相信自己的智慧和求生意志。此时的第八型人可能会对他们认为背叛了自己的人施以攻击，或是以各种会激起他人攻击性反应的方式表现自己。当他们转向第五型的时候，可能会退出世界，隐藏和减少自己的需求，这样就不会依赖任何人了。身处压力之下的他们会像一个隐居者切断桥梁离群索居一样，切断本来就已淡漠的人际联系。不健康状态下的第五型人虚无主义的人生观常常可能会被用来为自己压抑罪恶感的行为辩解。

处在第八层级的时候，神经质的第八型人会错误地认为自己还有无所不能的权力，有着特殊的命运，不会被伤害。他们过度放任自己，胆大妄为，给自己留有足够的余地去攻击其他掠夺者或敌人。然而，他们能坚持这么做，主要还是由于他们压抑了自己潜意识中的恐惧。当他们处在第七层级的时候，内心防御机制的裂口就已经显现出来了，但到了第八层级，他们的能量受到了局限，不能再抵御他们一直努力压抑着的恐惧。随着他们转向第五型，恐惧感的爆发使他们的心灵陷入了始料不及的混乱和恐怖，出现更为不理性、潜在破坏力更大的行为已为期不远了。

当处在第九层级的时候，神经质的第八型人转向了第五型，对自己的余生极端恐惧，而且与自己的感受越来越疏离。由于转向第五型和离群索居，他们再也不能采取强有力的行动，不论是保护自己还是表现自己。他们仍旧拥有的一点点权力迅速地土崩瓦解，让已经退化的第八型人至少有一个实实在在的理由能为自己非理性的恐惧辩解。

随着恐惧的增强，他们的孤独也日益增强，而孤独又加剧了恐惧，由此造成恶性循环。在他们的生活中，第八型人第一次变得极度焦虑，因为他们的防御机制——尤其是反恐惧的行为和拒不承认恐惧的态度——不再能保护他们了。他们害怕因为自己的滔天罪行而受到惩罚，其中有些罪行是如此恶劣，以至于都可以判处他们死刑了。如果他们的妄想症和恐惧症继续下去，他们可能会与现实彻底决裂，丧失保护自己所必需的能力。（很难说是不是所有退化的第八型人都会真的变得精神分裂。虽然说如果这种状况持续太久，结果就真有可能是真正的精神分裂症，但也有可能不会。）

如果他们的敌人以前不能打败他们，那现在当然会有机会，因为第八型人已经退化到不堪一击的地步。具有讽刺意味的是，一度如此强势的人现在却生活在可悲的恐惧中——不仅被他人的报复吓破了胆，也被满心的焦虑吓破了胆。这根本不是全能的上帝，而是饱受折磨的可怜的恶魔。

整合方向：朝向第二型

第八型人的成长契机在于：以开放的心胸接纳别人，而不要支配别人。当健康状态下的第八型人向第二型转化的时候，就会学习运用自己的权力来扶助被他们视为独立个体的他人。正如我们已经看到的，健康状态下的第八型人慷慨大度，是英雄式的人物，但这主要是对一群没有与他们真正接触过的人而言如此。当健康状态下的第八型人向第二型整合的时候，他们就会收敛起高傲的心态，视他人为平等的独立个体。

当健康状态下的第八型人转向第二型时，他们会认同他人而不是反对他人，他们认识到别人跟自己没什么不同，故而应当享有同样的权利和特权。经过整合的第八型人有怜悯心和同情心，他们会照顾别人、慷慨、乐于助人，切实考虑他人的福祉与渴念，他们不再只关心一己私利，而是将满足他人的需求视为己任，仿佛那就是自己的需求。于是，这种新生成的爱的能力更增添了他们领导特质的光辉。他们认识了爱的力量,不再为对权力的贪恋所役使。

同时他们发现了一个美妙的真理:关爱别人正是自己内心最深处的兴趣所在。正如前述,如果第八型人不将其权力用于为大众谋福,权力很快就会带来破坏性,如果不残酷地运用权力、支配别人,第八型人就很难得到他们最需要的东西,即别人的爱。另一方面,他们发现,如果运用权力帮助他人,自己的重要性并不会降低,也不会身处险境。他们发现了一种真正的新东西,即爱本身就是在世上扩张自己的最有力武器。

最伟大、最高尚的第八型人在第二型人那里更能体会到爱的真义,从根本上把自己看做大家的公仆。把自己置于这种虽然谦逊实则崇高的位置实在是非凡的英雄主义行为,尤其是对那些以自给自足为基本取向并引以自豪的人而言。向他人敞开心怀并认同他人、视他人的负担为己任,甚至为他人而牺牲自己,这些勇敢的作为是一般人很难做到的,尤其对第八型人来说更是难能可贵。将英雄主义提升至如此层级,真的可以让他们成为不朽的典范。

第八型的主要亚类型

具有第七型翼型的第八型人:标新立异者

第八型的人格特质和第七型的人格特质相互强化,产生出一个极具攻击性的亚类型。主八翼七型人是所有亚类型中最自行其是的,因为构成该亚类型的两个基本类型都具有攻击性——第八型人的攻击性体现在追求权力和自足上,第七型人的攻击性体现在寻求体验和占有欲上。总体上说,他们比主八翼九型人更直率、更务实、更外倾,同时也更善于自我表达。他们在工作中和在家里是一样的,对待生活中的所有人都一视同仁。主八翼七型人有着"直击要害"、少说废话的特质,他们毫不犹豫地表达心中真实的想法和感受。他们行动果决,强烈地想要与环境和他人紧密地互动。这个亚类型的典型人物有:米哈伊尔·戈尔巴乔夫、富兰克林·罗斯福、林登·约翰逊、葛吉夫、李·艾柯卡、唐纳德·特朗普、亨利·基辛格、理查德·伯顿、肖恩·康纳利、哈维·凯特尔、芭芭拉·沃尔特斯、安·理查兹、贝拉·艾布扎格、欧内斯特·海明威、诺曼·梅勒、法兰克·辛纳屈、迈克·华莱士、贝蒂·戴维斯、罗斯安妮、利昂娜·赫尔姆斯利、穆罕默德·阿里、亚里士多德·奥纳西斯、理查德·瓦格纳、约翰·德洛雷安、阿尔·卡彭、费迪南德·马科斯、约瑟夫·斯大林、穆阿迈尔·卡扎菲、伊迪·阿明、吉姆·琼斯。

健康状态下的主八翼七型人极其外倾,以行动为导向,精力也极为旺盛,是第七型人的心直口快和第八型人对实际可能性的洞察的结合。他们总是积极主动——对成功满怀热情和信心。主八翼七型人对干实业十分痴迷，是业务和项目的创立者。也许他们是最具独立性的亚类型，对为他人工作基本没兴趣，除非这么做能够带给他们更大的独立性。健康状态下的第八型人的魅力跟健康状态下的第七型人的享受生活的能力结合，产生了一种非凡的外倾型人格，通常能吸引大量的人投身于他们的愿景和计划。他们可以为他人提供许多机会，让富有挑战精神的人为他们做事。他们对生活乐观进取，能与他人分享快乐和信心。他们的内心力量和生命活力是如此外显，使他们具有一种公众的甚或可能是历史的影响力。他们的慷慨大度非常务实，尤其关心为他人谋求物质福利。

一般状态下的主八翼七型人对权力和阅历十分感兴趣，这是两个相互强化的动机。他们有一种敏锐的商业意识，并且十分开放、性格外倾，因而能都脚踏实地，虽然也免不了喜欢引人注目，会以故事和"说大话"取悦人。尽管财力有限，可主八翼七型人喜欢花钱，喜欢享受"夜生活"。第七型翼型还使其多了一份夸张，所以他们喜欢夸口，为了诱使人们投身于自己的计划，还不免会言过其实。主八翼七型人能更公开地表达态度和情感，尤其不关心他人的反应。他们可能会变得缺乏耐心、好冲动，更有可能受到自身激情的支配。他们容易主导环境，尤其是他人。处在较低的层级时，他们会变得极富攻击性和好战，威吓他人给自己让道，踩着别人的肩膀往上爬。这种亚类型也可能会运用自己的资源支配他人，迫使他人屈从于自己的日程安排。他们对他人很少有同情心，对自己的行为也没有罪恶感。不过，他们在金钱和权力方面也暴露出了一定程度的不安全感，因为他们从不觉得自己有足够的金钱或权力能使自己完全独立或过上安稳的生活。

不健康状态下的主八翼七型人冷酷无情、好冲动：敢说敢做，事后又认为自己的所言所行或是天才手笔或是致命的错误。他们可能专横暴虐，总在语言上和肉体上施暴于他人，对敢于妨碍他们或违抗其意愿的人毫不留情地予以打击。他们脾气火暴，动不动就发怒。他们总是觉得他人背叛了自己，想要抵制加诸其行为的所有约束。他们的疯狂倾向强化了他们无所不能的错觉：他们会花大量金钱滋养自我膨胀的想法。当觉得焦虑、受到威胁时，他们常常会失控。由于特别容易受到焦虑情绪的影响，他们要通过行为表现来抵御焦虑，首要的是不顾一切发起进攻，在自己被毁灭之前先毁灭他人。

具有第九型翼型的第八型人：忍让者

第八型和第九型的人格特质在一定程度上相互冲突。第八型人自以为是，敢于迎接挑战和冲突，而第九型人倾向于压抑自己的攻击性，回避冲突与不安。所以主八翼九型人贪图舒适与平和，比主八翼七型人更喜欢待在家里，但仍想要圈子里的所有人明白自己才是主导者。因为有第九型翼型的力量，他们比主八翼七型人更多地以他人为导向，更少地以物质和体验为导向。他们要更为软弱，更具有接纳心，更容易与他人互动，对抗或攻击性倾向更弱一些。他们喜欢按自己的意图做事，但也更有可能以一种温柔深沉的腔调和更为随意的举止来表现。他们很少会自以为是，身上散发出一种沉着有力、从容不迫的光辉。从总体上看，这是一个公开的攻击性较少的人格类型，但由于第八型是基本类型，所以主八翼九型人仍有可能极富攻击性，尤其是在他们需要这样的时候。他们在他人面前总是板着一副面孔，就像扑克牌上的人像一样，面无表情、神情呆滞，虽然在受到刺激时可能会突然变得激情四射和怒不可遏。和第九型人一样，主八翼九型人常常意识不到自己愤怒的力量或强度。这个亚类型的典型人物有：小马丁·路德·金、果尔达·梅厄、珍妮特·雷诺、夏尔·戴高乐、英迪拉·甘地、巴勃罗·毕加索、马龙·白兰度、保罗·纽曼、约翰·赫斯顿、罗伯特·奥特曼、芭芭拉·斯坦威克、约翰·韦恩、查尔顿·休斯顿、约翰尼·卡什、菲德尔·卡斯特罗、列昂尼德·勃列日涅夫、"达斯·维达"、"李尔王"、"维托·柯里昂"。

　　健康状态下的主八翼九型人拥有一种尚未充分表现出来的权力与智慧。和另一个亚类型一样，他们也是讲究策略的设计师，但在实施其目标时要更为坚定不屈。他们不容易受到烦扰，尤其善于调适自己的心情和与他人的关系，觉得不必在任何时候或任何情境下都坚持己见。与主八翼七型人相比，他们身上一意孤行的特质更少，虽然主八翼九型人也喜欢追求事业，但他们有时更倾向于关心切身利益以外的事，尤其是涉及家庭成员的那些事。他们是更为亲切、更为温和的家长，有坚强的意志，但举止谦和，更喜欢通过支持和保护他人来表现自己的领导力。主八翼九型人能在自己与他人之间建立一种私人的、近乎神秘的联系。他们钟爱艺术、自然、动物和孩子。

　　一般状态下的主八翼九型人开始显示出自身两个方面之间的某种明确分裂：攻击性的方面（显示在公共场合和竞争场合）和消极的、更谦让顺从的方面（只对极少数人尤其是家人表现出来）。特别值得注意的还有他们对待他人的态度的多样性：在家里温暖而富于爱心，在工作中强硬而富于攻击性。他们通常不会主动找机会抛头露面，更喜欢过平静的生活，不受干扰，在幕后控制事态发展。他们展现出的强势气势是由于其内心有一个不受烦扰的力量堡垒，他人根本无法攻克。这个内心圣所和平而坚定，虽然他们从内心中获得的益处是否真有那么多还令人怀疑。别人常觉得，他们身上的这一特质是一种固执，一种会引发焦虑的能力。由于第八型人是基本人格类型，所以主八翼九型人喜欢支配他人，其采取的是外柔内刚的手腕。一般状态下的主八翼九型人身上有一种狡诈、警觉的特质，仿佛在警告他人不要小视他们。他们说话慢条斯理，但对周围人非语言的或身体语言的暗示极为敏感；他们看起来友好温和，实际上私下里总在揣度和摸索他人的性格。当处在较低层级的时候，他们就会从固执转向暗地里的威吓。他们的情绪和反应十分难以捉摸，一会儿恫吓、挑衅，一会儿又顺从、和蔼，尤其是对身边的人。所以当他们的火暴脾气爆发的时候，周围的人都不以为然。

不健康状态下的主八翼九型人变得消极、抑郁、孤僻，但如果握有权力，也会极具报复心。由于他们几乎不会受到焦虑的影响，所以极具破坏性，

且不会有悔恨之心，他们是冷酷无情和漠然的结合。他们的心灵结构可能会变得支离破碎，行为毫无人性，仿佛身上有一种宇宙力量，能置他人于不顾，不夹带任何个人情感地实施打击报复。但总体而言，他们不像主八翼七型人那么暴力和具有破坏性，不过，如有必要，他们也会对他人施暴，虽然私下里对自己造成的伤害很愧疚，但从不会设身处地为他人着想，对自己的所作所为缺乏真正的认识。虽然他们对环境造成的伤害的暴力程度可能不那么明显，但由于通常都长寿，长期来看，反而可能给身边的人带来更大的伤害。

结语

回顾第八型人退化的过程，我们发现，自一般状态开始，第八型人的自尊就渐渐趋向于破坏行为，而非建设性行为。然而，具有破坏力是否也可算做实力的一种反映呢？究竟摧毁一座城市的人更具有实力呢，还是建设城市的人更具实力？

我们也可以看到，第八型人自己把他们最害怕的事变成了现实：由于破坏了所有可能的事物，他们同时也掏空了所有的资源，人际关系变得很糟，别人可能会毫不留情地报复他们，而这正是他们最害怕的。他们真可谓"自作自受"的最佳范例：害怕受到伤害，害怕听命于人，而现在一切都应验了。

如何在未变成独裁暴君之前停止通往暴君的步伐已是一个古老的话题。一个人非得要以暴制暴，以牙还牙，以不公正反击不公正吗？我们该如何做才能保护自己，使自己免于被掠夺，免遭无情的迫害？在寻求这些问题的答案时，没有一种人格类型的人能提出一种令其他人都满意的终极价值观。所谓终极价值就是追求自身利益吗？为了达到自己的目的而践踏他人真的合理吗？

若无上帝存在,那么第八型人真的是最得宜、最机敏的了,他们最注重自身利益。虽然我们无法确定上帝的存在,也无法确知上帝的公正会采取什么形式,但至少有一点是可以确定的:无论第八型人如何生存下去,他们总难逃一死。就如其他每个人一样,他们也必将把自己交付于死亡,最终交付于他人的评断。

最后这个讽刺更尖锐了:即使他们依自己的想法破坏了世界,也无法依自己的想法重新创造一个心目中的世界。因为最强烈的欲望无法满足,必将招致最深的挫败感。

第十一章

第九型：和平缔造者

第九型简介

健康状态下：他们有深刻的感受力、受人欢迎、不忸怩作态、情绪稳定、开朗；信任自我和他人，能跟自我和生活融洽相处，天真单纯；有耐心、不装腔作势、善良、真诚；有想象力和创造力，擅长非言谈式的沟通；乐观、自信、支持别人；可以帮助别人平复、缓和情绪，使群体和谐融洽，让人们团结在一起，是出色的调解人、总结者和交流者。在最理想的状态下：他们自制、自律、自足；镇定自若、满足，因为他们对自己坦诚相见。矛盾的是，正因为能与自我合二为一，故而能形成更深厚的人际关系。他们十分有活力、警觉性高，对他人和自我有戒备心理。

一般状态下：他们谦卑、和善、谦让、把他人理想化、"顺应"时势以避免冲突；有一套"生活哲学"，这使他们可以很快平复内心的焦虑；可以为他人默默无闻地做事。在反应方面：他们不善应对，自鸣得意，逃避问题，"得过且过"；消极被动，自由散漫，不反省，粗心大意，漫不经心；思维含混，反复无常，内容大多是自己的幻想，而当幻想开始"变成"现实时，又觉察不到；情绪不活跃，不愿主动面对问题或专注于解决问题；属消极进攻型和冷漠型。他们为了缓和他人的情绪而粉饰问题，为了和平而不惜代价；宿命论、隐忍但也固执、不易受影响；喜欢做白日梦，等着问题奇迹般地得到解决；因自己的否定和固执而无意中与他人冲突。

不健康状态下：他们太过压抑，发展不完善，没有效率；不愿面对问题；消沉倦怠、远离一切冲突；疏忽、极其不负责任。他们不想为能影响他们情绪的事情烦心，彻底断绝一切瓜葛，最终无法发挥任何作用；麻木、没有个性。他们严重缺乏方向感，有紧张症，自暴自弃，徒具躯壳，可能变成多重人格。

关键动机：渴望保持心灵的安宁平和，在环境中创造和谐，保持事物的现状，渴望避开冲突和紧张，希望逃避会让自己不安的问题和需求。

典型人物：亚伯拉罕·林肯、约瑟夫·坎贝尔、卡尔·荣格、罗纳德·里根、杰拉尔德·福特、女王伊丽莎白二世、格蕾丝·凯利、沃尔特·克朗凯特、沃尔特·迪士尼、乔治·卢卡斯、加里森·凯勒尔、索菲娅·罗兰、凯文·科斯特纳、基努·里维斯、伍迪·哈里森、朗·霍华德、林戈·斯塔尔、乌比·戈德堡、珍妮·杰克逊、南茜·克里根、琳达·伊万斯、英格丽·褒曼、佩里·科莫、吉姆·亨森、马克·夏加尔、诺曼·洛克威尔、"伊迪丝·邦克"和"玛姬·辛普森"。

第九型人概览

第九型人的内心景观就好像人们在风和日丽的天气骑着自行车郊游以享受那种愉快的感觉一般。他们享受和认同的是整幅景象、整个情境，而非某一特殊部分。第九型人的内心世界就是这种得来全不费功夫的整一体验：他们对自我的感受来自与这种体验的合一。很自然，他们喜欢尽可能长久地保持与环境的这种同一性特质。

第九型人对生命的感受力使他们感到极大的满足，以致他们认为没有什么理由要怀疑生命或努力改变其本质性的东西。因为他们就是以这种心理方式发展自己的，所以我们不应责备他们的人生观过于开放乐观。但是，生命中除了甜美的一面以外，还必须要面对困难、处理困难，如果他们拒绝承认这一点，就应该受到责备了。第九型人的通病可比喻为：眼见轮胎已磨平却还拒绝修复。他们宁可忽视错误，这样平静的自行车出游才不会被打搅。

在第九型中，我们将会看到这种不惜一切代价来维护和平的哲学所付出的个人代价。拒绝处理问题并不会使问题消失不见。尤有甚者，他们要追求和平，势必使他人遭到损失，最后，甚至失去了他们自己与现实之间的联系。虽然他们对世界一片善意，但当他们四处闲逛，对不愿意处理的问题睁一只眼闭一只眼时，他们仍可能给他人造成相当大的伤害。

在本能三元组中

第九型人属于本能三元组中的基础人格类型，他们的本能冲动和他们与环境关联的能力最疏离。之所以会出现这种情况，就因为第九型人不愿受到环境影响。他们已经在自身内部建立了一种平衡，一种和平、满意的感受，他们不想与世界或他人发生互动，这样会干扰到他们。同样，他们不想被本能在内心激发的强烈情感所打搅。第九型人与他们的强烈情感、本能冲动、愤怒完全脱离了联系，这使他们可以保持内心宁静温和的性情。

因而,当处在健康状态时,他们能创造出和平、和谐的环境。为了这个环境,他们可以直接去安抚他人,化解冲突和伤害,也可以间接地通过创造性活动和交流激发人性的理想主义的一面,激发人性的纯洁和善端。他们就以这种方式为世界作贡献,也是以这种方式影响世界,因为正是这种方式支撑着他们内心的平静。当第九型人处在不太健康状态时,为维持内心的宁静,他们甚至对会烦扰或打搅他们的环境视而不见,最终与生活严重脱节,不愿以自己实际的方式与他人或环境打交道,而是只与他人的某种内在的、被理想化的形象打交道,因为这个形象可以带给他们更多的愉悦和比较少的威胁。同时,尽管他们代表着周围世界的许多方面,但也代表着他们自己的许多方面。结果,除非他们处在非常健康的状态下,否则就无法把自己当做一个个体看待,甚至无法对周围世界有明确的认识。

基本上,第九型人追求自律和独立,这与本能三元组中的另两个类型——即第八型和第一型——完全一样。他们渴望有自由和空间去追求自己的目标,走自己想走的路。但与第八型人和第一型人不同,第九型人在主张自己和要求独立的能力上受到了一定程度的阻碍。他们担心这些要求会破坏他们在与他人的关系中已经建立起的和谐和平静。所以他们压抑了对独立和空间的欲望,想通过分离——通过断绝与他人的联系,"托身于"想象和梦想中的安全感——来找到自由。他们只与理想化的他人形象而不与实际的人发生关系,同样,他们也会将自我形象保持在"软焦点"中。他们把自己和自己的真实发展状况置于这一背景中,这样,他们就能维持他们的和谐感和稳定感。这种方式可以给他们一种暂时的安逸感,可以让他们暂时地摆脱周围的困难和挑战,但如果把它提升为一种生活方式,就有无法获得独立的危险,就有可能使第九型人无法依靠明确的自我认同充分发挥其作为人的功能。

只要第九型人把他人理想化,他们就会贬低自己,就好像他们把自认为不可能拥有的所有特质全都投射到了理想化的他人身上。力量、自我肯定、冷静、自信以及其他许多正面特质都被看做是他人所拥有而自己缺乏的东西。第九型人并不一定是因为他们认为自己缺乏某些特质而焦虑,事实上,他们并不特别关注自己。他们的注意力更多地集中在他们认为属于他人的正面特质上。当然,从第九型到第一型,具体特质因人而异,但所有人都想要认同具有或表现了精神、情感或心理方面他们所不具备的特质的人。大多数第九型人不知道这种动力机制,但意识到了他们对生活中的某些角色有强烈认同感,他们十分迷恋果断、热情充沛的人。在潜意识中,他们总想与某个人结合在一起,这样就可以通过那个人获得他们已经压抑或拒斥了的某些特质。然而，通过认同他人，他们的自我感觉渐渐地变得不确定、不完整，他们无法作为一个个体与世界发生关系。而且，由于认同他人，他们因而无法发展潜能。保持内心的宁静成为他们首要的动机。

只有最健康状态下的第九型人知道自己是异于他人的个体，可以随自己的需要和要求自由选择。健康状态下的第九型人知道如何主动采取直接的行动。相形之下，一般状态下的第九型人的人生取向比较被动。他们仍有足够的活力和意志力，但他们的意志力用在了阻挠他人、抵抗和逃避现实等方面。一般状态下的第九型人的绝大部分精力都用在了维持和捍卫两条抵御环境的边界线上。一方面抵御外部环境：第九型人不希望他们的内心稳定受到他人的影响。另一方面抵御他们的内部环境：包括情感、记忆、思想、感受等这些会烦扰他们因而会破坏其平衡和核心的东西。这些边界线可以保护第九型人的内心世界，但要付出高昂的代价。一般状态和不健康状态下的第九型人不知道，其实他们对别人没有什么益处，也不会真正地爱别人，除非他们能把自己当做一个人加以发展，而真正的发展是要冒风险的，比如会让人感到不舒服，会质疑甚至破坏内心的"平衡"，有时会让人面对令人不快的现实。具有讽刺意味的是，许多第九型人对有关个人成长的书籍、研讨会和活动特别着迷，但也时常会迷上安慰性而非挑战性的规训或哲学。在其他情况下，他们也可能有选择地"剪辑"一些训导，以使其更符合他们的口味，给他们以安慰。

压抑与攻击性的问题

与第八型人和第一型人一样，第九型人也压抑了心灵的某个部分。这3种人格类型都过度扩张了心灵中的某些部分，以致其他部分发展不完善。第九型人在本能方面的问题在于，他们压抑了肯定自我的能力，因而更容易接受他人。结果，他们的自我感觉受到了完全的压抑，以致几乎无法作为独立个体发挥功能，他们完全不相信自己，活着也只是为了他人，甚至更糟，完全就像是生活在一个奇异的幻觉世界中。由于压抑了自己，他们对自我、他人和世界的认知都渐渐失去了棱角，再也没有什么东西能烦扰他们了。他们变得闲散而平和，但脱离了真实世界。

想保持平静其实没什么不对，一般状态与不健康状态下的第九型人的问题在于，他们过于逃避努力与冲突。他们不明白，有些时候坚持己见是必要的，他们以为坚持己见就等于攻击性，以为坚持己见就会破坏与别人的和谐、威胁到与别人的关系。实际上，他们也确实害怕坚持己见，因为这会把他们卷入巨大的情感波涛，而过于强烈的情感对维持平和状态没有任何帮助。结果，第九型人彻底压抑了自己的攻击性冲动，以致最后认为自己根本没有攻击冲动。然而，自以为没有攻击性并不表示这种感觉不存在，也不代表这种冲动不会影响他们的行为。

第九型人以无视攻击性的存在这一典型方式来解决其攻击性问题。当他们偶尔不慎表现出攻击行为时，就干脆否认自己曾有攻击行为。所以，一般状态和不健康状态下的第九型人的平和，在某种程度上，只不过是错觉而已，是故意的视而不见，是一种自我欺骗。他们不知道，为了维护内心的平和感，他们已与真实的自我脱节，同时也远离了现实。然而，具有讽刺意味的是，他们的这种被动和拒绝，他们对他人的淡漠，他们与环境的日益疏离，全都是攻击性的否定形式，是一种"被动抵抗"，一种以退为进的攻击性。第九型人其实比他们自己感觉到的更具攻击性，他们一味否认和压抑自己的攻击性，结果只会给自己和他人都造成巨大伤害。

父母取向

第九型人与父母双方都有联系，在一定意义上，他们强烈地认同养育者和保护者角色，会把这两种角色的问题整合到心理层面。因此他们的许多心理和情感能量都要用来使所有这些认同保持某种内在的和谐。他们的内心世界看起来基本上是平衡的，因为他们总试图调节对养育者角色和保护者角色以及他们自身需要的认同。

健康状态下的第九型人对环境极为敏感，且保持着一种特别的开放性，在他们还是孩子的时候，就已经从周围的人特别是父母那里学到了许多东西。如果成长于一个和睦的家庭，他们接收到的信息和情感就相对比较容易处理，就有足够的精力有效地应对世界。如果一般状态和不健康状态下的第九型人的童年因冲突和机能障碍而破碎不堪，如果内心中的痛苦、冲突的情感和信息几乎难以承受，那他们就会逃离，让自己摆脱情感和思想的直接影响，以免已经进入内心的混乱把自己压倒。同时，他们已经学会对外部环境中的冲突和痛苦视而不见，其策略与许多孩子一样。这就像孩子为了不听到隔壁房间父母的争吵声，就自己唱歌或回忆快乐时光一样。

与父母的联系至少让健康状态和一般状态下的第九型人有一种安全感和认同感，因为他们的自我认同或多或少是"既定的"。然而，在心理和精神发展过程中，第九型人可能会逐渐认识到，他们所认同的自我并不是他们的真实存在（就像第三型人一样），他们常常要依赖于自身以外的某个东西来获得安全感（就像第六型人一样)。而且,如果他们要思考父母双方的问题,那自己还剩多少空间呢?就好像第九型人在生活中因为父母的问题以及其他重要人物的问题而无法考虑他们自己一样。

想要找到独立和自足,想要独自撑起一片天空,这是最为重要的。第九型人想要做的事也许对他人而言毫无价值,但他们会坚决地捍卫这些活动。一旦他们明白了自己内心随和的本质,他们就能摒除一部分习惯或老套的规矩,因为他们觉得可以放心地在生活中的某些核心方面提出自己的要求。

最后,我们可以看到,这一心理取向迫使第九型人要在生活中维护自己与他人以及他人与他人之间的和谐关系。由于孩子是借助于与父母的联系和对父母的认同来发展自我意识的,所以父母之间的不和或离异极其可怕。对年轻的第九型人而言,他们的内心之中同样存在着纷争与冲突。父母间的纷争或离异深深地烦扰着第九型人内心的稳定。基本上,只要第九型人所认同的他人是完整的、好的,他们就会觉得自己是完整的、好的。当第九型人处在健康状态时,他们会用天赋去帮助他人维护其完整性和幸福。当他们处在不太健康的状态时,他们就会觉得他人是幸福的、完整的,尽管事实未必如此。一旦出现这种情况,第九型人就会失去他们想要与之保持联系的那些人,这实在是一种讽刺。

自觉意识与独立个体的问题

不管第九型人承认与否,他们总归是独立的个体,而且会影响他人。他们不能忽视自己、压制自己的潜能,否则就要付出昂贵的代价:无法得到他们所希望的与他人和谐相处,反而由于生活在一种半清醒的幻想状态而必然失去那种和谐关系,因为在那种幻想状态中,他们与他人的关系不过是理想化的幻觉。

第九型人正好比荣格所谓的"内倾感觉型"。荣格曾描述过一种类似我们所说的一般状态与不健康状态下的第九型人,他们不是靠自己的真实面貌维系与他人的和谐、统一的关系,而是通过将自我理想化来实现这一目的。这让他人有被轻视的感觉,原因正如荣格所说:

> 他们可能会因冷静、被动或理性的自制等特性而引人注目(尤其是主九翼一型人)。这种特质常使人作出肤浅的错误判断,而实际上,那不过是因为他们对客体漠不关心。内倾感觉型通常并不是有意要轻视客体,而是不理会客体的刺激,并直接代之以他们对于客体的主观感受,而这种主观感受通常已不再与客体的真实状态相符,于是自然就造成了轻视。他们总是轻易地提

出这样的问题：人为什么应当存在。

　　从外表看起来，似乎是外界物体不足以引起主体的兴趣。主体的主观想法事实上受到潜意识的干扰从而阻隔了对象的作用，就这一点而言，这种印象是正确的。这种干扰十分突兀，以致个体看起来好像直接躲开了所有的客观影响……如果那个客体是一个人的话，那个人就会觉得完全被轻视了，而主体拥有的只是关于现实的虚幻概念，在病态情形中，这种幻觉甚至会发展到让他们再也无法分清真实的客观现实与主观感受的程度……这种行为具有脱离客观现实的虚幻特征，令人极为困惑。它直接揭示了内倾感觉型主体的现实——异化状态。但是，当客体的影响力尚未完全瓦解时，主体便会形成善意的中立立场，虽同情之心不多，但主体一直在努力安抚，寻求调整。情绪太低迷的会被提升一点，情绪太高涨的会被冷却一点，太过热情的会被遏制，太夸张的会被约束，但凡超出常规的都会被导向正途——所有这些全是为了把客体的影响力保持在必要的限度内。这一类型的人就是以这种方式成为了周围环境中的危险人物，因为他们总体上看似无害的行为着实令人起疑。在那种情况下，他们很容易成为他人攻击和压迫的牺牲品。他们让自己受到虐待，再在最不恰当的场合以最愚笨和顽强的方式实施报复。（卡尔·荣格.心理类型.396—397.）

　　处在第九层级时，他们会成为"周围环境中的危险人物"，因为他们和每个人一样，都存在自私的特质，只是与其他类型的人相比，他们的自私较难让人察觉，因为他们总是调整自己以适应他人。其实他们的自私会以很特殊的方式出现：总是愿意牺牲很多宝贵的东西，就某种意义而言，愿意牺牲现实中的一切来成全自己内心的安全感。焦虑或任何形式的情绪刺激对一般状态与不健康状态的第九型人而言都是非比寻常的威胁，因为他们不习惯感觉自己的情绪感受。事实上，任何情绪反应都会打破他们的压抑，无论这种反应源自焦虑、攻击性还是别的什么东西。结果，一般状态下的第九型人不顾一切地追求平静，而他们无意中付出的代价就是失去了与所有的人、事以及自身的联系。

　　由于不健康的第九型人以鸵鸟心态死抓住所谓的内心平静不放，结果无法处理任何事务。他们急匆匆地将问题置诸脑后，不直接面对它，结果问题始终得不到解决。渐渐地，他们会失去方向感，好像在人生道路上梦游一样。他们的判断力也会变得很差，有时会导致很悲惨的结局。尤有甚者，他们那种漫不经心、置身事外的态度，别人无法永远视而不见，结果不健康状态下的第九型人可能会被迫处理自己所做的事，虽然他们会尽一切努力要逃避开。他们宁可完全无视现实，也不愿作出努力让自己的世界再次回到正轨，因为在他们看来，这种努力纯属枉然。

然而，健康状态下的第九型人可能会成为最满足、最快乐的人。他们有着非凡的接受能力，让人人都觉得得到了接纳，就像第九型人觉得自己得到了别人的接纳一样。他们的内心平静是一种成熟的平静，使他们能够包容生活中的冲突、分离、成长、个体性。他们走自己的路，但仍乐于表现自己。然而，一旦他们开始以不正确的方式追求心灵的平静，就会变成一般状态下的第九型人，埋没自我、自以为是、害怕改变、不想处理现实问题——不论是他们自己的现实问题，还是他人的现实问题。而不健康状况下的第九型人则完全拒绝强加于身的事，他们生活在非现实的世界里，死抓住心中不合现实的幻觉不放，尽管他们的世界已经支离破碎。

健康状态下的第九型人

第一层级：自制力的楷模

在最佳状况下，非常健康的第九型人会成为强有力的独立个体。由于克服了与他人分离的恐惧，他们变得很有自制力，有一种真正的自律。他们觉得特别满足，陶醉在深深的心满意足与不可动摇的宁静中，因为他们已经与一个永远不可能再分离的人联系在了一起，那人就是他们自己。他们已找到一直在追求的平和，因为他们真的与自己统一了。这种统一性和内心的整一性在实际中其实甚为少见，但一旦出现，就会成为美、真正的创造力和快乐的源泉。

虽然第九型人极其平和，但也富有活力和生命力，与自己的思想、感受和欲望各方面都保持密切的关系，虽然这看起来有些矛盾。非常健康状态下的第九型人甚至能意识到自己的攻击性冲动，而且不会被这种感觉惊吓到。他们明白，有这种攻击冲动并不等于有攻击行为，也不表示会伤害别人。于是，由于这种自制力，第九型人比任何时候都愿意为他人奉献、付出，而他们与他人的关系也随之变得更加令人满意，因为他们从中可获得更深的平和感。

由于第九型人懂得自重，所以自然显得很有尊严，他们丝毫不必以自我为中心或自吹自擂，就能明白自己存在的真正价值。他们是完完全全独立自主的个体，而且由于能清楚地认识到自己的本来面貌，所以也能清楚地认识别人的本来面目。他们不再需要将他人理想化，所以能与他人坦诚相见——也正是因此，第九型人更实实在在地为人所喜爱。

非常健康状态下的第九型人稳定地位于自己的中心，能灵活有力地处理问题，因为他们已经达到深刻的内在统一。他们觉得心满意足，觉得自己即使不是一个完全发挥了潜能的人，也是一个能够为世界、为时代、为他人奉献付出的人。健康的第九型人能够主动控制自己的意识，掌控自己的生活。虽然这种感觉属于很私密性的精神状态，难以直接观察到，也很难描述，但是真实存在的，也是具有决定意义的。非常健康状态下的第九型人心理上天生有着成熟的中心意识，一股新的力量开始进入世界：这是一种新的存在，一个原始的赤子，一股难以征服的精神力量。

因此，在最佳的状态下，非常健康的第九型人是所有人格类型的表率，是统合自己与统合世界的好模范。对人类而言，他们是可能达到的深刻统一性的典范——自我的统一性和自我与他人的统一性。他们教导我们什么是最深刻的自制与自律，深刻得近乎神秘。他们不需特别费力，就能自在地感受一切，所以能真切地反映人类在落入自我意识和异化的深渊之前的状态。他们是活生生的提示，即：当一切都已说了、一切都已做了的时候，我们彼此都是奉献给对方的礼物。完全地成为自己，又完全地关联于世界，这真是一种难以言喻的神秘境界。

第二层级：善于接纳的人

不幸的是，甚至健康状态下的第九型人也并非永远都如此健康。自制并非易事，担心失去与环境和对他们而言极重要的人的平衡感和和谐感，一直是第九型人心头的阴影。如果他们真的屈服在这种担忧之下，就会为了谋求内心的平静而放弃自我意识。他们失去了对自己、他人和时代的最充分认识，开始微妙地迷失在意念中，忘记自己是所体验到的世界的一个积极的部分。他们在渴望与他人和谐相处的时候，开始失去自己的中心。基本上，为维持平和感，第九型人自身的意识开始迷失，开始与自己的感受和直觉失去关联。

第九型人通过认同父母来发展自我意识，所以他们也能认同他人，对在其生活中居于核心地位的那些人能给以积极的关注。他们有着非凡的感受力，能彻底地认同他人，为此甚至失去了自我意识，没有自我怀疑，也没有自我中心化。第九型人不仅善于充分关注他人，也想积极地这么做。由于他们具有认同能力，所以他们对他人有博爱之心，能维持与他人的关系。

由于处在第二层级的第九型人总是不自觉地接纳他人，所以他们自己的情绪和人际关系都很少有冲突产生。他们自己也很平和，并且只要他们处在健康状态，就能真正地与世界和谐相处。他们对压力与骚动都有很高的容忍度。他们有耐心，不易被搅扰，轻松自在，平静平和，不会左右摇摆地费力处理生活中的小骚动。健康状态下的第九型人有一种清楚明白的天真和单纯。与他们相处就是与一个不要机巧、不会占人便宜、不会欺骗人的人相处。（对他们而言，他们也难以理解别人为什么会耍诈。）

这种强大的感受力使健康状态下的第九型人成为9种人格类型中最值得信赖的。他们相信别人，也相信自己，更相信生活。由于他们能给人一种毫无疑问能接受他人的感觉，所以成为了人们的情感停泊地；当别人需要他们时，他们总是平稳而坚实地站在需要的人身旁。他们谦和、有礼、易亲近，能成为平和的避风港，人们来这儿寻求慰藉、休憩和安抚。他们不挑剔、不恫吓别人，不会给别人或自己定下不可能达到的标准。这样的人很容易获得快乐，对别人很少有要求。然而，健康状态下的第九型人并非完全不挑剔，也并非对每个人都有同等的感受力。当然有某些人是他们不欢迎的，但面对他们不喜欢的人，健康状态下的第九型人也比另外几种人格类型的人亲切和蔼多了。

健康状态下的第九型人在人群中感到轻松自在，但也喜好与大自然交心。航海、徒步旅行、露营、园艺以及照顾小动物等活动同样让他们觉得心境平和。大自然，尤其是大自然神秘的一面，总能在他们心中引起共鸣，因为通过认同大自然，他们能感受到更多的合一感。而且，由于他们习惯于认同他人，在心中将一切东西人格化，所以大自然、动物甚至抽象的观念和象征都能在他们心灵深处引起共鸣。譬如说，第九型人不将"国家"视为一种抽象的观念，而是将之视为一个活生生的生命：他们也以待人的方式对待自己的宠物，并且还认为乡间到处都是神话中的生物，山川、树木和河流都有灵气，精灵、鬼魂和妖精居住在屋子里或它们喜欢的阴暗处。

我们在健康状态下的第九型人身上发现的这些原型式的幻想也对他人很有吸引力，因为这种想要与宇宙万物融为一体的想法，在某种程度上说，是人人都渴望的，也是人人都需要的。健康状态下的第九型人给人格类型提供了一个魔幻世界的幻象。他们以无邪的眼光看待世间万物，神话式的幻想总能勾起我们童年的回忆，在那里，每样东西都发出魔幻的光辉。健康状态下的第九型人从未失去对自己和自己的惊奇感的冥想。

与此相应，第九型人对非言语的交流有一种特别的亲近感。他们在图画和象征的世界中有一种归属感，他们常常用色彩和想象而不是用语言来思考。许多第九型人也钟情于音乐，能从歌唱和演奏中获得极大的满足。音乐气质是他们的意识状态的一种支撑：表演或聆听音乐是一种令人忘却自我的体验。而且，和谐感、音响和节奏的律动流淌在周围，塑造了他们的整体感。

最后，由于视自己为大自然的一部分，所以第九型人认为性、诞生、衰老、死亡等生物过程是再自然不过的了，事情是怎么样，就该怎么样接受。这种接纳大自然及自然运行方式的做法，是他们平和感的另一个来源，因为与其他人格类型的许多人不同，他们对一切已存在的事物都不觉得特别怪异。他们不会去对抗自然的秩序，而是乐于成为自然的一部分，顺着自然而行动。

第三层级：支持性的和平缔造者

由于健康状态下的第九型人的内心宁静受到与他人之间的紧张关系的威胁，所以他们总想确保和平在生活中无所不在的主导地位。实现和维持和平的动机促使他们成为了和平缔造者，致力于调停周围人的纠纷与争执，希望所有人际间的争执都能化解，这样人人皆得以保持平和，就如他们自己一样。

处在第三层级的第九型人能够严肃对待别人的抱怨，所以他们是很好的调停者。他们能体察不同个体间的真正差异，明了别人因为什么而不安，关怀他人心中所想。同时，他们也能看到不同个体间的共同点，致力于化解纷争，因为他们觉得合作要比分裂更有收获。

处在第三层级的第九型人优点众多：他们有治疗不和谐、排解纠纷的能力；而由于他们十分冷静，所以对别人有安抚作用，只要他们一出现，大家就会出奇地平静；他们乐观、让人安心，每当他们能够负责任地行事的时候，总是会强调事情的光明面，他们认为，看到事情的光明面要比沉溺在阴暗面好多了；他们心胸宽广、不记仇，总将冲突全都抛诸脑后，专心致力于自己的人际关系和责任；他们极端平易近人，是那种给人带来欢乐的人，别人会自发地称之为"好人"；他们是快乐的，有阳光般的气质，有自然、不矫饰的幽默感，还有温暖、开怀的笑容；他们不做作，对每个人都同样真诚无伪，无论对方是王公贵族，还是出租车司机，都一视同仁；他们悠然自得，像只旧鞋一样舒适。很少有人不喜欢他们。

然而，健康状态下的第九型人不只有好脾气，还带给社会其他东西，总是无私地支持别人，使别人能够健康发展。但凡对他们而言重要的人——配偶、子女、密友，全都是他们不吝惜的爱与关怀的受益人。并且由于他们懂得对方的脾气（因为他们易于认同他人），所以他们的所作所为都对对方十分合宜，有助于对方的成长。

当他们认为有些重要的事情需要说的时候，他们就极为坦率，或许比其他类型的人更直言不讳。他们发现有些话说出来比较恰当,当然,他们这样做不是要伤害别人。他们的坦率是很有价值的,因为知识丰富、单纯和不作伪的特性使他们在人群中备显突出。他们不会附带其他动机,没有虚假,不会为了保护自己而自我膨胀,不贪恋权位,也不想给人压力或谴责他人。所以,他们能以赤子之心说出具有成人智慧的言语。

他们的平和感能安抚他人,不仅可以为他人在各种形式的谈判中提供巨大帮助,而且能帮助别人安然渡过危机。健康状态下的第九型人能保持镇定,哪怕是在极其有压力或极其危险的情形中。他们常常把这种镇静同他们在医学专业或在相关的卫生与营养领域的治疗手段结合在一起。当然,第九型人会从事形形色色的职业,但即使没有选择治疗艺术方面的职业,许多水平较高的第九型人还是会对疗愈和整体生活方式感兴趣。

同样的道理,健康状态下的第九型人常常是形而上学和人类发展的研究者。他们总是拥有一种全局的、超越个人的视野,时常是冥想、能量和身体研究、瑜伽、放松方法的参与者。第九型人喜欢探究梦、象征和形象的世界,时常会被强调天人合一的传统的生活方式所吸引。他们也擅长综合不同的角度或传统,不仅能以这种方式发现其中的共同点,还能生发出新的见解。

第九型人在传统领域也极具创造力,喜欢和别人一起分享带有神奇的乌托邦色彩的世界观。当他们处在健康状态时,由于没有太强的自我意识,因而很容易进入创造过程(虽然在人格类型发展层级连续体的一般层级情况会有所不同)。一点也不奇怪,他们创造的许多艺术有着与他们的人格类型类似的气质,那就是积极向上、自信、对世界充满惊奇感。

最后,虽然健康状态下的第九型人比较随和,但仍可能在其专业领域获得极大成功,因为他们有能力造就丰富滋养的环境,来鼓励他人发挥最大潜力。但正由于他们不具竞争心,不在意自己,所以别人很可能低估他们,除非人们明白这样的人对他人的福祉有着多么大的贡献,否则他们很难得到承认。

一般状态下的第九型人

第四层级:迁就的角色扮演者

从外表看起来,一般状态下的第九型人似乎与健康状态下的并无不同。然而,实际上二者之间已有转变,且态度上的改变比行为上的改变要多。二者的不同在于,健康状态下的第九型人与自己和他人都保持着良好的联系,而一般状态下的第九型人则逐渐脱离与自己和他人的联系，过于屈从于社会角色与社会传统，不喜欢抛头露面，总是隐藏在背景中，以免扰乱自己的环境。

在健康状态的各层级中，第九型人是动态的个体，总想通过努力工作创造一个正面的和谐环境。但在这么做的时候，他们也可能开始担心过于坦陈自己，或自己的欲望会导致与他人的冲突，因而会破坏和平的氛围。当担心陷入与他人的冲突时，第九型人就会滑向一般层级。具有讽刺意味的是，这正是第九型人将要面临的与他人之间许多冲突的起因。人们总想得到第九型人的关注和回应。但由于第九型人有意识地回避可能的冲突、压抑自己的意见，所以人们的期待常常会落空。("今晚你喜欢到哪里用餐？""无所谓，看你的意思。")

在第四层级，我们看到的基本模式是，第九型人低估了他们对生活和自己的期望，开始迁就他人的欲望以避免和他人发生冲突。事实上，社会和同事的期待开始创造了一个第九型人可能意识不到的角色。每个人都要在生活中扮演各种角色，但对于一般状态下的第九型人而言，角色是由他人创造的，其目的在于成全他人的期待和需求。一般状态下的第九型人总想和稀泥，想做没有威胁的人。太喜欢表现或自吹自擂在他们看来就像在"演戏"。

泯灭自我成为一般状态下的第九型人在同事当中和稀泥和尽可能减少冲突风险的主要方式。与第三型人相反——第三型人总想在他们的社会角色中脱颖而出——一般状态下的第九型人不喜欢抛头露面，免得引火烧身。结果，他们成了其社会角色的"普遍"范本——隔壁的男孩或女孩、夜班工人、旅行音乐家、快乐的医生。与一般状态下的第三型人一样，要想把真实的自己和自己能担当的角色区分开来是困难的。

泯灭自我也会在其他方面影响第九型人。一般状态下的第九型人很乐于改变自己来适应他人，因为他们的自我感觉就建立在适应他人之上。他们开始对他们所认同的人加以理想化，别人的形象越是美妙，第九型人的自我感觉就越好。他人越是被理想化，与那些人之间的感情关系就越是紧密，而他们的自身统一感也越强烈。事实上，这造成了相反的效果。第九型人的自我感觉之所以越来越好，是因为他们与这种理想化的他人的联系。但是他们却为此低估了自己。或者更确切地说，他们开始忘记自己，忽视了自己的发展。他们就是那种为子女而活的母亲或为丈夫而活的妻子。当然，当子女年幼、需要母亲才能生活的时候，母亲调整自己来迁就儿女的需求是合适的。但如果子女已经长大了，母亲却仍维持相同的自我泯灭的迁就模式，那就有问题了。基本上，问题就出在他们太过认同他人，在认同他人时太过迷失自己。他们轻易地以成全他人的愿望为己愿，以成全他人的想法为自己的想法。

此时，一种交互作用开始了：他们越是迁就他人，就越会将对方理想化。如果对方是一个人，他们就觉得那个人永远是对的；如果对方是一种价值观或信仰，他们就毫不怀疑地相信它。因而，他们很容易掉入习俗惯例的角色里，将自己的价值定位在完成这个角色该发挥的功能上：如身为丈夫、身为妻子、身为养家糊口之人、为人父母或身为公民，这些角色的功能全都是由他人或文化所规定的。所以，结婚、生子、保住职位，这些就是他们所期望的事，是他们需要通过调整自己、迁就他人来完成的事。他们的生活方式、宗教信仰、政治信念、对自己的期许以及对子女的期望，全都由他们已经接受的习俗来决定。

这就是为什么一般状态下的第九型人常被称为典型的平凡人的缘故。他们是社会的黏合剂，只要是对社会有价值，不管被安顿在什么位置，他们都愿意融入其中，虽然这可能要牺牲个人的独立和自由。他们一点也不想发展自我，而是拥护他们寄身其间的文化中的价值观、思维方式和生活方式。即使他们是"亚文化"的一分子，他们的穿着、行为和生活方式也都会遵循他们觉得对那种文化而言属于"正常"的方式。（在精神团体中，第九型人会自觉遵守该团体的行为礼仪。）因此，受到敬重对他们而言十分重要。他们希望能成为社会上值得尊敬的人物，所以举止中规中矩，不做值得尊敬的人不该做的事。就这点而言，他们通常很保守，不一定是政治上保守，而是在抵制处身于其中的世界发生重大变化这一点上，他们很保守。

由于很保守，所以他们也倾向于以过去为导向。已逝去的日子似乎总是比现在和未来显得舒适美好，因为过去的日子是具体已知的、已经经历过、较不具威胁性。同时，他们也很怀旧，对过去怀有感性而美好的回忆，因为这可以让他们对自己和他人产生美好的感受。而且，对过去的快乐回忆也是在出现冲突与问题时引出正面情感的可靠源泉。

与一般状态下的第九型人辩论他们特殊的价值观是没用的。问题并非出在他们的观点本身，而是在于他们未及深思就单纯地接受了它们。他们总是简单地全盘采纳自己的生活方式，并天真地接受每件事的表面价值。

第五层级：脱离现实的参与者

由于一般状态下的第九型人的情绪稳定与否，有赖于内心信仰和理想的维持，所以处在第五层级的第九型人害怕改变。他们不会做扰乱心情的事，一心只想着尽可能维持现状。他们不喜欢努力深入地发挥自己的才能，宁可希望每件事都自行处理完毕，不必他们插手或回应。

具有讽刺意味的是，为了维护不动手的习惯，实际上他们反而必须有所行动：看到环境中有威胁内心平静的事发生，他们就必须赶快抽身而逃。于是他们在健康状态下的自然变成了粗心大意的无动于衷、对周围的世间万物的漠然。他们仍与现实保持友善的关系，但并不刻意追求。他们有一种怠惰的自满自足，懒得用脑，懒得操心。他们喜欢说："好了吧！我们别再为这事操心了！"他们变得消极被动：一般状态下的第九型人的生活开始发生变化。

处在第五层级的第九型人有种明显含混模糊的特性，因为他们总保持在事情的一定范围之外不插手，冷漠且无动于衷，不希望被任何事情惊扰到。这样一来他们的确很悠然自得，但与环境或者说环境中的人与事缺乏真实的接触。他们安于现状，甚至对于不需要作出太过情绪化的回应的事情也不予理会。他们对什么事都采取一种事不关己、"随它去吧"的态度，以免卷入任何事或对什么事都太过兴奋。他们从一处游走到另一处，以相同的满足与中立心态面对每一件事。总之，一般状态下的第九型人对任何事都逆来顺受，是古典的黏液质人格类型的体现。保持闲适快乐的心情在他们那里获得了新的含义。

由于他们不允许自己太过深入地感受任何事，所以正如荣格所说，他们的高兴不是真正的高兴，他们的低落也不是真正的低落。一切都维持在平安无事的状态。一般状态下的第九型人甚至没有意识到他们的情感已经干涸，因为他们已经切断了与自身情感的联系。处在第五层级的第九型人开始变得混乱和不确定，他人只能眼看着有些东西渐渐地从他们身上消失，最后他们似乎也不存在于世上了。他们变得空洞、心不在焉，远在千里之外，看似好像在内心深处秘密从事什么，其实什么也没做。

对处在第五层级的第九型人而言，没什么特别重要或特别紧迫的事，他们不会对任何事投入任何特别的精力，除非他们认为必须要做。他们不在意细节，健忘，没办法持续专注工作1分钟以上，因为心已经飘走了。他们的谈话混乱不清，有时候会突然转换话题，显示出他们的心不在焉。他们是生活中的梦游者，沉溺在自己的内心世界中，思考着他们自以为理想的人或事。但不幸的是，由于他们的注意力只专注于向内投向自己的冥思，所以对现实世界无动于衷。如果他们很聪明且受过良好的教育，很可能喜欢谈论哲学、神学、艺术、科学等话题，但坦白说，他们的思考实在是模糊得一团糟，他们之所以这么做不过是要消磨时间，并非想积极从事什么需要艰苦投入和努力的事。

渐渐地，为说服自己相信他们做的事对时代具有建设性的意义，一般状态下的第九型人开始投身于"繁忙的工作"。他们参与各种项目，做各种差事，参加各种活动，在一定程度上都是为了帮助他们维护自己的世界，但这些对他们很难有实质性的影响。而且，处在第五层级的第九型人开始觉得很难激发自己去做对改善生活有实质意义的事。他们觉得内心有一种巨大的抗拒力量，不愿放弃已经很舒适的生活习惯，仿佛他们一直都生活在蜜罐里一样。一切似乎都显得太过麻烦，所以一般状态下的第九型人不久就打开了"自动驾驶仪"，再次消失在他们的陈规旧习中。

他们在健康状态时的单纯已经退化为心不在焉，退化为一种持久的三心二意，仿佛他们从未具体向往什么，觉得世界就像一个人盯着钟表而看不到时间。其实，大多数人训练自己对电视广告视而不见的方式就是一般状态下的第九型人面对现实的那种方式，让自己与不想看或听的东西脱离关系，直到习惯成自然。他们就像梦游者，身体出现在那里，但对周围的一切毫无知觉。

处在第五层级的第九型人把精力主要花在了维护平静上，从而忽视了能让他们兴奋或烦扰他们的一切。生理上和情绪上的舒适十分重要，但一般状态下的第九型人不会让自己在这些方面费太多精力，以免受到太强的刺激或太过耗神。他们把时间花在毫无必要的事情上，如在房间里来回闲逛，干一些小差事，收集小摆设，或者漫不经心地看电视。在第五层级，他们习惯了过一种浑浑噩噩的生活，就像长期服用镇静剂的人，已经忘记了不吃镇静剂是什么感觉。

然而，重要的是要明白，处在第五层级的第九型人心理上的被动并不等于完全没有活动，虽然被动的确是没有活动的前兆。他们仍可能是拥有数百万美元资产的大公司的老板，虽然经营着庞大的事业，却一直丝毫不把工作放在心上。第九型人之所以能如此事不关己，是因为他们以区隔（孤立）的方式作为自我的防御机制，将主观经验分隔为几个互不相关的部分，这样他们就能游走于各部分之间，无需投入情绪。如此一来，现实便再也无法冲击他们了，他们在现实生活中可能相当忙碌，但情绪与思绪却远在别处。

处在第五层级的第九型人一直承担的社会角色现在被当做阻止他人影响自己的挡箭牌。他们通过自己的社会角色与他人互动，从不会太多地投入互动过程中。他们的注意力与他们的直接经验相脱节，因为他们退回到了内心的安全圣所，在那里，生活中的事情再也不会强烈地冲击他们了。

由于与现实经验脱节，一般状态下的第九型人不再通过正常期待的方式建立因果联系：因与果对他们而言似乎不一定有必然的关系。他们不去思考自己行为的结果，也不会思考这一事实，即他们的疏忽怠慢也会产生后果。他们从不深思熟虑，总是深信事情会水到渠成。

缺乏自我觉察就是事态发展至此的根本所在。他们之所以对什么事都漠不关心，是因为——除非他们处在健康状态——他们从未学会关注过某一件事，包括他们自己。恰恰相反，他们的整个导向，正如我们已经看到的，就是抛却自我意识，就是被动地感受。由于他们无法把自己当做一个独立的个体来感受，所以他们习惯于模糊地感觉现实中的一切。当实际问题出现的时候，尤其是涉及他人的时候，他们无力专注于现实只会使事情变得更糟。渐渐地，一般状态下的第九型人成了问题的一部分，而不是解决方案的一部分。

问题就是：一般状态下的第九型人通过不断向他人妥协来避免冲突、维护和平。但是，这些妥协并非没有代价，在消极被动的背后，第九型人对他人和自己都心怀愤恨，对他人心怀愤恨是因为他人不了解他们及其需求（虽然他们并不能确定他们是什么样的人以及如何在他人面前表现自己），对自己心怀愤恨是因为他们没有能力表现自己的欲望。然而，他们确信这种愤恨会破坏内心的安宁，而不知道正是这种能量能让他们表现自己，所以压抑了它。为了压抑怒火和焦虑，他们开始隔断与自我的一切情感联系。

第九型人也会借着区隔人际关系来避免人际冲突，他们将人分成两大类：一类是他们所认同的对象，另一类则是对他们毫无意义的人。对他们而言，第二类人实际上很不真实，充其量只是一种抽象的存在。一般状态下的第九型人对第二类人表现得惊人地冷漠，在他们眼里，这类人最好不要存在。

但即使面对所认同的人，他们仍未在他们之间的关系上投入大量精力。第九型人先是将这些人理想化，然后把注意力从现实的人转向理想化的存在。结果，他人觉得自己没有受到关注，实际的需求也未得到满足。具有讽刺意味的是，对方对第九型人也渐渐失去了兴趣，因为彼此间的关系没什么活力和热情来维持。随着第九型人的日渐封闭，对方也开始疏远他们。

第六层级：认命的宿命论者

如果什么事也不做还不能解决问题，但又必须面对问题，面对和他人的冲突，处在第六层级的一般状态下的第九型人就干脆降低事情的重要性。他们低估了自己的消极被动导致的严重后果，也低估了别人在解决他们拒不解决的问题时的困难程度。事实上，他们低估了任何努力的必要性。

到了第六层级，一般状态下的第九型人可能在生活中遇到了许多真正的问题，但他们很自负，认为他们还有能力承受要发生的一切，以为只要顺其自然，就能越过难关，解决问题。因此，他们不是尽力而为，而是转而信奉宿命论，觉得无论做什么都于事无补，觉得不管怎样，不管什么事情，都不是什么严重的问题。（"哎！那其实不要紧啦！"）本来是健康状态下的接纳，现在退化成了认命、放弃，而不是成熟的顺其自然的态度。到这个地步他们已非天性乐观，而是天性自私。（"我不想听这些，我就是不要被惊扰到！"）

他们开始艰难度日，仿佛生活只是要"一穿而过"的东西，而不是有生气地生活。他们婚姻不幸，工作环境恶劣，但又不愿意冒险改变处境。冷漠已经代替了自满。处在第六层级的第九型人甚至对附和他人的意愿都失去了兴趣。他们对自己、生活、周围的人和事都深感漠然。

在这种情况下，最大的问题在于他们拒绝面对问题。就与他们切身相关的事而言，无论情况如何演变，他们都低头认命。对于所临近的危险，无论是为自己着想或是为别人着想，他们一概没有兴趣去多了解。如果别人因为他们拒绝行动而动怒，他们就会赶快让步，以平息怒火。他们不计代价地追求平静，所以在必要时就会让步，以便能将问题抛于脑后，"随它去吧！"就是他们的口头禅。一旦已向对方让步，就觉得危机已经过去，可以像以前一样继续下去。但是，因为他们根本不愿处理惊扰自己的事情，所以要与他们共同解决问题是很难的。他们早忘了该如何解决问题。几天后问题还在那里，当初以为暂时解决了的事如今一点也没改进，甚至更严重了。

在第六层级，他们急于逃避冲突，以缓和冲突形势，他们降低问题的严重性，或是天真地告诉别人："冷静下来，一切都会好转的！"以给人一种似乎还有希望的错觉。别人之所以会对第九型人十分失望，是因为他们太过决绝，几乎不可能以任何有意义或情绪上令人满意的方式与他人互动。具有讽刺意味的是，害怕失去同他人的联系与和谐关系的第九型人已经把注意力转向了他处。而且，当别人试图提供有帮助的建议或极力想从他们那里得到一点回应的时候，一般状态下的第九型人甚至会极端固执、怒气冲天，根本不知道人们为什么忙乱不已。（"为什么就不能接受我现在的样子？"）他们只希望问题沉寂下来，这样大家才能回到更平静、和谐的状态，威胁平静的事情才会过去。

但是，这么做看似是小聪明，其实是大愚昧。他们的判断力其实很差。如果他们必须去处理只有他们能解决的问题，他们就只做非做不可的那部分，然后打住。他们缺乏持之以恒的力量，根本看不到问题的全景。如果非采取行动不可，他们认为，只要付出一点点努力，便已经足够多了。因而，好不容易已经开始做的事，也常常会被他们搞得一团糟，令信赖他们的人十分失望。

一般状态下的第九型人常常能长时间忍受不愉快的情境，因为他们就生活在一个一厢情愿的沉思的世界中。他们相信魔术：某个人会出现，来"稳住"他们的问题，或者如果能忍耐和历经磨难，问题就会自动解决。他们梦想更美好的未来，但又不愿意作出任何努力去实现这个梦想。（"终有一天，我的希望之船会靠岸。""终有一天，我的白马王子会出现。"）在这种决绝的状态中，时间一天一天逝去，第九型人发现，实现梦想和渴望的可能也在渐渐消失。

而且，别人虽然明白，他们必须承受第九型人的宿命论和不尽责带来的后果，但面对这样认命的人，人们仍会感到沮丧。他们看似没什么大害，别人也不忍给他们施加压力，于是，人们只有离开他们，让他们独自过活，因为他们也想在平静中独处。

他们的自私本性现在昭然若揭了：他们不自觉地将自己追求的平静建立在他人更重要的需求之上，甚至建立在他人的现实生活以及因他们的疏忽而给他人造成的伤害之上。他们之所以对别人让步，其目的不过是为抵御自己内心本质的改变，或是为了把他们认为重要的人际关系理想化。通过用这种方式忽视现实，一般状态下的第九型人简直就是在以牺牲他人来维护自己统一和谐的错觉，并以此来维持其自我认同和内心的平静。在这个方面，配偶、子女甚至他们自己都是追求和平或宁静的牺牲品。

这种做法其实是含有攻击性的，只不过其方式隐晦曲折，别人通常不会注意到。然而，对处在第六层级的第九型人而言，别人的生死问题并不真切，他们在心理和事实上早就忽视他人的生命了。第九型人创造了一种幻觉关系，将现实置之度外，尤其是他人的现实问题，这种表现就是广义上的攻击行为。

第九型人竭尽心力想要驱赶内心的恐惧和焦虑，但现在，他们的焦虑太过严重，根本不能无视其存在。他们曾经为回避冲突而向他人妥协，可现在似乎每个人都对他们满腹怨恨，他们似乎已无法继续维持其轻松自如的人际关系和平和的情感了。

不健康状态下的第九型人

第七层级：过度顺从，自我压抑

现在，不健康状态下的第九型人变得铁石心肠，坚决不愿面对冲突和问题，主动回避问题（拒不承认），以避免受到痛苦和焦虑情绪的干扰，从而保持内心平和的错觉。结果，他们变得顽固、怠慢，对改变的压力完全无动于衷。或许问题并非真的那么严重，还有十分显而易见、相对容易的解决方式，但他们就是没有任何行动，也不愿采取任何行动。

他们所有的精力都集中于维护自己的防御上，拒不面对现实问题，如此一来，没有任何东西可以烦扰他们。这种防御机制又被称做"压抑性的抗拒"，让人觉得格外难以应对，使人们几乎无法靠近不健康状态下的第九型人，就好像他们已经关上了内心的大门，任何人都无法走近他们。具有讽刺意味的是，曾经开放、愿意接纳外界的人，如今已变得冥顽不化。他们对那些想强迫他们做事的人感到很气愤，因此也对引起他们焦虑的人感到很气愤。但他们表达愤怒的唯一方式就是抗拒他人，变本加厉地严防他人。不健康状态下的第九型人的攻击性最多不过是被动的抗拒，只有压抑偶尔失控，他们的怒气才有可能突然地爆发出来。

然而，更为典型的是，不健康状态下的第九型人常常是牺牲品和"逆来顺受的可怜虫"。我们在一般状态下的各层级中看到的自我贬低和屈从现在已经退化成对自己受到压榨和虐待的默许。不健康状态下的第九型人是如此害怕冲突，害怕失去他人，而且他们也已经完全没有了自尊，因此他们不会对自己在心理上和身体上所受的虐待采取任何防护措施。换一个角度说，不健康状态下的第九型人当然对受到虐待十分愤怒，但他们仍然继续压抑怒火甚至压抑自我保护的本能，因为他们可怜的心理平衡和自我感觉已经完全被这种强有力的情感淹没了。压抑怒火是一件十分令人疲倦的事，会让第九型人觉得十分沮丧和混乱，使他们根本无法发挥功能。结果，他们比以前更依赖于压迫者，更没有能力为自己采取任何建设性的行动。

由于无法采取任何决定性的行动，他们的疏忽变得日益严重，不仅疏忽了自己对他人的责任，也疏忽了对自己的责任。生病时，他们不愿看医生；家人有情绪问题或健康问题时，他们也不关心；办公室里如果有什么事稍微惊扰到他们的平静，他们就无法再工作下去。那些依赖他们的人十分清楚地意识到，他们根本无法让人信赖。要不健康状态下的第九型人去为自己做点什么，无异于白费口舌。

由于受到压抑的第九型人坚决抗拒接触现实，所以作为一个人，他们有很多缺陷，发展不健全，实际上，他们根本无力为自己做什么。讽刺的是，对于那些无法影响他们的人，不健康状态下的第九型人又几乎没有什么热情，因为，正如我们已经看到的，他们压抑了自己的怒火。他们常常觉得很疲倦，因为他们的精力全放在了防范现实问题而不是处理现实问题上，结果通常就是抑郁。他们变得无精打采，事事依赖他人，能不出力的时候决不出力。他们无法克服任何形式的紧张与压力，因为每件事都会烦扰到他们（或者更确切地说，他们认为是这样），每件事所需付出的心力和精力都远远超出了他们的能力。那些时常被他们的疏忽伤害的人得前去拯救他们，解决他们面对的曾经拒绝面对的问题。

如果他们不愿这么做，那么严重的人际冲突便产生了。当他人的敌意终于爆发时，这种不健康状态下的第九型人通常还因别人对自己有那么强的负面情绪而感到迷惑，不明白自己的疏忽怠慢已经给别人造成了多大的损失。

由于必须面对这样的事实，即由于他们的疏忽，他们伤害了自己认同的人，这使得不健康状态下的第九型人开始感到极端焦虑与内疚。他们陷入绝望，甚至可能自杀。然而，压抑可以让他们暂时不去想自己的失败与不足，虽然不可能剔除所有的感觉。在某个时刻，他们最终会陡然洞察到自己行为的结局与后果，更确切地说，是他们的疏忽行为的后果。他们会渐渐明了，自己的疏忽所带来的恶果已经无法消除了。要回头为时已晚。这种恐怖就像怪兽一样正在他们潜意识的门口砰砰敲门，此时怎样才能逃脱呢？

第八层级：抽离的机器人

来自现实的压力和来自他人的对抗越来越强，为了逃避面对自己所作所为的后果，神经质的第九型人索性彻底切断了与一切事物的关联，在主观上让自己变成一片真空，这样就可以避免与现实发生接触，现实的压力也就不能打搅他们。他们对焦虑的恐惧是如此强烈，以致与现实断绝关系后变得人格分裂，退回到了婴儿般的状态，仿佛想要躲回母亲的子宫里去。他们拒绝一切的情况是如此严重，几乎退缩到麻木不仁的状态，像患了健忘症般完全与自我分离了。

神经质的第九型人就像机器人，对什么事都没有感觉和反应。他们的自我仿佛已经与肉身脱离。他们拒不面对现实的程度令人十分吃惊。即使少了一只胳膊，他们也会否认既成事实，或者认为断肢会自动长出来。他们认为，他们不可能被解雇，离婚或死亡也根本不会发生在他们身上。这种状态令人同情，他们的状况就是如此，他们的心不在焉越来越严重了。现在，他们与自身的分离已经变成一种习惯、一种生活方式，或者更确切地说，是一种"不生活"的方式。

此时他们已深陷于解离的迷雾中，觉得人生不过是一场噩梦，装模作样而已，他们必须从中逃离，这样现实才不会真的降临到他们身上。当然，在遭遇严重的失落和创伤时，其他人格类型的人也会以拒不面对现实来作为回应，直到能够重新应对已发生的一切。然而，神经质的第九型人之所以如此决绝，是因为他们觉得自己根本没有办法再处理现实问题。

处在第八层级的第九型人颇似在交通事故中被撞得脑震荡的受害者。他们对自己的身份，有时甚至对自己周围的一切似乎都混淆不清、迷惑不已。在第七层级出现的抑郁现在变成了慢性病。不健康状态下的第九型人是阴郁、麻木的，但他们的忧惧和愤怒仍可能会持续且出其不意地爆发出来。他们在某个时刻可能是一片空白、人格分裂，而在另一个时刻可能又会突然陷入歇斯底里的哀泣，就好像他们正在向早前的记忆一步一步退行，试图以此逃离当下的恐怖状况。处在第八层级的第九型人也对他人怀有满腔怒火，虽然他们全然没有意识到。只要一点点火星引燃，那怒火就会变成可怕的威胁。神经质的第九型人担心稍有不慎，就会引火烧身，把自己极力保护的内心庇护所焚毁殆尽。不过，歇斯底里的爆发和怒火中烧正是他们形象的一部分。

其实，在他们对现实的逃离中本来就有一些歇斯底里的成分，虽然他们不太容易察觉到，因为歇斯底里早已被压抑到潜意识中了。神经质的第九型人潜意识中的焦虑已达很高的地步，以至于他们既要逃离现实，也要逃避自己。这意味着他们几乎已无路可走，既无法在外部世界中寻求安全的栖身之所，也难以从内心得到所需的宽解和安慰。生活就像是可怕的噩梦，第九型人希望不久就能从这个噩梦中醒来，但此时，他们的问题常常是实实在在的现实问题，唯一的解脱方法就是沿着自我弃绝的方向把解离推向最后一步。为逃避外在现实与内在焦虑，神经质的第九型人只有尽可能彻底地自我解离了。

第九层级：自暴自弃的幽灵

如果环境压力已大于容忍的极限（例如，现实的压力已让他们无处可逃），神经质的第九型人只有像一个精神病患者一样与现实彻底决裂，或者像一个分裂症患者一样分裂为多重人格。他们的人格解体到了最极端的状态，与他们的本来面貌格格不入。正如我们已经看到的，他们对生活的接纳取向已经促使他们远离了真实的自我意识。现在，他们完全逃离了自己，退回到类似于孤独症的状态。

如果第九型人像孩子一样忍受着持久的极端残酷的虐待，他们就特别容易出现多重人格障碍。这不是说所有的多重人格病例都是第九型人，也不是说所有不健康状态下的第九型人都会走向多重人格，而是说这两种情况似乎有某种重叠。在这种情形中，我们可以看到多重人格的出现是因为个体总是力图适应极度冲突的情感，力图据此建立一个身份。

在大多数情况下，神经质的第九型人潜意识地放弃了自己是一个整体的人的想法，而将意识重新分配到瓦解了的人格碎片中，每个碎片都代表着曾经遭到压抑或否认因而发展不全的人格片断。记忆、梦一般状态下的神游以及情绪反应似乎来去无踪，好像人格结构本身已经肢解成碎片，只有它的构成部分仍在与环境互动。

自暴自弃，退回到完全解离和人格碎片化的状态，这便是这一层级的第九型人的"解决"之道，因为借此可以不必以真实的自我来面对生活，只需假借某种形态生活。我们在前面已经看到，一般状态下的第九型人倾向于按照别人的旨意生活；现在我们又看到，不健康状态下的第九型人按照某个人格碎片生活，仿佛这个碎片是某个他人似的，但与他在过去所认同和交往的那些重要的人不再有任何联系。在这种状况下，核心自我所遭受的创伤是如此严重，仿佛生活在一个空想家的梦想中。这种状况当然不能称之为生活。而且，由于这些人格碎片容易伤害到他人或自己，所以这种状态既非安全之所，亦非真正有适应性的生存之道。

然而，分裂为各种亚人格碎片是神经质的第九型人的一个具有讽刺意味的恰当归宿，因为他们从未对自己作为独立个体显示过太多的兴趣，现在他们真的不是个体了，他们变成了很多个不同的"人"——同时又不是"一个人"。并且，曾经如此害怕失去或脱离他人的第九型人现在不仅在心理上这么做了，而且还与自己分离了，失去了自己。

第九型的发展机制

解离方向：朝向第六型

从第四层级开始，处在压力下的第九型人就表现出一般状态和不健康状态下的第六型人的某些特征。一般状态下的第九型人逐渐与环境和焦虑疏离，以便维持内心的平和与平衡。当周围的情势对这种防御机制的压力过大时，他们便体验到一种尤为强烈的焦虑，从而变得敏感，没有安全感，就像一般状态下的第六型人一样。第九型人需要投身于建设性的活动，需要与自身的情感保持密切联系，但当他们进一步沿发展层级向下退化时，他们就会以一种飘忽不定、不均衡的方式恶性循环。

在第四层级，第九型人忙于顺应他人的愿望和期待，把自己的问题束之高阁，一味屈从于他人的需要，以减少冲突的可能性。当情势的发展让他们越来越焦虑时，他们只好向第六型转变，投身于形形色色的"组织活动"。和一般状态下的第六型人一样，处在第四层级的第九型人总想稳定他们的环境和人际关系，以让自己更加安全。他们有可能投身于高强度的工作，把时间和精力花在他们认为可以提高自身安全感、保持心灵平静的活动上。然而，这些行为不是受到正面意图的引导，而是受焦虑的引导。他们开始更强烈地认同保护者、支持者、群体或能增强他们的自信、给予他们目标感与方向感的理念。

在第五层级，第九型人与环境更加疏远。他们只想好好生活在自己的"舒适区"中，只想从事不会烦扰到他们的活动。他们只能忙忙碌碌，但只是忙于不会危及他们内心世界安全的工作和日常事务。当他们的压力大到连这都不可能避免的时候，他们就会向第六型转变，变得消极、具有防御性。一般状态下的第九型人为避免产生冲突、保持内心平静而一直屈从于他人，但现在，别人期待他们做的事可能会使他们舍弃靠解脱获得的情感上的安全感。处在第五层级的第九型人的愤怒和焦虑日渐炽烈，所以他们的防御机制也必须更加强大。他们用消极的攻击性策略表现自己的需求，但又希望这种方式不会疏远支持者。他们总是对别人的需求说"好"，现在他们想要做自己想做的事。他们感到有压力，开始抱怨，他们像第六型人一样规避躲闪。

在第六层级，第九型人竭尽全力要抵制环境，以维系内心的安宁。他们持有一种与世无争、宿命论的人生观，让自己沉浸在万事无忧的日常事务和习惯中，希望这可以让世界、他人和焦虑不来烦扰自己。当他人继续打扰他们的"好梦"时，第九型人便会产生一种反攻心态，对他人的行为作出攻击性的反应，就像一般状态下的第六型人一样。他们可能会责备他人给他们制造麻烦，也可能对周围试图冲破其自毁前程的防御机制的人给以挑衅式的回应。发脾气、发怒很常见，尽管对第九型人和了解第九型人的人而言，这些行为常常令人十分吃惊。他们的激烈反应只会制造更多的冲突，使焦虑升级。

在第七层级，第九型人可能会出现严重的生活问题。为了维持内心的平和，现在需要花费更大的精力，需要自觉摆脱现实的纠缠。处于第七层级的第九型人觉得他们根本没法应付世界，所以只好把自己压抑到麻木不仁的地步。现在，他们朝向第六型的运动反映出他们对他人的依赖性越来越强，他们感到孤立无助，想把自己的生活托付给别人管理，"让一切安定下来"。然而，核心问题在于，第九型人太胆怯，对自己曾经一味顺应他人的做法十分恼火，所以不敢直面和处理自己的问题。但是，除非着手去做，否则问题只会变得更加难以掌控，连别人都不大可能愿意接手解决它们，尤其是如果没有第九型人的参与。

在第八层级，第九型人开始了彻底的封闭。他们完全与自身和环境相互隔离、疏远。在第七层级就已经出现的抑郁在第八层级已经变成了长期顽疾。在茫然的外表下，第九型人可怕而易怒。他们的攻击性情感非常强烈，哪怕短暂地感受一下这种情感，也会让他们感觉自己一直保护的些许平和感好像正在破碎。然而，如果不再麻木不仁，他们的焦虑和愤怒就会歇斯底里般地爆发，对周围的人表现出一种非理性的愤怒、一种不加约束的暴力或一种妄想狂式的幻想，就像不健康状态下的第六型人一样。他们会突然扔盘子、砸家具、对他人进行身体攻击，再也没有办法压抑怒火和挫折感。

在第九层级，当不健康状态下已经解离的第九型人走向第六型的时候，久经压抑的焦虑终于完全爆发，他们一直在躲避的种种情感和认识如今排山倒海般地向他们袭来。曾经那么随和自如的人现在变成了一个精神极其敏感的歇斯底里患者、一个受煎熬的人，可怕、易怒、忧惧、痛苦、心智失常。尤有甚者，退化的第九型人需要别人关心他们，救他们于危难之境。为了获得别人的帮助，他们变得自轻自贱、极度自卑（用霍尼的话说，"病态的依赖"），自虐式地自我毁灭，这样他人就不得不关心他们了。

处在第六型的退化的第九型人也可能做一些自我挫败、自取其辱的事，这样才能把自己置于比以前更恶劣的处境中。这样做的动机有两个：其一是自我惩罚，为自己从前疏忽他人、让他人受苦而产生的强烈负罪感赎罪；其二是自贬身份，为的是讨好从前被其疏远的人，希望现在他们能回来。

然而，这些心术伎俩没有用，因为除焦虑以外，退化的第九型人还不知不觉地让隐藏在潜意识中的潘多拉盒子里的攻击性冒了出来，既伤害了自己，也伤害了别人。如今他们再也无法压抑自己的攻击性情感，开始自我惩罚、对自己充满恨意。同时对别人也充满敌意，要是有人增强了他们的焦虑，他们就会对其痛加申斥，而不是立即去缓解那种焦虑。如果他人无法奇迹般地保持平和，就会成为他们的敌人。

不幸的是，退化的第九型人再也没有能掌控焦虑感与攻击性的防御机制了。当曾经对他们而言很重要的人拒绝他们的要求时，他们就再也无法压抑那种刻骨铭心的焦虑感。结果他们可能会通过酗酒或吸毒来控制自己的歇斯底里，而当他们感到再也无法获得平静时，就可能走向自杀。

整合方向：朝向第三型

如果健康状态下的第九型人向第三型人整合转化，就会变得淡定自持，积极发展自我，希望能将天赋发挥到极限。他们从自律转为积极开拓自我，从一生下来就被动活在世上转为主动积极、以内心为导向。由于他们非常健康平衡，所以不再依靠他人而活，也不必把认同传统角色作为获得自尊和自我认同的来源。相反，经过整合的第九型人通过适当地彰显自己来开拓自我；他们不再害怕改变，而是变得更有弹性，更能适应环境，完全能像一个真正的人那样处理现实问题。

经过整合的第九型人有自己的生存之道。用弗洛伊德的话来说，他们能与本我和平相处，明白自己具有攻击性与本能冲动的一面。从前他们一直很害怕自己的攻击性冲动，如今他们明白可以不必害怕，因为这些冲动并不一定都具有破坏性，反而可以促进自我成长。

他们的平和感更加强大，因为他们发现，彰显自我并不意味着要攻击别人，因而不会危害到自己的人际关系。随着自尊心的增强，他们的人际关系显得更加成熟，令人满意。经过整合的第九型人发现，他们再也不必以自贬的方式去寻找可以建立友谊的对象，只要做（和成为）真正的自我，就能吸引他人，而别人也会觉得他们比以往更有趣、更可亲近。他们自己或许会惊讶，别人居然开始认同他们、寻找他们、改变自己来顺应他们。虽然他们可能不鼓励别人依赖自己，但多少仍会为此感到愉快，他们也该当如此。

第九型的主要亚类型

具有第八型翼型的第九型人："贪求舒适者"

第九型人和第八型人的人格特质相互冲突：第九型人消极被动，渴望与他人和谐相处，而第八型人富于攻击性，喜欢坚持自己的主张，只关心自身利益。由于第九型人是基本人格类型，所以主九翼八型人基本上以他人为导向：有容人之心、自我意识淡薄、随和……但他们中的有些人喜欢强硬地坚持己见，至少有的时候是这样。他们有一种温和、开明的特质，比较合群，喜欢讲笑话和故事，喜欢和朋友一起消磨时光。主九翼八型人比主九翼一型人更为感性，直觉能力更强，更喜欢依据情感和直觉行事。由于属于第九型，他们举止更为随和，而且给人的印象更为实在、可靠。这是最难认识的一个亚类型，因为两个构成类型相互间的对立是如此鲜明。这个亚类型的典型人物有：罗纳德·里根、德怀特·艾森豪威尔、杰拉尔德·福特、凯文·科斯特纳、加里·库珀、伍迪·哈里森、基努·里维斯、英格丽·褒曼、吉娜·戴维斯、索菲娅·罗兰、林戈·斯塔尔、乌比·戈德堡、珍妮·杰克逊、平·克劳斯贝、佩里·科莫、沃尔特·克朗凯特、休·唐斯、伯德·约翰逊夫人、马克·夏加尔。

主九翼八型人处在健康状态时，第八型翼型会在整个人格形态中添加一种内心力量与意志力因素，以及一种扩张、热情的特质。因此，健康状态下的主九翼八型结合了第九型令人鼓舞的正面特质和第八型忍耐与坚定的特质，结果这个亚类型既强大有力，又温和可人。主九翼八型人自我意识淡薄，但也能够有力地坚持自己的主张；他们宽厚待人，对他人充满关切，但也能做到坚定有力；他们能够屈尊顺应他人和公众目标，但也能做到果断独立；他们随和自如，但仍然有冷峻的一面，虽然很少表现出来。因而，处在健康状态下的他们给人的印象是坚强有力、性情温和、感性而又强势。主九翼八型人比主九翼一型人更喜欢和人打交道，更喜欢参与其他事务。他们享受社交的乐趣，有令人开怀的幽默感，多才多艺，不喜欢自吹自擂。他们关心自己的直接需要和情境，也能够接纳他人。主九翼八型人喜欢从事可以帮助别人的职业，如顾问、销售、服务等，在商业尤其是谈判和人力资源方面也会卓有建树。

处在一般状态下的主九翼八型人把他们的情感完全区隔开来。尽管他们的自我形象是平和的，但偶尔也极富攻击性，且不知道这种攻击性有多大。不幸的是，主九翼八型人比主九翼一型更容易出现感觉迟钝的状况，这会妨碍他们直达目标的能力。他们可能是自满的，甚至是懒惰的，尽管在他人那里他们也极具好胜心，但不会全力以赴追求功名。如果他们没有智力天赋，很可能会轻微弱智——脾气好，但头脑简单——因为第九型人和第八型人在智力或思维能力方面都没有特别的天赋。他们对心理和性生活上的与人结合有着特别强烈的原始冲动。他们的自私与喜好物质方面的舒适有关。他们比主九翼一型人更为固执、更具防御性，他们通常都很随和乐观，但也有可能大发脾气。别人无法预知什么东西会引爆他们的脾气，但通常能看到他们发怒。一般来说，他们在别人妨碍或干扰了他们的幸福感和心灵平和时便会发脾气。他们可能是直率的、火暴的，但也会突然间回到"常态"，平复心情。即便在自我保护的本能被激发时，他们也不会想到以伤害别人的方式来保护自己及财产。处在一般状态下的这个亚类型的人比较好斗，爱挑衅他人，但很少长时间怀有敌意。他们最强烈的怒火总是会指向那些攻击他们的家人、信仰或生活方式的人。而危机一旦过去，他们就会尽释前嫌，寻求和平，和以前的敌人结盟。随着逐渐退化，他们会变得冥顽不化，拒绝倾听有可能扰乱其安全的日常生活轨迹的人的意见或与之合作。

主九翼八型人若是处在不健康状态下，常常很像不健康状态下的第四型人：通常很抑郁，没有热情。但与第四型人不同，他们直来直去，很少有情绪上的交流，偶尔还会出现轻微的多愁善感和焦虑。第八型翼型的害怕被控制与第九型的抵制帮助结合在一起。如果他们处在不健康状态下，就会变得暴力，行事不顾及后果。攻击性和本我冲动在主九翼八型人身上十分强大，当他们情绪不稳定时，自我很难有余力去协调这些冲力。他们的攻击性尤其容易因为对配偶的异性关系心生嫉妒而被挑起来。因为感情淡漠而与恋人分手对第九型人的自我感觉打击尤其大，第八型人可能会因为伤及自尊而大为光火。结果，主九翼八型人可能会很危险，他们很容易出于本能大打出手。他们会报复曾与他们发生过冲突同时也因为感情受到伤害而与他们断绝了联系的故人。他们也有可能陷入长期的抑郁和解离倾向中，或沉溺于毒品。

具有第一型翼型的第九型人："梦想家"

第九型和第一型的特质相互强化。第九型人压抑他们的情绪是为了维持内心和平，而第一型人则是为了维持自制力。因而，主九翼一型人比主九翼八型人更理智——更热衷于思想、象征和概念。我们看到，他们比主九翼八型人更加克制、冷静，虽然有时也可能会表现出愤怒和道德方面的愤慨。这时，自满、温和的第九型人会突然变得尖酸刻薄。第九型的两个亚类型都对哲学和精神性的问题很着迷，但主九翼一型人的信念有一种明显理想主义的特质。这个亚类型的典型人物有：亚伯拉罕·林肯、女王伊丽莎白二世、罗莎琳·卡特、塞勒斯·万斯、亨利·方达、詹姆斯·史都华、加里森·凯勒尔、格蕾丝·凯利、罗斯玛丽·肯尼迪、约瑟夫·坎贝尔、卡尔·荣格、乔治·卢卡斯、吉姆·亨森、沃尔特·迪士尼、诺曼·洛克威尔、琼·萨瑟兰、拉尔夫·沃尔多·爱默生、"苔丝狄蒙娜"、"伊迪丝·邦克"、"玛姬·辛普森"。

处在健康状态下的主九翼一型人具有极大的完整性，极端讲求原则。出色的常识使他们在判断方面——尤其是在判断他人时——显示出杰出的智慧。如果他们接到请求，执行任务或判断形势，会很在意公正和客观性的问题。处在健康状态下的他们擅长综合不同思想学派的观点，从中挑选出共同点。他们有丰富的想象力和创造力，总想表达并与人分享他们有关理想世界的看法。这些健康状态下的人喜欢与人分享自己的想法，能够欣赏他人的观点和发现。他们开朗、友善、自信，但对理想有点太过认真。他们喜欢说教，是道德导师，他们的说教旁征博引、生动有力。第九型人的开放与第一型人的客观性相结合，因而他们真诚、从不工于心计，对自己平和温良。主九翼一型人可以成为好朋友（或好的心理治疗师），能把第九型人的不偏听和第一型人的智慧与好为人师平衡起来。

处在一般状态下的主九翼一型人可能是某种类型的社会活动家，因为理想主义倾向使他们总想以力所能及的方式改善世界。他们对自己的观点深信不疑，通常会对涉及基本信念的所有事物进行盖棺论定式的解说。他们讲求秩序，讲究自我约束，与主九翼八型人相比，他们在情绪方面的自制力更强，在感情上更显冷静。然而，一般状态下的主九翼一型人喜欢投身于无关紧要的活动。他们仍是积极主动的，甚至算得上热情洋溢，但由于淡漠和置身事外的特质，他们无法把长远目标维持在正常的轨道上。他们局限在自己的圈子里忙里忙外，许多活动实际上只是为了维持环境秩序和现状。他们缺乏冒险精神，可能比主九翼八型人更保守、更瞻前顾后。他们自满、独立，总想避开所有的人际冲突和对抗，但又容易动怒，因为主九翼一型人脾气有点暴躁、咄咄逼人。不过，与主九翼八型人相比，他们通常能更好地克制自己的愤怒情绪，也更容易变得愤慨、郁闷，所以只好紧咬牙关，而不是提高语调或挑起事端，尤其在公共场合。在这些时候，他们会表现出间接的、冷嘲热讽的态度。一般状态下的主九翼一型人关心规则和责任感，对于（不同阶级、不同文化、不同生活方式等的）他人常有一种道德上的优越感。他们有一种很像是洁癖的倾向，在某些方面总是追求"拘谨而得体"。他们讲求以理服人、以德服人，诉诸政治或宗教意识形态来支撑自己的论点。他们是完美主义者，至少在某些领域是这样，但也可能疏忽生活中更重要的方面。他们可能不尊重他人，对他人表现出令人吃惊的不近人情和冷酷，因为一般状态下的主九翼一型人为了自己的理想主义观念可以从现实世界中抽象出许多奇谈怪论。

主九翼一型人在不健康状态下常常极为孤僻，与不健康状态下的第五型人颇为相似。他们心不在焉、精神分裂、情感冷漠。他们极易动怒，但会竭力忍而不发。他们行事冲动，仿佛会在突然间作出决定。他们比主九翼八型人有更多不满，好打抱不平，觉得惩罚或责难他人的错误行为是他们的义务。在行动的时候，喜欢率性而为，与自己通常的行为相矛盾。强迫—冲动倾向是他们神经质人格的特质，处在不健康状态下的主九翼一型人对自己的表面上的问题有一种强迫倾向，同时又对自己的冲动行为或真正问题漠不关心。例如，他们决心忘记自己的强迫性行为，仿佛什么事也没有发生过一样。由于他们的防御机制远不像主九翼八型人那么普遍有效，所以这些神经质的人问题越来越多，如果他们处在极不健康状态下，很有可能还会发生更严重的情感问题或心理问题。如果这些问题得不到解决，他们就会退回到类似于孤独症的解离状态。他们觉得无助、绝望，但又以不可遏制的愤怒回应他人。

结语

回顾第九型人的退化过程，我们可以发现，一般状态和不健康状态下的第九型人正一步步使自己最害怕的情况变为现实：害怕失去他人、与他人分离。最后他们果真会发生人格分离，不仅与他人分离，也与自己分离。他们对自己的生活极度陌生又极度恐惧。只有克服相当大的困难，他们残留的核心人格才有可能重新建构起来。

但第九型人似乎很少会退化到这种神经质状态。通常第九型人经历人生危机后，退化到不健康状态（否认、脱离现实），但多少仍能恢复部分正常功能。他们的防御机制很强，因为他们具有极强的包容心，不管情况是好是坏，他们都能压抑大多数的创伤，继续生活下去。不过，这种忍耐压抑的能力总是要付出代价，代价就是情感和个人生活都变得越来越贫乏。

从这个角度看，我们还可以发现，第九型人的主要问题在于：如何让自己清醒过来；一旦能够达成，又如何继续保持下去。答案是：他们必须学会接纳痛苦，尤其是焦虑所带来的痛苦。如果能够有意识地接纳痛苦，痛苦便能成为使人警醒的催化剂。痛苦还迫使我们去选择它对于我们所具有的意义。如果我们能将痛苦的意义视为经验的累积，那便是对自我的突破了。如果第九型人能主动将痛苦视为生命中的正向力量，就能赋予生活意义，更能不断维持警醒。能够不断为生活中的痛苦寻找含义的人，不但是能承受痛苦的人，更是能够超越、升华痛苦的人。此时，自我才是真正有意识的、统一的。

第十二章

第一型：改革者

第一型人简介

健康状态下：他们有良知，有坚定的个人信念，有强烈的是非感，有强烈的个人价值观和道德价值观；希望在一切事情上都做到理性，合理，自我约束，成熟，宽容。他们极其坚持原则，努力做到公平客观；遵守道德，视真理和正义为首要价值；有责任感，是正人君子，有更高的追求，常常成为道德导师和真理的见证。在最佳状态下：他们拥有非凡的智慧和辨别力；正视现实，是天生的现实主义者，为人处世面面俱到；有人情味，有激情，乐观，善纳良言。

一般状态下：他们不满意现状，是志气高远的理想主义者，觉得推进每件事是他们义不容辞的责任。他们是改革家、鼓动家、批评家，忠诚于"事业"，知道事情"应当"怎样。他们害怕犯错误，一切事都必须与他们的理想一致；有秩序、有组织纪律，但不近人情，严苛，过于控制情感的流露；自制力强，通常是工作狂——"极其吹毛求疵"、守时、书生气、爱挑剔。他们好自我批评，也好批评他人，好评判，属于完美主义者；对什么都喜欢发表意见；喜欢挑他人的错，纠缠不休，要别人"事事正确"——只要他们看到了；缺乏耐心，对什么都不满——除非遵循他们的意思；有道德感，常斥责别人，粗鲁，满腔怒火。

不健康状态下：他们可能变得极其教条，自以为是，缺乏容忍力，没有灵活性；专断独行：只有他们知道"真理"，别人说的都是错的；喜欢挑别人的毛病，而自己做什么都是有道理的。他们抓住他人的不足和差错不放；行动自相矛盾，一面伪善地说教，自己却反其道而行之。他们为了摆脱自认为干扰了自己的东西，采取责难、责罚和粗暴的态度，可能会神经崩溃、有严重的抑郁症和自杀企图。

关键动机：想要事事正确；有整体感和平衡感；渴望更佳的表现，总想改善他人；依循自己的理想，总想证明自己是正当的；为免遭他人指责而力求事事完美。

典型人物：教皇若望·保禄二世、甘地、玛格丽特·撒切尔、艾尔·戈尔、埃利·威塞尔、芭芭拉·乔丹、比尔·莫耶斯、凯瑟琳·赫本、哈里森·福特、拉尔夫·纳德、桑德拉·戴·奥康纳、威廉·巴克利、诺姆·乔姆斯基、萧伯纳、圣女贞德、《星舰迷航》中的"斯波克先生"。

第一型人概览

> 在宣讲新教的重生之前的自我意识这一普通主题时，17世纪中叶新英格兰的一位清教徒约翰·格林承认，上帝让他"看到了其内心的许多卑劣"，他"认为没有人有我这么卑鄙，没有人有这么邪恶的心，这么自负，这么顽固，这么叛逆，我认为上帝决不会对如我这么卑鄙下流的人施以仁慈"。内在自我的这一幻象，这一多多少少为多数新教徒所体验到的幻象，是如此频繁地出现于皈依之前的绝望中……个体在跟随着自己或上帝痛斥自我是毫无价值的、有罪的、该当下地狱的东西之后，他们才有希望得到重生。（菲利普·格雷夫. 新教精神. 75.）

清教徒通过追求理想渴望获得自我的重生是第一型的一种表现。第一型人和清教徒一样不满足于现状，觉得做得更好是自己的义务。他们应当攀升得更高，超越凡人，直达绝对神圣之境。

对第一型而言，逆耳的忠言听起来是愚昧且危险的，譬如说，有人忠告："当逾越常规时，要格外注意让自己缓和下来。你们不过是宇宙中的微尘，与一株树或一颗星没什么两样；你们都有权利在此生存。不管你们自己清不清楚，宇宙无疑是按其应然的状态展开的。"一般状态与不健康状态下的第一型人可能会说，宇宙明明未按其应该的状态展开。人们对改善宇宙和改善自己所付出的努力还远远不够。

但第一型人通常看不到，如果依循他们假设的基本前提，就会陷入同自己和宇宙都难以调和的对立冲突中。他们热切地想要在善与恶、肉体与灵魂以及理想与现实之间奋斗。对第一型人而言，战线就清晰地划在其人性混沌、非理性的一面与他们确信的清晰性之间，在黑暗的原欲冲动与自我控制之间，在形而上的渴求与凡人需求之间，以及理性头脑与感性心灵之间。

在本能三元组中

第一型人是本能三元组中"不善表达"本能和冲动的类型。和第八型人一样，第一型人也是实干家，直接应对面前的形势，但第八型人对本能比较放任，第九型人与本能切断了联系，而第一型人则试图钳制它们，限制它们，并让它们指向超我认为值得的目标。第一型人充满激情，对自己的信念和行动十分自信，但他们必须抑制本能，否则就会被本能压倒。

愤怒是第一型人的强大推动力。当他们面对令他们感到失望或不快的环境时，愤怒便成为一种推动其行动的助燃剂。其实，正确地说，愤怒是我们对令自己不满意的情境的一种本能反应。它是促使我们说"不"的一种能量。有些第一型人意识到了这一点，并能建设性地利用他们的愤怒。

> 我从痛苦的经历中学到了一个最有价值的教训：保存我的怒火，如同积存起来的热可以转变成能量一样，我们所控制着的怒火甚至也能转变成一种可以推动世界的力量。（甘地．甘地语录．13.）

然而，引人注意的是，第一型人常常不了解他们的愤怒，几乎总是低估其愤怒的程度。当他们注意到自己的愤怒时，常常以遏制回应。（"我不生气！我正在努力平复它。"）不管第一型人如何称呼他们的激烈情绪，也不管采取何种伪装，他们的愤怒情绪都是一种力量，能真正指挥他们的行动。第一型人常常把自己刻画为理性的，但他们的理性是在一般意义上说的，而不是在探索或理论意义上说的。第一型人特别喜欢思考，但他们喜欢的是思考务实，与第五型人不同，他们对无法引导他们直接进入建设性行动的思想或理论的兴趣维持不了太久。

本能的能量与一个人表现自我的能力有关，因此，第一型人看上去十分自信，虽然这种自信更多地源自理想的正确而非他们自己。尽管只是表象，但第一型人看到了他们与所追求的理想的差距，从而与世界建立起联系。他们让自己及强有力的本能冲动臣服于抽象的理想——通常是真理、正义等难以捉摸的普遍价值——他们希望自己也能达到那样的完美境地。与同样是理想主义者但常常脱离内心冲动、产生幻想的第九型人不同，第一型人决心要把他们的理想变成现实。具有讽刺意味的是，他们所界定的理想是必须付出努力但又永远不可能完全达成的东西。不过，正如我们将看到的，一般状态和不健康状态下的第一型人确实觉得经过努力自己真的超乎常人了。

这就是第一型人出现问题的开始。当一般状态下的第一型人出现神经质倾向时，他们坚决而彻底地认同自己所追寻的理想，即使他们退化到不健康状态，也会以为自己已达到了这种境界，而没有达到理想的人都该受到责备。就意识层面而言，不健康状态下的第一型人也知道自己未臻完美，然而就另一层面而言，他们却以似乎已达完美的方式行动与思考，以避免良心的谴责与他人的非难。一般状态与不健康状态下的第一型人都认为，越是热切地努力追求完美，他们的努力就越是合理。他们认为，只要能与理想保持某些关联，则无论表现得多么糟糕，都是正当的。单单是认同于理想的行为就使他们觉得自己比世界上其他所有人都优秀。他们认为自己已在被拯救之列，因为他们知道正确的道路，知道该怎么做。

压抑与攻击性的问题

正如本能三元组中的其他两类人格类型一样，第一型人也有压抑心灵中某一部分的问题。他们压抑了本性中的非理性方面，压抑本能冲动和个人欲望，想要把自己提升至完美境界。当他们陷入追求理想与在现实世界中实现理想之间的冲突时，正常的人类欲望就会受到越来越多的压抑。然而，实际情况更为复杂，因为第一型人与世界之间呈现了一种双重关系：一方面他们认为自己比理想渺小，另一方面又想给别人一种他们比环境更强大的印象，认为改善环境是自己的义务。他们不仅不断地衡量着自己与理想之间的差距，还不断地度量过去不完美的"我"与今天完美的"我"之间的距离。

事实上，第一型人有两种分裂状态。第一种是我们刚刚看到的外在的分裂：一方面承受着要达到理想状态的压力，另一方面又确信自己完美无缺，对于在某种情境中需要什么，自己比他人知道得更多。第二种是不那么显而易见的内在的分裂：自我分裂为两半，一半是呈现在世界面前的高度冷静、理性的一面，另一半则是受到压抑的内驱力和情感。具有讽刺意味的是，第一型人对于信念常常十分情绪化并充满热情，但自己通常意识不到这一点。他们喜欢把自己看做理性的和平衡的，但也能敏锐地意识到自己的情感，尤其是他们的攻击性和性冲动。虽然第一型人试图尽量克制冲动，但他们在这个方面从来就不能如愿。由于上述两种分裂状态，一般状态与不健康状态下的第一型人总是陷入冲突：他们的理想的完美与其自身的不完美之间的冲突，道德感与罪恶感之间的冲突，行动与良知之间的冲突，对秩序的渴望与随处可见的混乱之间的冲突，以及善与恶之间、上帝与魔鬼之间的冲突。

第一型人的人格类型与荣格类型学中的"外倾思维型"是对应的，对于这一类型，荣格有一段最为清晰的描述：

> 这种类型的人将客观现实以及客观的智力原则提升为他个人以及整体

环境的统治规则。善与恶就由这个规则来判定，美与丑也由这个规则来判定。但凡与这个规则相一致的一切都是正确的，与之相冲突的一切都是错误的……由于这条原则似乎涵盖了全部的人生意义，所以应该成为全人类的普遍法则，不论是个人还是群体，都应该随时随地一致施行。外倾思维型的人臣服于自己的原则，所以，为了他们自己，周围的每个人都应当遵行这些原则，不愿遵行的人都是错误的——这么做违反了普遍法则，因此是不可理喻、毫无道德感、缺乏良心的表现。他们的道德守则不允许有例外存在，理想必须毫无例外地全面实现……这么做并非发自对他人的伟大至爱，而是来自于更高的正义观和真理观……"应当"与"必须"在他的观念体系里占有相当大的分量。如果这种原则的适用性足够广，那么他们很可能成为社会生活中的重要角色，如改革家、公诉人、良心的净化者……而这些原则越僵硬，他们就越有可能成为纪律严格的人、诡辩家或一本正经的人，喜欢强迫自己和他人遵循某种固定模式。在此有两种极端，而这个类型的大多数人通常处在两者之间。（卡尔·荣格．心理类型．347.）

从我们的角度看，荣格所描述的正是各个发展层级的第一型人的要点：一般状态下的第一型人是改革家或公诉人，不健康状态下的第一型人则毫无变通地要求他人遵循他们的固定模式。正如我们将看到的，第一型人的全部人格特质包括了人性中最高尚和最令人厌恶的方面。在健康状态下，他们可能是最客观、最有原则、最有智慧的人格类型。只要在人类可能做到的范围内，他们就会尽量不让个人情感影响他们公正地处理与他人的关系。他们很在意正义，不仅是为了自己，更是为了所有的人。

在相反情况下，如果第一型人处于不健康状态，则很可能会无情地把理想推行到可以想象到的一切情境中。不健康状态下的第一型人对与他们意见相左的人极其缺乏宽容，相信只有自己才知道真理，所以万事万物都应遵循他们所说的真理，否则就要遭到谴责和严厉的惩罚。然而，问题是人类的本性常常会突然表现出来：不健康状态下的第一型人发现，他们无法如自己所愿地完美控制自己，冲动只能被压制很短的时间，肉体将活跃起来。

父母取向

第一型人的发展比较随心所欲，因为他们在还是孩子的时候就与保护者断绝了联系，而在童年时期，正是这个成年人负责给孩子设定规则、给予指导、必要时加以约束。在家庭中，保护者一般由传统的父权角色担任。通常，父亲是保护者，但并非总是如此。在许多家庭里，母亲是保护者，而在其他家庭里，可能是祖父母或兄长在孩子的发展中扮演着保护者的角色。与保护者以及保护者所代表的东西相分离对超我的发展有着重要的影响：这些孩子觉得他们不能依靠家人来提供架构和指导原则。他们可能会觉得家庭规则是任意的、不公正的，或是太严格，或是太不稳定。不管是哪一种情况，第一型人都会对保护者制定的结构和限制深感不满和受挫，因此他们觉得必须由自己提出指导原则。第一型人总想超越家庭的条条框框，制定一套比他们想象的还要严厉的伦理规条。在这个方面，第一型人总是相信，他们不会受到指责，他们总想做一个十全十美的人。

这在第一型人身上创造了一种冷酷无情的超我机制，它所传达的信息就是："以你现在的状态是不可能被人接受的，你必须做得更好，而且要永远做得更好。"在更为集权或混乱的家庭体制中，这些来自超我的信息可能会变得十分严厉、缺乏弹性。在这种情形下，他们的愿望和情感很少受到激励，相反，这些孩子觉得他们必须听从命令，以避免受到批评和指责。结果，他们的情感和其他冲动受到了内化的父亲所象征的惩罚性力量的压抑。（弗洛伊德主义者把大小便训练看做是与第一型相对应的强迫型的肛门期特征形成的过程。尽管弗洛伊德主义者所讲的肛门期气质，如遵守秩序、节俭吝啬、固执等在第一型人，尤其是主一翼九型人身上可以看到，但我们不一定要局限在大小便问题上来理解第一型的起源。）

在孩童时期，第一型人就已经因为说不清的理由而与保护者脱离了关系。保护者的形象可能在家庭中是缺席的，也可能是以暴虐或不公正的方式对待孩子。或者，严格的道德与宗教教育和永恒的惩罚的威胁使孩子对威严的天父有一种恐惧，并担心受到责罚。孩子害怕对满足冲动和快乐的追求，或因为自私及其他行为——毕竟这些行为都只是孩子的天性——会将自己引向地狱。还有，第一型人可能有过相对平和、正常的童年，但仍渴望寻求更多东西——比如，比家人或同伴的价值观更高的理想。第一型人常常觉得做孩子令他们很不安，或是不愿像孩子一样行动，因而努力斗争，想变得比实际年龄更成熟一点。基于这样或那样的理由，第一型人认定，他们必须靠自己来获得指导和约束。他们必须成为父母，必须比保护者做得更好。

另外值得注意的是，他们不会反抗加之于身的束缚，相反，他们会把这些控制内化为良心的一部分，觉得自己的越轨行为是有罪的。不过，令他们感到愤怒的是，追求完美已成为负担，而更令他们愤怒的是，他们时常看到他人并不会同样地控制自身的情感和冲动。他人的自由（对第一型人而言，这是别人给予他们自己的许可）会引起他们的反感，使他们在自己的禁令的重压下饱受煎熬。

愤怒与完美的问题

具有讽刺意义的是，当第一型人因为自己的不完美而愤怒时，会不公平地将怒火全部发泄到别人身上。一般状态和不健康状态下的第一型人不会去解决自己的情绪紊乱问题，而是到处挑别人的毛病。由于自以为是的愤怒情绪，他们变得极具攻击性，然而，他们实际上并不属于极具攻击性的人格类型。他们只是屈从于自己的理想、超我，因为那理想是他们用来衡量一切——包括他们自己——的标尺。所以，他们人格中的攻击性成分，其实是因为理想无法完全实现而对自己和他人感到气愤的一种表现。

其实这种愤怒正显示出他们给了自己与他人过多的负荷，完美是人类天性无法承受的一种负担。第一型人难以接受人类灵与肉互相依存的自然状态。我们内心的非理性成分无法达到完美，也无法用控制理性成分的方式来控制。然而，他们就是要尝试控制非理性的自我，否认一切基本的人类本性，否认一切人性的东西，达到理想状态。最后，他们甚至以身为人类为耻，担心自己因为不是天使而受到责罚。

然而，如果第一型人处在健康状态下，对生命的客观导向就会使他们牢牢地保持着与人类——包括他们自己——的实际情况的紧密联系。第一型是所有人格类型中最有辨别力、最具道德、最有理性的，他们能宽容地对待自己与他人，明白自己的理想不可能在所有环境下同等适用于每一个人。但如果第一型人处在不健康的状态下，那么他们表现出来的行为便成了一幅扭曲美德的图画，因为他们曲解了人性。他们会惩罚别人的微小过失，却赦免自己的重大错误。由于失去了与人性的联系，他们变得冷酷无情。如果理想对人类没有帮助，那理想又是为何而存在呢？

健康状态下的第一型人

第一层级：睿智的现实主义者

非常健康状态下的第一型人容许自己充分地表现人性，他们发现，自我的冲动并不如他们担心的那样混乱恐怖。除了发挥健康功能的需要之外，他们不会压抑自己的需求和情感。于是，超我所禁止的非理性或混乱的部分得以与心灵的其他部分均衡发展，整合为完整的人格。他们的主观感受与客观现实高度一致，所以他们格外地现实，能顺应生活以及自己。

由于对自我的态度是如此现实，所以非常健康状态下的第一型人会表现出少见的成熟与平衡。虽然他们仍为理想所吸引，但不会视之为单向、徒劳的指令，而是人格发展的目标。他们觉得不必事事求全，也没必要让自己变得完美无瑕。而且，随着第一型人摆脱了超我的严格规则，他们发现，自己根本不可能与适用于一切情形的单一理想和规则达成一致，那根本是无望的目标，因此也是不恰当的道德要求。想成为完人是颇具挑战性的，但矛盾的是，借着想成为完人，第一型人的确可以在人性范围内尽可能地接近完美，处在健康状态时，他们拥有高贵的心灵，可以说"只比天使差一点点"。

非常健康状态下的第一型人是所有人格类型中最聪慧的，因为他们有着非凡的判断力。之所以判断力超群，是因为他们会根据现实状况而非根据理想来判断。在任何情况下，他们都可以超越逻辑推理分辨最好的东西。正如非常健康状态下的第五型人对世界拥有最深刻的透视力和理解力一样，非常健康状态下的第一型人拥有最为清晰的是非判断能力和在世界中最恰当的行为能力，使别人想以他们为指南。

如同对自己的宽容大度一样，非常健康状态下的第一型人对他人也很宽容。通常人们使用"宽容"这个词时意味着"放任"，即任由别人做他们喜欢做的事。但事实上，"宽容"与"放任"不是一回事。真正的宽容是尊重不同的意见，尊重善意且消息灵通人士提出的看法。正如崇拜、信仰上帝一样，一位身为新教教徒、宽容的第一型人能容忍犹太教徒、天主教徒、穆斯林或印度教徒崇拜各自心中的神，这种自由是同等的。这并不必然意味着宽容的第一型人认为别人的所有宗教信仰都是正确的，也不代表他们不在意宗教差异，而是说第一型人容许每个人自由地以自己的方式追寻自己所能接受的真理。他们能够看到掩藏在不同立场和观点下面的深层真理，并与人交流，而不会把自己禁锢于任何特殊的表达真理的方式中。而且，非常健康状态下的第一型人能以他人容易听懂的方式宣讲真理，而他人也不会觉得第一型人的理想是一种威胁。

非常健康状态下的第一型人之所以有这种宽容的胸怀，是因为他们心中存有终极价值。他们心怀超越精神，能以较宽广的视野看问题，考虑事情时会斟酌以适宜当时的情况。他们对事物有很深的领悟，能够在各种情况下抓住事情的重点，一眼发现重点之所在。如果不能立刻理解，他们也会静待现实自动呈答案。

他们是如此地相信真理的现实性与先验价值的客观性，认可别人拥有犯错误的权利。他们对道德秩序非常有信心，所以能容忍别人不断地出错，因为他们坚信，真理最后总会胜过谬误。他们之所以坚信真理总会胜过谬误，是因为他们坚信真理就是现实的本质。这就是他们既能彻底地奉行现实主义又能保持聪慧的原因。他们的智慧能超越理性，能够包容非理性，使二者兼容。他们能看透事物运行的真实秩序，所以总能明白什么是对的、什么是好的。

因此，非常健康状态下的第一型人是先验的现实主义者，因为他们能超越个人对现实的了解，透视难以表达、无法描述的更深层本质，知道一切都恰到好处："宇宙正以其应然的状态展开"。

第二层级：理性的人

不幸的是，健康状态下的第一型人并非总是十分健康的。他们可能会屈从于情况将会失衡、将要变糟变坏的恐惧，为了消除这种恐惧，所以事事求全。他们渴望拥有完全的诚实正直，想与世界、与他人、与自己维持平衡的关系，所以他们的自我意识建立在十分理性、尽责的基础之上。

健康状态下的第一型人简直就是理性的化身。他们极度敏感谨慎，堪称理性良知的典范。虽然第二层级的第一型人的健康程度不如处于第一层级的人，但仍拥有相当不错的判断力，无论在什么情况下总能分辨何者较重要、何者较次要。他们能清楚地举出重要议题（尤其擅长于道德议题），因为他们能够推测不同决策带来的可能后果。同时，他们也不怕进行价值判断，说"这是对的或错的""那是好的或坏的"，并能为自己所下的判断以及随之而来的行动负责。这样描述他们的判断力会使人觉得其判断力比实际更有逻辑。事实上，他们的判断力来自一种高度的自信——来自他们的胆识。对于第一型人而言，对与错不是抽象的概念，它们是激情，是美好的、平衡的生活的核心。第一型人相信平衡的生活是绝对必要的，这样才能维持客观性，而他们需要根据这种客观性来作出公正的判断。健康状态下的第一型人不愿让个人的杂念和情感干扰客观地辨别对与错的方法。

健康状态下的第一型人十分客观，能跳出自身，以旁观者的立场评价自己的行为、态度和感受。他们不希望犯错，一旦意识到错了，也会承认自己的错误。他们觉得坚守错误的观念没有什么好处，正直和真理才是最重要的，出于高傲而坚持错误意见实在没意思。

在人格和文化的限度内，第一型人之所以能辨别善恶是非，是因为他们有健康状态下的良知。良知促使他们只做他们认为正当的事。健康状态下的第一型人对潜藏在自己身上的自私、小气、刚愎等不良习性有清醒的认识，他们倾向于让这类情感趋于更大的平衡。当他们自觉合乎道德要求时，便感到内心安详，当然，如果不符合道德要求，便深感罪恶。

最重要的是，第一型人总想做正直的人，当他们处在健康状态时，便能如此。而且，他们对自己的正直不一定具有自我意识——也确实不存在自以为是的正直。做正直的人并不必然意味着要成为传统意义上的宗教信徒。他们所讲的正直包含着更多内容：第一型人渴望做正直、负责任、谨守神律和自然秩序的人，不论他们怎么理解这一切。健康状态下的第一型人的正直在中国的道家哲学理想中得到了最好的表达：在一个人的身上，天、地、人相合。为了达到这个目标，他们渴望过一种节制和正直的生活。

由于深知理性、中和、自制与公正在他们生活中的重要性，所以健康状态下的第一型人不会觉得这种内化了的道德规范会限制自己的行为。事实上，他们相信，如果没有良知的限制，人类社会就不可能存在。人类文明的许多重要进展，便是由于他们愿意为了更加长远、崇高的目标牺牲自己的所得实现的。

同时，第一型人也不认为自己的品德有多么高尚，即使事实上他们确实渴望为善，让生活远离邪恶。他们不会以自己的良好品性为条件，来与上帝签订保佑他们的契约；也不会因为拥有为善的精神，而认为自己有豁免不幸的权利。譬如说，他们不认为有什么不幸只能发生在别人身上，而不能落到自己身上。当不幸来袭，他们不会问："为什么是我？"而很有可能问："为什么不是我？"这样的人不期待人生会一帆风顺或无忧无虑，但另一方面，他们也不悲观。从根本上说，他们就是现实主义者。

第三层级：讲求原则的导师

拥有良知使健康状态下的第一型人过着极为符合道德要求的有益生活，因为他们不仅想做追求正确的人，还想做正确的事。他们想要把客观价值付诸实施，而不受情绪的影响，因此，在合乎人性的可能范围内，他们可以做到客观正确。

正直是第二层级的人的首要品德，真理和正义则是第三层级人的追求。因而，他们极其在意是否每个人都得到了公平的待遇，他们痛恨不公正行为，无论遭到不公平待遇的是自己的朋友、完全陌生的人，还是自己。健康状态下的第一型人简直就是正义和正直的化身，这些对他们而言绝非冰冷的原则，而是他们的热情所在。他们比其他类型的人更乐于为自己的道德信念献身，而且宁可承受不公平带来的痛苦，也不会对别人有不公正的举动。（在这个方面，健康状态下的第一型人常被误解为健康状态下的第八型人。）

健康状态下的第一型人有极强的正义感与道德感，从未想过要欺骗别人。他们非常讲究原则，而且具有从不会偏离的个人标准。他们以自己认为客观、理性的东西为基础作决定，不会屈从于一时的兴趣。他们拥有健康状态下的自我约束力和洞察行为的长远意义的能力。例如，在公民社会，如果身为公民，就要本着良心投票，不为金钱所惑。如果身为父母，就要以有益于整个社会而不是只有利于自己孩子的东西为基础来作决断。如果身为教徒，就要根据教义行动，即使那意味着会违背公众权威也在所不惜。因而，就坚持原则这点而言，他们十分有道德勇气，会拼全力以自身及自己的财产、名誉甚至生命为代价来维护所坚持的原则。他们之所以不愿牺牲原则，是因为这么做会破坏自身的正直，进而会毁损某些存在的根本之物、他们的善良美德以及深层满足感的来源。实际上，第一型人还想让自己觉得他们是对世界有积极贡献的人，他们也常常认为自己有一种使命感——这是一个严肃的目标。

诚实正直、追求真理和使命感结合在一起，创造了一种极其有责任心、极其可靠的人。在这个方面，他们与健康状态下的第六型人十分相似，但第六型人总是以外界的目光审视自己，以确保自己在做正当的事，而第一型人则不断地回到自己内心的道德罗盘。他们的责任感源自想要实现理想和人生使命的内心驱使。这也给他们提供了巨大的焦点，推动他们实现自己的目标（就像健康状态下的第三型人一样）。健康状态下的第一型人如果没有自我约束，便什么都不是。他们为了实现自己的目标可以按部就班地生活，把享乐、舒适、诱惑弃置一旁。

处在第三层级的第一型人坚守正确的东西，诉诸良知、善意、公平来对待他人，可以毫无畏惧、果断明确地表达自己的信念，不论对方是否喜欢这样。所以，健康状态下的第一型人能给社会带来贡献，是道德导师，是"真理的见证"，能与他人就他们的原则与道德观进行沟通。这可能是最高层级的教导，不仅传递知识，而且要讨论理想的生活方式。第一型人担心，如果人们对是非没有清晰的概念，对行为对错的后果毫无概念，就会失去生活的方向而茫然无恃。

健康状态下的第一型人的典型特征是，他们的良知信条首先是针对自己的，而不是用来要求全世界的义务。他们以身教化他人，不会喋喋不休地指点别人。他们有种自信，相信不管别人有没有听取劝告，真理终究会出现，因为真理以人们无法忽视的声音与灵魂对话。

一般状态下的第一型人

第四层级：理想主义的改革者

第一型人以其超我为指导，如果他们没有遵守超我的指导，就会渐渐地产生负罪感和焦虑。如果他们出于某种原因担心自己的原则得不到他人认同，担心自己的努力不能激起些微的涟漪，就会在每件事上都追求更高的标准。他们希望每件事都能做得更好。他们是理想主义者、改革家、负有使命的传道者，激励自己和别人不断进步。

健康状态下的第一型人与一般状态下的第一型人最大的不同点在于，一般状态下的第一型人确信只有自己可以为每个人提供答案，只有他们能让身边的混乱"正常起来"。个人良知已经强化为一种责任感，在每件事上都渴望追求理想。因而，一般状态下的第一型人开始从一种道德优越感的立场出发与世界发生关系，仿佛总在说："我知道事情应当有的方式，所以你们应当听我的。"他们开始觉得他人不如自己有责任心和方向感，并因自己理想崇高而产生一种贵族感。

一般状态下的第一型人甚至认为自己的理想应该是每个人的行为标准。他们自以为知晓事情该怎么安排。对道德上的"应当"和"必须"的强调使人觉得：不仅第一型人应当或不应当如此行事，而且他人也是如此。他们觉得自己有责任去纠正错误、教育没有学问的人、引导漫无目标的人、教导别人"正确的"观点。这样做的问题在于，他们不相信别人也能做得一样好。（"如果我不做，谁会来做呢？"）

一般状态下的第一型人以庄严的目光看待人性，认为自己要比别人更冷静、更明事理。因而，他们觉得有责任成为人类的立法者与规范者，立下人人皆应遵行的规矩。所有的事无论大小，或是否事关私人，均不得逃脱他们的注意或价值判断。诸如吸烟、酗酒、系安全带、电视节目的品质、黄色书刊以及摇滚乐等，都是他们与他人争吵不休的主题。处在第四层级的第一型人并不一定会表现出进攻性，但他们时常觉得有责任向他人"指出"问题之所在，或解释他人行为的后果。（当然，他们的意见很可能是正确的，但他们不相信别人能独立发现真理。）

他们很在意自己与理想的距离是否缩短了，所以"进步"对他们而言是相当重要的概念：无论在生活的哪一方面，他们都十分想衡量自己的进步程度，至少要用自己的道德尺度量一下。于是，他们变得相当有目标，总是有个更高远的目标在前方。譬如说，他们觉得看电视不应是为了娱乐，而是为了教育，因为他们认为应该时时刻刻要求进步，做有意义的活动。这也是为什么一般状态下的第一型人总喜欢把自己同高尚的事业联系在一起，甚至时常觉得应当由自己来领导高尚的事业，不论是监视移民劳工、为政党活动去组织邻里、为了环境问题举行集会，还是组织投票人为地方教育的拨款投票。

作为改革家和社会变革者，一般状态下的第一型人深切地明白自己在每个问题上所持的立场，并以带有使命感的热情极力为自己的立场辩护。他们喜欢以清晰的口才来辩论，有效地提出看法。他们坚信自己的立场正确，所以格外自信，他们改革世界的热情就像雕刻家面对着眼前未成形的黏土一样热切地想要一显身手。这中间当然会出现各种实际的困难，会遇到与他人配合的难题。世界，尤其是他人，并不是可以按照他们的改革冲动加以塑形的一团黏土。现实已然有自己的形状，虽然改革家总想重塑它。

第五层级：讲求秩序的人

处于第五层级的第一型人已经公开表明了某些立场和主张，所以，即使只是在家人或朋友中间，他们也不希望自己的私人情感与公开的理想主义立场有不一致的地方。他们想要控制生活的每个方面，尤其是自己的冲动和情绪。

健康状态下自我约束的习惯，现在已退化成过于刻板的效率和秩序。一般状态下的第一型人总想以他们的秩序感来主导一切。他们严厉的超我与他们的情感和欲望是相悖的，这显示出他们的内心之中存在着一种二元对立的本性。在他们看来，一切事物不是白的就是黑的、不是对的就是错的、不是善的就是恶的、不是做对了的就是做错了的。这其中不容许存在任何个人偏好，个人偏好在他们的眼中简直就是自我放纵。他们以不近情理的纪律和秩序作为首要法则来要求自己、别人以及环境。

于是，这种井然有序的人严密地将世上万物归纳为几个简洁的类别，正如他们严格控制自己的内心生活一样。他们挑剔细节，要求每一个可以想到的部分都能相互契合，这样就可以做到"一切尽在掌握"——这是他们喜欢用的一个短语。（流程图实际是他们走进现实的一个象征。）虽然不是所有的第一型人都有强迫性的整洁，但在讲求秩序方面，他们全都十分关心有组织的安排。他们在任何地方都讲求秩序，喜欢仔细地列出清单、安排日程表，这样就不会浪费时间。时间对于他们十分重要，而他们也总是能够精确地计算自己的时间。他们总是很准时，而且坚持认为别人也得同样准时，没有哪一种人格类型的人像处在第五层级的第一型人一样，那么具体地实践新教徒式的职业道德，觉得生命是一桩严肃的事。他们的道德没有假期，也没有放松、闲暇的时刻。

处在第五层级的第一型人的思维方式也非常有条理，他们的思维讲究方法，总是很精确，擅长进行非常精密的逻辑分析。他们觉得模糊很麻烦，因此总想对事情有一个清晰的、黑白分明的理解。不幸的是，现实中很少有事情如此界限分明，但一般状态下的第一型人却断定，现实不可能含混不清。所以，他们心中形成了一整套层级观念，用来判断一切事物，自动对事物进行排位或评价，像"这样做比那样做来得好"之类的评语屡见不鲜，就好像学校老师在放假的日子里仍忍不住习惯性地为每件事给出等级一样。一般状态下的第一型人相信，当某个人提供的信息与他们的观点相冲突时，必定有逻辑上的缘由。他们总想具体地解释一切事情，因为若是没有明确的直接原因，人们怎么能解释他们的行为？赏罚又该如何进行呢？

总而言之，处在第五层级的第一型人常是仲裁者、精算师和现实的批评家，即弗洛伊德所谓的肛门型。他们清楚什么是应当优先考虑的事，生活中的许多东西在他们看来都是极不重要的，所以很少能激发他们组织化的冲动。然而，对于最应当优先考虑的事情，一般状态下的第一型人会给予最大的关注。在这些方面，他们总要求事事干净利落、有条不紊，任何东西都不能似是而非，应当井井有条、没有疏漏之处。他们总希望自己能像时钟般精准。当然，这种条理性也有正面效果，尤其是对工作组织和整个社会来说更是必要。如果事事都有计划、有组织，那么就能顺畅运作，无论是商业会议、铁路时刻表还是圣诞礼物的包装，大事小事皆然。假若世上没有秩序或缺乏推动秩序的人，那么很多事都会行不通。

然而，从另一方面说，讲究秩序也该适当和适度。这种井然有序的第一型人也需要放松一下才好。他们老是不让自己放松，如果真的放松了，也表现得生硬不自在，反正他们在表达自己的时候总离不开礼节和规矩。过分循规蹈矩使他们在社会上做事时很少掺杂个人情感。

由于自制是一般状态下的第一型人所渴望的，所以他们总是与自己的冲动相对抗，故意表现得与真心想做的相反，仿佛他们的个人倾向总有可疑之处。如果他们想做某事，比如说看电影，就会故意不去看，因为他们认为必须把时间花在更严肃的事情上。另一方面，如果他们不想做某事，比如说在周末加班，他们会强迫自己去做，因为他们觉得这是自己的义务。但讽刺的是，此时他们反而比以往更多地受到欲望冲动的控制，因为他们一直在抵抗欲望的诱惑。

虽然他们的特质在很大程度上取决于其翼型，但通常一般状态下的第一型人具有苦行、一丝不苟、抗腐蚀的特质，尤其是在与快乐和他们的欲望相关的事情上。在某些第一型人那里，性冲动可能尤为可怕，因为这种冲动不仅是非理性的，而且是受到禁止的本能，是与他们严于律己的良心相悖的。他们的肌肉组织常常紧绷着：嘴唇紧闭、牙关紧咬、脖子和面部僵硬。紧张、紧绷、僵硬、严肃，这些字眼最适合用来描述他们的行为，也适合用来描述他们的情感。

虽然他们有很强的自制力，但他们很少看到自己的这一面。一般状态下的第一型人完全清楚他们的内心之中有许多非理性的冲动和被禁止的欲望。从他们的角度看，他们讲究秩序和效率是为了整个世界好。不仅如此，他们也在保护世界不受自己情绪的侵扰——如果他们放松了警惕，就会带来巨大的灾害。他们担心，如果容许自己去随心所欲做事，情感就会失控，他们就会被无羁的冲动席卷而去，最后必定会落入内心最黑暗的原罪中。谁能知道潜意识中的情形呢？第一型人认为不要胡来才是最明智的。

第五层级是第一型人沿着发展层级退化的开始，因为生活并不像他们所希望的那般井然有序，他们自己也不如所愿的那么有秩序，受到束缚的冲动常常会冲破压抑的防线倾巢而出。所以自此阶段开始，第一型人就试图更严格地控制自己及环境，希望借此能压抑自己的非理性冲动。为了内在和外在的秩序，决不能放松自己的欲望，结果反而造成了想要消除一切混乱的强迫性行为。

第六层级：挑剔的完美主义者

一般状态下的第一型人越是想严密地控制自己的冲动，就越觉得不能有丝毫放松。到第六层级后，他们开始担心他人会"搅乱"他们费尽力气才求得的秩序和平衡。他们内心里想要指导他人的声音和理想主义已经变得越来越尖利、越来越挑剔了。现在，井然有序对他们而言已经不够了，他们要求做到"完美"。

他们希望自身与环境都是有序的并且能够自我控制，如果这些难以实现，他们就会感到极度可怕。虽然很难觉察到，但处在第六层级的第一型人通常对待自己要比对待他人严格得多。他们的超我性情急躁，要求不断，整个态度可用一句话来表达："没有一件事做得够好"，就像童年时保护者的教训一样。他们老是吹毛求疵，觉得一切都不够好，为了避免别人的责难，先责难自己。他们唯一允许自己拥有的情绪反应就是各种形式的不满，像不耐烦、愤怒、怨恨、愤慨等。十分奇怪的是，第一型人常常觉察不到其愤怒的程度，有时甚至根本不知道自己在发火。愤怒代表着一种混乱和非理性，他们严厉的超我不允许他们承认这种情感。

他们对一切都吹毛求疵，喜欢干涉他人，唐突地打断别人的工作，不断告诉别人该如何做，指出哪里犯错了，并教导别人该如何改进。"我告诉你应当这样"，"如果你早听我的话，就不会有今天的局面"，这些是这种挑剔的第一型人最常说的话。他们喜欢批评一切事情——口吻不是学究式的、权威式的，就是说教的、斥责式的。他们动不动就为一些鸡毛蒜皮的小事发脾气，他们是谨守纪律、没有耐性、专挑别人毛病的人，动不动就打击别人，不论在实际上还是在言辞上。一般状态下的第一型人总认为周围的人懒惰、不负责任。（"在我这么努力工作的时候，他们为什么只是站在那里开玩笑？")他们对一切都要发表一通意见，认为只有自己说的才是真理，而不只是个人意见。不过，好评判的第一型人倒也不是任何时候都是错的。(由于总是没有礼貌或虚情假意地谦虚，所以时常会让人觉得他们可能是错的，但处在第六层级的第一型人实际上并不认为他们有什么错。)

而且，他们之所以坚持己见，是因为他们的意见是根据自己的理想而来的，而他们的理想又是极固定的，就像指南针一样准确地告诉他们所有行为的好坏。于是，他们的生活变成了永无休止地实践自己的理想、不断地找出错误、一再重做被别人弄糟的事。

这种完美主义者对别人的错误与不完美也感到愤愤不平和怨恨，就好像每个人的行为都会伤害到他们一样。在路上乱丢垃圾、他们认识的某个人不纳税或是有外遇，这些事都会冒犯到他们。尽管他们对他人的批评是正确的，可方式却是如此恶劣、令人不快，最后只能引起对方的反感与对抗。他们已经从不近人情的追求效率者退化成了尖酸刻薄的教条主义者。但这些他们都不在乎，他们对取悦别人没有兴趣，纠正别人的行为才是当务之急。

他们是工作狂，若自己没有时时刻刻保持高效率，就觉得很内疚。但讽刺的是，由于完美主义的第一型人太在意细节，所以办事效率反而降低，常常比那些不那么认真的同事还低。(例如，他们可能会认真地擦洗家具以弥补自己的小过失，可结果却是没有做完正事。)他们常常做一些似是而非的小改善，这不是因为真的有此需要，而是因为他们要通过改善现状来证明自己的存在。当然，他们的完美主义也会让周围的人抓狂，这使第一型人很难开展工作(更别说与身边的人"合作"了)。而他们偏又脸皮薄，批评不得。他们不喜欢委派工作，也不喜欢对任何人下命令，因为他们觉得别人都做得不如自己。他们觉得花时间去训练别人反而慢，干脆一开始就自己做会比较快。

完美主义自然会使他们丧失工作乐趣，因为没有一件事可以做到足够好。一切在做到完美之前都不算完成，所以，只要有可能，他们就会把大把的时间花在力求完美上。因而，工作狂的第一型人常陷入一种冲突：尽管并不喜欢工作，可也不喜欢不工作，他们害怕无事可做。

由于处在第六层级的第一型人以真理代言人自居，别人的话根本听不进去，所以其人际冲突开始增多。尤有甚者，他们开始养成一种坏习惯，对自己实际上不甚了解的事也好发表意见，强迫别人领情，对别人再三解说，好像别人都是不教就会做错事的小孩一样。而且这个类型好管闲事，喜欢告诉别人什么事可以做、什么事不可以做，俨然一个牧师在教诲新婚夫妻婚姻之道，或锲而不舍的专栏作

319

家在教训穷人们要节俭。在第六层级，他们的超我几乎已不可能再维持平和。第一型人做的每件事，几乎没有一件能逃脱其无情的内心声音的背后指责。他们极力想要证明自己有自己的标准，但那个标准一直在提升。在这种持续的自责压力下，第一型人对他人会变得缺乏耐心、吹毛求疵，即便是不恰当的严厉指责，他们也会加诸自己身上，这一点也不奇怪。

同时，即便第一型人需要为他们的完美主义和自我批评留一点点余地，也不会以建设性的方式去做，他们开始从超我最常指责的快乐中寻找安慰的隐秘源头。他们可能会把酗酒、在城里度过喧闹之夜、疯狂消费、纵欲、看色情报刊或其他"放纵之事"当做减轻超我加在身上的压力的方式。虽然如此，他们还是会尽可能隐瞒自己的这些行为，以免让人觉得他们与自己强烈坚持的观点相冲突。

正如我们在概览中已经看到的，第一型人怨恨自己必须做到完美。在他们看来，完美的负担落在他们肩上而不是别人身上是很不公平的。当然，追求完美和拥有感受完美的时刻仍让他们有些许放松，因为他们的自我感觉有赖于其是非感，有赖于对完美之所在的认识。但是，他们仍会为他人的自由感到愤慨：既然自己无缘享受欢乐，为什么别人就可以？

不健康状态下的第一型人

第七层级：偏狭的厌世者

不健康状态下的第一型人无法忍受自己被证明是错的，不管是被客观事实证明的错误，还是被别人更好的见解证明的错误，他们都无法接受。他们完全确信自己的言行永远是对的。他们的理想已经变成了严苛、充满禁制的教条，不健康状态下的第一型人完全是僵化地固守己见。

他们的理想成了严苛的教条，不容一丝偏离。他们以绝对二分的眼光看待一切事和一切人：不是对就是错、不是善就是恶、不是被拯救就是下地狱，没有中间地带，没有灰色地带，没有任何可能的例外。他们拒绝考虑任何可能会令绝对完美作出让步的情形。正如我们看到的，对他们而言，即使最微小的不完美也会破坏整体，因此必须毫不留情地铲除。然而，按照绝对原则生活必会使人情味丧失殆尽。他们的要求越高，就越不合人情。他们成为了喜爱人性但却仇视个体的愤世嫉俗者。

一般状态下的完美主义者与不健康状态下的偏狭者的不同之处在于，前者——至少有的时候——会将自己的行为也列在批评之列，会为自己未能达到完美而感到内疚；而不健康状态下的偏狭者不是这样，他们将自己排除在非难之外，他们极端自以为是，以为只要固守最严格的完美理想便是绝对正确的，也不管自己是否真的能把理想付诸实践。（"我绝对正确，因此我的言行也绝对正确。"）

事实上，处在第七层级的第一型人的超我已经变得十分有害并具有破坏性，为了让自己活得心安理得，他们必须把那些尖酸刻薄的话无端加诸他人身上。如果他们无法把一件事做到足够好，那么在他人身上发现更大的"恶"和混乱便成为了他们唯一的解脱之道。于是，不健康状态下的第一型人变得越来越关注他人的错误，以此来逃避已经内化了的保护者形象的责罚。

他们最明显且可能存在的唯一情绪表现就是愤怒。他们喜欢别人认为他们对做错事的人完全不近人情但却公正，但是，一种显见的恶意正在他们心中形成，虽然他们不承认——不对自己承认，更不对他人承认。他们脆弱的自我形象有赖于把自己看做是绝对好的和正直的，以弥补其极端负面的超我。他们根本不承认完美动机以外的任何东西。

事实上，他们完全无法宽容别人的想法与行为，凡与自己的主张不同的都属于不道德的和邪恶的。他们愤怒地把自己的观点强加于别人，认为别人必须按自己规定的方式行事才算是正确的。宗教、正义、真理——他们所有的理想——都被他们用来夸大自己的地位，使他人觉得自己是错的或有罪的。但如此一来，他们反而把自己置于了可笑的奇怪位置，似乎他们提出的教条都不过是诡辩。例如，为了解救一个村庄，他们主张必须将之夷为平地；或为了说服别人皈依自己所信的宗教，不惜将对方出卖为奴隶；为了保护未出世的胎儿，宁可牺牲母亲的性命。即使明白自己所言不过是强词夺理，他们的诡辩也未曾有片刻中止，因为不管自己做了什么，也不管自己的行为与口口声声所说的理想相去多远，他们都能心安理得地将之合理化。

然而，他们对他人是如此愤恨，以致其非理性的怒火最后会伤及自身，虽然他们理所当然地认为发怒是有道理的。尽管如此，他们还是努力克制情绪，以免怒火最后失去控制。然而，讽刺的是，不健康状态下的第一型人渐渐觉得难以控制自己，他们将自己束缚得越紧，就为日后受压抑的情感与欲望的突然爆发埋下了越多的种子。

对情感和冲动的这种强有力的压抑也导致了周期性的日益严重的意志消沉，这与他们易怒的气质恰成鲜明对照。虽然他们想尽办法，但就是无法完全解除超我对他人的攻击和愤怒。其中有一部分转而与自我作对，把他们折腾得精疲力竭、心灰意冷。沉溺于酒精和毒品，家庭状况和职业状况出现急剧下降，这些对他们来说并非稀罕事。

第八层级：强迫性的伪君子

现在，不健康状态下的第一型人专注于（神经质地沉迷于）令他们感到恼火的事情，但由于他们要控制自己，所以不能直接采取行动。结果，他们的行为因为其非理性的冲动而比以前更具强迫性，受到更多控制。

在第八层级的第一型人身上，概览中描述的双重分裂状态体现得更加明显。一方面是他们的冲动与压抑冲动所需的力量之间的分裂，另一方面则是他们想克制自己的渴望与时常出现的完全失控的局面之间的分裂。强迫性思考与强迫性行为就是他们借以控制自己的非理性思维与行为的方法，同时也是他们所寻求的控制即将崩溃的征兆。

强迫性思考不断地出现在他们的脑海中，这种困扰对于他们所坚持的信念是极度可怕的，因为那多半是淫秽、亵渎、充满暴力的画面。而强迫症的程度常令神经质的第一型人十分惊恐，以为自己被魔鬼控制了。从一定意义上说，神经质的第一型人被控制了，而控制他们的魔鬼正是被压抑下去、不允许自己去处理的情绪与冲动。这些强迫症常常是正常的需求和欲望，只不过因为长期的极度压抑被扭曲或歪曲了。但现在，第一型人缺乏基本的自我力量去反击被压抑的冲动的激流——被克制的欲望终于有了出头之日。而且，神经质的第一型人之所以无法解决他们的强迫性思维，是因为他们不愿承认真正烦扰他们的东西：对他人强烈的怨恨和仇视——尤其是对他们认为应对他们的痛苦负责的那些人的怨恨和仇视。结果，他们花了大量时间去尝试控制自己的思维，以免被更烦人的想法淹没。

为了将思维注意力集中在现实问题以外，神经质的第一型人强迫性地清洁或根除所有与自己所压抑的冲动情绪有关的"肮脏"想法和紊乱。对性快感的沉迷和对身体的控制可能会转移到食物上，结果有可能导致神经性厌食症或易饿病，也有可能以节食或灌肠法来强迫性地"清洗"自己的内脏，再不就是强迫症或强迫性地不断清洗和计算次数，但讽刺的是，这些行为的强迫性质与他们平时井然有序和自我控制的表现正好相反。

然而，强迫症有一种奇怪的适应性，因为神经质的第一型人既不会在意识中完全承认这些强迫症，也不会将自己的冲动全部表现出来。另一方面，强迫症严重地烦扰着他们，他们的行为足以显示出强迫症的症状，因而是任性的、矛盾的和虚伪的。

当神经质的第一型人潜意识地被自己爆发出的冲动所控制时，就会表现得和自己所坚持的信念相反，譬如说，他们谆谆告诫人们绝对的性纯洁的可贵，但另一方面自己却沉溺于强迫性的性活动中。他们的所作所为正是自己所严厉谴责的，就像一个检察官"被迫"看色情书刊、性学研究者必须听下流的强奸故事或是法官本身就是个扒手一般充满矛盾。强迫性的第一型人甚至会故意亲自体验各种诱惑，以证明自己的道德力量禁得起考验。通过这种方式，他们可以两全其美：既享美德之名，又享调情甚至偶尔的纵欲之实。这当然会进一步威胁到他们的立场，例如强迫性行为最终会被他人觉察到，从而引发丑闻直至声名扫地。

维护公共道德的谦谦君子一旦腐化，总比一般人的堕落更令人震惊。神经质的第一型人之所以渐渐陷入变态，就因为他们太过压抑情绪，他们的情感已被否定和扭曲太久，有朝一日终将变得畸形，而情感生活的这种扭曲变形将使神经质的第一型人及其冲动变得十分危险，虽然这些冲动不一定就是原始的冲动本身。

第九层级：残酷的报复者

某个人或某件事激起了如此难以接受的情绪，以致神经质的第一型人无法直接处理它们。此时，他们的行为已不再是出于崇高的理想，而是出于要在强迫性行为与强迫性思考变得无可控制之前重新恢复自我控制的需要。但此时他们已无法再以各种强迫性的行为与思考来解决自己的各种强迫症，于是只好试着通过祛除引起心中不安的明显诱因来"解决"自己的神经质冲突，例如只要看见别人的恶行就大发雷霆，责罚对方一顿，殊不知真正出问题的正是自己的理智。

他们的矛盾是如此之深，他们的强迫性思考是如此之强，他们的强迫性行为是如此之骇人，使得他们再也无法回头了。他们有可能会犯错的事实对他们破碎的自我来说大得难以承受。于是，他们变本加厉地想找理由证明自己的正确性。不仅要证实别人有错，且坚持犯错的人该受惩罚。尤有甚者，他们认为别人很可能是隐藏的罪犯，所以这些无辜的人可能会遭到责罚与迫害。

一旦找到报复对象，就不会有爱、仁慈、同情。他们变得不近人情，残暴不堪，想要以自己所握有的力量确定对方的确吃到了苦头，还要大声说："这些人不过是得到了他们该有的惩罚而已！"由于目的已经证明了手段的正当性，因而任何手段都可以用。

处在第九层级的第一型人完全没有仁慈和宽厚之心，他们试图把自己打扮成铁面无私的正义的代表，对他人施以不公正的待遇和暴行。神经质的第一型人以正义的化身自居，认为对他人施以虐待狂式的惩罚是自己的责任。现在他们扭曲的道德观成了施暴的保证，所以他们可以把他人投进监牢，严刑拷打，甚至施以重刑。

曾经担心受到责罚的类型现在开始无情地责罚他人，曾经如此关心正义的人格类型现在变成了最不公正的刽子手，曾经有着理性心灵的人格类型现在变得完全失去了理性。

第一型的发展机制

解离方向：朝向第四型

自第四层级开始，在压力和焦虑与日俱增的情况下，第一型人开始表现出一般状态和不健康状态下的第四型人的某些气质。一般状态下的第一型人可能是所有 9 种类型中最为严格、最有自制力的，因而向第四型的运动标志着他们潜意识地想要摆脱责任感的负担。他们想要缓解无情的超我强加于自身的压力，想让受到压抑、积攒下的欲望寻找时机"放松"一下。然而，如果他们这么做了但又没有去寻找其自我批评的根源，那第一型人就会因为自己的"不负责任"而感到内疚，并会因此变得对自己更加严格。

当第一型人变为第四型人时，他们开始幻想另一种人的状态，完全摆脱了责任感的负担。他们寻找美的东西，试图让自己生活在审美愉悦中，作为缓解工作压力的避难所。这时，一种"审美精英主义"出现了。一般状态下的第一型人把自己看做是趣味高雅的人，当他们处在压力之下时尤为如此，把这种感觉当做自己的防线。他们对生活中不可企及的人怀有一种浪漫主义式的渴望，但是，作为第一型人，他们又根本不可能把仰慕的对象说出来。这种幻想和欲望不久就受到了第一型人警觉的超我的攻击和压抑。

到第五层级的时候，第一型人开始厌倦理想带来的持续的压力，并在向第四型转变的过程中变得多愁善感。他们常常出现周期性的抑郁，觉得没有人能理解他们有多么辛苦以及他们的贡献有多么重要。纪律和约束让位于无羁的情感，第一型人变得越来越感情用事、自我怀疑。第四层级的审美主义气质也让位于第五层级更被动、更容易受影响的气质。第四型人的戏剧性情绪和极度敏感与第一型人高度的循规蹈矩结合在一起，创造了一个在社会情境中极端别扭、自我意识极强的人。这只会强化第一型人的压力，激发他想要"合格"的欲望。

如果压力持续下去，第六层级的第一型人就会开始出现第六层级的第四型人的某些行为。无情的超我很少回报他们的努力，因此他们变得自我放纵，让自己做超越规则的例外：他们追求高兴和快乐，以逃避不可能实现的理想带来的压力。

如果说他们曾经赞美严肃认真的德行，那现在就会不时地要喝上一杯——当然不能让人看到。如果说他们曾经很反感滥交，那他们现在可能会寻找匿名性爱或外遇。第一型人极其想找法子摆脱严苛的超我，但在第六层级，他们不可能找到健康平衡的方法去完成这个任务。他们的超我是如此极端，以致他们在潜意识中想要寻找极端的快乐来补偿自己。

在第七层级，在与日俱增的压力下，不健康状态下的第一型人开始像不健康状态下的第四型人一样行事。当他们无法控制严苛和愤怒的强度时，就会彻底崩溃，走向消沉。他们的消沉可能很严重，延续时间也很长，有着严重混乱的家庭背景的第一型人——在这一背景下，压力是一个持久的因素——可能会犯第四型人的错。消沉就像是遏制第一型人的愤怒的一种手段，但也可能是一个强烈的暗示，暗示他们提出的那些有关人生的观点有着严重的问题。

在第八层级，第一型人强迫性的思虑和行为与不健康状态下的第四型人的其他强迫行为相结合。这其中包括非理性的自我仇视、病态、骚动不宁的仇恨情绪和性欲。虽然不健康状态下的第一型人只关注他人的恶行或周围环境中日益加剧的不完美，但在第四型的模式中，他们也转而把怒火指向自己。

渐渐地，他们陷入了潜意识过程的魔咒之下，但他们完全没有做好准备进入潜意识的漩涡。他们在那个领域只是陌生人，所能发现的关于自己的一切就是恐怖、恶心和厌恶。此时，他们突然能非常清晰地看到自己的情感混乱和所犯罪行的程度。他们开始崩溃了，他们赖以为生和借以克制自我的理想原则不再有任何帮助。

在第九层级，当严重神经质的第一型人走向第四型时，他们最后的防线终于崩溃了，隐藏多时的惩罚欲望与行动化暗为明。同时，他们自己也对这种堕落腐化感到恐怖（"天呀！我怎么会作出这种事来？"），害怕会因过分地逾越道德界限而永远得不到宽恕。

过去他们总是裁定他人的罪行，如今轮到裁判自己了。完全退化的第一型人除了责备自己的可恶、狭隘与残暴之外，甚至还沉迷于尽可能严厉地责罚自己，就像当初责罚别人一样。过去他们从某个立场对他人求全责备，现在他们要以同样的立场对自己求全责备。

最后，他们会变得更加消沉，感到无望、情绪烦乱，完全被罪恶感、自我厌弃与痛苦的情绪所困住，难以自拔。外界似乎再也没有什么东西值得他们依恋，没有什么理想值得信仰。现在，为了应对毁灭他们的东西，唯一的方式就是弃绝自我。此时，完全崩溃或自杀很可能变成现实。

整合方向：朝向第七型

正如我们已经看到的，第一型人对自己的情绪与冲动的控制过于严苛。而第一型人向第七型人整合的本质就在于让第一型人学会放松、学会享受人生。他们学会信任自己和现实，肯定生命，而不是控制它与限制它。他们发现，生活并非总那么冷酷严肃，快乐喜悦是生存的合理反应，享受快乐并不一定会陷入感官欲求，我们可以欢悦地实现自己，而不一定会变成不负责任或自私的人。

经过整合的第一型人不再认为必须事事求全，所以，能从善尽义务提升到富有热情，从约束自己提升到自由行动。他们变得越来越放松，越来越有效率，能自在地表达情绪。经过整合的第一型人对世界更有感受能力、更快乐、更有游戏精神。

于是，不必要的讲求完美的负担终于解除了。他们认识到，他们可以享受生活中好的东西，而不必觉得有义务不断追求进步，尤其是在并非关键的领域。不必事事追求完美（"这样做就不错，不过那么做也很好！"）。他们认识到，生命中的许多东西已经十分美妙了，甚至称得上是奇迹。他们惊讶于大自然的奇迹、艺术的精美、他人的伟大贡献，而能作出这么有价值的贡献的人其实和自己一样，都是不完美的。

最重要的是，他们发现，其实常常可以既灵活又不损害真实的价值。古老的格言"好与完美并不矛盾"是很有启示意义的。他们不再唠叨抽象的理念，而是如其本然地体验生活。经过整合的第一型人已毅然步下诸神所在的奥林匹斯山，进入人类的世界。

第一型的主要亚类型

具有第九型翼型的第一型人："理想主义者"

在主一翼九型人身上，第一型人的理想主义因为第九型翼型被提升和强化。这两个构成类型都倾向于脱离环境：第一型人是因为理想，第九型人是因为倾向于与理想化的人而非与真实的人本身建立联系。结果，主一翼九型人与他人脱离了联系，比主一翼二型人更理智、更冷漠、更缺少人情味。第一型的基本类型和第九型翼型也存在冲突，因为第九型人总想避免招惹是非，而第一型人明确地想要挑起事端。另外，第九型人和第一型人都是理想主义者，都拒绝受到他人影响。主一翼九型人对于文化评判者的角色有一种疏离感，一种置身事外的感觉。由于他们明显的疏离和讲求逻辑的导向，他们常常被误认为是第五型人。这个亚类型的典型人物包括：艾尔·戈尔、桑德拉·戴·奥康纳、迈克尔·杜卡基斯、卡尔·萨根、乔伊斯·布拉泽斯、凯瑟琳·赫本、乔治·哈里森、乔治·威尔、诺姆·乔姆斯基、埃里克·塞瓦赖德、威廉·巴克利、珍妮·柯克帕特里克、C.S.刘易斯、托马斯·杰斐逊、科顿·马瑟、依纳爵·罗耀拉以及"斯波克先生"。

处在健康状态时，主一翼九型人对他人的判断和处理是极其客观、温和的，因为他们对不加感情色彩的评论十分感兴趣。他们是最佳意义上的开明人士，常常表现出"学者"风度和博学气质。他们身上有一种神秘的精神性，对自然、艺术和动物比对人有更大的兴趣。他们情感的自我表达常常受到限制，但他们又是大方而忠诚的朋友。第一型人渴望做自己的道德原则的典范，对信奉的东西言传身教，不过第九型翼型使他们比主一翼二型人更加温和、更趋近于隐修生活。他们可能很有天赋，是表达清晰的演讲者和作家，常常运用自己的才能提高人们对社会问题的意识。

处在一般状态下的主一翼九型人能主动地为信念而战，虽然他们对人们能否接受他们的建议和改进深感悲观。他们也比主一翼二型人更加理想主义，并且由于第九型翼型的孤僻气质，他们不大可能介入政治和艰苦的工作，虽然这是他们所信奉的改革所必需的。他们有高度的公共责任感，但隐退倾向常常使他们被视为精英主义者。第一型人的缺乏人情味和第九型人的特立独行产生了这样一种人，只会以抽象的观点说教，同时又想排除行为中的个人因素。他们的情感是隐忍的，有一种事不关己的倾向，甚至对人类的动机和一般的人性十分迟钝。第一型人的愤怒在主一翼九型人身上也很难觉察到，他们的表达方式比较僵硬、缺乏耐心，有时还会话中带刺。他们越来越喜欢独处，四处寻找能让自己独当一面的工作环境——和第五型一样——以避免应付繁杂的人际关系。

处在不健康状态下的主一翼九型人几乎与他们的情感和矛盾全然断绝了关系。他们不愿看到与其世界观不一致的东西。他们的情感和理智都让人难以接近，把自己掩藏在顽固坚持的意见背后。他们在实际中也远离了他人，离群索居，过着一种隐修的生活。他们尖刻而伪善，因为他们严厉的判断不会受到任何真正同情心或对他人认同的制约。他们倾向于完全脱离自己和他人，认为那些是有待解决或剔除的问题。他们渐渐地强迫性地执迷于他人的恶行，痴迷于纠正它们，但同时又无视自身行为中的矛盾。他们会带给他人巨大的伤害，因为他们根本不理解他们以理想的名义带给他人的苦楚的性质和程度。

具有第二型翼型的第一型人:"鼓动家"

第一型人和第二型人的气质在许多方面相互支撑。这两种类型的人都力求与超我的指令保持一致——力求依照被内化的价值之光成就"善"。第一型人总想成为正直、没有偏私的人,第二型人总想成为无私的大爱之人。另一方面,第一型人是理性的、缺乏人情味的,而第二型人是感性的、合群的。虽然第一型是基本人格类型,但在主一翼二型人身上明显可以看到一种热情的态度和交际能力,这可以补偿第一型人的情感自制。第二型翼型也使他们比主一翼九型人更为活泼,更以行动为导向。主一翼二型人渴望卷起袖子积极行动,而另一个亚类型则更有"象牙塔"中的理论性特质。这个亚类型的典型人物有:教皇若望·保禄二世、甘地、阿尔贝特·施韦泽、马里奥·科莫、比尔·莫耶斯、汤姆·布罗考、莱斯利·斯塔尔、简·方达、瓦妮莎·雷德格雷夫、拉尔夫·纳德、约翰·布拉德肖、杰里·布朗、吉恩·西斯科尔、玛格丽特·撒切尔、阿里斯泰尔·库克、琼·贝兹、圣女贞德、圣·托马斯·莫尔和安妮塔·布赖恩特。

第二型翼型软化了第一型过于苛刻和好评判的倾向。在一定程度上说,喜欢思考和爱邻居是他们的理想,主一翼二型人总想成为有爱心和人情味的人,他们总想让他们严苛的理想变得温和一些,这样他们就能考虑到个体的需要。处在健康状态下的主一翼二型人融合了宽容和同情、正直和关心他人、客观和热忱这一系列气质。他们落落大方、乐于助人、亲切和蔼、极有幽默感,这些显然抵消了第一型人严苛的态度。他们十分乐意身体力行,以带来渴望看到的变化,他们常常从事许多对他人有帮助的职业,如教书、布道、行医等,因为他们的理想主义只有在成为人与人之间的纽带的时候才最有效果。

处在一般状态下的主一翼二型人充满善意,总想教育他人,这两者都来自其理想主义的责任感,以及想要对他人施加个人影响的欲望。他们深信自己不仅是对的,而且是充满善意的。出于一种对他人福利的责任感,他们时常会卷入理想主义的公共事业或这样那样的改革。一般状态下的第一型人希望控制自己,而一般状态下的第二型人则希望控制他人;这些动机相互强化,使主一翼二型人身边的那些人难免会受到他们的影响。他们允许自己把情感宣泄说成是对自我控制的反应。他们倾向于完美主义,有严苛的良知,对自己的善意心满意足,自尊自重,所有这些特质在他们身上都是有可能出现的。比起主一翼九型人,他们更喜欢直接说出不满,因为他们关注的焦点是其他人而不是抽象的观念。当他人不听从他们的"建议"时，他们容易动怒、产生怨恨。但他们脸皮比较薄，不愿让其理想、动机、生活受到质疑。

不健康状态下的主一翼二型人对那些与他们意见不一致的人缺乏宽容。他们总想在情感上操控他人，使他人因为没有达到应有的完美而觉得内疚。他们对于自己的动机有一种自我欺骗倾向，当动机或行为受到质疑时，他们就自认为行动正当。和主一翼九型人一样，主一翼二型人也很容易消沉，但因为第二型翼型而更有可能表现出纵欲、吸毒或嗜酒，这与他们表达的价值观恰好完全相反。自欺和自以为是使他们的防御体系尤其难以被打破。他们身上有一种巨大的、隐蔽的攻击性，这既来自第一型人身上被压抑的攻击性，也来自第二型人身上间接的攻击性。他们可能会出现身体疾病（这是对转化的一种反应）、强迫性的习惯或神经崩溃，这些是内在矛盾带来的焦虑的结果。

结语

回顾神经质的第一型人退化的过程，我们发现，他们身上已经发生了令他们最为担心的事。他们越来越不宽容、残暴，因此必然会遭到他人的责难，甚至遭到自己良心的责难。他们的所作所为完全与理想原则相对立，以致再也无法合理解释自己的行为。此时，正义似乎已与他们背道而驰，他们不再秉持正义行事了。

我们还发现，一般状态和不健康状态下的第一型人宣称是客观真理的许多原则都不过是他们个人的偏见罢了。他们奉行的许多教条的真理性并不尽像他们自认为的那么准确自明。这并不意味着他们不能依循信仰行事，而是意味着他们应该承认主观的与非理性的东西在生活中的作用。毕竟，理性并非人类所拥有的唯一能力，一旦第一型人以理性对抗情感，麻烦就开始了。片面根据理性行事是一种陷阱，会导致非理性行为，因为除了理性之外，人性中还有其他成分需要考虑。

第一型人的两难处境的核心是一个基本的矛盾。除其他方面以外，第一型人还想秉持思想、语言和行为的完全统一，但统一并不等于被整合，即被整合为一个整体。整一性意味着统一体，然而，一旦第一型人认定自己的某个方面难以接受并将其压抑，他们就已经失去了整体性和整一性。他们的出路不是评判和评价自己，这只会导致越来越多的内心冲突和分裂。为了恢复整体性，第一型人必须接纳自己——看一下此时此刻的他们，已经足够好了。

然而，除非是处于非常健康的状态下，否则第一型人会被一种深层的恐惧所驱使，即他们必须一直坚守最严苛的理想，否则就会急剧而悲惨地坠入堕落的深渊。生活对他们而言，就仿佛是在悬崖边的绳索上行走，稍一滑就会粉身碎骨。他们的人生观毫无希望，也毫无乐趣，所以如果别人不按这种方式生活，第一型人实在不应感到意外。如果他们明白根本没有一套简单明了的规则可以指导生活，明白甚至已知的最好的规则也不能适用于每一种情境，他们就会发现，超越超我的规则和指令本身就需要一种更为深刻、宁静致远的智慧，需要与每一刻的真理保持一种灵活的关系，总之，这是超越所有原则的智慧。当第一型人开始接受自己、重申心灵的那些被超我禁止的部分的合法性时，他们将发现，这一智慧永远适用于自己。在依循这一深刻的真理生活时，他们不再需要多费口舌说服他人相信自己的生活方式是正确的，其他人会热切学习这种智慧，并被他们的真正智慧所吸引。

第三部分

第十三章

高级指南

在这一章，我们希望就大家提出的九型人格如何运作这一问题作出回答。我们将更为详尽地讨论第三章中已经涵盖的大部分主题。目前，大家已经读了一些描述，你们可能对九型人格的运作已经有了较为完整的认识，因此对这些描述做进一步的完善对于你们有着更重要的意义。我们将详细地考察 3 个主要领域：整合方向和解离方向、翼型、发展层级。我们还将简略地论及 9 种类型的一些本能变体。

整合方向和解离方向

正如大家从第三章中已经获知的，每一种人格类型都有其整合方向和解离方向，下面的九柱图也揭示了这一点。翼型也遵循着我们已经看到的模式变化。例如主九翼一型，其翼型的整合方向是第七型，其解离方向是第四型。同样，所有亚类型的翼型都是如此。

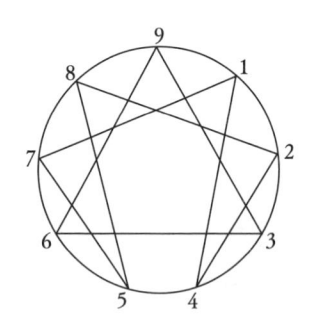

整合方向
1-7-5-8-2-4-1
9-3-6-9

解离方向
1-4-2-8-5-7-1
9-6-3-9

图13-1

这4种亚类型——主一翼二型、主二翼一型、主七翼八型，主八翼七型——尤其容易出现混淆，这主要是因为其亚类型的整合方向和解离方向看上去都指向同一个类型。例如，一个主一翼二型人在不健康的时候会走向第四型，然而，第四型也是第二型翼型的整合方向。这样，看起来似乎很矛盾，某人在整合和解离中都会走向第四型。

之所以会出现混淆，是因为第四型对于第一型而言代表着不健康倾向，而对于第一型的第二型翼型又代表着健康倾向。要解决这一显而易见的矛盾要记住一点，即如果一个人是健康的，那他的不健康倾向是不活跃的。因此，尽管第四型代表着第一型的不健康方向，但一个健康状态下的第一型人如果向整合方向发展，就会走向第七型，只有第二型翼型会整合到第四型。

请记住：基本的人格类型和翼型都会向各自的整合方向和解离方向运动。回到前面的例子，第一型会整合到第七型，第二型翼型会整合到第四型。如果某人是不健康的，那第一型就会解离为第四型，而第二型翼型会解离为第八型。

如果你反省一下自己，就会看到你的翼型实际是可以整合和解离的，正如你的基本类型一样。然而，想要描述所有人格类型的翼型的发展或退化是不可行的，因为会出现太多可能的状态。一旦你习惯了观察基本人格类型是如何整合或解离的，你就能理解翼型的运动。

重要的是，要认识到处在解离方向的人格类型不是绝对不健康的，因为它毕竟是另一种人格类型——而且没有哪一种类型从根本上说是不健康的。处在解离方向的类型之所以被视为"不健康的"，仅仅是因为它包含着个人在发展过程中最需要的东西，但由于我们的基本类型固有的性格结构，我们还无法应对。因此，处在解离方向的类型只是暂时不健康，因为我们不能直接把它所象征的心理能力整合到自身之中。不健康的类型代表了我们最难以应对的方面。

例如，第八型就处在第二型解离的方向。虽然直接转向第八型对于第二型人来说是不健康的，因为他们必须首先解决自己的进攻性，但第八型本身并不存在任何固有的不健康特征。走向第八型象征着危险的进攻性冲动爆发，第二型会表现出一种神经质的行为。

同样，对于其他人格类型，我们也可以看到为什么走向解离方向是不健康的。简要地说，第三型人最需要处理的是第九型所象征的与自身情感的分离，第四型人最需要处理的是第二型所象征的特权感，第五型人最需要处理的是第七型所象征的冲动行事，第六型人最需要处理的是第三型所象征的对所畏惧之人的敌意，第七型人最需要处理的是第一型所象征的沉迷，第八型人最需要处理的是第五型所象征的害怕被他人压倒的否定性情感，第九型人最需要处理的是第六型所象征的否定性的焦虑（歇斯底里），第一型人最需要处理的是第四型所象征的情感和潜意识冲动。

我们常常会不由自主地走向解离方向，因为我们所遭遇的常规性的和神经质的冲突迫使我们要为自己的情感需要寻找一种快捷的解决办法。处在解离方向上的类型似乎看上去有希望成为这样一种解决办法，但实际上这个解决办法根本不存在。回到上面刚刚提及的例子。走向第八型是具有诱惑力的，因为随着第二型人逐渐变得不健康，他们越来越怨恨那些他们觉得有愧于自己和忽视了自己的需求的人。化解这种对他人的进攻性情感的办法之一就是攻击他人，通过公开的进攻行为强迫他人就范。但是，如果不健康的第二型人屈服于走向第八型的诱惑，那他们的怒火就会给他们带来更多的伤害而非益处，他们会以断交来赶跑朋友，而他们原本渴望得到朋友的爱。走向解离方向并不能解决任何问题，至多只是赢得一些时间，有时甚至会使事情变得更糟。

让我们考察一下对整合和解离方向的另一种简要描述。

大家可能已经注意到，第三型人、第六型人和第九型人在整合方向上只需移动两个位置即可回到其基本类型，其他类型则需要在整合方向上移动6个位置才能回到其基本类型。这看起来似乎不太合理，另外的6种类型在九柱图上走过的路程是第三型、第六型和第九型的两倍。

我们已经在描述中使用了"基础类型"和"第二类型"这样的术语。基础类型——第三型、第六型和第九型——最易受到其三元组的典型问题的严重影响，也最易与其脱离联系。正如你们所想到的，第三型是情感三元组的基础类型，第六型是思维三元组的基础类型，第九型是本能三元组的基础类型。其余6种人格类型——第一型、第四型、第二型、第八型、第五型和第七型——是第二类型。它们受到其三元组相应问题的影响较少。

基础类型似乎有一个优势，因为它们在九型人格上要完成整合经过的路程较短。例如第三型人只需整合到第六型，再整合到第九型，然后便可回到第三型。但是由于心理发展的目标是要成为一个可充分发挥作用的人，所以属于基础类型或属于第二类型既非优势也非劣势。对于基础类型和第二类型而言，需要面对的心理问题是一样的——以均衡的方式全面发展自己的潜能。从更深的角度说，这些类型的所有正面潜能都已经存在于我们身上，但自我所认同的只是某一些特殊的人格模式，这些模式无法使我们体验或表现我们的全部存在。整合过程使我们能够发现人格模式的幻觉和局限，从而摆脱它们。当我们这么做的时候，新的潜能（由整合方向的类型所代表）就会出现，且自然地各就各位。

不过，在基础类型和第二类型之间存在着一个重要的差异：基础类型在整合时费时更多，因为三元组的根本问题对它们的阻碍更为严重。基础类型虽然不必走得太远，但要克服其固有的问题却更为艰难。但是，一旦开始，它们的发展就是变革式的——它们会作出剧烈的转变以求变得更好。第二类型的发展是渐进式的，因为它们是在九柱图内部穿插运动的。第二类型要走的路更长，但它们很少突然发生改变，它们要在其整合方向上从一个类型整合到另一个类型。

出现这种明显的不平衡的原因是，基础类型中包含了所属三元组的另外两个类型的问题。这也是它们在心理功能方面遇到更多阻碍的原因。例如，在思维三元组中，基本的问题是恐惧和焦虑。我们已经看到，第五型人对外部世界有一种恐惧，因此他们选择与世隔绝，躲进自己的心灵堡垒中找寻安全感。第七型人对内心世界有一种恐惧，因此他们为了逃离内心的痛苦和焦虑而参与到外界活动中。而属于思维三元组的基础类型的第六型同时拥有这两种恐惧。第六型人既对外部世界有一种焦虑，也对自己内心的痛楚有一种焦虑。因而，为了跨过自己的问题，他们会在整合方向上走向第九型，他们既要解决第五型对环境的恐惧，又要解决第七型对内心的痛苦和焦虑的恐惧。因而，所有9种类型最终都必须整合3个三元组中的每一个问题。它们只是按不同的顺序、以不同的"节奏"在做这件事。

因此，从某个角度看，基础类型有一种优势，它们能比第二类型更快地让潜能得到整合。但是，从另一个角度看，第二类型也有一种优势，其整合过程更缓和，没有那么令人恐惧。然而，不论怎么看，基础类型和第二类型谁都没有绝对的优势，因为每个人的目标是一样的：整合全部的健康潜能。无论从九柱图上的哪个位置开始这个过程都无所谓。

整合过程永远都不会终止：九型人格和人性一样永远是开放的。我们可以在螺旋式上升的改变中不断成长，但决不会抵达完整或完美的终点，对九型人格的阐释也没有承诺存在这样一个终点。完整和完美是激励我们向前的理想，但不是我们可以完全抵达的状态。

另一方面，尽管只要活着就可以不断地整合，但似乎没有人愿意经过解离方向的所有退化阶段。在个体能够到达这一目的之前，他必定已经完全崩溃了，甚至可能出现一个与现实彻底决裂的精神病或者死亡。换句话说，退化是一种自我限制，因为当人们在心理上和生理上走向解离时，他们其实已经糟得不能再糟了。精神分裂症患者最终必然要爆发，耗尽自己的心力和体力；消沉的人极有可能走向自杀；歇斯底里患者必会发生严重的事故。他们以不同的方式出于不同的理由而走向终点，如果没有得到必需的帮助，那他们不是饱受精神病的折磨，就是走向死亡。

然而，幸运的是，健康发展的人的潜能不会受到这种限制：只要我们活着，就能变得越来越完整。尽管我们根本不可能完全摆脱人性的局限，但我们能让自己越来越少地受到这些局限的束缚。

翼型

我们已经看到，没有人属于某个纯粹的人格类型。每个人都是两种类型——即基本类型和翼型——的混合体，二者在九柱图上紧邻着。翼型的影响可以说明我们在日常生活中从不同的人身上看到的多样性。

你也可以回想一下，翼型通常是与你的基本人格类型相邻的两种类型之一。例如，第五型人通常有第六型翼型或第四型翼型，但很少两者皆备。第三型人有第四型翼型或第二型翼型，但一般来说，不会两者皆有。另外，我们还发现一点，当一个人似乎同时拥有两种翼型时，两者的影响总是相对较弱，也不那么重要，因而基本类型更为强大有力。一旦确定了基本人格类型，那下一步就是确定翼型。你可以通过排除法来选择：两个可能的翼型中有一种更适合你。

我们现在可以进一步完善针对翼型的讨论。翼型是与基本类型相邻的两种人格类型之一——而不是处在九柱图的另外某个地方。一个人不可能是主九翼四型人或主七翼二型人。在现实生活中，人们并不是各种心理构成部分的任意组合。否则，人格就不会有总体模式，人们就会像是一部拙劣小说里的角色，各种特质以荒谬的方式相互冲突。（特质可以而且确实相互冲突，但它们不能相互排斥，就像一个人既是一个诚实的人又是一个小偷一样。）例如，第七型和第三型的特质在同一个人身上结合是矛盾的，就像一个盲人看得到东西一样。这种特质和类型的随机混合不会在人类身上出现，也不会出现在九型人格中。九型人格体系本身的结构、9种人格类型以及各人格类型之间的相互关系都不是任意的。它们被结合在一个体系中，既惊人地复杂，也惊人地简单。

关于翼型的另外一点值得详细讨论。严格的观察表明，在具有同样的基本类型和翼型的人当中，翼型与基本类型的比例变化多样。我们在分析某个人的时候，有必要弄清楚翼型的性质，估计一下翼型和基本类型的比例。例如，两个主八翼九型人有着类似的人格，但他们之间的差异仍值得注意。这些差异可部分归因于第九型在总体人格中所占的"分量"。实际上，在主八翼九型人身上，第八型和第九型所占的比例可能是（粗略地估计）51%对49%，这意味着这种人的翼型相对于基本类型的比例十分高。另一类第八型人翼型的比例可能很低，比如说是85%对15%，在这种情形中，第九型翼型尽管可以辨认，但在整个人格中所占的比例并不十分重。

基本类型与翼型的确切比例不大可能被客观地测定。不过，我们可以用下面的方法粗略地估算出基本类型与翼型的比例：如果一个人的翼型所占的比例十分高，那我们就可以说他有"重度"的翼型；如果翼型可以辨认但基本类型明显地主导着整个人格，那我们就可以说此人有"中度"的翼型；如果基本类型完全主导了整个人格以至于翼型难以辨认，那我们就可以说此人只有"轻度"的翼型。需要注意，在所有情形中，基本类型都必须至少占到整个人格的51%。两种类型中总有一种主导着整个人格。在基本类型和翼型的比例极度接近的情形中——接近50%对50%——人们通常可以通过观察处在压力下的个人情况来确定其基本类型。这个人在解离时会走向哪个方向呢？例如，如果我们无法确定一个人是主四翼五型人还是主五翼四型人，就可以观察一下他在焦虑增加时的行为，观察一下他的行为更像一般状态下的第二型人——这表明其基本类型是第四型，还是更像一般状态下的第七型人——这表明其基本类型是第五型。第二型人自我牺牲、渴求情感的行为与一般状态下的第七型人的过度活跃和反复无常的焦躁全然不同。

之所以要区分这些翼型，是因为当你观察九型人格的18种主要亚类型——9种基本类型加上每种类型的两个翼型时，可以看到，如果我们考虑到翼型与基本类型的重度、中度和轻度比例，我们实际谈论的就不再是18种亚类型，而是54种亚类型。还有，如果你考虑到翼型的确切比例——99%对1%、98%对2%、97%对3%，等等，就能看到九型人格实际上可以用来解释上百种亚类型，这是其他任何类型学所远不可及的。

从理论上说，描述人格类型的最准确的方式应当是把每一种主要的亚类型当做一个独立的类别加以描述。这样，本书的描述就不应只有9章，而要有18章，因为根本不存在纯粹的第一型，而只有主一翼二型、主一翼九型，等等。但是由于翼型与基本类型的比例十分宽泛，所以描述所有亚类型几乎是不可能的。没有一本书能考虑到所有的变体。这就是在自己身上印证这些描述对于你们会如此重要的原因。

发展层级

正如我们在第三章"指南"和前面的描述中所说的,每一种人格类型都有一个总体结构。我们对每一种人格类型的分析都是从描述其健康状态下的人格特质开始,然后转向一般状态下的人格特质,最后是不健康状态下的人格特质。这种结构并非九型人格的传统阐释原有的,它是由构成每一种类型的发展层级组成的。人性的流变不居——人们甚至每天每时每刻都在改变——起码可以部分地归于这样一个事实,即我们始终沿着人格类型的发展层级变化着。

虽然心理学家认为人格特质可以沿着某种连续体排列,因为基本人格类型本身是不清晰的,想要知道从哪里开始区分各种特质是不可能的。但在九型人格的帮助下,我们现在有条件准确地这么做了。我们现在要对发展层级——这是我们最重要的发现之一——进行较为集中的描述。

需要记住,每一种基本人格类型的发展层级的连续体如图13-2所示:

```
X
X        健康状态下
X

X
X        一般状态下
X

X
X        不健康状态下
X
```

图13-2　发展层级

9个不同层级在描述中已经一一列举了,再回到那些章节,你会看到它们是明确清晰的,它们可以作为路标,当人格类型沿着连续体退化时,你就能借此知道究竟发生了什么。具体地说,如果你从头开始分析,就能看到9个发展层级,即健康状态下的第一到第三层级、一般状态下的第四到第六层级、不健康状态下的第七到第九层级。对某人处在何种层级作出具体说明,这样做的好处很多。

首先,借助于发展层级可能达到的准确性,我们可以进一步在每一种人格类型中区分出亚类型。同一种人格类型(包括翼型和翼型的比例也相同)的人仍然有许多不同之处,因为他们处于不同的发展层级。例如,一个好争论、喜欢挑衅的第五型人(处在第六层级)完全不同于一个健康、富有洞察力的第五型人(处在第二层级）。或者，一个刚愎自用的第二型人（处在第八层级）全然不同于一个有爱心的第二型人（处在第三层级）。

9个发展层级中的每一级产生出9种密切相关的变体，它们使人格类型成为了一个整体。正如我们在第十四章"九型人格理论综述"中将要看到的，其他人格类型学描述的许多人格变体在我们所阐释的九型人格中同样存在。但是由于这些不同变体之间的相似性，其他理论家常常把它们混为一谈。例如，卡伦·霍尼曾把一种人格类型描述为"退缩型"，把另一种描述为"适应能力强的机器人"。从我们的观点看，可以看到，它们实际上并非两种不同的人格类型，而是第九型的两个变体——"适应能力强的机器人"是一般状态下的第九型（处在第五层级的"置身事外的人"），而"退缩型"也是一般状态下的第九型（处在第六层级的"隐修的宿命论者"）。心理学家使用的许多范畴实际上描述的是某一人格类型的一个或两个层级，而不是整个类型。例如，"意志消沉的人格紊乱"实际上是处在第七和第八层级的第四型，即"自我疏离的抑郁症患者"和"饱受情感折磨的人"。

第二，记住发展层级可帮助我们更准确地理解和描述人类。人们始终沿着发展层级连续体变化。在每一层级都有不同的情况；不同的特质和防御机制不断涌现，并同已有的特质结合在一起。每一种人格类型都在不断地变化，如沿着连续体螺旋式地向下走向神经官能症或向上走向健康状态并进而走向整合。还有正如你所料想的，每一个类型的各种特质之间存在着一种内在的对称。每一种人格类型并不是特质的任意集合，而是一个动态整体，有许多相互关联的部分，也有内在结构。

重要的是，要明白人格类型不是一系列任意特质的静态组合。每个类型内部都存在着众多内在关联，那些关联是基于这样一个事实，即特质之间是可以相互转化的，因为人的发展层级有高低之分，用以应对恐惧与欲望、焦虑和防御机制。

例如，在健康的第四型人中，自我意识在第二层级开始出现。到了第五层级，自我意识已退化为自我陶醉，到第八层级，自我陶醉又退化为自我憎恨。或者，再举一个第四型人的例子，他们健康的感受力会退化到一般状态下的第四型人的软弱性，并最终退化到神经质的第四型人的痛苦。这些不过是第四型人诸多特质中我们可以沿连续体向下追溯的两种，当它们退化到相关但不同的形式时，就可以发现它们。当然，对于所有人格类型都可以如此分析。

每种类型内部存在着相互关系，同样，在9种人格类型之间也存在着许多对称性和相互关系，因此想要在此对它们作出充分的解释是不可能的。然而，为了更充分地说明每个层级中最重要的活动，我们给出了下面的简短描述。如果你回顾一下描述部分，就能看到它们与下面的模式是多么相配。

在健康状态下

第一层级：该类型中最健康的一种心理平衡状态，自由，具有特殊的精神能力或德行；是该类型的理想状态，能反映该类型的基本特质。

第二层级：仍是健康的，但自我及其防御机制开始出现，以应对来自儿童时期的基本焦虑。最深层的恐惧和欲望开始出现，这是与父母的关系造成的结果。自我感觉和该类型的认知方式开始作为一个整体表现出来。

第三层级：仍是健康的，但程度更低。自我更加活跃，产生了独有的个性特征。他们为他人和社会带来了健康的社会特质。

在一般状态下

第四层级：开始因为其心理能量的源头——每个类型的源头不同——的影响而变得轻微失衡。每个类型在无意识间都出现了心理死角，如果继续发展，就会引发日益增强的内心、人际冲突。

第五层级：自我膨胀，总想以独特的方式控制环境。防御机制越来越严重。明显处在退化的转折点上，明显地越来越不健康，且越来越消极。同他人的冲突加剧。

第六层级：开始因为冲突而寻求过度的补偿，焦虑越来越强。自我中心化的独特形式在此开始出现。同他人的冲突升级，各种形式的自我防御开始发挥作用。

在不健康状态下

第七层级：采用高度功能失衡且最终对自己不利的生存策略。每一类型在该层级的表现不尽相同，都极力想要增强自我，但自我因越来越强的焦虑而受到打击。严重的人际冲突开始出现。

第八层级：呈现出严重的内心冲突和随之而来的妄想性防御。试图重塑现实而不是屈从于现实和焦虑。表现出强烈的神经官能症状态，以某种方式脱离现实，但每一类型的表现形式不同。

第九层级：完全的病态状态。处于这一层级的人脱离了现实，总想毁灭自我和他人以保全幻觉，总想摆脱自我意识带来的焦虑。表现出不同形式的直接或间接的自我毁灭，结果是严重的暴力、崩溃甚至死亡。

对 9 个发展层级中每一级的情况的简短描述并不是要对它们进行评判。(因为对发展层级及其多样的特质和动机的更为详尽的探究,会涉及每一类型发展的连续体,有关这个方面请参见附录。)我们可以用一个有关人格类型的例子来说明人们是如何从一个层级发展到另一个层级的。如果回顾一下第八型,你会看到第八型人在最佳状态下是宽怀大度的人,接着是自信的人,建设性的领导者,实干的冒险家,执掌实权的捐客,强硬的对手,亡命之徒,再接着是自认为全能的妄想狂,最后是暴力破坏者。你可以看到自信如何退化为对权力的追求,继而退化为妄想症的自大狂。你还可以看到,在最佳状态下,第八型人对许多人有着非常积极的影响,而当第八型人变得不健康的时候,则正好相反,会表现出消极影响。只要回顾一下关于心灵结构性理念的描述,就会发现这种差别以及其他关系。随着逐渐屈从于恐惧和欲望、冲突和防御的影响,螺旋式地陷入神经官能症中,从最健康的层级往下分析每一种人格类型非常吸引人。就像一出道德戏剧,每个类型的解离都有某种必然性。如果每个类型都缺乏才智和运气,那它们就会在有意无意间落入恐惧和幻觉的魔爪,直至在毁灭中终结。因而,发展层级有助于我们获得在生活中常常无法获得的对人性的明晰认识。我们可以通过自己的经验来确认其预言的准确性。

发展层级是人格类型中的重要方面。你越是深入地领会每个类型内部和类型之间的流变性和运动,就越能有意识地把九型人格当做一个动态的象征体系以及人性本身的一种反映。

考察发展层级也是有必要的,因为这样做可以使我们了解九型人格作为一种类型学有多么复杂和微妙。正如你所记住的,我们能通过 9 种基本的人格类型和 2 个翼型描画出 18 种亚类型。然后再把 3 种不同程度的翼型比例——重度、中度和轻度——应用到这些亚类型上,这样就有了 54 种亚类型（18×3）。当我们再加上 9 种发展层级时,很显然,九型人格就可以说明 486 种变体（9 种纯粹的基本类型乘以 2 个翼型,再乘以重度、中度和轻度这 3 种翼型比例,再乘以 9 个发展层级）。这 486 种变体之间的差异可能太过微妙而难以精确地描述——虽然差异的确存在。当你认识到构成它们的各种特质的多样组合时,就可以直观地感觉到它们。

正如你所看到的,九型人格是一个统一的整体。每一个部分——9 种人格类型——都以极其复杂的方式调整和平衡着其他部分。在此呈现的人性观不是静态的。人是无限多样的,九型人格像所有的知识体系一样考虑到了这一事实。

本能类型

翼型是描述九型人格亚类型的一种形式，前面已有较为详细的讨论。在对九型人格的材料做最初的陈述时，依察诺描述了另一种形式的亚类型，其基础是人类行为的3种原初"本能"：自我保存的本能、社会本能和性本能。

从我们的观点来看，这3个部分是对九型人格理论非常有价值的补充，虽然它们并非技术上的亚类型。从定义上说，一种亚类型是某个类型的一部分。例如，你可以说乌鸦和麻雀都是鸟类的亚类型，使它们得以区分开来的性质有赖于"鸟"的性质。然而，雄鸟和雌鸟绝不是鸟类的亚类型，因为你对雄性鸟类和雌性鸟类可以分别归类，而不必考虑鸟类本身。雄性和雌性是一个附加的、独立的变量，本能类型也是如此。换言之，我们可以把一屋子人分成3组：自我保存类型、社会类型和性类型，为此我们只要知道这些类别的定义，而不必知道个体的人格类型。另一方面，翼型是一种真正的亚类型，因为若是不说到第六型人，只是谈论第五型翼型或第七型翼型就是没有意义的。很显然，翼型是一个依赖性的变量，本能类型是一个独立的变量。因此，当与人格类型一起使用时，我们称它们为"本能性变体"。

本能类型可以作为一种独立的类型学存在，而且在许多方面还可以和九型人格中的类型结合在一起，解释我们在现实中看到的、但又无法用翼型或发展层级来充分说明的某些变体。因而，一个第五型人也可能是一个自我保存类型的第五型人、一个社会类型的第五型人或一个性类型的第五型人。进一步说，有可能存在社会类型的主五翼四型或性类型的主五翼四型。如果我们把这两种"亚类型"——即翼型和本能类型——结合在一起，54个亚类型中的每个类型又会产生出6个"亚类型"。这些区分实际上是可以做的，但对于许多人来说，这种分析好是好，但没有必要。

至于这方面的文献，有几位九型人格研究者曾讨论过本能类型，但其材料很概括，有时还充满矛盾。所有文字主要是基于依察诺提供的27个单词和短语，它们当时是作为这些变体的暂用名或描述与9种人格类型结合在一起的。我们觉得，这些描述比别的描述更准确，但在本能类型与九型人格的交叉重叠能像九型人格本身一样有用和清晰之前，还需要做更多的研究。这不是说本能性变体不能说明那些类型，事实并非如此。但对它们的研究较早，到目前为止，还没有形成连贯的理论体系。因而，我们没有投入太多的时间和精力去探究它们，但我们对它们可能存在的有效性已经深信不疑，并希望能在不久的将来更充分地探讨它们。

显然，3种本能类型是人类机体天生的自然能量或冲动的象征。正如我们在前面对9种类型的讨论中已经看到的，人格与力比多[①]的本能能量有着莫大的关系，且常常有赖于后者赋予它生命和灵光。因而，本能类型告诉我们，人格应该在生命领域发挥最大的作用。然而，从一定程度上说，人格是神经质的，就是说，一个人的发展层级越低，人格类型就越会干预本能的自然表现。因此，低层级的本能性变体的作用常常与本能的正常功能相反：自我保存类型变成了健康和安全感的破坏者；社会类型变得反社会、与他人疏离；性类型伴随性欲的表达而出现问题，可能是滥交，也可能是基于性欲的心理功能紊乱。

我们在此只是对本能进行了简短的介绍，现在，我们把它交给大家观察，以便认识一下九型人格的动机在本能性变体所描述的相关领域究竟是如何表现自身的。就人格类型而言，一个人在一定程度上具有所有3种本能类型的行为，但更仔细地观察一下，我们就会发现，某种本能性变体会比其他变体更强大。下面我们要确定一下本能类型在生命进程中会不会改变。

自我保存类型： 这里的重点从名称上就很容易理解。这一本能类型的人专注于基本的生存需要，在当今社会，这些需要可能会表现为其他形式。因而，自我保存类型关心的是金钱、食物、家庭健康、人身安全、舒适等。居于第一位的是安全感和身体健康。这些人很快就会注意到房间里的问题，如昏暗的灯光和不舒服的躺椅，或对室内温度不满意。他们常常遇到与饮食有关的问题，或是进食过度，或是有严格的节食要求。从健康层级到一般层级，这一类型的人都最为讲求实际，因为他们关心的是基本的生活需求——付账单、维持家庭和工作、获得有用的技能，等等。当这种类型退化时，他们倾向于歪曲本能，直到无法照料自己。不健康的自我保存类型寝食难安，或是纠结于健康问题。他们常常无法掌控金钱，可能会以故意自我毁灭的方式表现出来。总之，不论涉及九型人格中的哪一种，自我保存类型的人都专注于增强个人安全和身体舒适感。

社会类型： 这一类型的人专注于与他人的互动，他们的价值感或尊严主要源自他们对集体活动的参与，包括工作、家庭、爱好、俱乐部——基本上，社会类型在任何领域都能为了某个共同的目的而与他人互动。支撑这一行为的本能是人类生存的一个重要方面。人本身是相当脆弱的、善变的动物，很容易成为充满敌意的环境的牺牲品。通过学会和他人一起生活和工作，我们的祖先创造了人类生

[①] 由心理学家弗洛伊德提出，人体性本能所产生的"欲望的力量"，泛指一切身体感官的快感，属于意识范畴。——编者注

存和繁荣所必需的安全感。然而，在那种社会本能中，还有其他许多隐含的要务，其中首要的是对等级制社会结构中的"地位"的认识。在这一点上，狗和大猩猩跟人没什么两样。因而，渴望被关注、被认可，渴望荣誉、成功、声望、领导权、受赞赏以及归属的安全感，所有这些都可看做是社会本能的表现。社会类型的人总想知道他们周围发生了什么事，总想为人类的事业尽绵薄之力。他们通常对自己文化圈中的事务和活动兴趣盎然，有时又对另一种文化感兴趣。一般而言，社会类型享受着与他人的互动，但他们回避过分的亲密。在不平衡、不健康的状态下，这种类型的人会变得极端反社会、极端仇视他人、怨恨社会，或是社交能力低下。总之，不论九型人格中的哪一种，社会类型的人专注的就是与他人互动的方式，这将建立他们的个人价值感、成就感和在人群中的位置的安全感，等等。

性类型： 许多人最初认为自己属于这个类型，他们可能是把性本能类型的概念和"性感"的人混为一谈了。当然，"性感"是因人而异的，在所有的本能类型中都有很多"性感"的人。而且，为了避免人们认为这个类型比另外两种更"迷人"，我们要切记本能在这个类型中可能会被歪曲，从而把人导向生活中引起最大问题的领域。从健康状态到一般状态下，人们渴望着亢奋的体验——不只是性体验，而是所有能让人产生相似的"触电感"的活动。这种亢奋在精彩的对话或激动人心的电影中都可以找到。对于这个类型，人们已经说得很多了，与社会类型喜欢大集体相反，这个类型的人喜欢一对一的关系，但对熟人做一次快速调查就会发现，几乎所有的人都更喜欢一对一交流而不是群体交流。问题在于，交往程度和渴望亲密的强度成正比。性类型的人是本能类型中"亲密性上瘾者"，如果受到了令其着迷的某人或某事的诱惑，他们常常会忽视应负的责任甚至基本的"忠贞"。这固然使他们对生活有广泛深入的接触，但也使他们对自己的要务缺乏关注。在神经质的状态下，这个类型的人表现为朝秦暮楚、性放纵和矫情伪装，或是恰恰相反，对性和亲密关系表现出一种恐惧、功能失调的态度。然而，性类型的人是热情的，甚至对他们刻意回避的事物也是这样。一句话，不论涉及九型人格中的哪一种，反正性类型的人只关注与他人和环境进行强烈、亲昵的互动和体验，以使他们觉得自己有一种强有力的"活力"。

第十四章
九型人格理论综述

> 经验表明……人格……也许可以按不同的主要类别分组,为了研究,这是一种很有帮助的方法。分类不能太过严格——它们会破坏许多想法,但是惧怕运用分类又会阻碍更多的想法。
>
> ——卡尔·门林格尔:《人的心灵》

九型人格绝不是首次出现的关于人格的类型学。在过去的几千年间,至少从古希腊哲学家开始,人们就一直在寻找一个精确的类型学模式,例如,盖伦就被视为对希波克拉底的4种体液理论进行通俗化解释的人,即依照人体的某一种主要体液——如黑胆汁、黄胆汁、黏液和血液——的支配作用,区分出了抑郁质、胆汁质、黏液质、多血质4种气质类型。4种气质理论在西方沿用了1500多年,直至启蒙运动时期的科学探索,人们才逐渐对它产生质疑。不过,这一古代体系在我们的语言和文化中仍然发挥着作用,因为它为探索人性提供了一种有用的洞见。

心理学家普遍有一种直觉观点和非正式的共识,认为人格类型以某种形式存在着。对他们来说,问题在于如何找到合适的范畴描述每个基本类型,这样,不论数量有多少,每一种都是独立、有意义、有用和可理解的。每一种类型的特质不应与另一种类型的特质重叠,不过各类型间显然具有相似性,这种相似性是必须考虑的。每一种基本的人格类型必须从对人有意义的角度描述人格,或至少对于专家而言必须要有意义,如果可能,还应当可以用科学来验证。一种有用的人格类型学应当是普通人和专家都能在日常生活和治疗情境中运用的。一种可以理解的人格类型学应当尽可能地解释人格的多样性,从健康状态、一般状态直到神经官能症和精神病状态。

九型人格最引人注目的特点就在于,它可以给我们提供独立、有意义、有用和可理解的基本范畴。九型人格以我们在日常生活中发现的各种范畴对人格类型进行分类。它便于理解,可以作为其他类型学的框架使用,其实在许多时候,它就是对其他类型学的完成。九型人格作为一个体系的基础，很容易把握，也很有意义，人们可以从中认识自己和朋友。还有，九型人格之所以有用，就是因为它有助于加深对自我和他人的认识。

总之，九型人格是真实的。一种类型学越是精准，我们在情感上就越能够相信它的合理性，相信它所使用的范畴不是人为强加于人性之上的，而是对人性本身某些真实方面的反映。我们认为，那些类型是人们发现的而不是人们发明的。

如果真是如此，那我们对九型人格应当如何解释呢？我们该如何说明它的准确性？它真的就是心理学界一直在寻找的类型学吗？由于这些问题的答案是抽象而复杂的，所以直到现在，我们才开始更详尽地考察九型人格理论。

我们将分两个部分来审视九型人格理论：在第一个部分，我们将对九型人格和其他类型学做比较；在第二个部分，我们将考察九型人格之所以能发挥作用的几个抽象原因。

九型人格与其他类型学

当我们把九型人格与卡伦·霍尼、西格蒙德·弗洛伊德、卡尔·荣格等人的类型学以及精神病学所运用的病理学范畴做一下比较，九型人格最引人注目的特性就会表现得更加明显。虽然这些比较很简单，但我们希望以此表明，九型人格不仅与现代心理学体系一致，而且可以为澄清那些体系中的模糊之处提示出路。

卡伦·霍尼与九型人格

精神分析学家卡伦·霍尼（1885—1952）在其临床观察的基础上指出，一般的神经症人格在人际关系上有3种"解决方案"："远离他人"（退缩型）、"排斥他人"（进攻型）和"朝向他人"（屈从型）。我们已经强调了霍尼所提出的类型的基本要点，并对其进行了重要的修正。我们为了扩展这些"解决方案"，基本上考察了每一种类型是如何同时对人与总体环境中的其他因素——包括外部因素和内部因素——作出回应的。因而，进攻型对抗的可能是自然或其自身的恐惧，退缩型则可能疏于行动，也可能远离人群。更为重要的是，我们已经看到，屈从型并不一定屈从于他人，而是屈从于超我的命令，这种命令源自他人，主要是父母。一旦这种分类被确立，这些神经官能症式的解释方式就成为了一种有用的手段，有助于以十分广泛且准确的方式对人格类型进行分类。①

我们已经看到，作为情感、思维和本能功能的问题领域，三元组是辩证地关联在一起的。另一种辩证关系则存在于霍尼的人际概念所引入的分析中。我们可以把她的 3 种类型与九型人格中的 9 种人格类型联系起来。如果我们把她的 3 种类型置于九型人格中，就能看到每一个三元组都是一组混合的人格类型。每一个三元组都是一个混合的三元组，且都对应着霍尼的一种类型，并在其中有所体现。每一个三元组都包含了一个进攻型（即排斥他人）、一个屈从型（即朝向他人）和一个退缩型（即远离他人）。

在每一个三元组中，我们可以这样来阐释霍尼的类型。

在情感三元组中：
第二型人常常为了无私和爱而屈从于超我的指令；
第三型人在寻求目标的过程中、在与他人的竞争中是进攻性的；
第四型人的退缩是为了保护其情感和脆弱的自我形象。

在思维三元组中：
第五型人是退缩的，疏于行动，沉浸于思考的世界；
第六型人为了迎合他人的期待而屈从于超我的指令；
第七型人在进入环境和满足自己的欲望时是进攻性的。

在本能三元组中：
第八型人在对抗他人和环境时是进攻性的；
第九型人的退缩是为了让他人无法干扰他们的内心平静；
第一型人屈从于他们所追求的理想。

---

① 参见卡伦·霍尼的著作《我们内心的冲突》第 14—18 页中的内容。霍尼各用了一章对每一类型进行说明。我们还推荐她的《神经症与人的成长》，她在其中讨论了这 3 种类型，标题分别为"广泛的解决方案"（对应着"排斥他人"或"进攻型"）、"自我遁形的解决方案"（对应着"朝向他人"或"屈从型"）和"退隐的解决方案"（对应着"远离他人"或"退缩型"）。

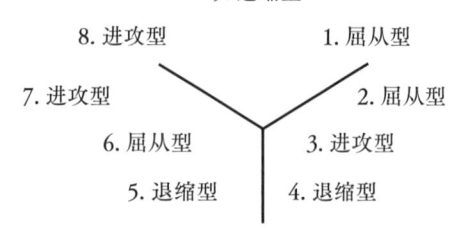

```
            9. 退缩型
    8. 进攻型      1. 屈从型
  7. 进攻型         2. 屈从型
      6. 屈从型  3. 进攻型
        5. 退缩型  4. 退缩型
```

图14-1 霍尼的神经症解决方案与九型人格

在考察九型人格中的类型时，我们可以看到，有3种是退缩型，即第四型、第五型和第九型；有3种是屈从型，即第一型、第二型和第六型；还有3种是进攻型，即第三型、第七型和第八型。以这种方式归类9种人格类型，揭示了一种新的对称组合和一种新的三组系列，它们都有一些共同的特性。这一分类的重要性在于，情感、思维和本能三元组在九型人格中并非唯一的三元组关系。我们在下面会看到其他的一些关系。

下面我们将在不同的语境中考察这些新的分组。顺便必须提一下的是，尽管霍尼本人并没有提出9种人格类型，但临床观察把她带到了这一分类的边缘。她曾在一个"扩展的类型"（对抗他人和环境的进攻类型）中简略地描述了3种亚类型，即"自恋型"、"完美主义型"和"自大报复型"。[①]

霍尼没有讨论"自我消隐式的类型"（即走向他人的屈从型，该类型本质上是为了寻求爱）的亚类型。不过，她的讨论包括了我们归入九型人格的第二型、第六型和第九型的某些要素。我们同意把第二型和第六型归入屈从型，不过，虽然正如我们对第九型的描述所表明的，这一类型有明显的屈从于他人的表层因素，但把第九型归入退缩型而不是屈从型可能要更为准确一些。再者，在一个更宽泛的语境中，而不只是在这个类型的人如何处理与他人的关系的语境中来考察该类型，问题会简单得多。第九型人可能并非像第四型人或第五型人那样在身体上远离他人，他们通过断交、不再与人接触或是"不露面"远离他人，而非身体上的隐退。

---

① 参见卡伦·霍尼的著作《神经症与人的成长》第193页的内容。这3种类型分别对应着九型人格的第三型、第一型和第八型。我们将霍尼的"完美主义型"描述为进攻性的。完美主义类型具有进攻性，其动机的基础是对于超我的顺从，而非自我的膨胀或进攻性行为等。如果我们认为屈从型就是屈从于超我，那么第一型无疑属于这一组，他们或许是九型人格中最典型的超我驱动型。

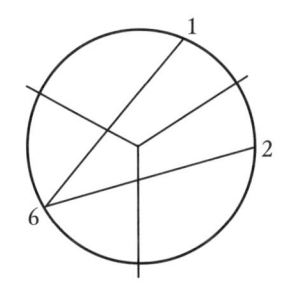

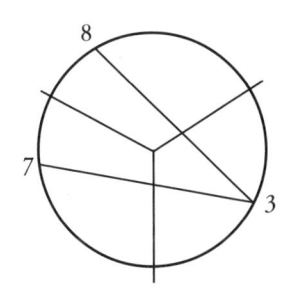

屈从型：第一、二、六型　　　进攻型：第三、七、八型

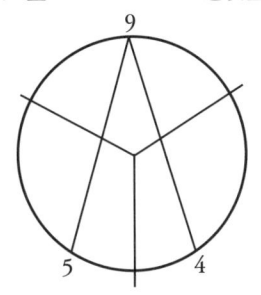

退缩型：第四、五、九型

图14-2　三元组关系

霍尼还试图说明"隐退的类型"（为了追寻内心的自由而远离他人的退缩类型）的亚类型。她讨论了我们归入第九型（"持久隐退型"的亚类型）、第五型（"反叛型"）和第四型（"肤浅生活型"）的类型。她把最后这个类型进一步分为3种："注重娱乐型"（对应着九型人格的第七型）、"注重声望或成功机会型"（对应着九型人格的第三型）和"适应能力强的机器人"（对应着一般状态和不健康状态下的第九型）。[1]

把霍尼的类型同九型人格的类型做详尽的比较和对比需要进行冗长的分析。由于篇幅所限，在此只重复一下我们的观点，即霍尼独立发现了一门三元组人格类型学。可惜的是，她没有对亚类型做更进一步的讨论，她创造了一系列独立的范畴，这些范畴其实就是处在不同发展层级的各种人格类型。不过，我们相信，九型人格的类型与她的"退缩型""屈从型"和"进攻型"之间的对应关系是十分值得关注的，其中揭示了许多有价值的洞见。

---

[1] 同上书，第281页。

弗洛伊德与九型人格

九型人格的 9 种人格类型与弗洛伊德的类型和建立在弗洛伊德的概念之上的性格类型之间是相互关联的。当然，对弗洛伊德及其众多追随者的思想进行详尽讨论非本书所能涵盖。不过，基于弗洛伊德的概念对九型人格做的两种研究是值得具体探讨的，因为弗洛伊德的理论对于心理学和精神病学都十分重要。

弗洛伊德论证说，在我们的童年时期，力比多——一种具有特别的性欲本质的心理能量——有 3 个固着的区域，他称之为 3 个"性心理"阶段。他指出，力比多可以围绕着嘴（口腔期）、练习排便时的肛门（肛门期）和生殖器（菲勒斯期）被固着。这些阶段所发生的情形不能在此详尽论述，用来描述作为每一阶段之结果的"性格类型"的用语因人而异，其基本范畴本身也不完全一致。一些学者在口腔期只给出了两种亚类型，另一些学者则在肛门期和菲勒斯期描述了 3 种亚类型。有的人谈到了"口腔依附型"——因为这一类型的人固着于吮吸——和"口腔施虐型"——因为这一类型的人总是处在口腔咀嚼阶段，因而产生了口腔依附型和口腔施虐型，但没有肛门依附型或肛门施虐型。在肛门类型中，有"肛门排出型"和"肛门固着型"，但没有"肛门接受型"，等等。总之说法十分混乱。

问题在于，虽然弗洛伊德及其追随者一致认为有 3 个性心理阶段（口腔阶段、肛门阶段和菲勒斯阶段），但他们对其他变体的论述并不一致。对于口腔阶段、肛门阶段和菲勒斯阶段的固着点是否根据依附、固着、排出、接受或施虐等特性来确定，他们也没有达成一致意见。我们也许可以对弗洛伊德的范畴做如下说明。依据弗洛伊德的说法，在每一个力比多阶段，心理能量都存在着 3 种一般倾向：接受、固着和排出——就是说，我们可以把它们看做是 3 种能量倾向的辩证法。力比多固着的口腔、肛门和菲勒斯本身也构成了一种辩证法。因而我们有了两组辩证的三元组，它们产生了 9 种"弗洛伊德式的"性格类型。如果以这种方式来讨论，那么新弗洛伊德主义的性心理辩证法就构成了表 14-1 所示的范畴。

表14-1　新弗洛伊德主义的性心理范畴

口腔型		接受型
肛门型	×	固着型
菲勒斯型		排出型

如果我们看一下这些组合，得出的 9 种人格类型就是口腔接受型（对应于第九型）、口腔固着型（对应于第四型）和口腔排出型（对应于第五型）；肛门接受型（对应于第六型）、肛门固着型（对应于第一型）和肛门排出型（对应于第二

型）；菲勒斯接受型（对应于第三型）、菲勒斯固着型（对应于第七型）和菲勒斯排出型（对应于第八型）。如果我们按照九型人格的顺序加以排列，就可以看到各种模式的呈现：

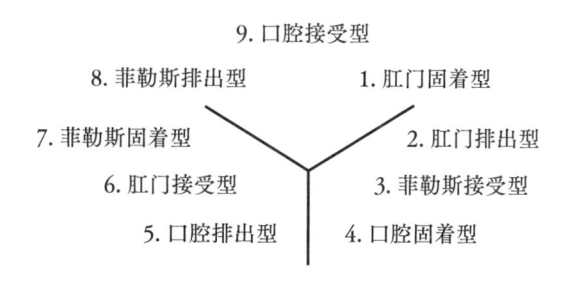

```
                  9. 口腔接受型
     8. 菲勒斯排出型        1. 肛门固着型
     7. 菲勒斯固着型        2. 肛门排出型
     6. 肛门接受型          3. 菲勒斯接受型
        5. 口腔排出型    4. 口腔固着型
```

图14-3 新弗洛伊德主义的固着理论与九型人格

我们很难明白，这些名称如何能作为说明心理过程的明确的象征语言，而不是力比多围绕着口腔、肛门或生殖器的实际固着。不过有许多正统的弗洛伊德主义者仍从字面上来理解这些名称，因此，他们在把这些东西应用于实际生活的时候，常常会遇到困难。然而，如果我们把这些名称看做是一些隐喻，那它们就可以为所涉及的人格类型的特性提供一些线索。而且，如果我们从隐喻的角度看待弗洛伊德的术语，就不会遇到诸如如何把菲勒斯这样的术语运用于女性的问题，也不必为诸如菲勒斯接受型这样的特殊名称寻找字面意义。

举几个例子。我们所谓的菲勒斯接受型实际上对应着弗洛伊德的助手恩斯特·琼斯提出的一种性格类型（菲勒斯性格），也对应着九型人格中的第三型人格类型。这种类型的男性自恋地渴望得到他人对其身体（菲勒斯）的赞赏，并常常有性裸露癖。显然，我们更倾向于使用九型人格的名称即第三型而不是菲勒斯接受型甚或尿道性格这样的名称，因为这一类型的女性或所有人所涉及的是自恋问题，而不是力比多围绕着生殖器产生的固着问题。把自恋理解为潜意识地渴望拥有令人羡慕的生殖器或理解为渴望拥有受人称羡的自我，哪一个更好呢？尽管严格的弗洛伊德式的解释可能被视为终极真理，但这样的解释到目前为止通常超出了常规认识和行为的范围，因而毫无意义。看起来，这样解释会更好，例如，努力克服一个人的自我膨胀的自恋，而不是把自恋还原为对拥有令人称羡的生殖器的渴望。

经典的弗洛伊德主义的肛门类型（更确切地说，肛门固着型）的特征就是节俭、固执、墨守成规，这些最适合于用来描述第一型的人格特征，虽然它们更准确地说出了主一翼九型人的人格。然而，节俭的某些要素在第六型中也可以看到，

351

后者是另一种肛门类型，其特征是谨慎和缺乏安全感。第六型也很固执——负面地、消极进攻性地阻碍他人，从另一个方面说，第九型也是这样的——顽固地拒绝面对现实。因而，在典型的肛门气质中又可以区分出许多人格类型。

再说最后一个例子。口腔接受型对应着第九型，这一类型乐观地相信环境将提供其必需品，例如，乳汁会从母亲的乳房中流出，而不用自己动手。弗洛伊德主义者称这是口腔依附型，虽然第九型人严重倾向于消弭自我和适应他人，以至于他们不仅"依附于"他人，而且实际上是以他人为生——所以"接受型"是更为准确的名称。

这些以及其他细微却有用的区别可以帮助我们澄清弗洛伊德在心理学和精神病学中普遍使用的范畴。如果认为弗洛伊德的性心理名称是对人格类型总体模式的象征性的简单表述，而不是来自孩童时期发生的力比多固着部位的范畴术语，那我们就可以理解其他有益的思想了。如果以这种方式来评论我们对人格类型的描述，就可以看到我们对弗洛伊德的性心理阶段理论的重新诠释是如何适用于九型人格的其他人格类型。

大家还要记住，我们在霍尼的类型学中指出的新的三元组关系与新弗洛伊德主义的力比多类型是相互关联的。依照我们对霍尼的类型学的修正，新弗洛伊德主义体系中的3种口腔类型（九型人格的第四型、第五型和第九型）在霍尼的类型学中属于退缩型，肛门类型（九型人格中的第一型、第二型和第六型）属于屈从型，而菲勒斯类型（九型人格中的第三型、第七型和第八型）则属于进攻型。

弗洛伊德的结构概念

根据自我、本我和超我在每一种基本人格类型中是否是其问题领域的焦点，弗洛伊德的"结构"这一术语也应用于九型人格的各类型中。我们已经在图14-4中把霍尼的术语添加到了弗洛伊德的结构概念中。

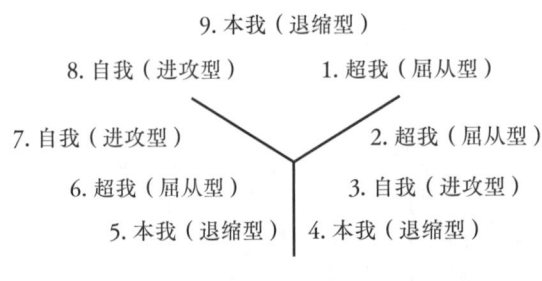

```
              9.本我（退缩型）
  8.自我（进攻型）        1.超我（屈从型）

7.自我（进攻型）            2.超我（屈从型）

  6.超我（屈从型）        3.自我（进攻型）
              5.本我（退缩型） 4.本我（退缩型）
```

图14-4　弗洛伊德的结构概念与九型人格

需要注意的是，那些自我失衡的类型同样对应着霍尼的进攻型，本我失衡的类型属于退缩型，超我失衡的类型则属于屈从型。它们的相互关系可以进一步阐释如下。

第四型人、第五型人和第九型人全都属于退缩型，无法直接表达本我的冲动，尤其没有能力在环境中确证自身，或在性格方面补偿自己：第四型的人通过想象脱离现实，第五型的人通过全神贯注的思维过程而与现实脱离，第九型的人则通过一种强烈的理想化或认同于他人而脱离现实。而且，所有这3种类型都有自我的边界，并且这些边界是极具渗透性的，容易受到来自潜意识的与本我相关的因素的直接影响。

第一型人、第二型人和第六型人全都是屈从型的人，屈从于其超我中内在化的某人或某物，因为超我在他们的行为中发挥着主导影响。第一型人屈从于超我强加于他们的理想主义义务（内心的法官），第二型人屈从于他们超我的需求（内心的殉道者），第六型人则屈从于通过超我而内在化的各种权威形象（内心的委员会）。

第三型人、第七型人和第八型人全都是进攻型的人，都会通过扩张和肯定环境中的自我来应对挑战和威胁。第三型人在比较自己的自我形象同他人的自我形象时是进攻性的（竞争性的），并会张扬自我形象；第七型人对环境是进攻性的（充满渴望的），总想从环境中获得更多的自我满足；第八型人对环境也是进攻性的（自作主张的），总想在环境中投射自我，使环境成为自我的反映。

弗洛伊德的结构性的自我、本我及超我概念在本章接下来分析九型人格的运作时还会出现。

荣格与九型人格

九型人格的9种人格类型也与荣格类型学的8种"心理类型"紧密相关。在描述每一种人格类型时，我们把荣格的类型和九型人格的类型联系在了一起，并引用了荣格的相关论述。

我们现在再回顾一下荣格的体系。荣格认为存在着两种一般心理态度（外倾和内倾）以及4种心理功能（思维、情感、直觉和感觉）。这个2乘以4的框架可产生8种心理类型——外倾思维型、内倾思维型、外倾情感型、内倾情感型，等等。

正如我们可以看到的，把荣格的8种类型同九型人格的9种类型联系在一起会有一个问题，就是九型人格比荣格的类型学多一种类型，因此两个体系之间并不存在一对一的对等。然而，仔细考察一下荣格的描述就可以看出，这两种体系有着广泛的对应性，有些要素之间的关联十分紧密，有些则仅仅存在部分关联，正如表14-2所表示的。

表14-2　荣格的类型学与九型人格之间的相互关联

第一型对应外倾思维型
第二型对应外倾情感型
第三型没有对应的类型
第四型对应内倾直觉型
第五型对应内倾思维型
第六型对应内倾情感型
第七型对应外倾感觉型
第八型对应外倾直觉型
第九型对应内倾感觉型

　　如果看一下荣格的心理类型，会发现他的8种类型与九型人格的类型描述是对应的，只有第三型除外。然而，仔细地考察一下荣格的观点就可看出，事实上，他关于几种类型的描述有些与九型人格的第三型是对应的。尽管荣格并没有提出独立的第三型，但他在临床和个人经验中必定意识到了这一人格类型的存在。因此，从一定意义上说，荣格在无意中描述了第三型的某些方面，虽然他并没有把这一类型看做一个独立的心理类型，因为在他看来，其中的某些方面与他的2乘以4的理论框架的对称性是不相合的。

　　还有，我们注意到这样一个很有趣的事实，即第三型（其人格是多变、可塑的）并不对应于荣格类型中的某一种。作为一种最具适应性的人格类型，虽然荣格并没有给它一个独立的类别，但有几种类型都涉及第三型。

　　除了不容易理解之外，荣格的描述还有其他一些问题，在此我们只能简略地说一下。可惜的是，荣格似乎并没有对每一种类型做同等的描述，而就他所描述的内容而言，也不总是那么容易理解。有一种矛盾的自明之理，说一旦理解了荣格所说的话，就能知道他的意思。我们必须深入荣格的描述"内部"去了解他要讲的东西。在此，九型人格可以再一次为我们提供帮助。

　　从九型人格的观点看，我们可以看到，荣格描述的是每一种心理类型的一般特质，其范围广泛地涉及我们所说的发展层级的各个方面。当他提到神经官能症和精神病的发展时，在每一段描述的最后，他都会直觉性地转移到解离方向。然而，他偶尔会把某一种类型的特征同另一种类型的特征混为一谈——例如，当他描述九型人格中第九型的要素时，他似乎把这些要素归到了内倾情感型（九型人格的第六型）。其他类型之间也存在某些混淆，例如外倾思维型和内倾思维型（分别是九型人格中的第一型和第五型）。除此之外，还有其他的一些混淆。

这只是其中的几点，但它们很重要。尽管人们觉得荣格的描述接近现实，但也发现，很难用他的描述充分说明每一种类型，这一点也不奇怪，因为荣格自己对它们也不完全清楚。

精神病学的术语与九型人格

九型人格的人格类型也与《精神障碍诊断与统计手册》第四版中的"人格障碍"相关。这本技术性很强的手册被认为是精神病学家和心理卫生领域的专家最重要的参考书，它从临床角度汇聚了人格障碍的一般情形。正如你所想到的，手册采用的术语是以病理学为导向的，也正如你所想不到的，有时其中的术语似乎相当随意。在精神病学界，人们对手册中有关人格障碍的分类并未完全达成一致，虽然在如何修改的问题上已经有了一些共识。也许九型人格能通过对基本人格类型——毕竟，在人们变得神经质时，这些类型的人格就会出现障碍——进行分门别类，帮助人们说明精神病学意义上的人格障碍。

这本手册的一个主要问题在于，它的编撰者错误地——尽管可以理解——把一种人格类型的特征同另一种人格类型的特征合并在了一起，结果其中简略的框架式描述时常出现混乱。例如，手册为了摆脱"歇斯底里"类型的传统名称提出了表演型。而手册对表演型人格障碍的描述合并了九型人格中第二型和第七型人格的要素，这两种类型显然是表演型的，虽然其方式和理由不同。第二型在一般意义上最适合称为表演型，因为他们以戏剧性的方式展示其情感。如果是神经质的，那第二型就会退化，出现歇斯底里的反应，焦虑会直接演变为生理症状和疾病。另一方面，第七型成为表演型是因为他们爱炫耀、好冲动，感情用事而不会控制。第七型也可以成为歇斯底里的，但这是对焦虑的激烈反应的结果。因而，尽管这两种类型之间有相似之处，但本书对它们的描述和评论表明，它们是两种不同的人格类型，不应把它们的特征混为一谈或归于手册中的单一的表演型。

表14-3　《精神障碍诊断与统计手册》第四版与九型人格之间的相互关联

第一型对应强迫型、抑郁型人格障碍
第二型部分对应表演型人格障碍的某些方面
第三型对应自恋型人格障碍
第四型对应逃避型、抑郁型、自恋型人格障碍的某些方面
第五型对应分裂型、逃避型人格障碍的某些方面
第六型对应偏执、依赖型、被动-攻击型[①]人格障碍的某些方面
第七型对应表演型和躁狂抑郁型人格障碍的某些方面
第八型对应反社会型人格障碍
第九型对应依赖型、分裂型和被动-攻击型人格障碍的某些方面

（边缘型的人格障碍对应许多类型的某些方面，但不对应任一特殊类型）

因篇幅所限，我们无法对手册中的精神病类型和九型人格的人格类型进行充分比较。然而，为了完整起见，还应从另一个角度指出，九型人格的人格类型不仅为现代精神病学所强化，而且九型人格本身也有助于精神病学研究。我们已经简单地列举了手册中的"人格障碍"与九型人格的类型之间的一般对应性。表14-3中的对应关系仅仅是对两者相似性的最粗略的描述，要想清楚明白地梳理出它们之间的对应性，还必须做大量的区分工作。

九型人格分析

那么，作为一种心理体系，九型人格的理论基础是什么呢？比如，为什么基本人格类型恰好是9种而不是8种、10种、12种或其他数目？每一种人格类型的基础是什么？九型人格这一古老类型学实质上是弗洛伊德理论的源头吗？或者它实际上是荣格的类型学或是卡伦·霍尼及其他心理学家的理论的先声？要完整地讨论这些问题是极其复杂而抽象的，我们眼下只能提供一些简单的回答。

首先我们把结论摆出来。尽管我们对九型人格进行了一些解释，但在最后的分析中，似乎没有一种单一的理论解释能说明为什么九型人格可发挥这样的作用。没有一种基础理论可以为九型人格提供唯一的基础。我们不能把这个理论单一地归于弗洛伊德、荣格或霍尼的概念。如果你从弗洛伊德的角度研究九型人格，就

[①] 此前出版的第三版《精神障碍诊断与统计手册》中的一项。

会发现它适用于弗洛伊德的观念。如果你从荣格或霍尼的角度看九型人格，就会发现它也可用于表现那些观念。这本身就表明，九型人格是一种普遍的心理符号，一种能适合许多不同阐释同时又保持自己独特特征的体系。

确实，并非我们的心理体系中的一切都可以放置到九型人格理论体系中，现代心理体系的某些方面是相互矛盾、不可协调的。不过，九型人格能够包容许多共同的发现，因为它能在许多抽象层面运作，同时又能容许大量特殊性存在。我们可以在许多不同的层面上研究九型人格理论，而我们对它的每一次研究都会产生新的见解。

我们可以从许多不同角度来分析人类，而每一种角度所揭示和说明的都是整个人类的一个侧面，这些角度可以是生物学的、心理学的、社会学的和历史学的，就像物理学家分析的是物理对象、神学家分析的是精神存在一样。但是，正如根本不存在一种对于人性的包罗万象的解释一样，对于九型人格也不存在一种面面俱到的解释。我们不能说九型人格是一个弗洛伊德式的体系，因为它所说明的不只是弗洛伊德的观念。它也不是一个荣格式或霍尼式或属于其他任何思想学派的体系。它就是它本身：是在大量哲学和心理学先驱的研究基础上提出的一个有关人类心理的全面的动态符号，是对先驱们的思想的一种强有力的全新综合。

由于我们不能把九型人格还原为任何一种单一的心理学解释，所以我们将考察几种不同的研究，以便能更好地理解它。我们将从辩证的方法、发展的方法和弗洛伊德式的动态方法这几个角度来阐释九型人格。

辩证的方法

九型人格中之所以有9种人格类型，理由在于它的结构建立在三乘三的组合之上，或者说它是两个辩证相关的三元组两两组合的结果。不论我们采取哪一种分析方式，都能发现正是这些辩证相关的因素产生了9种不同的人格类别。

如果要解释九型人格能够如此有效，以及为何它是一个如此全面的系统，那就是因为它是一个辩证的体系，因此它能用来辩证地分析人性的不同方面。

从最基本的分析方式上看——在第三章"指南"及全部的描述中都已经谈过了，九型人格可以说是3个包含着3种不同人格类型的三元组的组合。每一个三元组都是该三元组固有问题的一种辩证体现。在每一个三元组中，总有一个类型过度发展了该三元组的根本能力，另一个类型的这种能力发展不充分，第三个类型则与这种能力最为疏离。

当我们把这个模式运用于情感三元组中的类型时，就能看到第二型人倾向于过度地表达情感，只强调正面的情感而压抑了负面情感。第三型人与其情感的关系最为疏离，他们总是把某种形象投射到他人身上作为替代。第四型人则是情感表达不充分，总是通过某种形式的艺术或审美生活来展示自身。

在思维三元组中，第五型人过度地表达了其思维、想象和理论化的能力，以思维取代行动。第六型人与他们的思维能力最为疏离，若是没有权威思维框架或至少周边舆论的反复确证，他们便无法信任自己的认识能力和决断能力。第七型人则是思维能力表现不充分，他们还未完成或理解一种想法，就又被另一种想法吸引住了。另外，第七型人的思维还受他们所渴望的东西的刺激，且在一定程度上依赖于这种刺激。

在本能三元组中，第八型人过度地表达了自己的本能冲动，过分地以自己或自己的需要来对抗环境。他们的本能是不受约束的，且很快就导向了行动。第九型人与其本能冲动的关系最为疏离，总是担心这种冲动的强度会破坏他们极力想要维持的内心平静和平衡。第一型人则是本能冲动表达不充分，不能把它们升华为自己一直渴望获得的理想。

当我们考察辩证的模式（正题、反题和合题）时，总是会考虑相互关联的三元组。在把九型人格的类型学同霍尼和弗洛伊德的类型学进行比较时，我们看到了几个不同的辩证组合：霍尼的退缩型、屈从型和进攻型，弗洛伊德的自我、本我和超我以及口腔型、肛门型和菲勒斯型。这些辩证的模式似乎反映了思维模式的某些方面。如果说有一个理由可以说明九型人格为何如此运作，那就是这一点。

发展的方法

如果我们换一个角度来看，也可以理解九型人格何以有9种基本人格类型。这就是儿童早期的父母取向。

从发展的角度看，九型人格是一种普遍的类型学，适用于不同文化、不同时代的所有人，因为它描述了每个人同其父母的9种可能的关系。每个人无一例外地都有父亲和母亲，不论他们是生是死、是在场还是不在场、是好人还是坏人。之所以有9种基本的人格类型，是因为每个孩子恰好对其父母有9种基本取向。根据童年经历，包括遗传因素和环境因素，每个人最终都会选择9种基本取向中的一种，并因此发展成为9种基本人格类型中的一种。

每个人的基本人格类型都来自于其对养育者（通常是母亲或母亲的替代者）或保护者（通常是父亲或父亲的替代者）的原初取向，或对其养育者和保护者双方（母亲和父亲）的原初取向。（注意，这3种取向构成了一种辩证法。）其次，原初取向实质上可能是相互联系的，也可能没有联系，还有可能模棱两可。（注意，这3种态度构成了另一种辩证法。）9种具体的人格类型就这样产生了，它们有赖于儿童对父母的取向以及该取向的水平。

根据这一研究途径，我们就有了另一个三乘三的模式，其结果便是9种基本的人格类型。例如，考虑到必然不同的气质倾向，某个孩子可能会同养育者产生联系，而另一个孩子同养育者的关系可能充满了情感矛盾，第三个孩子则可能同养育者没有任何关联（当然，在所有3种情形中，养育者可能是同一个人）。第一个孩子将发展出第三型人格，第二个孩子将发展出第八型人格，第三个孩子将发展出第七型人格。这些关系在表14-4中可以看得更加清楚。

表14-4　儿童早期的父母取向

父母	父母取向		
	有关联	怀有矛盾情感	没有关联
养育者	第三型	第八型	第七型
保护者	第六型	第二型	第一型
养育者和保护者	第九型	第五型	第四型

正如表14-4所示，人格类型的这种分组是极具启示性的。横向浏览一下该表，就会看到它同我们已经讨论过的霍尼体系的相似性。第三型、第八型和第七型这一组（养育者取向的类型）属于进攻性地保护自己的人格类型（霍尼的"排斥"型）。从发展心理学的角度看，我们知道母亲与孩子之间的早期纽带和镜像经验会影响到自我形象的发展，因而这些类型属于自我取向型。这些类型的人受到推动，要在环境中彰显自我，发现满足自我的需要的捷径。第三型人总想引人注意，因此他们主动地寻找能让他们得到承认的情境；第七型人总想获得满足和刺激，因此他们做任何事都要求能从中得到满足和刺激；第八型人总想控制环境，因此获得了控制世界所需的手段。

第六型、第二型和第一型是一组（保护者取向的类型），属于通过屈从保护自己的类型（霍尼的"朝向"型）。一般来说，它们属于"应当-必须"的人格类型。尽管屈从主导着全局，但事实上，他们是进攻倾向和屈从倾向的混合。在来自他人或焦虑的压力下，这一"应当-必须"类型倾向于在破坏性中爆发。保护者的角色（或家长）以及这一角色所象征的已被内化的超我禁令的影响，会创造出受超我驱使的第一型、第二型和第六型。所有这3种类型都想介入某些活动，且时常以牺牲他们喜欢做的某些事为代价，也时常会以不同方式扮演权威的角色，因为他们已经内化了许多流行的社会习俗。

最后，第九型、第五型和第四型这一组（同时以两种形象为取向的类型）是通过退缩来保护自己的人格类型（霍尼的"远离"型）。他们是孤独者，是文人，是社会梦想家。由于他们在童年时期以父母双方为取向，所以他们存在着与他人互动的问题，总是被自身内部或外部的力量击垮。这3种类型都倾向于以各种不同的方式脱离现实，以建构丰富的内心世界，抵抗实际环境。用弗洛伊德的术语说，他们在表达和维系本我冲动方面存在问题，尤其是涉及自我肯定和攻击性的冲动。

一点也不奇怪，一个孩子的父母取向是形成其人格的一个主要决定因素，而人格类型会从根本上影响到文化变革，文化变革转而又会影响到父母抚养孩子的方式，由此形成了一个永久的循环。个人、家庭和文化相互依赖：一方不可能脱离另一方存在。到目前为止，弗洛伊德学派和人际关系学派也不可能背离个体与社会的相互关系来看问题：它们只是各自在不同的分析层面运作而已。

弗洛伊德式的动态方法

弗洛伊德把心理动力学说成是本我、自我和超我的相互作用。人们把这称为他的"结构假设"。前面已对这一假设下的人格类型进行了说明。不过，弗洛伊德和他的追随者并没有对这些人格类型做充分的描述，原因可能是：

> 如果精神分析的人格学能给我们提供一种动力学分类，那会非常有益。然而，迄今为止，我们并未看到任何成功的尝试。选择某一方面作为划分的标准必然会忽视其他方面。

这些尝试中最为重要的是由弗洛伊德自己开始的。在进一步把精神分为本我、自我和超我之后，弗洛伊德提出，根据这3种力量中哪一种是主导来区分人格类型也许存在可能。可能存在一种"爱欲"类型，其生活是由本我的本能需求主导的；有"自恋"类型，这种人感到自己完全受对于自我的感觉的支配，因此，他人也好，来自本我的需求也好，超我也好，都无法太多地影响到他们；还有一种"排他"类型，其全部生活都要受到主导人格的严格的超我控制。弗洛伊德也描述了"混合的"类型，在那里，两种力量的结合超过了第三种力量。

除这个问题——弗洛伊德对"爱欲型"和"自恋型"的描述是否对应着本我或自我得到突显的人——以外，人们对其观点中隐含的类型学还有一点十分重要的异议。精神分析学本质上是一种动力学，它将某种现象评估为心理冲突的结果……而"本我的人""自我的人"和"超我的人"这样的范畴并非动力学概念。一种动力学类型的特征不应是本我、自我或超我，而是本我、自我和超我之间的相互关系。这就是弗洛伊德的类型学还未被广泛应用于理解神经症人格障碍的原因。（奥托·费尼切尔．神经症的精神分析理论．525—526．）

但是，这恰恰是九型人格能够涵盖性格或人格类型的广阔范围的原因。九型人格的各个类型体现了本我、自我和超我的动力学关系。在所得出的9种类型的每一种中，弗洛伊德所说的3种心理功能相互作用。人们不必——正如费尼切尔指出的——选择其中"一个方面作为划分标准"，而忽视其他的方面。精神的3个方面在每一人格类型中、在九型人格中全都得到了考虑。

每一个三元组都是由弗洛伊德的3个精神范畴之一主导的，这就是为什么说三元组的问题就是情感（自我主导型）、思维（超我主导型）或本能（本我主导型）的问题。换言之，每个三元组都有一个核心问题：情感三元组有着源自其自我的共同问题，思维三元组有着源自其超我的共同问题，本能三元组则有着源自其本我的共同问题。弗洛伊德命名的名称被置于图14-5中，中心是各自所属的三元组。

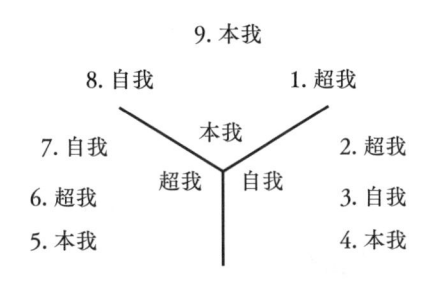

```
                   9. 本我
         8. 自我              1. 超我
                    本我
       7. 自我                  2. 超我
              超我   自我
       6. 超我                  3. 自我
         5. 本我              4. 本我
```

图14-5　弗洛伊德式的九型人格动力学

除每个三元组固有的核心问题以外，我们还发现，每种人格类型都由弗洛伊德提出的心理功能中的某一个所主导，而这个心理功能又与三元组的核心问题相冲突。例如，第二型人格是由其超我主导的。回忆一下，你会发现，第二型人要以自尊为前提条件才能感受到，别人爱他们是因为他们努力工作并且有好的动机。当其自尊变得不可爱、自私或富有进攻性时，第二型人就会有负罪感。尽管第二型人的超我主导着其心理生活，但自我（他们对认可、自尊、一致性的自我形象的需要）也是其人格图像的一个重要部分。

因此，要想阐释弗洛伊德的动力学，就必须承认，第二型的超我和自我总处在一种潜在的相互冲突中。第二型需要转向第四型（在那里，本我处在图示的外围），由此来使本我和超我达到平衡。另一方面，如果第二型越来越神经质并走向解离方向，它就会变成第八型，即把更多的自我扩张附加在已然膨胀和扭曲的自我形象上，结果会进一步削弱与来自本我的潜在的、危险的进攻性冲动的联系。

把这些关系放在九型人格中可以更清晰地说明它们。

另有其他几个简短的例子有助于说明阐释弗洛伊德动力学的作用。第五型的本我与其超我处在冲突中，需要转向第八型，在健康、自信的自我结构的帮助下把心理带向平衡状态。如果第五型转向第七型，也可以和自我建立联系，但这时自我在整合和解离的方向上就会出现问题。这是很准确的，因为自我恰好是第五型要求以正面方式发展的东西。在所有类型中，第五型人的人际交往能力发展得很不完备，很难让超我和本我的力量达到平衡，因为他们的自我结构太弱。当一个健康的第五型整合到第八型时，自我便得到了发展，可以与相互冲突的本我和超我达到平衡，这样，第五型人便能摆脱他们持续不断的内心独白，更自信地同他人建立联系，并走向能产生成果的活动。但是，当第五型转变为第七型时，便会渐渐变得富有进攻性和冲力，直到真的灰飞烟灭。这一分析指出，自我和本我是第五型在九型人格的各个方向最需要平衡的东西。

最后，大家可以看到，每一个三元组中的特殊问题都在第三型、第六型和第九型那里被强化了。这些基础类型最大的问题源自情感、思维或本能的功能，分别产生于自我、超我和本我中。例如，第三型的特征就是因为自我而引发了一个问题，第六型是因为超我，第九型则是因为本我。

第三型的自我和自我形象的问题是因为他们基本上与情感失去了联系。第三型人与他们的真实情感没有建立良性联系，所以他们必须从他人那里寻找"暗示"，使他们全神贯注于自身的形象。第六型人超我的问题源自各种权威形象所象征的超我指令的内化，源自思维的混乱、决断的匮乏和为解决疑惑而对外部指导的依赖。第九型的问题是因为基本上与本我的驱动力、自我维护能力和在环境中的需求失去了联系，最终变得消极、隐退和无力。

让我们更详细地分析一下第三型。正如大家已经知道的，第三型是情感三元组中与情感脱节的人格类型。第三型需要首先走向第六型（超我），接着走向第九型（本我）让心理达到平衡。第三型的自我总是发展过度（自恋的和表现欲强的），因此，第三型人为了发挥作用而努力克制的情感令他们觉得走向第九型要面对的压力过大。很明显，第三型首先需要平衡其超我（解除针对情感的限制，并对确认的冲动作出回应），然后才能把自我带向与其他心理因素平衡的状态。

对九型人格的含义的阐释可以说明几件事：为什么每个类型是不同的，为什么整合和解离方向各不相同，为什么九型人格作为一个整体可作为我们每个人的象征性描述。九型人格是一个全面的象征体系，因为我们的基本问题皆可归入与本我、自我和超我相关的问题。所有人都会受到这3个问题领域的影响，不论我们是以弗洛伊德的术语来称呼它们，还是以九型人格中的情感、思维和本能这些术语来称呼它们。

对于所有这些，我们有太多的话要说——对于那些描述、那些理论，要说的东西都太多。九型人格理论和实践的几个重要领域——中心、精神意义、治疗、商业应用、人际关系，等等——在今后的著作中会进行探究。不过，即使只是简略的说明，大家也能发现，我们是从众多不同的角度来研究九型人格的。

九型人格之所以能涵盖如此之多的心理学角度，是因为它在各种不同的抽象层面——性心理发展阶段的固着阶段、心理内部的结构性区域、客体关系理论、发展源头、人际风格，等等——同时运作。似乎没有一种理论能说明为什么九型人格是这样的。相反，只有九型人格能理解这些不同的理论。

九型人格是更好地认识我们自己的一种极有价值的理论框架。不论我们从何种角度研究，都能发现新旧观念的全新结合。正如我们在本章的开始就提到的，极具启发性的一点是，九型人格是一种普遍适用的心理学象征体系，其中的某些东西是被发现的而不是被发明的。门捷列夫的周期表是化学领域的，九型人格则是有关心理学的——它们都是以更容易理解的方式来组织无比复杂的事物的一种方式。

正如原子家族之间的相互关系太过复杂而不能由任何人设计出来一样，九型人格也太过复杂而不能由人类的大脑设计出来。它极端的复杂性和启示性——还有它有些矛盾的简洁性——不可能从一个类型学所需的要素清单中构造出来。与此相反，九型人格似乎是一个象征，反映了心灵本身的对称性和不规律性。

后记
走向智慧

　　赤裸裸地、毫无防备地面对世界和人类生存中可怕的不安全感，对于任何人都是一种难以承受的情境。每个人的自我都试图以不同方式来缓冲对自身存在不安全感的充分认识。每一个类型都采用不同策略来膨胀自我，以此作为抵御不安全感和孤独的手段。

　　矛盾的是，如果自我完全暴露于存在意识当中，那么，我们的自我将无法存在。不论是满怀希望地想确证那种神秘性，还是要绝望地弃之而去，我们的人格都要受到威胁。不过，正如我们在此前的描述中已经看到的，即使每一种人格类型都把防御工作做到极致，也依然会招致自身的毁灭。实际上，人格似乎极其脆弱，且总是处在将要被毁灭的危险中。对生活太过开放，它就有被压制的危险，太过封闭，它就可能从内部毁灭自身。太过自由和完全没有自由对它都是一种威胁；当一切都说过、做过以后，生存的焦虑可能就是对知道自己终有一死的应答。就像摩西看到燃烧的灌木丛一样，我们一旦发现自己最终站在存在之苍茫广袤之中，必定会害怕得发抖。

　　解开这个谜团的唯一途径就是找到生命的意义，这个意义能同某种真实的、超越了人格关怀的存在联系起来。

　　我们处在一个两难的位置上，一方面想要找到生命的意义，另一方面又无法把生命作为一个整体来理解。如果不能走出我们的生命去发现最终的语境，我们根本没有办法确切得知它究竟有什么意义。也许要到死亡之时，到生命走到终点的时候，我们才能走出生命的狭小圈子。如果在那之后我们仍以某种方式存在着，我们就能知道生命是不是有意义——以及那意义究竟是什么。生命中总会发生许多神秘的事情和悲剧，因为在那个决定性的时刻到来之前，我们无法确切知道生命究竟意味着什么。

　　生命的终极意义神秘莫测，可以影响到我们生活中的每一刻。我们对于生命的意义的认识必会影响到我们对事物的评价和每一个抉择。在考虑这些现实时，我们从心理方面转到了形而上学方面，在那里，人类语境终将具有或不具有意义。

人类生存也许是荒谬的和没有意义的，因为在这个冷漠的宇宙中，只有物质和能量的无尽循环；或者，人类生命的终极语境是个人性的，上帝的存在是我们存在的理由；或者，存在一种神性的智慧，这个智慧不是我们所能认识的任何形式的个体智慧。对我们大多数人而言，宇宙的最终本质超出了我们人格的认知能力。这就是为什么说生命的意义总与"信仰"有关，不论我们愿不愿意这样称呼它。

在缺乏对人性和神性的直接体验的情况下，我们必须依靠信仰。各种精神传统的神秘主义都强调这一直接体验是可能的，但需要我们超越人格的局限。如果我们不能体验直接构成信仰之基础的真实人性，那我们就必须"信仰"别的东西。由于我们活着不能没有意义，不能不把自身之外的某个东西作为参照，所以我们必须创造一个偶像，作为信仰的超验之物及其意义的替代品。

当然，最高的和普遍的偶像就是自大，自我开始膨胀，试图成为自身存在的原因，试图从自身之中寻找自身的意义。自大使自我认为在自身之外寻找帮助或指导是毫无理由的。它对自身感到满足。每一种人格类型都会受到一种特殊形式的自大的诱惑，以抵御其对于生存的焦虑感。第九型的诱惑就是相信自身的宁静是一种终极价值，第八型的诱惑就是相信自身的力量和意志，第七型的诱惑就是相信自己将在亢奋的体验中找到完满，第六型的诱惑就是相信能为自己创造绝对的安全感，第五型的诱惑就是相信知识是力量之源，第四型的诱惑就是相信其所有的情感和主观状态都是有意义的，第三型的诱惑就是相信自己的才华，第二型的诱惑就是相信自己是不可或缺的，第一型的诱惑就是相信自己是正直的。尽管这些诱惑是每一种人格类型的特征，但它们同时也是我们自身的诱惑。

如果说本书有一个主题，或者说能通过研究人格类型为我们提供一些教益，那就是，尽管我们合理地通过寻求个人完满去寻找幸福，可我们常常走错路。每一种人格类型都创造了一种自我实现的预言，在寻找幸福的时候，带来了自我最害怕的东西，而失去了最渴望得到的东西。如果我们在寻找幸福的时候，忽略了认识和正确评价本体自我，不断地自我膨胀，那我们的寻找必定会以失败告终。不考虑我们根本的精神本质去寻求自我认同、安全感和幸福，只会把我们引向由表面之物和迷惑人的偶像构成的迷宫。不知道自己是什么样的人与对自己是什么样的人只有片面认识，两者并无任何不同。由于人格处于昏睡状态，我们看不到人性的终极本质的丰富性和重要性。我们的真实人性只存在于此时此刻，它包含了人格中的所有不安和动机，同时也超越了所有这一切。

每一种人格类型自身之内都包含了自我欺骗的源头，如果让这种自欺继续存在下去，必定会把我们引离真正的完满和真正的幸福。这是一条亘古不变的心灵法则,如果我们有勇气去寻找幸福的真正所在,就必须坚信这一点。这需要勇气,因为要想完全地寄身于此,就必须去体验我们最深的恐惧、人格中最大程度的虚妄和人心中多维的神秘。

把每一种人格类型作为一个整体看待让我们明白了一点,即我们的自我所做的一切根本上就是自我破坏。每一种类型的恐惧都无法通过人格机制来解决或驱除。一味依赖于我们的人格而不理解我们本质的人性已然包含了我们所寻求的一切,注定无法达成内心的愿望。因而,第二型人穷其一生去寻找他人的爱,可仍然觉得自己没有得到爱。第三型人不停地追求成就和确认,但仍觉得没有价值和空虚。第四型人以毕生之力去发现其人格认同的意义,却仍不知道自己是谁。第五型人不懈地积累知识和技能以建立自信,但仍觉得无助和无能。第六型人不知疲倦地想要得到安全感,却仍觉得对世界充满焦虑和恐惧。第七型人为了幸福而上下求索,但仍觉得不快乐和沮丧。第八型人竭尽全力想保护自己和自己的利益,但仍觉得世事无常、有威胁。第九型人默默奉献就为了获得内心的平静和安稳,但仍觉得没有根基、不安全。最后,第一型人极力想要维持个人的整一性,但仍觉得自己四分五裂、不断与自我交战。要走出这些自我破坏的模式,就是要明白它们无法带给我们想要的幸福,因为人格没有力量创造幸福。正如智慧一向所指出的,只有让自我死亡——也就是我们的自我及其策略走到终点的时候——我们才能找到生命。

因而,从这些文字可以得到一个相关的启发,我们可以称之为个人精神能量的使用原则。正是由于精神的本质,我们必然要为每一个抉择付出代价。在每一个时刻,都有某种心理的、情感的和身体的能量可以利用。当我们把那种能量用在行动上时,它就无法用在别的事情上。另外,我们的不同抉择可能会产生十分不同的结果。花一个小时冥思和花一个小时喝啤酒或看电视,其结果会迥然不同。这不是说某一种行为必然比另一种行为好,而是说它们会导向完全不同的结果——而这结果会影响到我们的整个生命。我们付出的代价不可能立竿见影,这就是我们这么容易愚弄自己、认为我们的行动不会有任何结果的原因。但是,对我们自己而言,付出代价总是为了成为某种人。我们通过选择来创造自己和构筑自己的未来,不论那未来最终是幸福的还是不幸的。

那么,我们该如何超越自我?是什么激励我们这么做?我们何以知道某个东西真的会带给我们幸福?

人们总是在寻找自认为对自己有益的东西,尽管结果会证明他们的选择是错误的。有的人寻找健康,有的人追求名誉,因为每个人都想拥有他认为会带来幸福的东西。但是，除非我们学会以自己的本性为导向，发现真正好的东西，否则我们就会误入歧途，找到的只是无意义的替代品。如果我们落入了人格的幻境，我们就会把欲望对象转变成无法满足的幻象。这时，我们就会痛苦，就会对这一切感到莫名其妙。

奇怪的是，由于我们总在寻找生命的意义，所以我们总处在一种困境中，一方面在寻找对我们真正有益的东西，另一方面又对那东西可能是什么缺乏清楚的认识。每一种类型都在错误的地方、以错误的方式寻找他们认为于己有益的东西。第二型人认为，如果得到了别人完全的爱，他们就会幸福。第三型人认为，得到了别人的赞赏或能够名扬天下，他们就会幸福。第四型人认为，如果获得了真正的自由，他们就会幸福。第五型人认为，如果拥有了所需的全部知识和技能，他们就会幸福。第六型人认为，如果有足够的安全感，他们就会幸福。第七型人认为，如果能体验到所渴望的一切，他们就会幸福。第八型人认为，如果能完全地保护自己，他们就会幸福。第九型人认为，如果能获得心灵的安宁，他们就会幸福。第一型人认为，如果能达到十全十美，他们就会幸福。我们可以看到，这些欲望永不可能获得彻底的满足，外部世界不可能以每个类型渴望的方式来满足他们。如果认识不到这一点，每个类型在需求得到满足之前是不可能获得幸福的（并且不可能对幸福的真正本质有所认识）。因而，每个类型注定都会因为在不可能找到幸福的地方寻找幸福而遭受挫折。所有这些策略之所以失败，就因为它们只有一部分好处，而这一部分又被提升到了生命要务的地位。

那么，九型人格如何能帮助我们认识有益的东西呢？答案很简单：每一种人格类型真正需要的东西就在它的整合方向上。

困难在于：为了走向整合，我们必须渴望超越我们自己的人格习惯。我们必须渴望且有能力超越自我，达到某个更高点，体验自己与人格活动无关的那一部分。同时，我们还必须渴望充分地体验自我带来的局限和痛苦。

自我超越是困难的，也是可怕的。它要求我们深入未知领域，深入到情感、思维和行动的方方面面，而这些都是我们的人格所不熟悉的、与我们过去的习惯相悖的、与我们曾经的态度和身份不一致的，还要我们从孩提时期的旧伤痛和防御中挣脱。从一定意义上说，自我超越是一种再生、一种真正的转变、一种新生，这个新人知道如何抛弃旧的方式，勇敢地进入一个新世界。

如果想找到真正的幸福，这恰恰是每一种人格类型必须做的。第二型人需要克服欺骗自己的需求、情感和动机的倾向，走向健康的第四型人的自我理解和情感的真挚。第三型人需要克服想要超越他人、关注自己的渴望，走向健康的第六型人的奉献精神和谦恭精神。第四型人需要克服情绪化和自我放纵，走向健康的第一型人的整一性和自我约束。第五型人需要克服孤僻和犬儒主义，走向健康的第八型人的踏实和勇气。第六型人需要克服悲观主义和对他人的猜疑，走向健康的第九型人的乐观和豁达。第七型人需要克服肤浅和感情用事，走向健康的第五型人的深刻和专一。第八型人需要克服情感的盔甲和自我中心化，走向健康的第二型人对他人的热忱和关怀。第九型人需要克服自满和自我遗忘，走向健康的第三型人的热情和自我投资。第一型人需要克服吹毛求疵和严苛，走向健康的第七型人的喜悦和热情。

在最后的分析中，学会如何超越自我无非就是要学会如何大方地去爱，只有爱有力量让我们自救。在学会真正地爱自己和他人之前——以及在学会接受他人的爱之前——我们无法拥有幸福、宁静或得到救赎。正是因为不知道如何正确地爱自己，我们才如此容易迷失在自我设置的许多幻觉中。

这正是现今众多的心理学必须考虑的，除非它愿意变得越来越贫乏。总体说来，弗洛伊德的治疗目标在于帮助人们学会如何"工作和爱"。现代心理学似乎不知道该如何完成这个任务，因为它已经摒弃了超验的东西，无视内心深处的渴念，不承认作为人性之基础的存在的意义。获得工作（因此重新创造世界）和爱（因此重新创造自我）的能力成为心理学的一个主要目标，否则它最终只能是虚妄空洞的事业。治疗技术要想带给我们持久的助益，就必须帮助我们认识人的成就的真正所在。对于这一点，永远活在我们心中的最伟大的人物的证词可以见证，成就感在于重建我们与自身存在的根基之间的联系，并以彰显我们精神本质的方式生活。

这件事说起来容易做起来难。对我们而言，在人生的逆境中学会最有价值的东西似乎就是做人的一部分。然而，只有经过错误和失败，知识才能为己所用。除非得到知识，否则谁会相信幸福在于自我超越呢？我们似乎需要忘却为了幸福而寻求的东西，直到发现属于自己的真相。

>有句谚语说得好，最长的弯路恰是最短的回家之路。为了发现那个秘密，似乎必须先到达某个地方，然后才会明白（它已经在你手中）。那条道路总是带着你在原地踏步，兜一圈又回到原点。（阿伦·瓦兹. 幸福的意义. 119—120.）

根据九型人格来理解这一点，我们在整合方向的行动将带着我们兜一整圈然后回到自身——"最长的弯路恰是最短的回家之路"。我们真正的完满不在心怀戒备、嫉妒的自我的方向，而在自我超越的方向，尤其是当我们学会向他人和现实敞开自己的时候。阿伦·瓦兹扩展了这一点。他说，甚至在已经运用了所有的心理学技术之后，我们仍得不到满足，因为我们是在错误的地方寻找幸福。

> 它（心理学技术）总是会留下某种未得到解决的东西，因为我们的内心之中一直有一些细微的、不确定的和难以捉摸的不满足……
> 这确实是一种"神圣的不满足"，我相信它正是神秘主义所描述的心灵对上帝的那种渴念，就像圣·奥古斯丁所说的："你造我们是为了你，我们的心若不安息在你怀中，便不得安宁。"我们可以借助上百种不同的技术来调节我们的生活细节，在最肤浅的意义上得到幸福，即没有什么特别的不幸。但是，这些技术只能应对细节，只能应对分散的部分；彻底的改变则需要变革我们的整个生活态度，变革我们的整个生活。没有这种变革，真正的不幸就不会离去，它会以各种伪装的形式表现出来，我们就会用各种各样的替代品来替代上帝，这些替代品根本没有意义，因为它们总是局部的东西。实际上它们只是上帝的一部分，而不是他的全部。技术能找到这些部分，它能找到赞同、健康、快乐、经验、知识以及心灵未知领域的一切。但是，甚至在所有这些部分都汇聚在一起的时候，还是有某种东西是技术手段无法发现的，这就是整体，比部分的总和还要大的整体。（同上，120—121.）

心理学、自助手册、九型人格都不能拯救我们。它们不能使我们得到真正的幸福，或使幸福永久伴随在我们身边，因为它们提供的只是关于人性的部分看法，以自己有限的方式探索真理。当然，心理学的见解能帮助我们更清楚地认识到我们惧怕什么、我们的不幸的永久根源是什么。心理学能帮助我们弄清楚我们该如何作为、该渴望什么、我们渴望的东西在多大程度上会让我们陷入空耗的冲突和幻觉。

虽然九型人格描画的人格类型复杂而微妙，但它们仍只是对人性的粗略反映。尽管反思有利于我们更加客观地认识自己，但运用九型人格并不能给我们提供任何终极的答案，因为那属于另一个领域。它不能施展魔法，也不能把我们变成觉悟了的存在。

但是，九型人格重新肯定了古老的人性洞见，通过它的帮助，我们可以认识到自己本来的样子，认识到我们的至善至恶。然而，九型人格归根结底仅仅是一个工具，一个在一定程度上有帮助的东西，借助它，我们可以抵达精神之始端——这始端既是人性之神秘的源头，也是它的终极实现之所在。

附　录

发展层级的意义

为了对每一层级的情形作出更充分的说明，在此有必要扩展一下第十三章"高级指南"中的简要解释。在有关每个人格类型的独立章节中，相关的描述和轮廓是依照下面的模式给出的。

健康状态下

第一层级：解放的层级。通过对抗和克服基本恐惧（在自我发展过程中童年时期就出现了），个体获得解放，走向了自我超越的状态，开始实现本质性的自我。可矛盾的是，这一层级的人也产生了基本欲望，并因此开始寻求实际需要的满足。另外，他们也出现了特殊的心灵能力和德行，它们在每一类型中的表现是不同的。这是一个理想的状态，这时，个体处在最健康的状态，拥有心理平衡和自由。个体开始把自我感觉从"人格"转向"本质"，也开始在整合方向整合各个类型所具有的许多健康特质。

第二层级：心理能力的层级。如果个体屈从于他的基本恐惧，某种基本欲望就会在这个层级出现。这时的个体仍是健康的，但自我及其防御机制开始发展起来，以回应因屈从于基本恐惧而来的焦虑。个体的自我感觉和"认知类型"（与荣格所讲的态度和功能有关）在这个阶段开始表现出来。基本欲望是人类的一种普遍心理需要，若能正确地表达出来，便能为每个人提供所需的东西，成为超越自我的关键。

第三层级：社会价值的层级。与屈从于继发（衍生的）恐惧和欲望相对应，个体的自我变得更加积极主动，由此产生出某种典型人格及其社会特质和人际特质。这时的个体仍是健康的，虽然不如前两个层级那么健康，因为自我和人格都受到了防御机制的保护。在这个层级，我们看到各个类型显现出一种不同于其他层级的健康的社会特质。自我获得了其在第二层级所认同的正面特质，并试图通过行动来强化它们。当人格、自我和防御机制发挥作用的时候，个体不会陷入真正的心理失衡，仍有能力达到（或回复到）第一层级，通过克服基本恐惧和正确地表现基本欲望发挥功能。

一般状态下

第四层级：失衡的层级。由于个体屈从于一种特定气质——这一气质与他自身的优点和发展背道而驰——结果导致自我膨胀，防御机制增强，失衡也随之而生。失衡的持续靠的是攫取该类型的精神能量。这个层级标志着个体退化到心理"死结"上，若不加阻止，这个"死结"就会加剧内心冲突和人际冲突。个体强烈地认同于某个必须予以捍卫的特殊社会角色。

第五层级：人际控制的层级。随着个体试图以特定的方式控制环境（尤其是他人），自我变得急剧膨胀。（在退缩型中，"自我膨胀"是负面的，标志着人格的萎缩，标志着个体从社会互动中完全退出。）个体现在必须获得他人认可，必须强化自我形象和满足自我需要。防御机制如果失败，便会引发人际冲突和内心冲突，加剧已有的焦虑。在这个层级出现的某些引人注目的负面特质比在前一阶段所看到的更为明显。这个层级是各类型走向退化的一个转折点，因为从此以后，其特质变得越来越以自我为中心，越来越具防御性，冲突也越来越强。

第六层级：过度补偿的层级。个体开始过度补偿由于自我的日益膨胀以及在第五层级出现的失败所带来的冲突和焦虑，以得到他所需要的东西。一种典型的自我中心化的形式开始出现（各个类型的表现有所不同），同时出现的还有过度补偿这一极端的行为方式，这种行为方式在他人看来是极其令人厌恶的（虽然不是病理性的）。随着个体为维持自我膨胀而表现出自我中心化的倾向，与他人的冲突开始出现。在这个层级，每一类型都有与各类型的基本恐惧相关的伤害他人的行为。

不健康状态下

第七层级：侵害的层级。基于各种可能的原因，个体的防御机制已经失效，开始出现严重的反应。每个类型都用一种不同的生存策略，一种不健康的"自我保护"反应，拼命想要支撑自我（现在受到了真正强大的焦虑的侵袭）。这一反应方式与自我的完整性或他人的完整性（或二者兼具）背道而驰，会导致严重的人际冲突。这是一种严重的神经官能症状态，是一种真正的失衡，虽然还不完全是病态的。一般而言，不健康层级是对极端环境中的施压者的一种回应，是对严重的、长期的童年虐待的一种回应。

第八层级：妄想与强迫的层级。随着焦虑的增强，出现了真正严重的内心冲突，而个体总是试图重塑现实而不是屈从于焦虑。思维和知觉、感觉和行为全都严重扭曲并变得极不自由，因此，这是一种彻底的病态状态。个体开始断绝与现实的联系（在某些方面变成了幻想性的），只是每一类型的表现各有不同，结果其行为表现出"强迫性"特征。需要注意的是，在第二层级出现且在第五层级变得膨胀的心理能力在这个层级已经变成了幻想性的。

第九层级：病态性破坏的层级。这是最后一个层级的心理状态，人们在这种状态下开始公开表现出破坏行为。由于已经以妄想性的方式断绝了与现实的联系，个体出现了要毁灭自身、他人或同时毁灭二者的意愿，以此来保护自我结构，并以幻想的形式来缓冲焦虑或威胁对自我的进一步压迫。个体开始表现出不同形式的或近或远、或有意识或无意识的破坏性（包括潜在的自我毁灭），结果导致了严重的崩溃、暴力或死亡。

以上对各层级的意义的简短描述还不足以说明它们的全部。不过，就是这一简短描述也可以让我们认识到每一类型的表现模式。需要注意的是，自我是在第二层级出现的，然后变得越来越膨胀，到第九层级完全变成了破坏性的。还要注意的一点是，一个相反的过程伴随个体自由一起出现：个体在第一层级最自由，然后变得越来越不自由（"强迫"），直至第九层级，个体退化到严重的病态。神经官能症是不自由的，而健康状态的标志就是自由——进一步经过整合的标志就是个体自由的增强。

核心动态

所谓核心动态，就是对各类型的一种图例式描述，既包括对9个发展层级的行为和态度的集中描述，也包括对驱动人格从健康状态走向神经官能症状态的每一层级的恐惧和动机的集中描述。因而，正如其名称所暗示的，核心动态代表了各发展层级的动态组成部分，为每一类型的内在张力和运动提供了极为详尽的信息。

由于核心动态为我们提供了每一类型的能量的不同特质和特殊性，所以它可以让研究者更为准确地运用九型人格。那些运用九型人格认识自我的人将能更好地理解自我所处的状态以及成长过程中的阻碍因素。治疗师则可以由此确定通过某种功能的紊乱控制着患者的恐惧和欲望的具体层级。普通人则可以借此缓和人际冲突和内心张力，因为他们能进一步地发现他人的感受。一旦掌握了核心动态，我们就可以把九型人格变成更加有力的工具。"发展层级"是唐·理查德·里索在1977年发现的，随后又用了14年的时间加以完善。1991年，拉斯·赫德森开始和唐·理查德·里索一起合作，把发展层级理论和核心动态理论完善到了目前这种状态。发展层级、核心动态、本书对各个类型的全部描述，实际上都体现了两位作者工作的原创性。尽管我们也从奥斯卡·依察诺、克劳迪奥·纳兰霍以及各种思想学派中的先驱者那里获益甚多，但本书的材料却是现代的，比如，其中有许多就来自九型人格的当代教学。

从技术角度看，在此首次公开的有关人格类型的核心动态将极大地丰富和充实九型人格研究，因为核心动态揭示了每一类型的内在逻辑。一个得到广泛承认的共识就是：在有关九型人格的不同阐释之间存在着许多矛盾和不一致。核心动态将为人们提供一个理论框架，可以确切地说明每一类型的固有特质和动机。核心动态将揭示被归入每一类型中的哪些特质是正确的、哪些是错误的，同时还可以指导我们走进研究和探索的新领域。

结构布置

我们最好把核心动态看做是人格类型的一幅地图，显示了从最健康的方面到最痛苦、最病态的方面，以及居于这两者之间的各种状态下的可能态度和行为的全部特质。比如，看一下下页的图，就能了解核心动态的基本轮廓，可以把任一类型的具体特质填入其中。它是一个模板，全部9种人格类型都可填入其中，它们是那些基本主题的各种变体。

图示的最上面一栏是类型的编号（1—9）及其名称，在它的下面则是各个类型的父母取向（见第四章到第十二章有关父母取向的具体论述）。再往下是一条横线，上面列了4个分项：B项（行为）、A项（态度）、欲望和恐惧。进而你还会看到，在这些分项的下面，是4列"空白列"，依次向下经过9个层级，直至图示的底部。这是因为——正如我们将看到的——这9个发展层级中的每一级都分别对应着不同的态度、行为、恐惧和欲望（动机）。我们不要把9个层级和9种类型混淆了。编号的层级从1号到9号垂直往下，代表着每一类型连续体的内在层级。

图示最上端的右边是"基本恐惧"。这种恐惧是各个类型力图"解决"或至少想要压抑的基本的不安全感。每一类型都有特殊的基本恐惧，这是我们目前所能找到的最适合的表达。从很大程度上说，基本恐惧是普遍的——我们在此列出了全部9种——但对我们自身的类型而言，基本恐惧是极为有力、极为牢固的，我们的绝大部分行为都与它有关，这一点我们不久就会看到。通常，一个人意识不到其基本恐惧，但会认识到某些在基本恐惧之上的继发性的恐惧。但是，如果你思考一下自己所属类型的基本恐惧，就会看到其在你生命中的作用。你还可以把基本恐惧看做是在各个类型中看到的某种更核心、更普遍的恐惧——对非存在的恐惧、对不存在的恐惧——的一种变体。从某个方面说，每种基本恐惧都可看做是这一更深层、更普遍的恐惧的特殊变体。

接下来，你会看到一个箭头斜着往下从基本恐惧指向基本欲望。基本欲望是各个类型的核心动机：它是各个类型尝试处理其基本恐惧的方式，因此可以认为

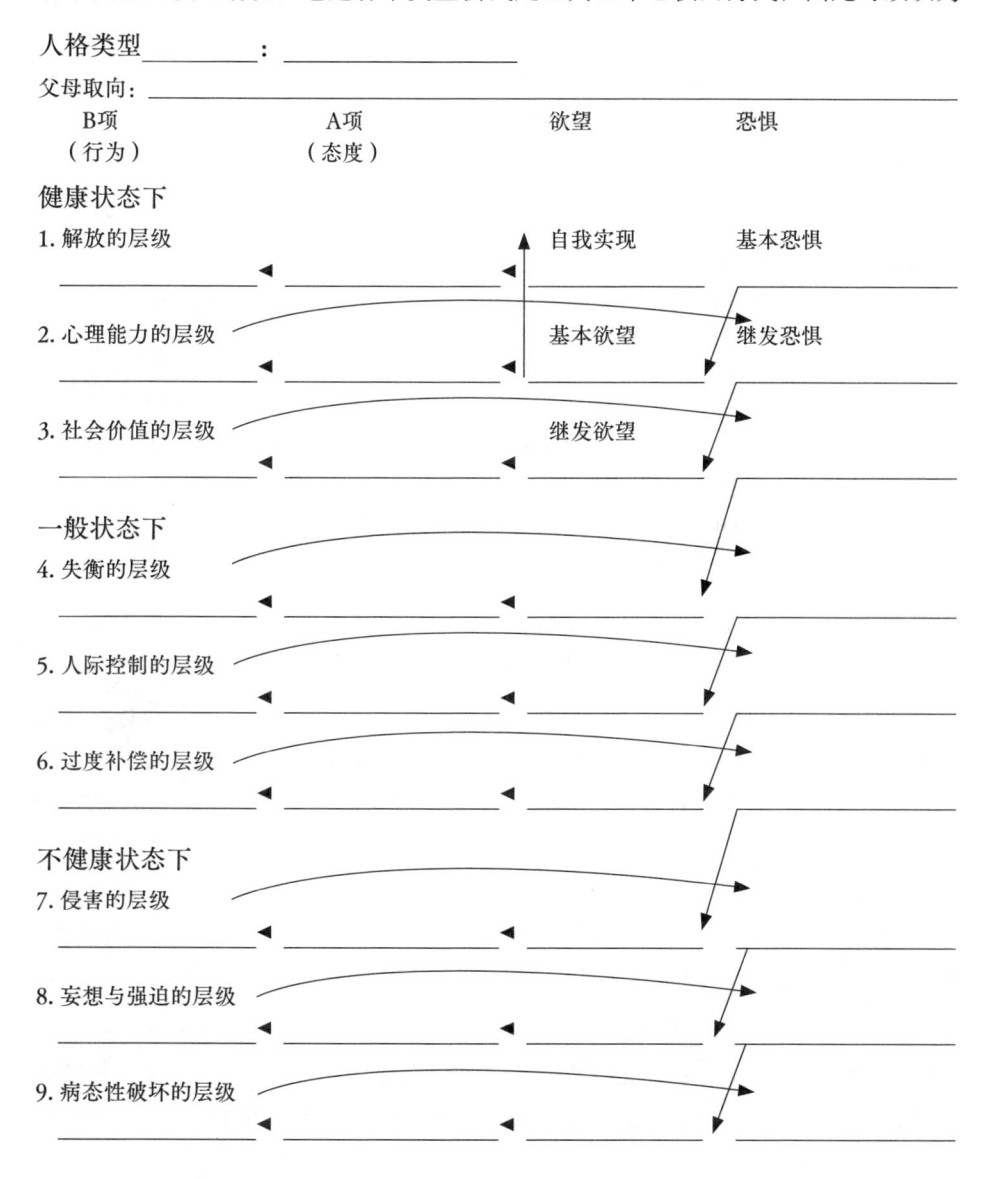

人格类型_____：_____
父母取向：_____

B项 （行为）	A项 （态度）	欲望	恐惧

健康状态下

1. 解放的层级 　　　　　　　　　　　自我实现　　基本恐惧

2. 心理能力的层级 　　　　　　　　　基本欲望　　继发恐惧

3. 社会价值的层级 　　　　　　　　　继发欲望

一般状态下

4. 失衡的层级

5. 人际控制的层级

6. 过度补偿的层级

不健康状态下

7. 侵害的层级

8. 妄想与强迫的层级

9. 病态性破坏的层级

它与基本恐惧直接相关。同样地，基本欲望也是普遍的，体现了每个人都想要的东西：感到被爱和有价值，知道自己是谁，感到有能力，拥有安全感和幸福感，得到自由，成为善良的人，得到和平。基本欲望体现了人类的基本需要，这一目标本身是正当合理、有意义的。问题在于，如果某个人太深地陷入了所属类型的欲望机制中，他就会为追求欲望的满足而损害生活中其他许多重要的领域，有时甚至会危害到他人的生活。

基本欲望代表着一个重要的转折点。必须注意，从基本欲望那里引出了两个箭头：一个向上指向"自我实现"，另一个向左指向"A项"下的空栏。这是因为基本欲望的"表现"有两种方式，一种导向第一层级的本体的自由和本质的自我，另一种导向第二层级的自我的世界。我们先分析后一种情况。

如果我们顺着箭头方向往左，首先看到的就是"A项"或第二层级的"态度"，即"心理能力的层级"。在下文列举的每一类型的核心动态清单中，我们会看到在这个位置列有五六个词，在它们的上端有一个黑体词，代表着这一列的"关键词"。这些讲的都是心理能力和特质，它们形成了个体自我结构的基础，各类型会"利用"这些能力与特质去实现自己的基本欲望。例如，第二型的基本恐惧是"担心不被需要，担心不被人爱"，这导致了进行补偿的基本欲望："渴望无条件地被爱"或者说"只因其自身而被爱"。为了实现这一欲望，第二型人变得特别善于"移情"，同时也"关怀他人、以他人为导向、大度"，等等。他们希望自己被爱，所以专注于他人的感受，对他人的感受也很敏感。这就是第二型人的自我结构的基础。

接下来是第二层级的态度栏导向行为栏。在图上，表示这一点的箭头向左指向"B项"下的空栏。然而，与所有其他层级不同，在第二层级，B项栏有着不同的意味。第二层级的B项栏代表着个体的自我形象，因而，该栏在此可以称为"我是……"栏，因为其代表的是某类型人看待自己的方式。继续以第二型人为例，在第二层级的B项栏下，我们可以看到"有爱心、关爱他人、无私、细心、热情"这些词，这就是第二型的"我是……"栏的内容。这个类型的人可以毫不困难地说"我有爱心、关爱他人、无私"，等等。

然而，一旦各个类型已经认同了某种自我形象，就必定会出现另一种恐惧，因为个体用以界定自身的那些特质实际上并不代表整个人的特质。因而，与自我形象相矛盾的那些特质就必定会受到抵制。在图中，可以看到一个箭头从第二层级的B项栏弧形向右回指向恐惧栏和标着"继发恐惧"的位置。这说明一种新的恐惧已经出现，以回应第二层级所认同的那些自我形象。人们可以更直接地感受到继发恐惧，有时它甚至会模糊基本恐惧。再以第二型人为例。我们看到，继发恐惧是"担心自己的需要和负面情感会伤害到人际关系"。换言之，一旦第二型人已经确立了有爱心、无私的自我形象以求得到爱，他们就开始担心失去爱心或变得自私——不论这对他们意味着什么。他们的某些真实感受会与他们的自我形象相矛盾，结果便是更加焦虑。

如果某类型的人屈从于继发恐惧，他们必定会以明确的行为来强化自己的自我形象，这就是从第二层级的继发恐惧斜着向下指向第三层级的继发欲望的箭头所表示的意思。由此，自我的另一个层级被建立起来，这个层级是对第二层级的自我的加固和强化，但付出的代价却是自由的进一步降低和更大的焦虑。正如在开始时的描述中可以看到的，第三层级仍是健康的，但明显处在自我的世界之中。在这个层级，每一类型的人都出现了建构性的行为，以向自己和他人证明，自己真的拥有第二层级的自我形象所勾勒出来的那些特质。仍以第二型人为例，我们看到，如果第二型人屈从于第二层级的继发恐惧，即"担心自己的需要和负面情感会伤害到人际关系"，他们就会转向第三层级的补偿的"继发欲望"，"想为他人做善事"（以强化自己的正面情感和自我形象）。这就导向了第三层级的A项或态度栏中的"支持的"（以及该态度栏的其他项如"欣赏他人的、有同情心的、有助于他人成长的"，等等），进而向左指向B项或行为项中的"给予的"（以及该行为栏的其他项如"慷慨的、激励人的、助人的"，等等）。

需要注意的是，在第三层级，并且在接下来的所有层级中，A项代表着态度或他人一般看不到的内在意识状态，B项代表着行为、行动或他人一般能看到的自我表现方式。因而，态度，如第三层级的第二型人的态度——支持的、欣赏他人的、有同情心的——就表现在第三层级的B项所描述的那些具体行为中，如给予的、激励人的、助人的，等等。

当然，一旦某人认同了第三层级的行为和态度，它们也必定会被捍卫，这样就会引起另外的恐惧。这又一次体现在弧形向右的箭头从B项栏回指到恐惧栏。就第二型人而言，助人的、慷慨的、激励人的等特质引起了新的恐惧，即"担心不论为他人做什么，都不会赢得他人的爱（他人不会主动来找他们，他们必须主动走向他人）"。如果某个类型的人屈从于第三层级的恐惧，他们就要寻求第四层级的补偿性欲望，由此而导向另一组同样必须被捍卫的态度栏和行为栏，如此又会引起新的恐惧，等等。整个过程就这样重复着，一直到第九层级。

至此，你们应当可以看到核心动态的螺旋式结构。一种恐惧配合着一种欲望，向左导向内在态度，进而是外在行为，接着又回来导向一种新的恐惧，并向下导向下一个层级作为对它的补偿。从这个角度看，所有的自我发展或解离都可看做是这一螺旋式的或上或下的运动。看一下第二型人的例子，你就会在 A 项栏和 B 项栏中看到——从第四层级即"失衡的层级"开始——每一栏的底部都有一行斜体字。它们代表从第四层级开始出现解离方向的特质。因而可把它们看做是解离方向的"平行轨迹"的一个提示，可以指示出当压力上升时每一层级将会出现的态度和行为。

看一下整个结构，我们就能发现，是恐惧一次又一次驱使我们走向越来越深的有限的、痛苦的自我状态，并越来越远地远离本性的直接体验。我们还能发现，在功能紊乱的环境中成长起来的孩子常常要面对更多的恐惧，因此自我防御会更强。因而，处于发展层级低端的成年人可能在儿童时期被迫发展形成了更为严密的防御机制。

接下来，为了减轻过于痛苦、防御状态下的负担，他只好沿着箭头的反方向螺旋式上升。这意味着自我要经历在发现自我的过程中所要面对的恐惧，所有后来将面对的恐惧都在这一恐惧之上。这还意味着要抛弃个体可能依附的行为、态度和欲望，承认存在更有效的手段可以实现个体真正需要的东西——基本欲望。

因此，我们的讨论已把我们带回到了第二层级的基本欲望这个"转折点"。回想一下，可以看到从基本欲望中引出了两个箭头。一个向左指向 A 项并最终导向我们刚刚尽力描述的自我世界；另一个向上指向第一层级以及标有"自我实现"的位置。这意味着，如果一个人真的想要实现其基本欲望，就必须在第一层级面对其基本恐惧，还要放弃其自我形象，放弃其在第二层级形成的自我界定，认识到那并不是其本来面貌。在第二型人的例子中，这意味着第二型人需要面对的恐惧是担心不被需要、担心不值得被爱，同时还要面对在"自我实现"一栏下所描述的自我形象——"不被允许照顾自己和自己的需要"。这就要求第二型人接受其全部的情感和动机，而不是把自己看做是"自私的"，并由此导向第一层级即"解放的层级"的 A 项和 B 项。

然而，到达第一层级并不是路的终点，而是另一条路的开始，是真我世界或本质的开始，不像界定自我的方式来界定。一个人一旦摆脱了其自身人格类型的羁绊，就会获得各种关于自我、世界和生活的奇妙体验。进而，将整合所有 9 种类型的正面特质，因为它们不再依附于只与某一个类型相关的行为和信念。关于第一层级及本体的视野扩展，要说的还有很多，但只好留待下一次了。

第二型人格：助人者

父母取向：对保护者角色怀有矛盾情感

B项	A项	欲望	恐惧

健康状态下

1. 解放的层级

　　　　　　　　　　　　　　　　　　　　自我实现　　　　　　基本恐惧
　无条件的爱　　◀**利他主义的**　　◀放弃认同某种特殊　担心不被需要，担心
　乐天派　　　　　自我扶持　　　　的自我形象，即他　不被人爱
　真正的博爱　　　无功利的　　　　们不被允许照顾自
　持久的"真爱"　　无私的　　　　　己和自己的需要
　　　　　　　　　谦卑的
　　　　　　　　　亲切的

2. 心理能力的层级

　　　　　　　　　　　　　　　　　　　　基本欲望　　　　　　继发恐惧
　有爱心　　　　◀**移情的**　　　◀渴望无条件地被爱　担心自己的需要和负
　关爱他人　　　　关怀他人　　　　　　　　　　　　　　　面情感会伤害到人际
　无私　　　　　　以他人为导向　　　　　　　　　　　　　关系
　细心　　　　　　大度
　热情　　　　　　同情
　热诚　　　　　　真诚

3. 社会价值的层级

　　　　　　　　　　　　　　　　　　　　继发欲望
　给予的　　　　◀**支持的**　　　◀想为他人做善事　　担心不论为他人做什
　慷慨的　　　　　欣赏他人的　　　　（以强化自己的　　么，都不会赢得他人
　激励人的　　　　有同情心的　　　　正面情感和自我　　的爱（他人不会主动
　助人的　　　　　有助于他人成长的　形象）　　　　　　来找他们，他们必须
　爱表现　　　　　有奉献精神　　　　　　　　　　　　　主动走向他人）
　指导他人　　　　赞美他人
　服务他人　　　　热情

一般状态下

4. 失衡的层级

　感情外露　　　◀**心地善良**　　◀渴望被需要，渴望　担心所爱的人爱别人
　赞许他人　　　　多愁善感　　　　　与他人走得更近　　胜过爱他们
　自吹自擂　　　　充满焦虑
　谄媚　　　　　　亲和
　取悦他人　　　　充满渴望
　善结交　　　　　需要身体接触
　"善分享"　　　　宗教的/心理的
　能说会道　　　　不啰嗦

379

5. 人际控制的层级

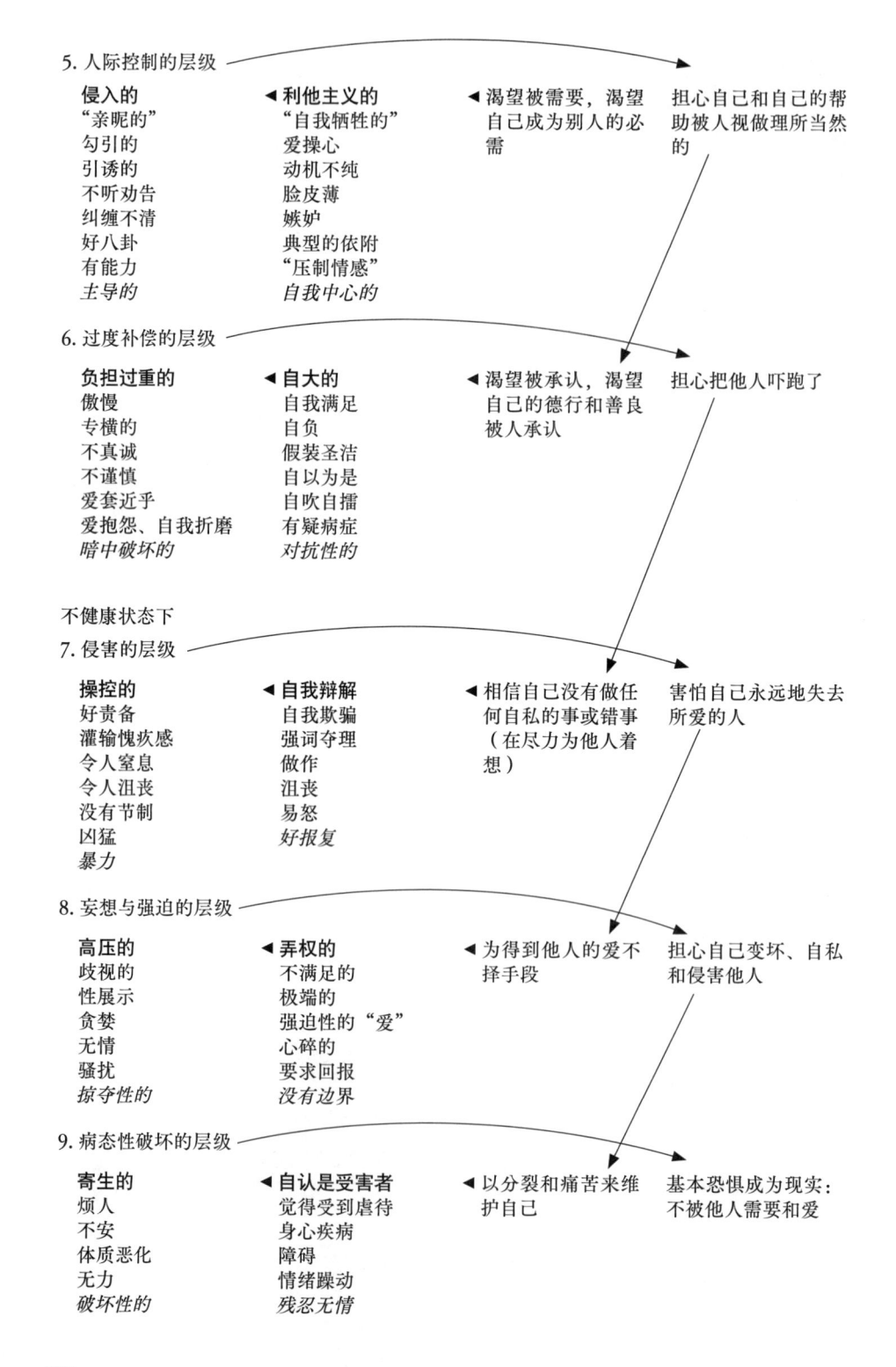

侵入的	◀ 利他主义的	◀ 渴望被需要，渴望自己成为别人的必需	担心自己和自己的帮助被人视做理所当然的
"亲昵的"	"自我牺牲的"		
勾引的	爱操心		
引诱的	动机不纯		
不听劝告	脸皮薄		
纠缠不清	嫉妒		
好八卦	典型的依附		
有能力	"压制情感"		
主导的	自我中心的		

6. 过度补偿的层级

负担过重的	◀ 自大的	◀ 渴望被承认，渴望自己的德行和善良被人承认	担心把他人吓跑了
傲慢	自我满足		
专横的	自负		
不真诚	假装圣洁		
不谨慎	自以为是		
爱套近乎	自吹自擂		
爱抱怨、自我折磨	有疑病症		
暗中破坏的	对抗性的		

不健康状态下

7. 侵害的层级

操控的	◀ 自我辩解	◀ 相信自己没有做任何自私的事或错事（在尽力为他人着想）	害怕自己永远地失去所爱的人
好责备	自我欺骗		
灌输愧疚感	强词夺理		
令人窒息	做作		
令人沮丧	沮丧		
没有节制	易怒		
凶猛	好报复		
暴力			

8. 妄想与强迫的层级

高压的	◀ 弄权的	◀ 为得到他人的爱不择手段	担心自己变坏、自私和侵害他人
歧视的	不满足的		
性展示	极端的		
贪婪	强迫性的"爱"		
无情	心碎的		
骚扰	要求回报		
掠夺性的	没有边界		

9. 病态性破坏的层级

寄生的	◀ 自认是受害者	◀ 以分裂和痛苦来维护自己	基本恐惧成为现实：不被他人需要和爱
烦人	觉得受到虐待		
不安	身心疾病		
体质恶化	障碍		
无力	情绪躁动		
破坏性的	残忍无情		

第三型人格：成就者

父母取向：与养育者角色有联系

B项	A项	欲望	恐惧

健康状态下

1. 解放的层级

                自我实现　　　　　基本恐惧

 真诚的　　　　◀**内心取向**　　◀放下对特定自我形　担心毫无价值
 诚实的　　　　　自我接纳　　　　象的认同，即他们
 有爱心　　　　　谦恭　　　　　　的价值有赖于他人
 自尊　　　　　　心满意足　　　　的正面尊重
 自我反省　　　　温和
 仁慈的　　　　　仁爱

2. 心理能力的层级

               基本欲望　　　　　继发恐惧

 受人欣赏　　◀**适应性强**　　◀渴望受人重视和有　担心被人拒绝
 受欢迎　　　　　以他人为导向　　　价值（因为他们令
 有吸引力　　　　现实主义　　　　　他人失望）
 有魅力　　　　　自信
 善于调节　　　　有目标
 沉着冷静　　　　"有无限潜能"

3. 社会价值的层级

               继发欲望

 自我提升　　◀**目标取向**　　◀渴望发展自己　　　担心落后、不如别人
 杰出　　　　　　有雄心　　　　　（做一个"全能"
 起作用　　　　　自信　　　　　　的人）
 有能力　　　　　热情高涨
 善于交际　　　　勤奋
 激励人的　　　　专注
 勤奋　　　　　　有恒心
       自我投入

一般状态下

4. 失衡的层级

 善于表演　　◀**成功取向**　　◀渴望与众不同、受　担心失去他人的正面
 有成就感　　　　好比较　　　　　关注和被人尊重　　尊重
 以职业为导向　　地位意识强
 自我提高　　　　好竞争
 有组织性　　　　排他
 善于外交　　　　受驱动的
 好表现　　　　　寻求认可
 有一致性　　　　善于调解

5. 人际控制的层级

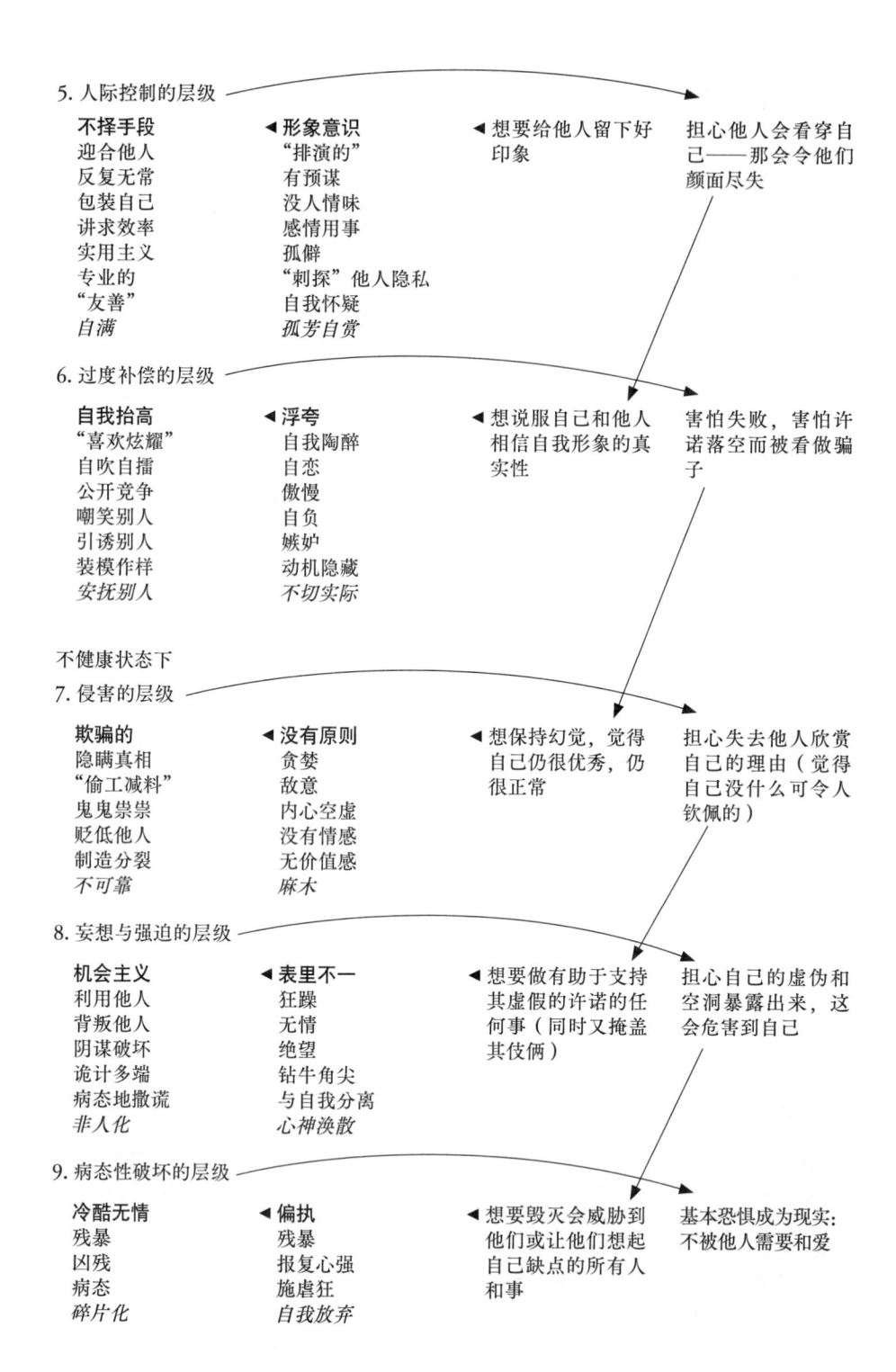

不择手段
迎合他人
反复无常
包装自己
讲求效率
实用主义
专业的
"友善"
自满

◀ **形象意识**
"排演的"
有预谋
没人情味
感情用事
孤僻
"刺探"他人隐私
自我怀疑
孤芳自赏

◀ 想要给他人留下好印象

担心他人会看穿自己——那会令他们颜面尽失

6. 过度补偿的层级

自我抬高
"喜欢炫耀"
自吹自擂
公开竞争
嘲笑别人
引诱别人
装模作样
安抚别人

◀ **浮夸**
自我陶醉
自恋
傲慢
自负
嫉妒
动机隐藏
不切实际

◀ 想说服自己和他人相信自我形象的真实性

害怕失败，害怕许诺落空而被看做骗子

不健康状态下
7. 侵害的层级

欺骗的
隐瞒真相
"偷工减料"
鬼鬼祟祟
贬低他人
制造分裂
不可靠

◀ **没有原则**
贪婪
敌意
内心空虚
没有情感
无价值感
麻木

◀ 想保持幻觉，觉得自己仍很优秀，仍很正常

担心失去他人欣赏自己的理由（觉得自己没什么可令人钦佩的）

8. 妄想与强迫的层级

机会主义
利用他人
背叛他人
阴谋破坏
诡计多端
病态地撒谎
非人化

◀ **表里不一**
狂躁
无情
绝望
钻牛角尖
与自我分离
心神涣散

◀ 想要做有助于支持其虚假的许诺的任何事（同时又掩盖其伎俩）

担心自己的虚伪和空洞暴露出来，这会危害到自己

9. 病态性破坏的层级

冷酷无情
残暴
凶残
病态
碎片化

◀ **偏执**
残暴
报复心强
施虐狂
自我放弃

◀ 想要毁灭会威胁到他们或让他们想起自己缺点的所有人和事

基本恐惧成为现实：不被他人需要和爱

382

第四型人格：个人主义者

父母取向：与父母都失去了联系

B项	A项	欲望	恐惧

健康状态下

1. 解放的层级

　　　　　　　　　　　　　　　　　　　　自我实现　　　　　基本恐惧

　提升生命的　　◀**拥抱生命**　　◀放弃认同某一特殊　担心自己得不到身份
　救赎的　　　　　　自我更新　　　　的自我形象，即他　认同或个人价值
　有灵感的　　　　　有活力的　　　　们比其他人有更多
　参与性的　　　　　自发的　　　　　的内在缺陷——他
　真正有独创性的　　好交际　　　　　们缺少他人拥有的
　有启示性的　　　　慷慨的　　　　　东西

2. 心理能力的层级

　　　　　　　　　　　　　　　　　　　基本欲望　　　　　继发恐惧

　敏感的　　　　◀**反省的**　　◀想要发现自己和自　担心与自己的内心
　与众不同　　　　　自省　　　　　　身价值（从内心　　状态和自我感觉失
　温和　　　　　　　直觉　　　　　　体验中获得身份认　去联系
　沉着、热情　　　　情绪化　　　　　同）
　独特　　　　　　　以情感为导向
　忠实于自我　　　　敏感的

3. 社会价值的层级

　　　　　　　　　　　　　　　　　　　继发欲望

　有创造性　　　◀**自我揭示的**　◀渴望向自己和他人　担心自己善变的情绪
　个性与普遍性　　　易于接近　　　　表现自己的个性　　难以维持自己及自己
　有表现力　　　　　情感热烈　　　　（通过创造性活动）的创造性
　细腻　　　　　　　奉献
　人道　　　　　　　真实
　雄辩、机智　　　　有主见的

一般状态下

4. 失衡的层级

　个人主义　　　◀**浪漫主义**　◀渴望扶持和发展所　担心他人不欣赏自己
　特殊的　　　　　　爱幻想　　　　　认定的情感（幻想　的身份认同和情感的
　审美的、有情调　　好表现　　　　　自我）　　　　　　价值
　象征的　　　　　　理想化
　间接的　　　　　　以过去为导向
　善于创造氛围　　　迷恋的
　"优雅"、活泼　　　创造期待
　感情外露的　　　　多愁善感的

5. 人际控制的层级

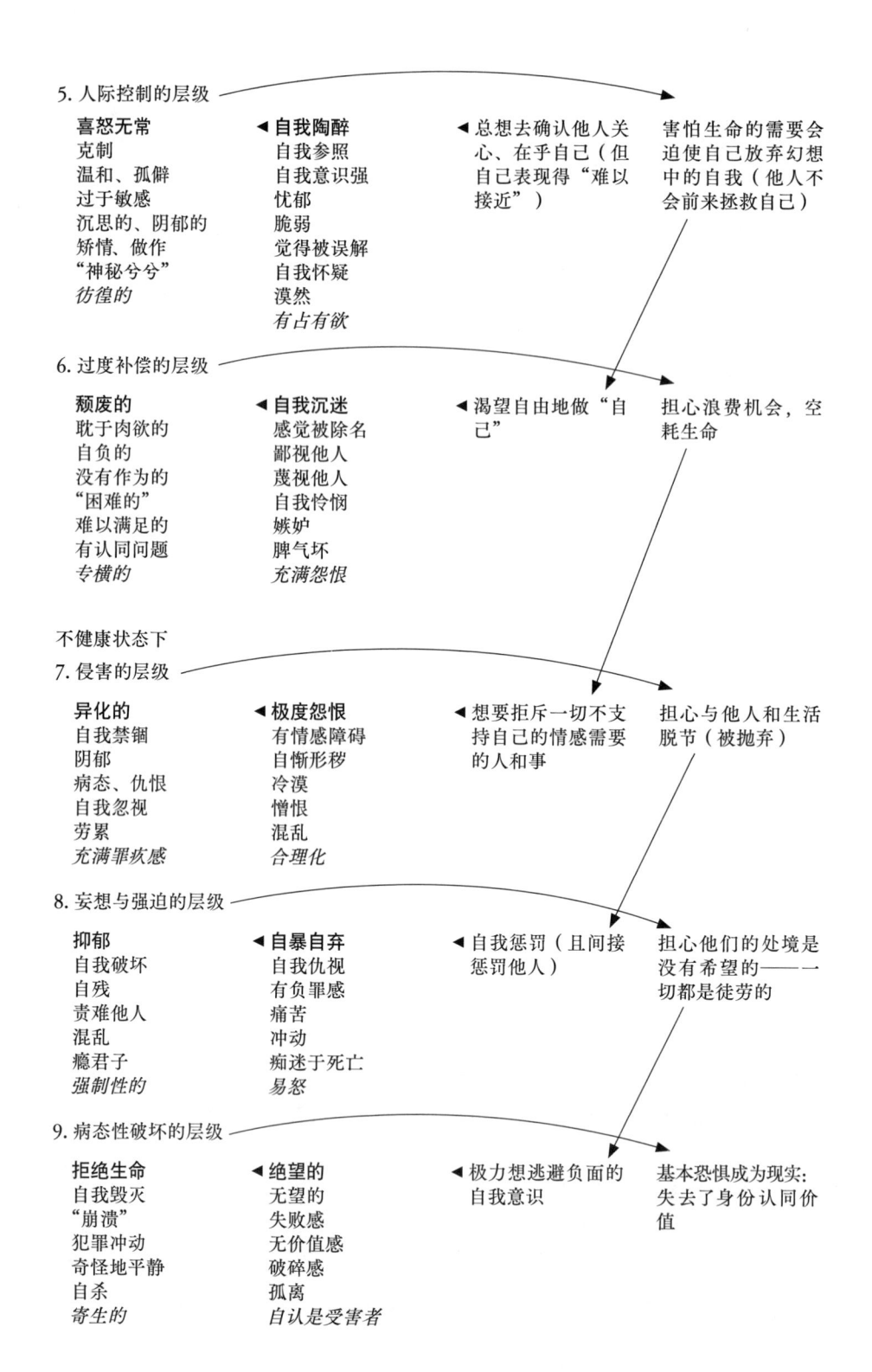

　　喜怒无常　　　◀自我陶醉　　　◀总想去确认他人关　　害怕生命的需要会
　　克制　　　　　　自我参照　　　　心、在乎自己（但　　迫使自己放弃幻想
　　温和、孤僻　　　自我意识强　　　自己表现得"难以　　中的自我（他人不
　　过于敏感　　　　忧郁　　　　　　接近"）　　　　　　会前来拯救自己）
　　沉思的、阴郁的　脆弱
　　矫情、做作　　　觉得被误解
　　"神秘兮兮"　　 自我怀疑
　　彷徨的　　　　漠然
　　　　　　　　　　有占有欲

6. 过度补偿的层级

　　颓废的　　　　　◀自我沉迷　　　◀渴望自由地做"自　　担心浪费机会，空
　　耽于肉欲的　　　感觉被除名　　　己"　　　　　　　　耗生命
　　自负的　　　　　鄙视他人
　　没有作为的　　　蔑视他人
　　"困难的"　　　 自我怜悯
　　难以满足的　　　嫉妒
　　有认同问题　　　脾气坏
　　专横的　　　　*充满怨恨*

不健康状态下

7. 侵害的层级

　　异化的　　　　　◀极度怨恨　　　◀想要拒斥一切不支　　担心与他人和生活
　　自我禁锢　　　　有情感障碍　　　持自己的情感需要　　脱节（被抛弃）
　　阴郁　　　　　　自惭形秽　　　　的人和事
　　病态、仇恨　　　冷漠
　　自我忽视　　　　憎恨
　　劳累　　　　　　混乱
　　充满罪疚感　　*合理化*

8. 妄想与强迫的层级

　　抑郁　　　　　　◀自暴自弃　　　◀自我惩罚（且间接　　担心他们的处境是
　　自我破坏　　　　自我仇视　　　　惩罚他人）　　　　　没有希望的——一
　　自残　　　　　　有负罪感　　　　　　　　　　　　　　切都是徒劳的
　　责难他人　　　　痛苦
　　混乱　　　　　　冲动
　　瘾君子　　　　　痴迷于死亡
　　强制性的　　　*易怒*

9. 病态性破坏的层级

　　拒绝生命　　　　◀绝望的　　　　◀极力想逃避负面的　　基本恐惧成为现实：
　　自我毁灭　　　　无望的　　　　　自我意识　　　　　　失去了身份认同价
　　"崩溃"　　　　 失败感　　　　　　　　　　　　　　　值
　　犯罪冲动　　　　无价值感
　　奇怪地平静　　　破碎感
　　自杀　　　　　　孤离
　　寄生的　　　　*自认是受害者*

384

第五型人格：探索者

父母取向：对父母都怀有矛盾情感

B项	A项	欲望	恐惧

健康状态下

1. 解放的层级

　　　　　　　　　　　　　　　　　　　　自我实现　　　　　基本恐惧
　富于远见的　◀ **参与性的**　　　◀ 放下对特定自我的　害怕陷入绝望，成为
　开拓性的　　　有领悟力的　　　　形象的认同，即与　无助、无用、无能之
　狂喜的　　　　令人敬畏的　　　　环境隔绝（是局外　人
　深刻的　　　　思维清晰的　　　　观察者）
　变革性的　　　值得信任的
　热情洋溢的
　学识渊博的

2. 心理能力的层级

　　　　　　　　　　　　　　　　　　　　基本欲望　　　　　继发恐惧
　有知觉力的　◀ **观察**　　　　◀ 想要变得全能（对社　担心感受力不足以给
　"敏锐"　　　　专注　　　　　　会有所贡献）　　　自己一个生活方向
　好奇　　　　　感觉敏锐　　　　　　　　　　　　　（会被生活压倒）
　有洞察力　　　有魅力
　乐观　　　　　冷静
　机敏　　　　　客观
　非凡　　　　　自我约束

3. 社会价值的层级

　　　　　　　　　　　　　　　　　　　　继发欲望
　创新的　　◀ **专注**　　　　◀ 想要通过主宰环境　担心自己没有可贡献
　有独创性的　　好探索　　　　　　来获得信心（给自　的东西（没有准备
　多才多艺　　　有忍耐力　　　　　己创造一片天地）　好）
　发明家　　　　别出心裁
　善交际　　　　不妥协
　有创造力　　　独立
　博学

一般状态下

4. 失衡的层级

　专家　　　◀ **理论家**　　　◀ 通过退回到自己的　担心他人对自己要求
　博学　　　　　百科全书式的人物　内心或用想象来　　太多，内心世界会受
　有技术　　　　规范制定者　　　　给自己更大的安全　到威胁
　爱收藏　　　　爱好分析　　　　　感和信心（"修补
　勤奋　　　　　不受拘束　　　　　匠"）
　拖拖拉拉　　　有准备的
　浅尝辄止　　　贪婪的
　　　　　　　　贪得无厌

385

5. 人际控制的层级

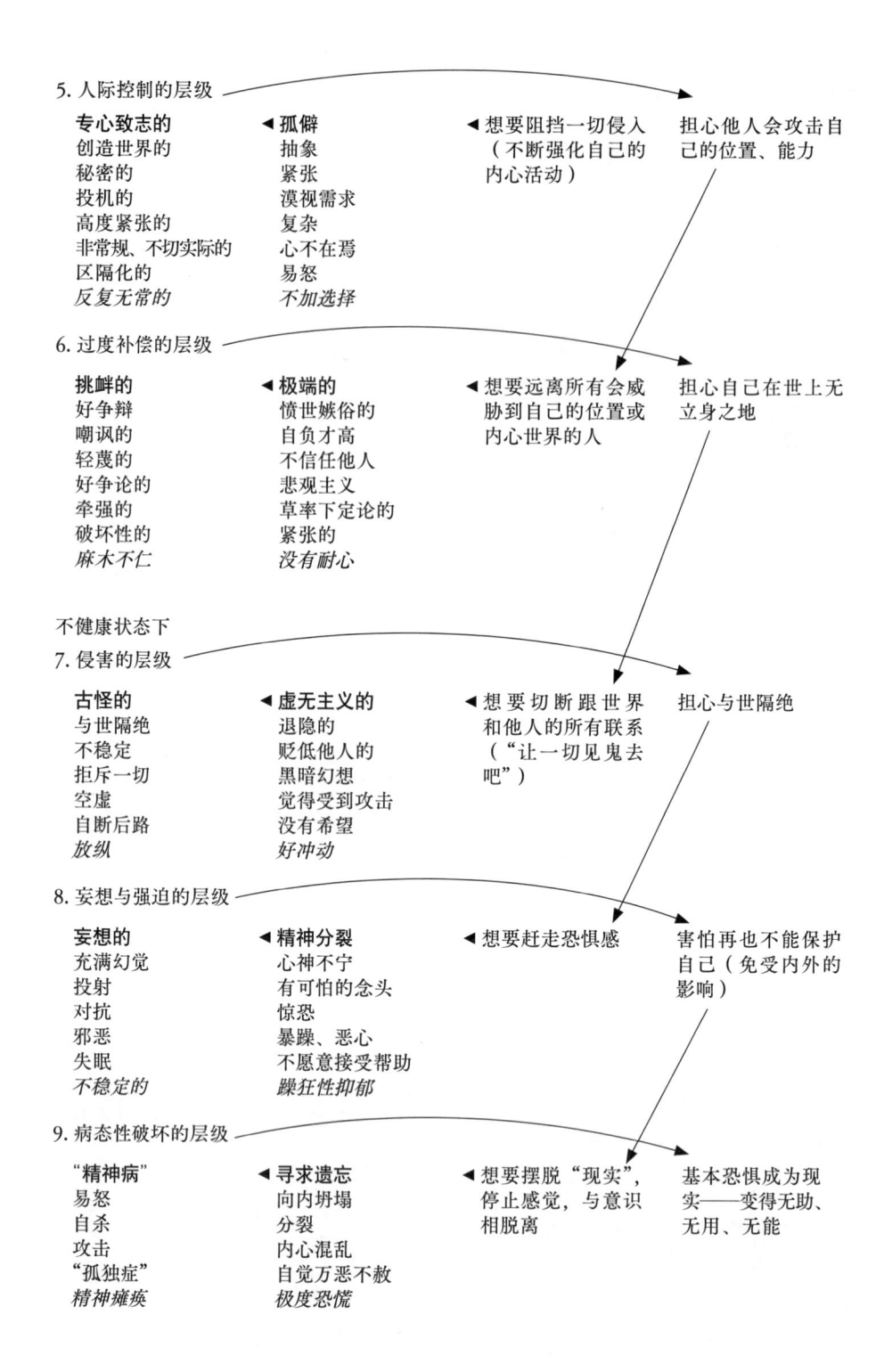

专心致志的	◀孤僻	◀想要阻挡一切侵入（不断强化自己的内心活动）	担心他人会攻击自己的位置、能力
创造世界的	抽象		
秘密的	紧张		
投机的	漠视需求		
高度紧张的	复杂		
非常规、不切实际的	心不在焉		
区隔化的	易怒		
反复无常的	不加选择		

6. 过度补偿的层级

挑衅的	◀极端的	◀想要远离所有会威胁到自己的位置或内心世界的人	担心自己在世上无立身之地
好争辩	愤世嫉俗的		
嘲讽的	自负才高		
轻蔑的	不信任他人		
好争论的	悲观主义		
牵强的	草率下定论的		
破坏性的	紧张的		
麻木不仁	没有耐心		

不健康状态下

7. 侵害的层级

古怪的	◀虚无主义的	◀想要切断跟世界和他人的所有联系（"让一切见鬼去吧"）	担心与世隔绝
与世隔绝	退隐的		
不稳定	贬低他人的		
拒斥一切	黑暗幻想		
空虚	觉得受到攻击		
自断后路	没有希望		
放纵	好冲动		

8. 妄想与强迫的层级

妄想的	◀精神分裂	◀想要赶走恐惧感	害怕再也不能保护自己（免受内外的影响）
充满幻觉	心神不宁		
投射	有可怕的念头		
对抗	惊恐		
邪恶	暴躁、恶心		
失眠	不愿意接受帮助		
不稳定的	躁狂性抑郁		

9. 病态性破坏的层级

"精神病"	◀寻求遗忘	◀想要摆脱"现实"，停止感觉，与意识相脱离	基本恐惧成为现实——变得无助、无用、无能
易怒	向内坍塌		
自杀	分裂		
攻击	内心混乱		
"孤独症"	自觉万恶不赦		
精神瘫痪	极度恐慌		

第六型人格：忠诚者

父母取向：与保护者角色有联系

B项	A项	欲望	恐惧

健康状态下

1. 解放的层级

　　　　　　　　　　　　　　　　　　　　　自我实现　　　　　　基本恐惧

　有勇气的　　　　　◀ **自立的**　　　　◀ 放下对特定自我形　担心不能独立生活，
　坚韧　　　　　　　　自我确证的　　　　象的认同，不再认　担心失去支持
　协作的　　　　　　　独立的　　　　　　为必须依赖外部的
　不屈不挠　　　　　　积极思考　　　　　人或事物来获得安
　自我表现　　　　　　脚踏实地　　　　　全感
　果断　　　　　　　　安全

2. 心理能力的层级　　　　　　　　　　　　基本欲望　　　　　　继发恐惧

　可靠的　　　　　　◀ **迷人的**　　　　◀ 想得到安全感和支　担心失去安全感——
　可依赖的　　　　　　结合的　　　　　　持（有所归属）　　归属感
　值得信赖的　　　　　认同的
　讨人喜欢　　　　　　值得信赖
　关心人　　　　　　　信任的、提问的
　有远见　　　　　　　警觉的
　"有规律性的"　　　　有联系的

3. 社会价值的层级　　　　　　　　　　　　继发欲望

　合作的　　　　　　◀ **奉献的**　　　　◀ 想要创造和维系　　担心做事会危害到安
　坚韧不拔　　　　　　有责任心　　　　　"社会安全"（形成　全体系（群体、权威
　一丝不苟　　　　　　守纪律　　　　　　体系、与他人结　　或亲属）
　主张平等　　　　　　讲求实际　　　　　盟）
　工作卖力　　　　　　以行动为导向
　社区建设者　　　　　自我牺牲
　节俭　　　　　　　　受人尊重
　工匠　　　　　　　　有条理

一般状态下

4. 失衡的层级

　忠诚的　　　　　　◀ **尽责的**　　　　◀ 想强化自己的支持　担心无法满足有冲突
　投入的　　　　　　　尽义务的　　　　　体制——以巩固与　的需要（不同的联盟
　组织化的　　　　　　"包容"　　　　　　权威的联盟和自己　或权威的需要）
　分析性的　　　　　　寻求认可　　　　　的地位
　友情　　　　　　　　自信
　安全的守护者　　　　相信的、怀疑的
　解决麻烦的能手　　　缺乏安全感
　奉承的　　　　　　　依附于体系或信仰
　爱表演的　　　　　　好竞争

5. 人际控制的层级

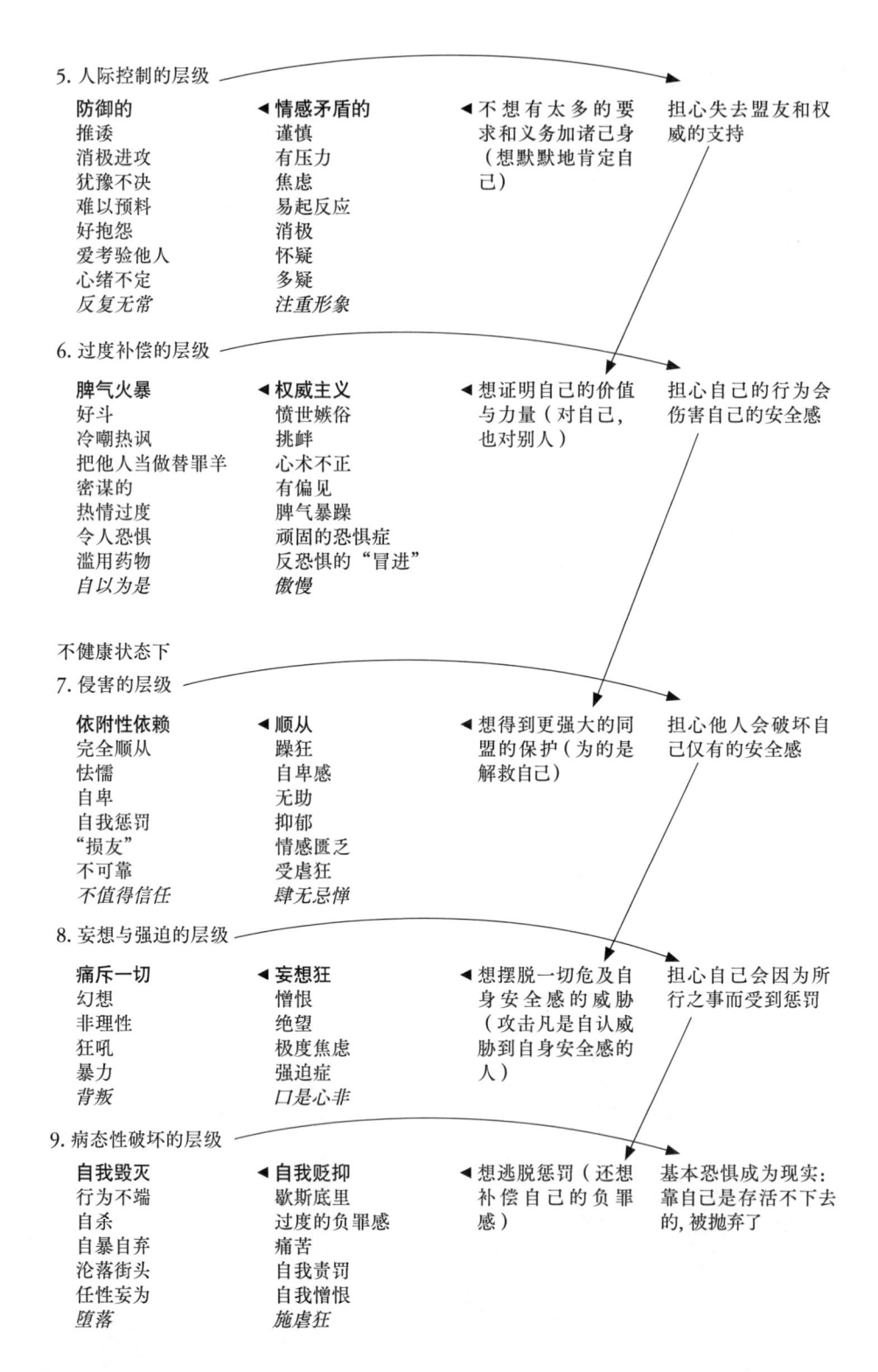

防御的
推诿
消极进攻
犹豫不决
难以预料
好抱怨
爱考验他人
心绪不定
反复无常

◀ 情感矛盾的
谨慎
有压力
焦虑
易起反应
消极
怀疑
多疑
注重形象

◀ 不想有太多的要求和义务加诸己身（想默默地肯定自己）

担心失去盟友和权威的支持

6. 过度补偿的层级

脾气火暴
好斗
冷嘲热讽
把他人当做替罪羊
密谋的
热情过度
令人恐惧
滥用药物
自以为是

◀ 权威主义
愤世嫉俗
挑衅
心术不正
有偏见
脾气暴躁
顽固的恐惧症
反恐惧的"冒进"
傲慢

◀ 想证明自己的价值与力量（对自己，也对别人）

担心自己的行为会伤害自己的安全感

不健康状态下
7. 侵害的层级

依附性依赖
完全顺从
怯懦
自卑
自我惩罚
"损友"
不可靠
不值得信任

◀ 顺从
躁狂
自卑感
无助
抑郁
情感匮乏
受虐狂
肆无忌惮

◀ 想得到更强大的同盟的保护（为的是解救自己）

担心他人会破坏自己仅有的安全感

8. 妄想与强迫的层级

痛斥一切
幻想
非理性
狂吼
暴力
背叛

◀ 妄想狂
憎恨
绝望
极度焦虑
强迫症
口是心非

◀ 想摆脱一切危及自身安全感的威胁（攻击凡是自认威胁到自身安全感的人）

担心自己会因为所行之事而受到惩罚

9. 病态性破坏的层级

自我毁灭
行为不端
自杀
自暴自弃
沦落街头
任性妄为
堕落

◀ 自我贬抑
歇斯底里
过度的负罪感
痛苦
自我责罚
自我憎恨
施虐狂

◀ 想逃脱惩罚（还想补偿自己的负罪感）

基本恐惧成为现实：靠自己是存活不下去的，被抛弃了

388

第七型人格：热情者

父母取向：与养育者角色失去了联系

B项	A项	欲望	恐惧

健康状态下

1. 解放的层级

　　　　　　　　　　　　　　　　　　　自我实现　　　　　基本恐惧

　满足的　　　　◀ **有鉴赏力**　　◀ 放下对特定自我形　害怕痛苦和被剥夺
　满意的　　　　　　同化的　　　　　象的认同，不再认
　狂喜的　　　　　　善接纳的　　　　为需要特定的物品
　受扶持的　　　　　乐天派　　　　　和经历才能满足
　精神性的　　　　　有品位
　真正自由的　　　　慷慨

2. 心理能力的层级

　　　　　　　　　　　　　　　　　　　基本欲望　　　　　继发恐惧

　热情的　　　　◀ **可预期的**　　◀ 渴望获得满足，渴　担心失去自由和幸福，
　精神自由的　　　　令人兴奋的　　　望自己的需要得到　担心需要得不到满足
　自发的　　　　　　激励性的　　　　满足
　活泼的　　　　　　反应迅速的
　热忱外向的　　　　活泼
　冒险的　　　　　　有复原力
　精力旺盛的　　　　主动

3. 社会价值的层级

　　　　　　　　　　　　　　　　　　　继发欲望

　生产性的　　　◀ **现实主义的**　◀ 希望所做的事能确　担心错失有价值的东
　切实可行的　　　　自信的　　　　　保需要得到满足　　西和经验（担心自己
　多才多艺的　　　　以未来为导向的　　　　　　　　　　　拥有的不够多）
　爱交际的　　　　　投入型的
　万事通　　　　　　热情的
　高产的　　　　　　活泼的
　快乐的　　　　　　大胆的

一般状态下

4. 失衡的层级

　消费性的　　　◀ **渴望获得**　　◀ 想拥有更多激励因　感到无聊或受挫（负
　寻求多样性　　　　保持选择开放　　素（以便做得更多）面情感占上风）
　体验型的　　　　　以快乐为导向
　埋头于工作、忙碌　充满欲望
　浅尝辄止　　　　　物质主义
　讲究风度的　　　　精于世故
　夸夸其谈的　　　　随波逐流，寻求刺激
　传教的　　　　　　被驱动的

389

5. 人际控制的层级

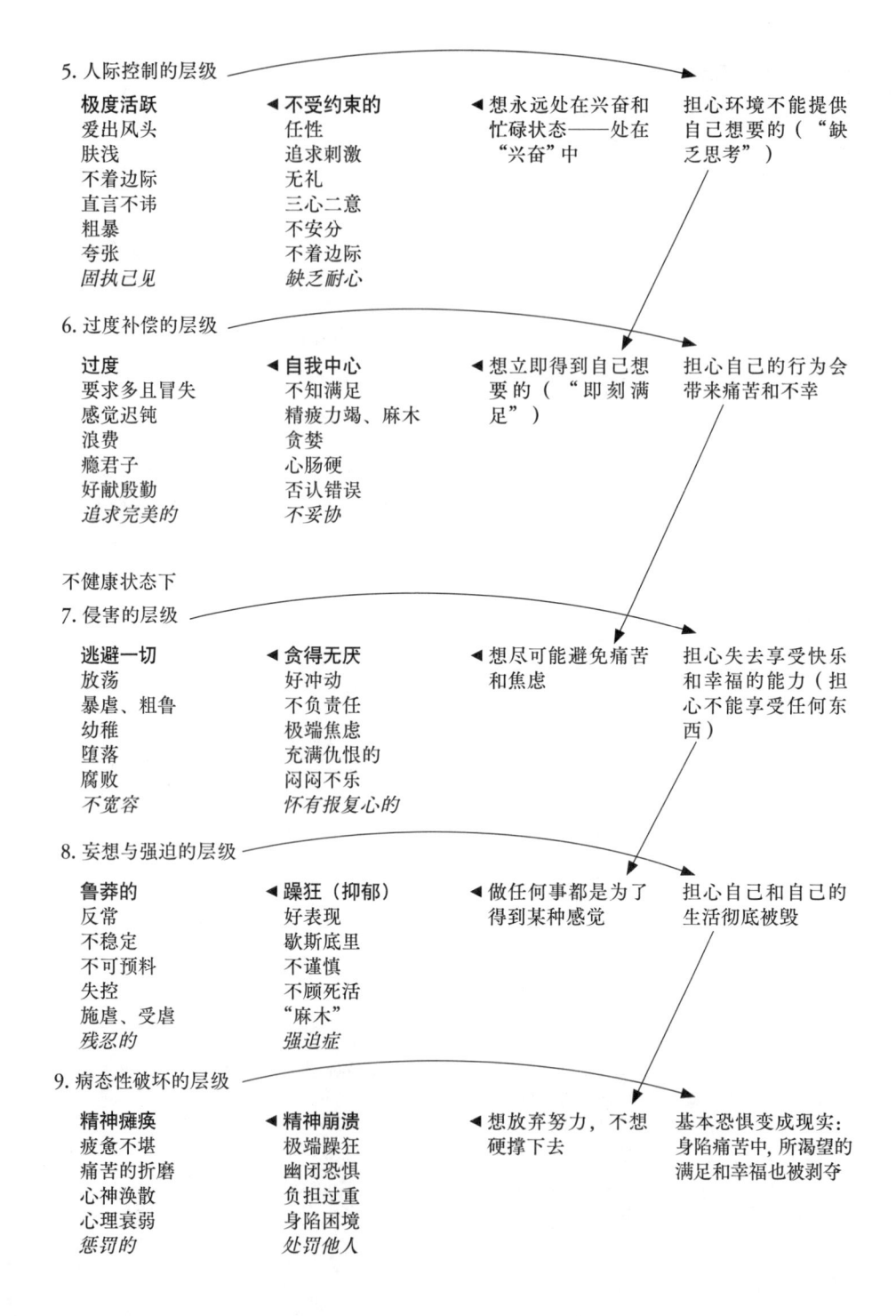

极度活跃	◂ **不受约束的**	◂ 想永远处在兴奋和忙碌状态——处在"兴奋"中	担心环境不能提供自己想要的("缺乏思考")
爱出风头	任性		
肤浅	追求刺激		
不着边际	无礼		
直言不讳	三心二意		
粗暴	不安分		
夸张	不着边际		
固执己见	*缺乏耐心*		

6. 过度补偿的层级

过度	◂ **自我中心**	◂ 想立即得到自己想要的("即刻满足")	担心自己的行为会带来痛苦和不幸
要求多且冒失	不知满足		
感觉迟钝	精疲力竭、麻木		
浪费	贪婪		
瘾君子	心肠硬		
好献殷勤	否认错误		
追求完美的	*不妥协*		

不健康状态下

7. 侵害的层级

逃避一切	◂ **贪得无厌**	◂ 想尽可能避免痛苦和焦虑	担心失去享受快乐和幸福的能力(担心不能享受任何东西)
放荡	好冲动		
暴虐、粗鲁	不负责任		
幼稚	极端焦虑		
堕落	充满仇恨的		
腐败	闷闷不乐		
不宽容	*怀有报复心的*		

8. 妄想与强迫的层级

鲁莽的	◂ **躁狂(抑郁)**	◂ 做任何事都是为了得到某种感觉	担心自己和自己的生活彻底被毁
反常	好表现		
不稳定	歇斯底里		
不可预料	不谨慎		
失控	不顾死活		
施虐、受虐	"麻木"		
残忍的	*强迫症*		

9. 病态性破坏的层级

精神瘫痪	◂ **精神崩溃**	◂ 想放弃努力,不想硬撑下去	基本恐惧变成现实:身陷痛苦中,所渴望的满足和幸福也被剥夺
疲惫不堪	极端躁狂		
痛苦的折磨	幽闭恐惧		
心神涣散	负担过重		
心理衰弱	身陷困境		
惩罚的	*处罚他人*		

第八型人格：领导者

父母取向：对养育者角色怀有矛盾情感

B项	A项	欲望	恐惧

健康状态下

1. 解放的层级

  自我实现　　　　基本恐惧

 英雄主义的　◀ **放任的**　◀ 放下对特定自我形象的认同，不再始终掌控所处的环境　　担心被他人伤害或控制

 激励人的　　热情的
 有勇气的　　仁慈的
 强有力的　　大方的
 无私的　　　宽容的
 温和的　　　忠诚的

2. 心理能力的层级

  基本欲望　　　　继发恐惧

 强硬的　◀ **自立的**　◀ 自然保护（自己的生活和命运自己控制）　担心变得脆弱和软弱，担心失去自己的力量和独立

 坚定的　　　独立的
 机智的　　　意志坚定
 以行动为导向　自我决断
 直率的　　　坚决的
 顽强的　　　充满激情
 强健的　　　热情洋溢

3. 社会价值的层级

  继发欲望

 领导型的　◀ **自信**　◀ 想要通过行动或成就来证明自己的力量　担心没有足够的资源可用来发挥自己作为领导人、供应者的作用

 支持性的　　自我主导
 建设性的　　受人尊重
 有远见　　　有权威性
 敢于挑战　　有开拓性
 有上进心　　果断
 决心坚定　　讲究策略
 保护性的　　寻求公正

一般状态下

4. 失衡的层级

 实业型的　◀ **实用主义**　◀ 想要获得所需资源来维持自己的地位　担心他人不尊重自己或不认可自己的努力

 工作勤奋　　争强好胜
 敢于冒险　　力图占上风
 直截了当　　精明
 追求效率　　"不多说废话"
 粗鲁　　　　自私自利
 "街头智慧"　被驱动的
 有见识　　　善于分析

391

5. 人际控制的层级

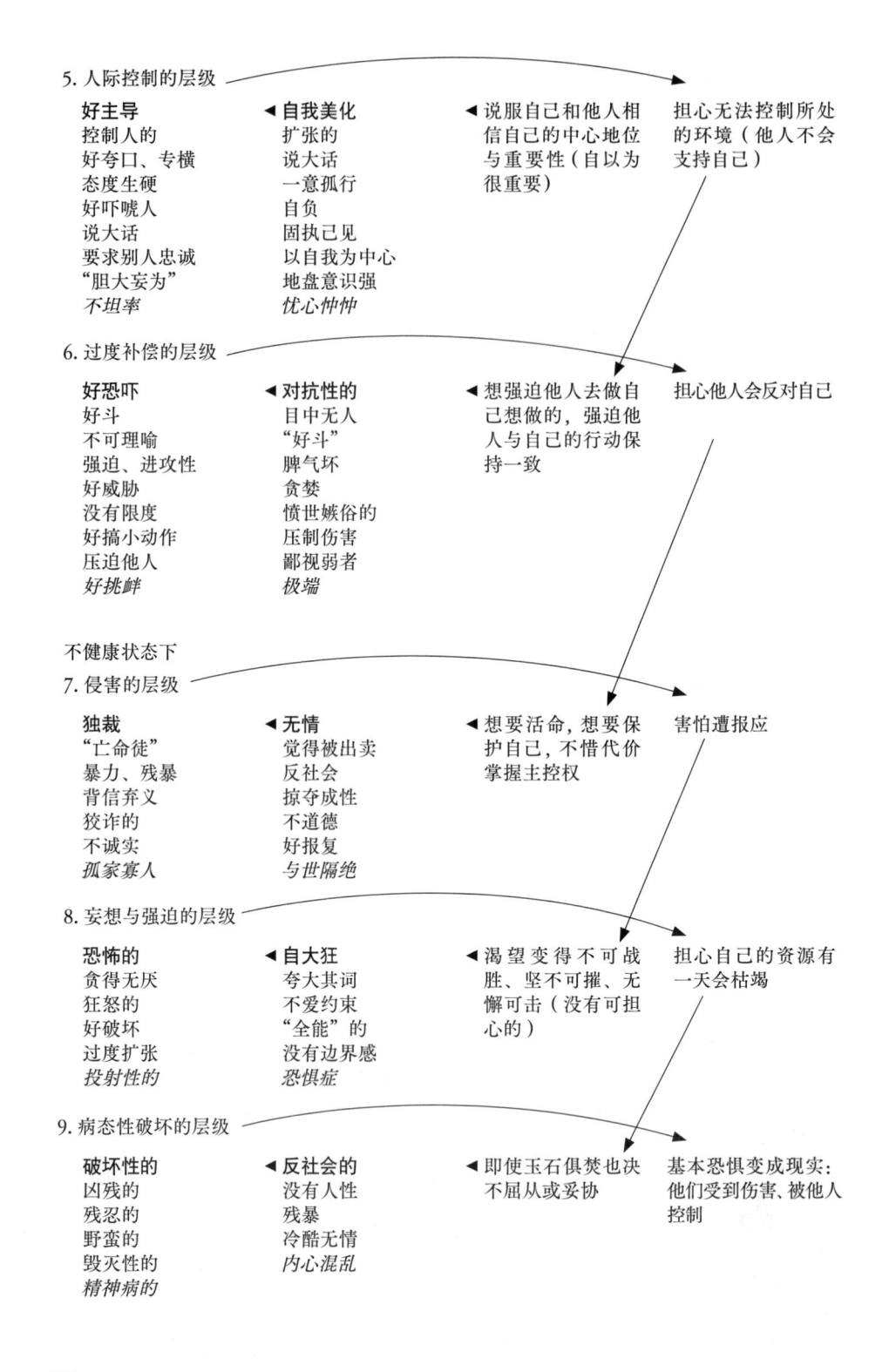

好主导
控制人的
好夸口、专横
态度生硬
好吓唬人
说大话
要求别人忠诚
"胆大妄为"
不坦率

◀ **自我美化**
扩张的
说大话
一意孤行
自负
固执己见
以自我为中心
地盘意识强
忧心忡忡

◀ 说服自己和他人相信自己的中心地位与重要性（自以为很重要）

担心无法控制所处的环境（他人不会支持自己）

6. 过度补偿的层级

好恐吓
好斗
不可理喻
强迫、进攻性
好威胁
没有限度
好搞小动作
压迫他人
好挑衅

◀ **对抗性的**
目中无人
"好斗"
脾气坏
贪婪
愤世嫉俗的
压制伤害
鄙视弱者
极端

◀ 想强迫他人去做自己想做的，强迫他人与自己的行动保持一致

担心他人会反对自己

不健康状态下

7. 侵害的层级

独裁
"亡命徒"
暴力、残暴
背信弃义
狡诈的
不诚实
孤家寡人

◀ **无情**
觉得被出卖
反社会
掠夺成性
不道德
好报复
与世隔绝

◀ 想要活命，想要保护自己，不惜代价掌握主控权

害怕遭报应

8. 妄想与强迫的层级

恐怖的
贪得无厌
狂怒的
好破坏
过度扩张
投射性的

◀ **自大狂**
夸大其词
不爱约束
"全能"的
没有边界感
恐惧症

◀ 渴望变得不可战胜、坚不可摧、无懈可击（没有可担心的）

担心自己的资源有一天会枯竭

9. 病态性破坏的层级

破坏性的
凶残的
残忍的
野蛮的
毁灭性的
精神病的

◀ **反社会的**
没有人性
残暴
冷酷无情
内心混乱

◀ 即使玉石俱焚也决不屈从或妥协

基本恐惧变成现实：他们受到伤害、被他人控制

第九型人格：和平缔造者

（父母取向：与父母都有联系）

B项	A项	欲望	恐惧

健康状态下

1. 解放的层级

　　　　　　　　　　　　　　　　　　　　　自我实现　　　　　基本恐惧

　不屈不挠　　◀ **自制**　　　　　◀ 放下对特定形象的　担心失去和分离
　博爱　　　　　　"身体力行"　　　　　自我认同，参与世　（哪怕是暂时的）
　自我决断　　　　自觉　　　　　　　　界是不重要的
　独立　　　　　　清醒、机敏
　好交际　　　　　沉着
　有活力　　　　　精力旺盛

2. 心理能力的层级

　　　　　　　　　　　　　　　　　　　　基本欲望　　　　　继发恐惧

　热爱和平　　◀ **没有自我意识**　◀ 渴望内心稳定　　担心失去内心的平
　放松的　　　　　易受影响　　　　　　（"心灵的平静"）　静
　踏实、稳固　　　乐观主义
　亲切、温和　　　谦卑
　自然　　　　　　坦荡
　感性　　　　　　好沉思
　好相处　　　　　无判断力

3. 社会价值的层级

　　　　　　　　　　　　　　　　　　　　继发欲望

　安抚性的　　◀ **不自私**　　　　◀ 想要创造和维系　害怕冲突（内心的
　调解的　　　　　有包容性　　　　　　环境的和平与和谐　和外界的）
　支持性的　　　　忍耐
　有治疗功用的　　宽容
　调和性的　　　　坚强
　冷静的　　　　　不苛刻
　善于综合　　　　"平衡"
　有想象力　　　　不做作

一般状态下

4. 失衡的层级

　温和的　　　◀ **不喜欢抛头露面**◀ 想要避免冲突（默　担心世界发生重大
　依从的　　　　　**迁就他人**　　　　许他人："内心圣　改变、腐化
　墨守成规的　　　把他人理想化　　　　所"）
　理性思考　　　　重情感
　可敬的　　　　　低估自我
　快乐的　　　　　简单化的
　"适应能力强"　　不问是非
　忠诚的　　　　　尽职尽责的

5. 人际控制的层级

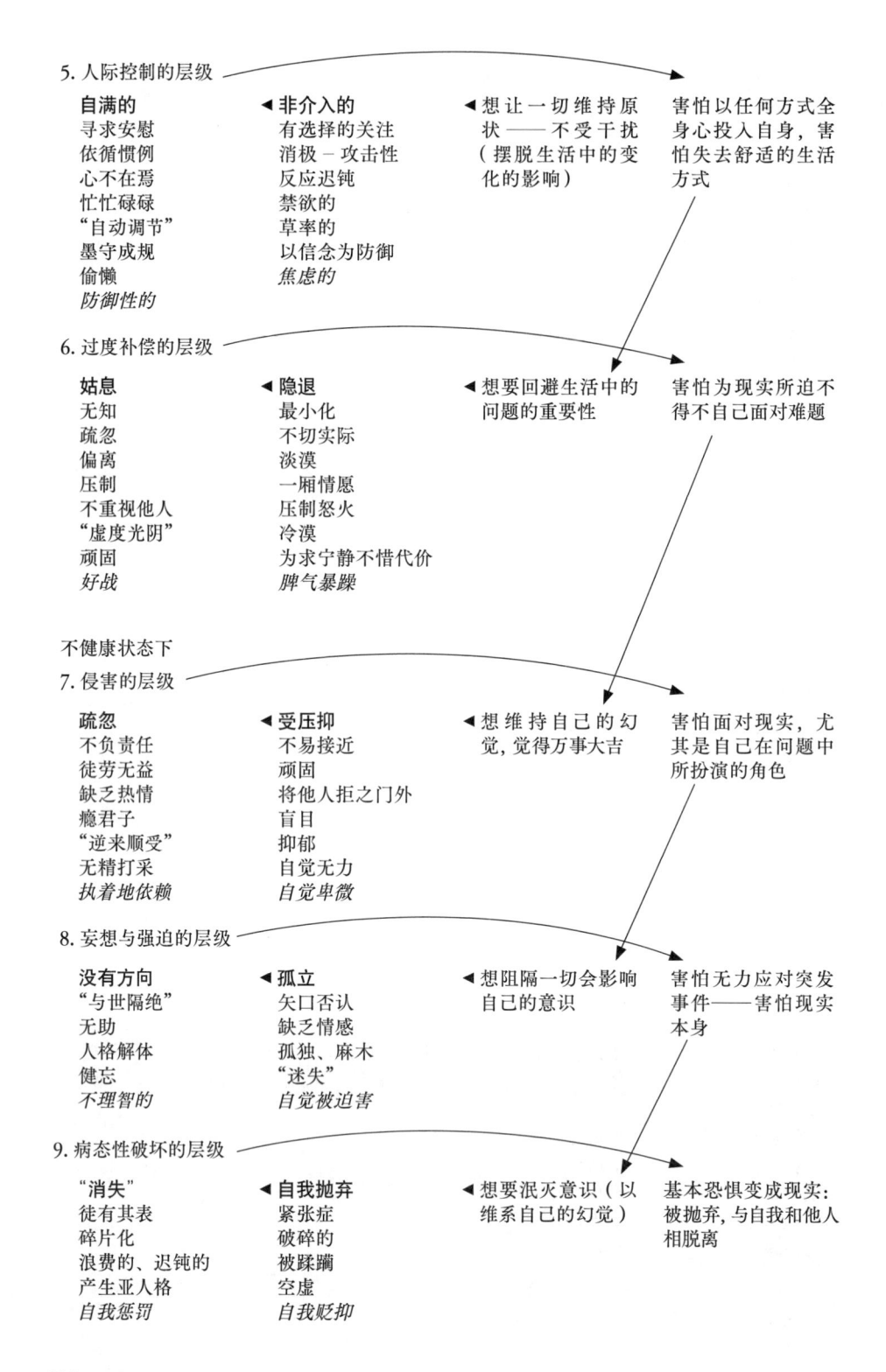

自满的　　　　　◂ **非介入的**　　　　◂ 想让一切维持原　　害怕以任何方式全
寻求安慰　　　　　有选择的关注　　　　状 —— 不受干扰　　身心投入自身，害
依循惯例　　　　　消极－攻击性　　　　（摆脱生活中的变　怕失去舒适的生活
心不在焉　　　　　反应迟钝　　　　　　化的影响）　　　　方式
忙忙碌碌　　　　　禁欲的
"自动调节"　　　　草率的
墨守成规　　　　　以信念为防御
偷懒　　　　　　　焦虑的
防御性的

6. 过度补偿的层级

姑息　　　　　　◂ **隐退**　　　　　　◂ 想要回避生活中的　害怕为现实所迫不
无知　　　　　　　最小化　　　　　　　问题的重要性　　　得不自己面对难题
疏忽　　　　　　　不切实际
偏离　　　　　　　淡漠
压制　　　　　　　一厢情愿
不重视他人　　　　压制怒火
"虚度光阴"　　　　冷漠
顽固　　　　　　　为求宁静不惜代价
好战　　　　　　*脾气暴躁*

不健康状态下

7. 侵害的层级

疏忽　　　　　　◂ **受压抑**　　　　　◂ 想维持自己的幻　　害怕面对现实，尤
不负责任　　　　　不易接近　　　　　　觉，觉得万事大吉　其是自己在问题中
徒劳无益　　　　　顽固　　　　　　　　　　　　　　　　　　所扮演的角色
缺乏热情　　　　　将他人拒之门外
瘾君子　　　　　　盲目
"逆来顺受"　　　　抑郁
无精打采　　　　　自觉无力
执着地依赖　　　*自觉卑微*

8. 妄想与强迫的层级

没有方向　　　　◂ **孤立**　　　　　　◂ 想阻隔一切会影响　害怕无力应对突发
"与世隔绝"　　　　矢口否认　　　　　　自己的意识　　　　事件——害怕现实
无助　　　　　　　缺乏情感　　　　　　　　　　　　　　　本身
人格解体　　　　　孤独、麻木
健忘　　　　　　　"迷失"
不理智的　　　　*自觉被迫害*

9. 病态性破坏的层级

"消失"　　　　　◂ **自我抛弃**　　　　◂ 想要泯灭意识（以　基本恐惧变成现实：
徒有其表　　　　　紧张症　　　　　　　维系自己的幻觉）　被抛弃，与自我和他人
碎片化　　　　　　破碎的　　　　　　　　　　　　　　　　相脱离
浪费的、迟钝的　　被蹂躏
产生亚人格　　　　空虚
自我惩罚　　　　*自我贬抑*

第一型人格：改革者

父母取向：与保护者角色失去了联系

B项	A项	欲望	恐惧

健康状态下

1. 解放的层级

　　　　　　　　　　　　　　　　　　　　自我实现　　　　　基本恐惧

　　明智　　　　　　◀**受欢迎**　　　◀放下对特定自我形　　害怕变得腐败，邪
　　有人情味　　　　　　意志坚定　　　　象的认同，能客观　　恶、不完善（不平
　　高尚　　　　　　　　宽容　　　　　　地判断一切　　　　　衡）
　　大方　　　　　　　　真正的现实主义者
　　鼓舞士气　　　　　　满怀希望
　　善良、单纯　　　　　能接受模糊的东西

2. 心理能力的层级

　　　　　　　　　　　　　　　　　　　　基本欲望　　　　　继发恐惧

　　有条理　　　　　◀**有责任心**　◀希望做一个好人，　担心主观感受和冲
　　客观　　　　　　　　讲道德　　　　　有整体感，心态平　动会把自己带入歧
　　温和　　　　　　　　理性　　　　　　和　　　　　　　　　途（违背自己的理
　　感受力强　　　　　　有辨别力　　　　　　　　　　　　　　性）
　　谨慎　　　　　　　　审慎的
　　温和　　　　　　　　镇定

3. 社会价值的层级

　　　　　　　　　　　　　　　　　　　　继发欲望

　　负责任　　　　　◀**讲原则**　　◀希望行动能与良知　担心他人漠视自己
　　值得信赖　　　　　　有使命感　　　　和理性相一致　　　　的原则
　　自我约束　　　　　　讲伦理
　　讲究条理　　　　　　公正
　　公正、公平　　　　　有目标
　　以身作则　　　　　　热情
　　文明　　　　　　　　有信念

一般状态下

4. 失衡的层级

　　有追求　　　　　◀**理想主义**　◀想要"修正"、改善　害怕会因为背离了
　　热衷改革　　　　　　有责任心　　　　自己和自己的世界　自己的理想而受到
　　好争论　　　　　　　被驱动　　　　　　　　　　　　　　　责难
　　修正　　　　　　　　应该、必须
　　"好发表高见"　　　　精英主义者
　　喜欢解释　　　　　　有确定性
　　完善者　　　　　　　"取得进步"
　　充满渴望　　　　　严肃
　　　　　　　　　　　　创造期待

5. 人际控制的层级

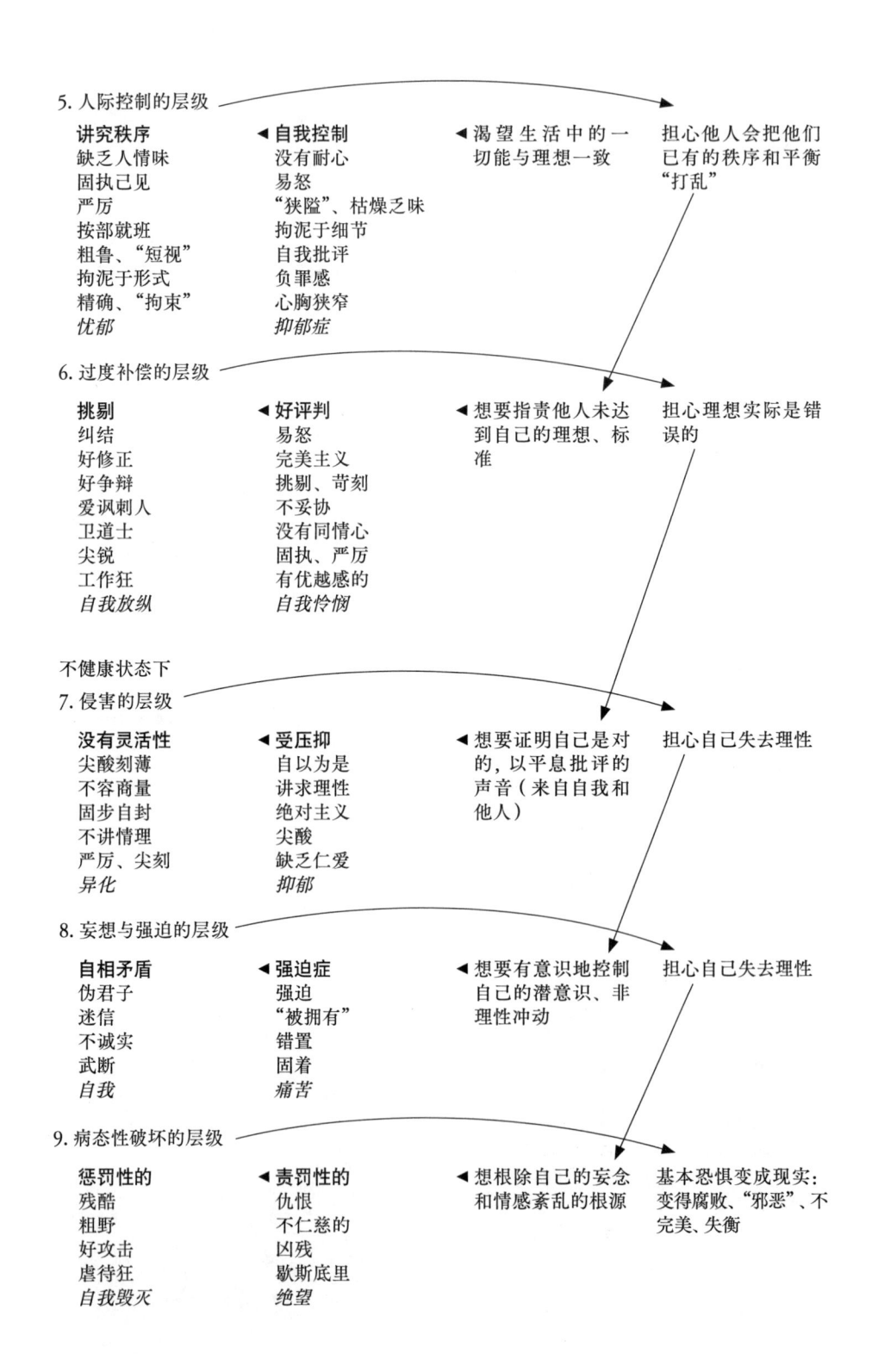

讲究秩序　　　◀ 自我控制　　　◀ 渴望生活中的一　　担心他人会把他们
缺乏人情味　　　没有耐心　　　　切能与理想一致　　已有的秩序和平衡
固执己见　　　　易怒　　　　　　　　　　　　　　　"打乱"
严厉　　　　　　"狭隘"、枯燥乏味
按部就班　　　　拘泥于细节
粗鲁、"短视"　　自我批评
拘泥于形式　　　负罪感
精确、"拘束"　　心胸狭窄
忧郁　　　　　*抑郁症*

6. 过度补偿的层级

挑剔　　　　　◀ 好评判　　　　◀ 想要指责他人未达　担心理想实际是错
纠结　　　　　　易怒　　　　　　到自己的理想、标　误的
好修正　　　　　完美主义　　　　准
好争辩　　　　　挑剔、苛刻
爱讽刺人　　　　不妥协
卫道士　　　　　没有同情心
尖锐　　　　　　固执、严厉
工作狂　　　　　有优越感的
自我放纵　　　*自我怜悯*

不健康状态下

7. 侵害的层级

没有灵活性　　◀ 受压抑　　　　◀ 想要证明自己是对　担心自己失去理性
尖酸刻薄　　　　自以为是　　　　的，以平息批评的
不容商量　　　　讲求理性　　　　声音（来自我和
固步自封　　　　绝对主义　　　　他人）
不讲情理　　　　尖酸
严厉、尖刻　　　缺乏仁爱
异化　　　　　*抑郁*

8. 妄想与强迫的层级

自相矛盾　　　◀ 强迫症　　　　◀ 想要有意识地控制　担心自己失去理性
伪君子　　　　　强迫　　　　　　自己的潜意识、非
迷信　　　　　　"被拥有"　　　　理性冲动
不诚实　　　　　错置
武断　　　　　　固着
自我　　　　　*痛苦*

9. 病态性破坏的层级

惩罚性的　　　◀ 责罚性的　　　◀ 想根除自己的妄念　基本恐惧变成现实：
残酷　　　　　　仇恨　　　　　　和情感紊乱的根源　变得腐败、"邪恶"、不
粗野　　　　　　不仁慈的　　　　　　　　　　　　完美、失衡
好攻击　　　　　凶残
虐待狂　　　　　歇斯底里
自我毁灭　　　*绝望*

参考书目

由于九柱图独特的历史源流和人格类型的独特性质，我们能用于本书的素材来源非常少。同时，由于我们需要在现代心理学中建立九型人格理论，所以我们参考了精神分析心理学及精神病学的著作。下面所列文献在许多方面都是最有帮助的，因为它们都基于理论和临床观察。

我们也参考了流行的自助手册，以便观察别的作者是如何从不同角度描述人格类型的。这里所列书目当然没有穷尽所有参考文献，只是一个经过挑选的、我们认为有益的书单。我们把它们推荐给每一位想要更多地了解人格类型和相关领域的情况的读者。在一定程度上说，我们从所有这些作品中都获益良多。

Becker, Ernest. *The Denial of Death*. New York: The Free Press, 1973.

Bennett, J. G. *Enneagram Studies*. York Beach, Me.: Samuel Weiser, 1983.

Bennett, J. G. *Gurdjieff: Making a New World*. New York: Harper and Row, Colophon Books, 1973.

Cameron, Norman. *Personality Development and Psychopathology*. Boston: Houghton Mifflin, 1963.

DeChristopher, Dorothy. Reprinted from *The Movement Newspaper* (May 1981) in *Interviews with Oscar Ichazo*. New York: Arica Institute Press, 1982.

Diagnostic and Statistical Manual of Mental Disorders, 4th ed. Washington, D.C.: American Psychiatric Association, 1994.

Fenichel, Otto. *The Psychoanalytic Theory of Neurosis*. New York: W. W. Norton & Company, 1945.

Fine, Reuben. *A History of Psychoanalysis*. New York: Columbia University Press, 1979.

Freud, Sigmund. *Character and Culture*. New York: Collier Books, 1963. Collection of articles which were originally published between 1907 and 1937.

Freud, Sigmund. *The Ego and the Id*. New York: W. W. Norton & Company, 1960. Originally published in 1923.

Freud, Sigmund. *A General Introduction to Psychoanalysis*. New York: Washington Square Press, 1952. Originally published between 1915 and 1917.

Freud, Sigmund. *The Interpretation of Dreams*. New York: Avon Books, 1965. Originally published in 1900.

Fromm, Erich. *Man for Himself*. New York: Fawcett, 1965. Originally published in 1947.

Galbraith, John Kenneth. *The Anatomy of Power*. Boston: Houghton Mifflin, 1983.

Gandhi, Mahatma. *The Words of Gandhi* (Selected by Richard Attenborough). New York: Newmarket, 1982.

Goldenson, Robert M. *The Encyclopedia of Human Behavior*. New York: Dell Publishing Company, 1970.

Greenberg, Jay R., and Stephen A. Mitchell. *Object Relations and Psychoanalytic Theory*. Cambridge: Harvard University Press, 1983.

Greven, Philip. *The Protestant Temperament*. New York: New American Library, 1977.

Hinsie, Leland E., and Robert J. Campbell. *Psychiatric Dictionary,* 4th ed. New York: Oxford University Press, 1970.

Horney, Karen. *Neurosis and Human Growth*. New York: W. W. Norton, 1950.

Horney, Karen. *The Neurotic Personality of Our Time*. New York: W. W. Norton, 1937.

Horney, Karen. *Our Inner Conflicts*. New York: W. W. Norton, 1945.

Jung, Carl. *Psychological Types*. New Haven: Princeton University Press, 1971. Originally published in 1921.

Keen, Sam. Reprinted from *Psychology Today* (July 1973) in *Interviews with Oscar Ichazo*. New York: Arica Institute Press, 1982.

Keirsey, David, and Marilyn Bates. *Please Understand Me*. Del Mar, Calif.: Prometheus Nemesis Books, 1978.

Kemberg, Otto. *Borderline Conditions and Pathological Narcissism*. New York: Jason Aronson, 1975.

Korda, Michael. *Power!* New York: Random House, 1975.

Leary, Timothy. *Interpersonal Diagnosis of Personality*. New York: Ronald Press, 1957.

Lilly, John C. *The Center of the Cyclone*. New York: Bantam Books, 1972.

Lilly, John C. and Joseph E. Hart. "The Arica Training," in *Transpersonal Psychologies,* ed. Charles T. Tart. New York: Harper and Row, 1975.

Lowen, Alexander. *Narcissism*. New York: Macmillan, 1983.

Maccoby, Michael. *The Gamesman*. New York: Simon and Schuster, 1976.

Maddi, Salvatore R. *Personality Theories*. Homewood, 111.: Dorsey Press, 1968.

Malone, Michael. *Psychetypes*. New York: E. P. Dutton, 1977.

Meisser, W. W. *The Borderline Spectrum*. New York: Jason Aronson, 1984.

Metzner, Ralph. *Know Your Type*. New York: Doubleday, 1979.

Millon, Theodore. *Disorders of Personality*. New York: John Wiley, 1981.

Moore, James. *Gurdjieff: The Anatomy of a Myth*. Rockport, Mass.: Element, 1991.

Mullen, John Douglas. *Kierkegaard's Philosophy*. New York: New American Library, 1981.

Myers, Isabel Briggs, and Peter B. Myers. *Gifts Differing*. Palo Alto, Calif.: Consulting Psychologists Press, Inc., 1980.

Nicholi, Armand M., ed. *The Harvard Guide to Modern Psychiatry*. Cambridge: Harvard University Press, 1978.

Nicholi, Maurice. *Psychological Commentaries on the Teaching of Gurdjieff and Ouspensky,* vol. 2. Boulder, Colo.: Shambala, 1952.

Offit, Avodah. *The Sexual Self*. New York: Lippincott, 1977.

Ouspensky, P. D. *In Search of the Miraculous*. New York: Harcourt, Brace and World, 1949.

Rycroft, Charles. *A Critical Dictionary of Psychoanalysis*. Harmondsworth: Penguin Books, 1972.

Shapiro, David. *Neurotic Styles*. New York: Basic Books, 1965.

Speeth, Kathleen Riordan. *The Gurdjieff Work*. Berkeley, Calif.: And/Or Press, 1976.

Speeth, Kathleen Riordan, and Ira Friedlander. *Gurdjieff, Seeker of the Truth*. New York: Harper and Row, 1980.

Stone, Michael H. *The Borderline Syndromes*. New York: McGraw-Hill, 1980.

Storr, Anthony. *The Art of Psychotherapy*. New York: Methuen, 1979.

Storr, Anthony. *The Dynamics of Creation*. New York: Atheneum, 1985.

Tart, Charles, ed. *Transpersonal Psychologies*. New York: Harper and Row, 1975.

Waldberg, Michael. *Gurdjieff, An Approach to His Ideas*. London: Routledge and Kegan Paul, 1981.

Watts, Alan. *The Meaning of Happiness: The Quest for Freedom of the Spirit in Modern Psychology and the Wisdom of the East*. New York: Harper and Row, 1979.

Webb, James. *The Harmonious Circle: The Lives and Work of G. I. Gurdjieff, P. D. Ouspensky, and Their Followers*. New York: G. P. Putnam, 1980.

图书在版编目（CIP）数据

九型人格：了解自我，洞悉他人的秘诀 /（美）唐·理查德·里索,（美）拉斯·赫德森著；徐晶译. 3版. -- 海口：南海出版公司, 2025. 1. -- ISBN 978-7-5735-0966-6

I. B848-49

中国国家版本馆CIP数据核字第2024X49J05号

著作权合同登记号　图字：30-2006-036

PERSONALITY TYPES: USING THE ENNEAGRAM FOR SELF-DISCOVERY (REVISED EDITION) by Don Richard Riso with Russ Hudson
Copyright © 1996 by Don Richard Riso
Published by arrangement with HarperOne, an imprint of HarperCollins Publishers through Bardon-Chinese Media Agency
Simplified Chinese translation copyright © 2010 by ThinKingdom Media Group Ltd.
All Rights Reserved.

九型人格：了解自我，洞悉他人的秘诀
〔美〕唐·理查德·里索　〔美〕拉斯·赫德森　著
徐晶　译

出　版	南海出版公司　（0898）66568511
	海口市海秀中路51号星华大厦五楼　邮编 570206
发　行	新经典发行有限公司
	电话 (010)68423599　邮箱 editor@readinglife.com
经　销	新华书店
责任编辑	张　锐
特邀编辑	周昕诺　姜一鸣
营销编辑	陈兆鑫
装帧设计	陈慕阳
内文制作	田小波
印　刷	河北鹏润印刷有限公司
开　本	700毫米×980毫米　1/16
印　张	25.5
字　数	465千
版　次	2010年2月第1版　2025年1月第3版
印　次	2025年1月第1次印刷
书　号	ISBN 978-7-5735-0966-6
定　价	68.00元

版权所有，侵权必究
如有印装质量问题，请发邮件至 zhiliang@readinglife.com